机械类专业

CAD/CAM 技术应用——Inventor 项目教程

CAD/CAM Jishu Yingyong——Inventor Xiangmu Jiaocheng

主编　汤叶飞　李　真

高等教育出版社·北京

内容简介

本书是“十四五”职业教育国家规划教材。本书详细介绍了 Inventor 软件的三维建模方法和技巧，在内容编排上采取了项目式教学法的编写理念，以生产生活中常见的物品为载体，逐步讲解操作过程，使项目兼具科学性、实用性、趣味性，符合中职学生的特点与职业教育的特色。通过对本书的学习，可掌握 Inventor 三维设计软件的应用，为进一步学习相关专业课打下良好的基础。

本书主要内容包括设计竹凳子、设计日用水杯、设计百合花、设计足球等，每个项目均配有实际操作视频，以二维码的形式展现。

本书配套电子课件等辅教辅学资源，请登录高等教育出版社 Abook 新形态教材网（http://abook.hep.com.cn）获取相关资源。详细使用方法见本书最后一页“郑重声明”下方的“学习卡账号使用说明”。

本书可作为中等职业学校 CAD/CAM 课程教材，也可作为岗位培训用书。

图书在版编目（CIP）数据

CAD/CAM 技术应用：Inventor 项目教程 / 汤叶飞，李真主编. -- 北京：高等教育出版社，2019.11（2025.12 重印）

ISBN 978-7-04-052674-5

Ⅰ. ①C… Ⅱ. ①汤… ②李… Ⅲ. ①计算机辅助设计-中等专业学校-教材②计算机辅助制造-中等专业学校-教材 Ⅳ. ①TP391.7

中国版本图书馆 CIP 数据核字（2019）第 187925 号

策划编辑 王佳玮　　责任编辑 王佳玮　　封面设计 王 琰　　版式设计 杜微言
插图绘制 于 博　　责任校对 高 歌　　责任印制 高 峰

出版发行 高等教育出版社
社　　址 北京市西城区德外大街 4 号
邮政编码 100120
印　　刷 固安县铭成印刷有限公司
开　　本 787mm × 1092mm 1/16
印　　张 18.75
字　　数 460 千字
购书热线 010-58581118
咨询电话 400-810-0598
网　　址 http://www.hep.edu.cn
　　　　 http://www.hep.com.cn
网上订购 http://www.hepmall.com.cn
　　　　 http://www.hepmall.com
　　　　 http://www.hepmall.cn
版　　次 2019 年 11 月第 1 版
印　　次 2025 年 12 月第 7 次印刷
定　　价 39.00 元

物 料 号 52674-B0

前言

党的二十大报告指出，要推进新型工业化，加快建设制造强国、质量强国、航天强国、交通强国、网络强国、数字中国，打造具有国际竞争力的数字化产业集群。数字化设计与制造是数字产业在现代制造业中的有效体现。

本书是“十四五”职业教育国家规划教材，详细介绍了Inventor软件的三维建模方法和技巧，在内容编排上采取了项目式教学法的编写理念，以生产生活中常见的物品为载体，逐步讲解操作过程，使项目兼具科学性、实用性、趣味性，符合中职学生的特点与职业教育的特色。通过对本书的学习，可掌握Inventor三维设计软件的应用，为进一步学习相关专业课打下良好的基础。

本书提供了详细的Inventor软件操作过程，便于学习者从入门到高阶应用的学习。软件操作过程摒弃了过多的语言描述，用尽可能少的语言，辅之以大量操作截图，使操作过程更加直观，使学习和操作更加便捷。同时，本书配有实际操作视频，以二维码的形式列于书中，学生可扫码反复观看。

本书建议总学时数为72学时，各部分内容的学时分配如下：

教学内容	学时分配建议
绪论　走进Inventor 2018	2
项目一　设计竹凳子	3
项目二　设计日用水杯	3
项目三　设计百合花	2
项目四　设计足球	6
项目五　设计走马灯	4
项目六　设计鲁班锁及输出动画	2
项目七　设计骆驼	2
项目八　设计三阶魔方	3
项目九　设计橡筋动力模型飞机	4
项目十　设计青铜酒杯	3
项目十一　设计六角凉亭	3
项目十二　设计立铣刀	6
项目十三　设计木螺钉	2

续表

教学内容	学时分配建议
项目十四　设计智能手环	4
项目十五　设计太空人音箱	10
项目十六　设计百度机器人	13
合　计	72

本书配有学习卡资源，请登录Abook网站（http://abook.hep.com.cn/sve）获取。详细说明见本书“郑重声明”页。

本书由汤叶飞、李真担任主编，朱鹏英担任副主编，参加编写的还有陈晓虹、黄佶、何骏、沈榴月、钱怿晖。全书由汤叶飞统稿。浙江信息工程学校工业产品及创客技术工作坊成员周兆国、李能杰、陈文卓、吴凡、陈龙承担了本书的部分软件建模工作，浙江信息工程学校汤志杰、廖一茗、曹龙显为本书录制部分视频，罗静妮、梁艳承担了部分图片处理和文字整理工作。在教材编写过程中，编者查阅了大量的相关教材和文献，并得到了浙江信息工程学校校领导和李真名师工作室所有成员的大力支持和帮助，在此表示衷心的感谢。

由于编者水平有限，书中难免有疏漏之处，敬请提出宝贵意见和建议。读者意见反馈邮箱：zz_dzyj@pub.hep.cn。

编　者

目录

第二篇 进阶项目训练

绪论　走进 Inventor 2018

童年的梦想

很多人的童年都有一个梦想，幻想着能和动画片里面的哆啦 A 梦一样拥有神奇的力量去帮助和改变这个美丽的世界。所以在我们的美好童年记忆里面就有了很多神奇的产品模型，如竹蜻蜓、隐形衣、冒险降落伞、变形机器人等。但是大家都知道哆啦 A 梦动画片出品于 20 世纪 80 年代，在那个年代，艺术家们就已构想了那么多神奇的产品。当我们回首这部动画片时不禁感叹，哆啦 A 梦口袋里的产品已经陆续成为我们生活中的一部分。这就是我们人类创造和设计的力量。

产品是社会发展的重要部分，也是社会进步的体现。所谓设计，即为了满足人类与社会的功能需求，将预订的目标通过人们的创造性思维，经过一系列规划、分析和决策，产生载有相应的文字、数据、图形等信息的技术文件，然后或通过实践转化为某项工程，或通过制造成为产品，而造福于人类。简言之，设计是要达到什么与如何达到之间的互动。

产品设计举例

历代火车的设计如图 0–1 至图 0–4 所示。产品渲染图如图 0–5 所示。

图 0–1　史蒂芬逊火车

图 0–2　清朝时期的火车

图 0–3　电力机车

图 0–4　高铁时代

真 知 灼 见

三维造型设计是通过计算机辅助设计软件建立的立体的、有光的、有色的生动画面，虚拟、逼真地表达大脑中的产品设计效果，比传统的二维设计更符合人的思维习惯与视觉习惯。三维造型软件从最初的三维 CAD 软件已发展到目前专用的基于特征造型的三维软件。

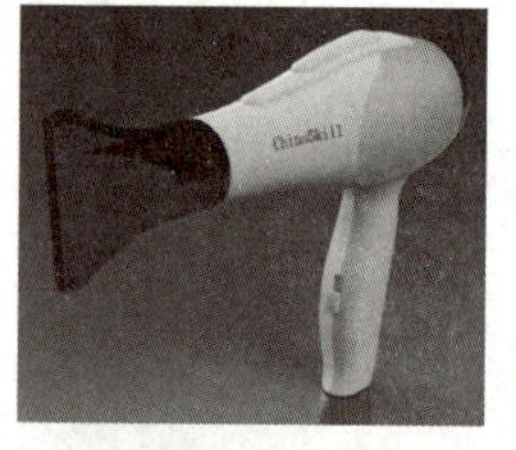

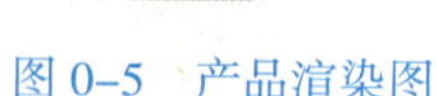

图 0–5　产品渲染图

认识 Inventor 2018

Inventor 是美国 Autodesk 公司推出的一款三维可视化实体模拟软件，它包括五个基本模块（零件、钣金、装配、表达视图、工程图），四个子模块（焊接、结构件生成器、设计加速器、Inventor Studio），四个专业模块（三维布管设计、三维布线设计、应力分析、运动仿真）。

Inventor 软件作为计算机辅助设计软件，使用范围越来越广，更是教育部技能大赛组委会指定项目“工业产品设计与创客实践”的设计平台。常用于工业产品设计、机械设计和改进设计。

Inventor 历代版本如图 0–6 所示。

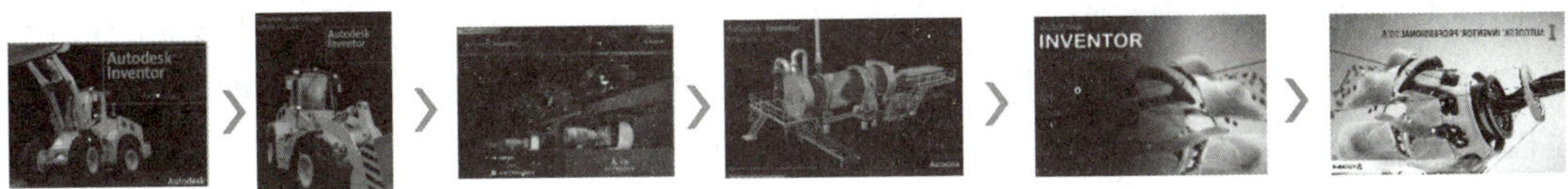

图 0–6 Inventor 历代版本

走进 Inventor 2018

1. Inventor 基本操作方法

双击图标 启动 Inventor 2018 如图 0–7、图 0–8 所示。

图 0–7 Inventor 2018 启动过程

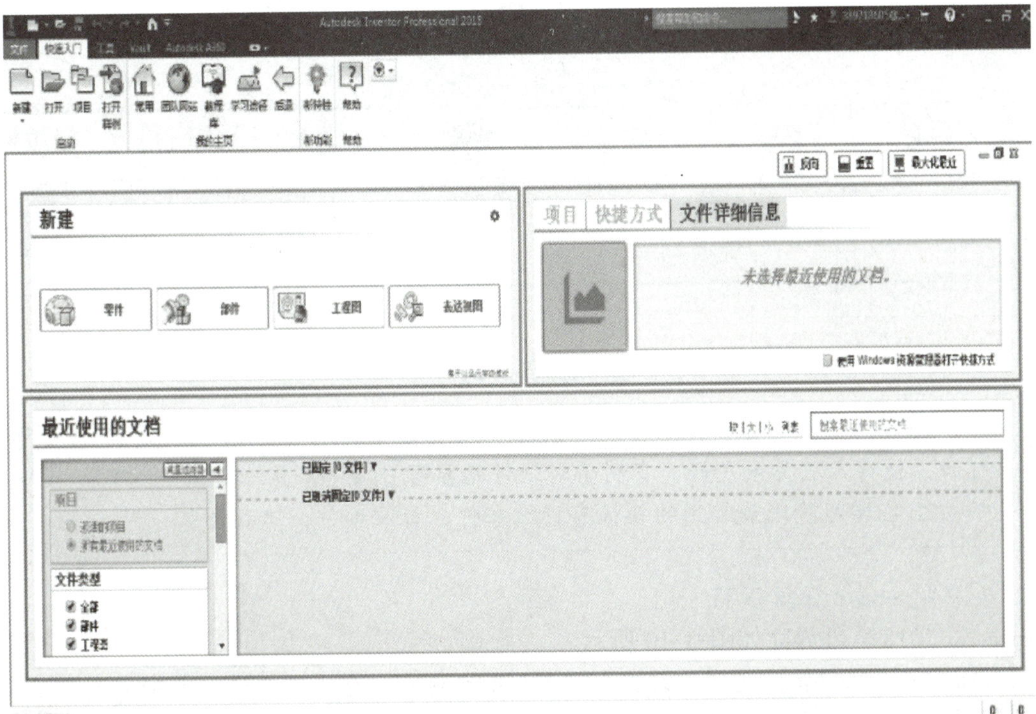

图 0–8 Inventor 2018 初始界面

单击“新建”按钮，打开新建文件对话框，如图 0–9 所示。新建文件对话框中提供了用于创建文件的各种模板，通常使用图 0–9 所示默认选项卡中的模板创建文件，默认选项卡中各模板的作用见表 0–1。新建文件时，选择所需的模板双击即可。如新建工程图文件时，双击标准工程图模板“Standard.idw”图标即可创建工程图文件。

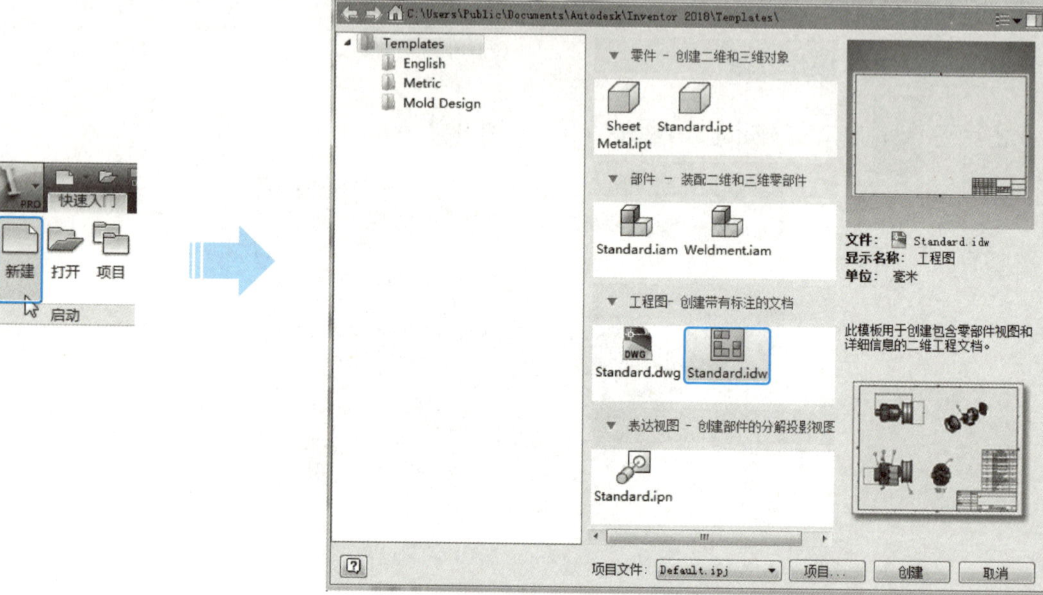

图 0–9 新建文件对话框

表 0–1 Inventor 文件模板

图标	Standard.ipt	Standard.iam	Standard.idw	Standard.dwg	Standard.ipn	Sheet Metal.ipt	Weldment.iam
类型	标准零件	标准部件	工程图（idw）	工程图（dwg）	表达视图	钣金零件	焊接组件

真 知 灼 见

1. Inventor 软件优于其他三维软件之处在于它拥有非常清晰的建模环境，使得人机关系友好，有利于对软件的学习。

2. 在学习阶段最常用的模板有标准零件、标准部件、工程图。

2. 认识 Inventor 2018 界面

Inventor 2018 软件界面如图 0–10 所示。

工具面板——软件按照逻辑关系将不同类型的图标归类在不同的选项卡中。

浏览器——显示软件各个模块的组织结构层次，如在零件模块下可以清晰观察到零件的创建步骤。

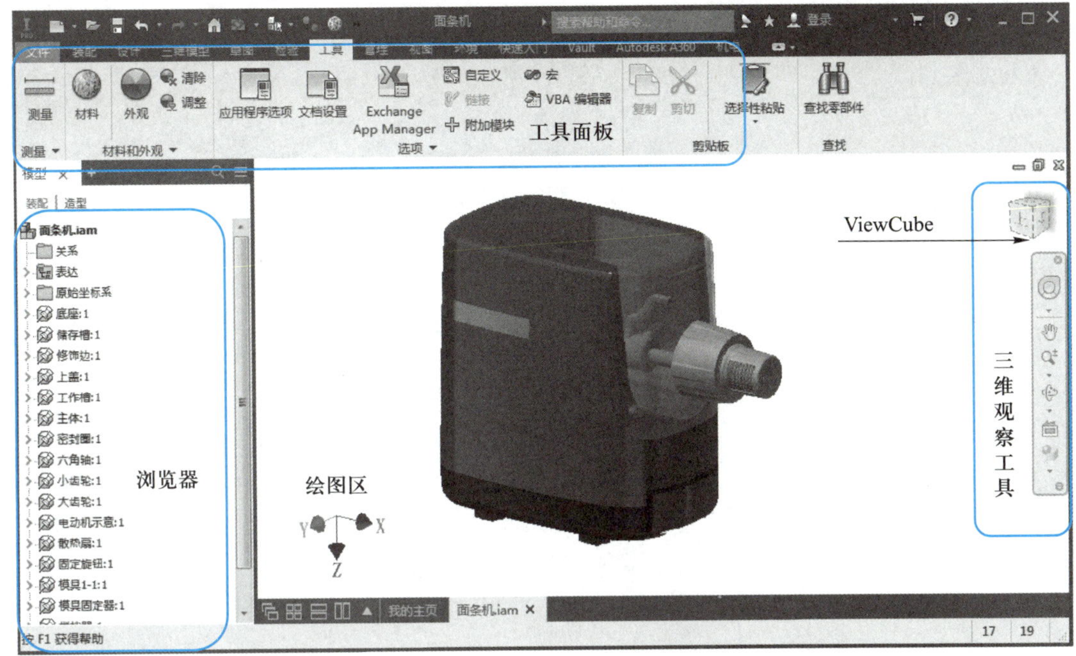

图 0-10　Inventor 2018 软件界面

ViewCube——通过鼠标选取特定的方位，选择三维模型的观察角度。

三维观察工具——可将模型进行平移、旋转、缩放等操作。

3. Inventor 2018 软件下载和学习途径

1）下载步骤

步骤 1　在搜索引擎中搜索“欧特克学生设计联盟”。

步骤 2　在所有产品下拉菜单中选择 Inventor Professional 并单击进入，如图 0-11 所示。

步骤 3　申请账号后进行登录，依次选择版本、操作系统和语言然后单击立即安装即可，如图 0-12 所示。

2）学习 Inventor 2018 的途径

途径 1　Inventor 2018 快速入门面板中的帮助、学习途径、新特性、教程库等都是非常好的软件本身自带的学习教程，如图 0-13、图 0-14 所示。

途径 2　在 Inventor 2018 工具面板右上方的访问处下拉菜单中选择基础入门教程。

途径 3　用户也可通过访问欧特克 AU（Autodesk University）技术社区以及欧特克学生设计联盟下载所需的教程。

图 0-11 选择 Inventor Professional 并单击进入

图 0-12 开始安装

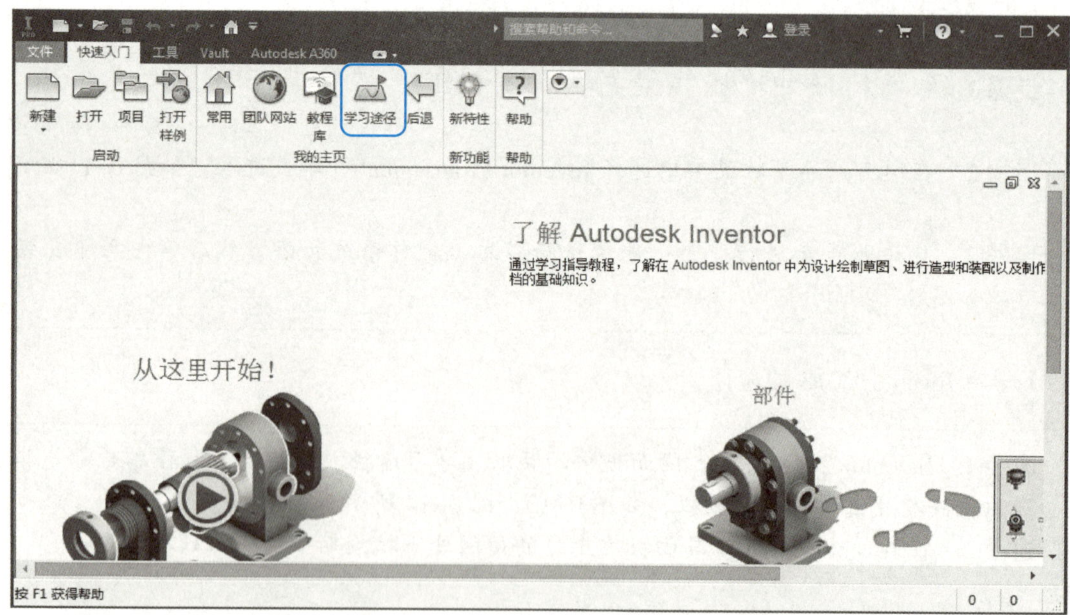

图 0-13 学习途径

图 0–14　帮助功能

作业

1. 下载精美的造型图片存于手机上，可参考图 0–15。

图 0–15　参考图片

2. 下载软件。
3. 软件下载后，自己进行安装，使用默认安装方法即可。

作业指导

1. 用手机下载精美的造型图片，想想它是怎么得到的，体会“处处留心皆学问”。

2. 在下载软件时要根据自身计算机的系统进行合适软件版本的下载。

第一篇

基础项目训练

项目一　设计竹凳子

项目介绍

竹凳子，我们都见过也都使用过，它有各种各样的造型，大小不一、形态各异。在中国，竹凳子文化有着非常悠久的历史。我们先来欣赏下竹凳子的造型（图 1–1），然后开始使用 Inventor 2018 软件自己制作一款竹凳子（图 1–2、图 1–3）。

部件制作表　　mm

零件	数量	长度	宽度	厚度	直径
① 凳板	1 块	240	180	25	
② 固定杆一	2 根	140			25
③ 凳腿	4 条	220			
④ 固定杆二	2 根	186			18

注：凳腿尺寸满足高度 220 mm 和造型整体均匀即可。

图 1–1　竹凳子的造型

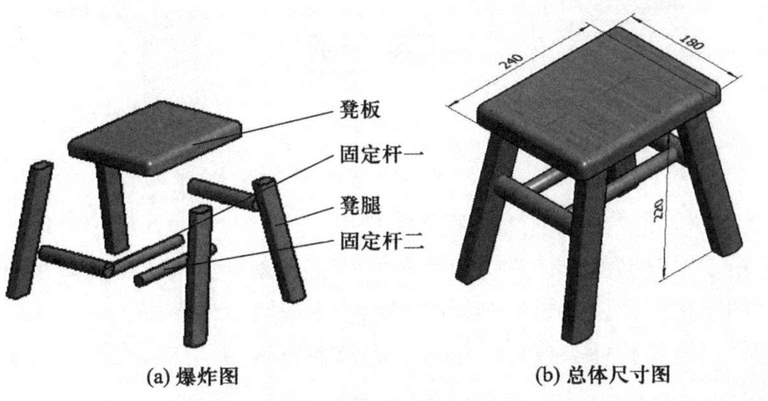

图 1–2　竹凳子

项目知识与技能

※ 创建零件文件并绘制二维草图轮廓
※ 草图拉伸、放样
※ 偏移工作平面
※ 特征镜像
※ 零件外观修改

项目建模步骤

竹凳子建模步骤如图 1–3 所示。

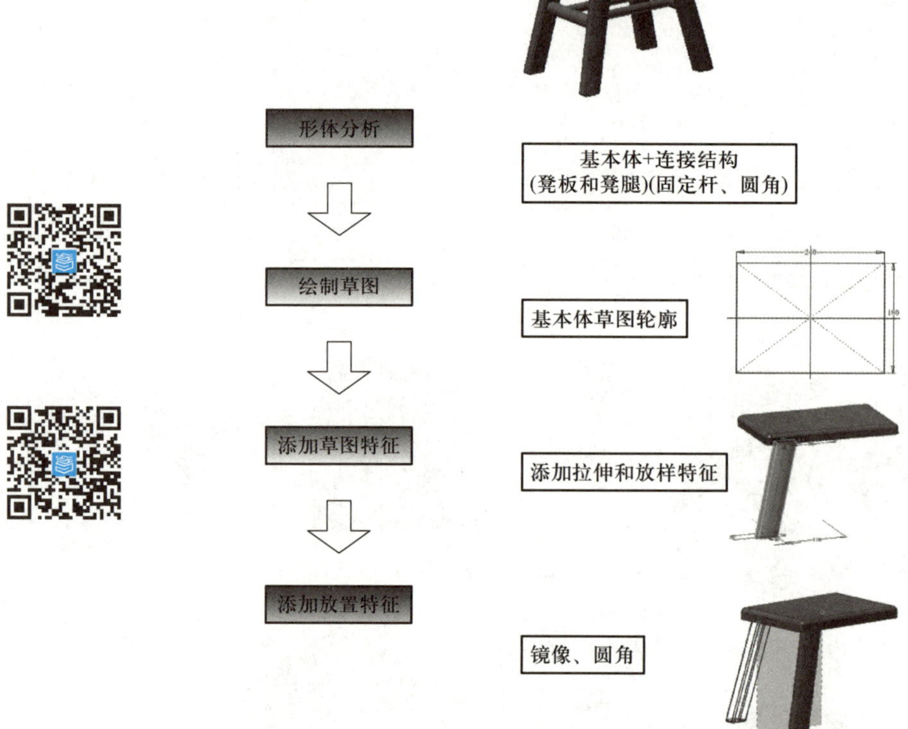

图 1–3 竹凳子建模步骤

用 Inventor 2018 创建三维模型的步骤可概括为：

（1）形体分析。对模型的形体进行整体分析，将其划分为若干个简单的元素。

（2）绘制草图。根据形体分析的结果绘制用于生成特征的草图。

（3）添加特征。通过拉伸、放样、镜像、圆角等方式为草图或已有的模型添加特征。

（4）重复步骤（2）、（3），逐步完成模型的所有结构造型。

三维模型创建过程见表 1–1。

表 1-1 三维模型创建过程

<table>
<tr><th>序号</th><th>操作文字说明
快捷操作示意</th><th>操作演示图示</th></tr>
<tr><td>01</td><td>双击桌面图标启动软件，选择标准零件模板“Standard.ipt”创建零件文件</td><td></td></tr>
<tr><td>02</td><td>单击工具面板“开始创建二维草图”按钮，并在绘图区中选择 XY 平面，进入草图绘制环境</td><td></td></tr>
<tr><td>03</td><td>创建凳板
① 在草图选项卡中单击“两点中心”矩形命令，以坐标原点为矩形中心绘制 240 mm × 180 mm 的矩形
软件共提供了 4 种绘制矩形方式，分别是“两点”“三点”“两点中心”“三点中心”。使用“两点中心”矩形命令能够准确地将矩形的中心定位在坐标原点
② 单击工具面板中“三维模型”选项卡下“创建”面板中的“拉伸”按钮，为草图轮廓添加拉伸特征
软件中，长度参数的单位默认为“mm”，在输入参数时，输入或不输入“mm”均可
拉伸特征用于将草图轮廓沿垂直于草图平面的方向添加或去除零件材料，或使用草图轮廓创建曲面</td><td>240
180
坐标原点
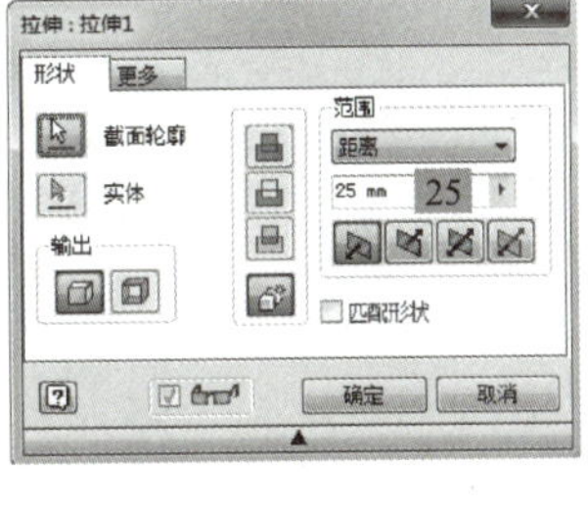
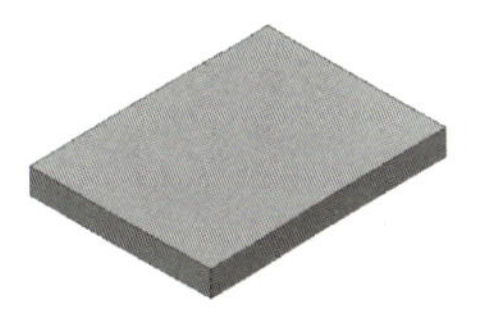</td></tr>
</table>

续表

<table>
<tr><th>序号</th><th>操作文字说明
快捷操作示意</th><th>操作演示图示</th></tr>
<tr><td>04</td><td>创建凳腿
① 单击选择凳板底面为草图绘制平面，进入二维草图绘图环境，使用“两点中心”矩形和“三点”圆弧绘制凳腿放样草图轮廓，并对草图添加尺寸使得草图全约束

圆弧工具共有三种，分别为“三点”“圆心”和“相切”
三点圆弧用法：指定起点、终点与圆弧上任意一点，即可创建三点圆弧

② 单击工具面板上的“平面”按钮，选取 XY 平面，按住左键将平面往下拖动到 220 mm 处。在创建的辅助平面上创建草图，绘制草图轮廓与步骤①创建的草图轮廓一致

③ 单击工具面板中“三维模型”选项卡下“创建”面板中的“放样”按钮，依次选取步骤①和步骤②创建完成的草图。单击确定完成特征创建

放样特征用于在两个或两个以上的截面轮廓之间根据指定的路径与条件创建实体或曲面</td><td>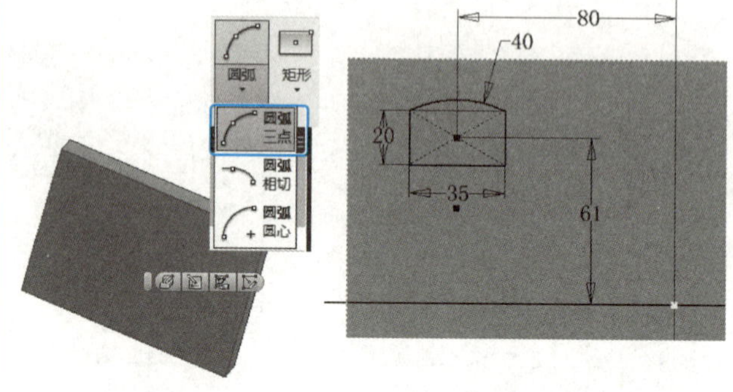

草图绘制提示：
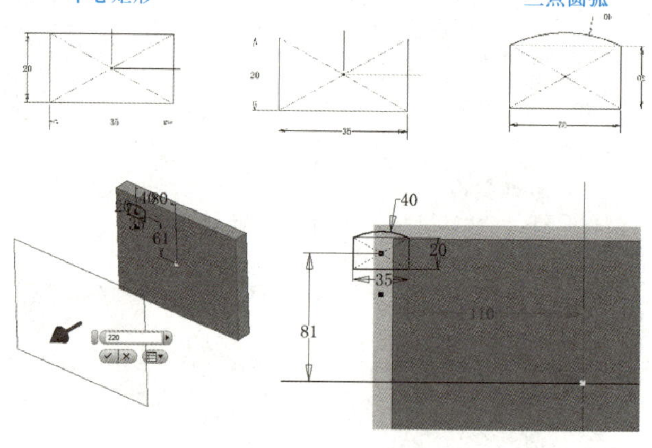

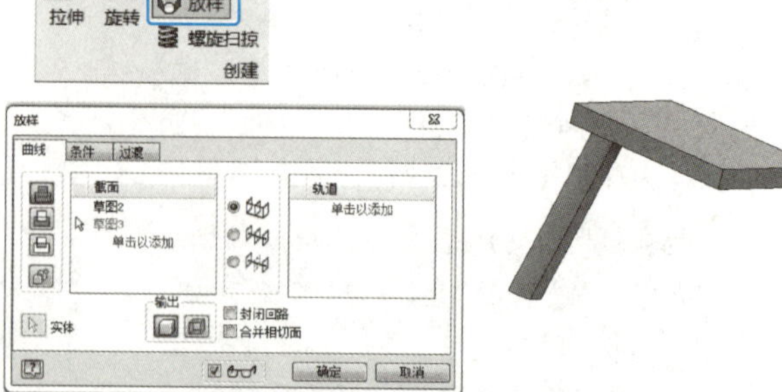
</td></tr>
</table>

续表

<table>
<tr><th>序号</th><th>操作文字说明
快捷操作示意</th><th>操作演示图示</th></tr>
<tr><td>04</td><td>④ 单击工具面板“三维建模”选项卡中的“镜像”按钮，在弹出的对话框中依次选取镜像特征和镜像平面，单击确定，生成凳腿镜像特征。使用相同的操作方法完成所有凳腿的创建

镜像工具将按照跨平面、等距离的方式复制实体或特征，该命令可以提高设计效率</td><td>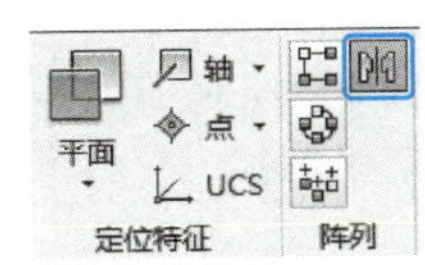

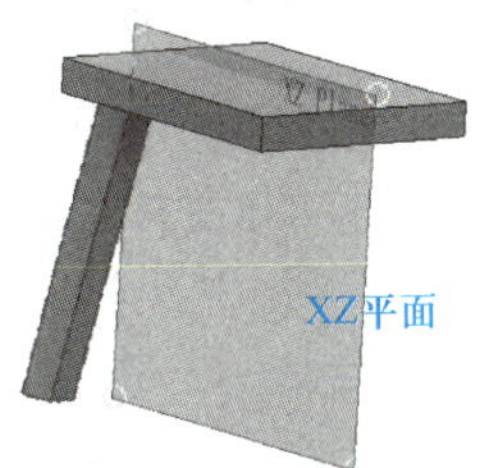

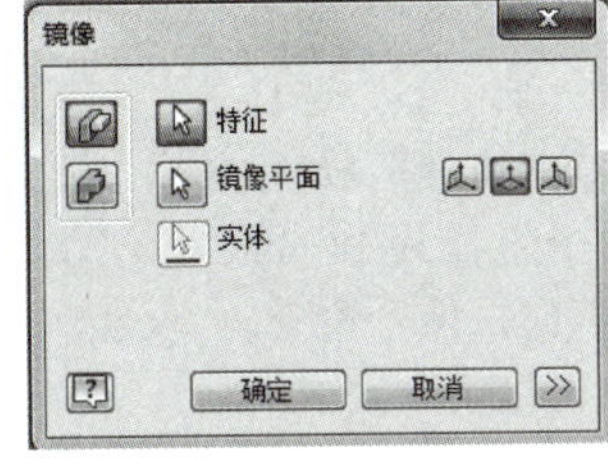

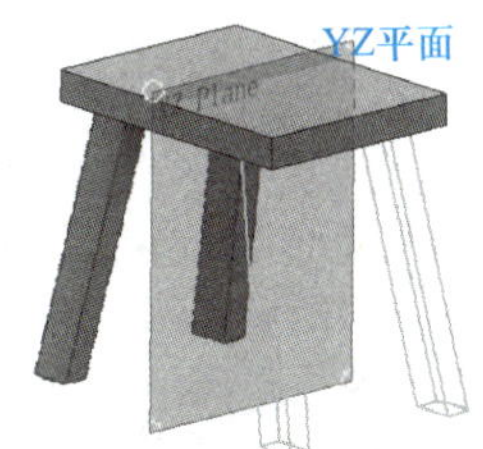
</td></tr>
<tr><td>05</td><td>创建固定杆一
① 使用原始坐标系 XZ 平面为草图平面，在草图绘制环境中使用圆命令绘制竹凳子固定杆一的二维草图轮廓

圆工具共有三种，分别为“圆心圆”“相切圆”和“椭圆”，可通过单击工具下的下拉箭头选择
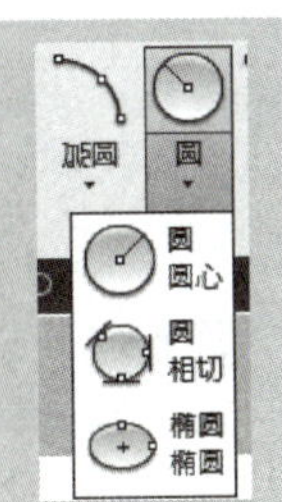

② 单击工具面板“三维模型”选项卡下“创建”面板中的“拉伸”按钮，选取上一步创建的两个圆形草图，使用“双向拉伸”命令，输入距离 140 mm，单击确定，完成固定杆一的拉伸创建
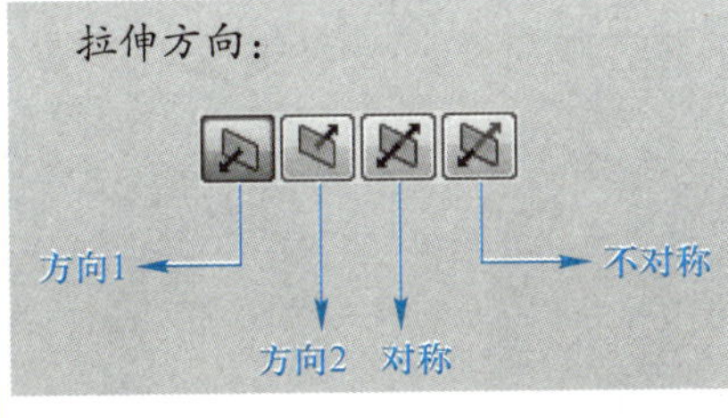
</td><td>

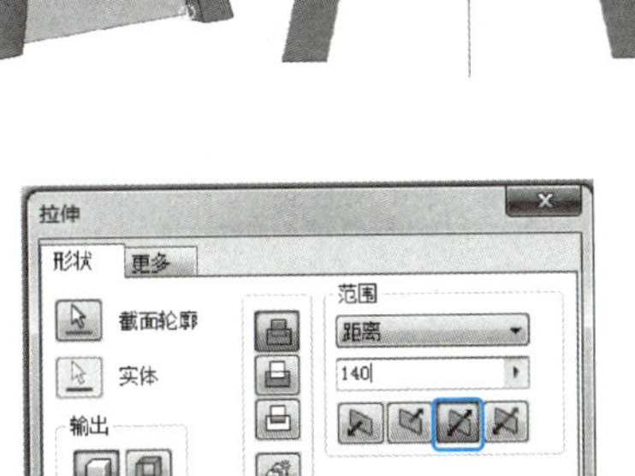
</td></tr>
</table>

续表

序号	操作文字说明 快捷操作示意	操作演示图示
06	**创建固定杆二** ① 使用原始坐标系 YZ 平面为草图平面，在该草图平面中使用圆命令绘制竹凳子左右固定杆二的二维草图轮廓 ② 单击工具面板“三维模型”选项卡下“创建”面板中的“拉伸”按钮，选取上一步创建的两个直径为 18 mm 的圆形草图，使用“双向拉伸”命令，输入距离 180 mm，单击确定，完成固定杆的拉伸创建	   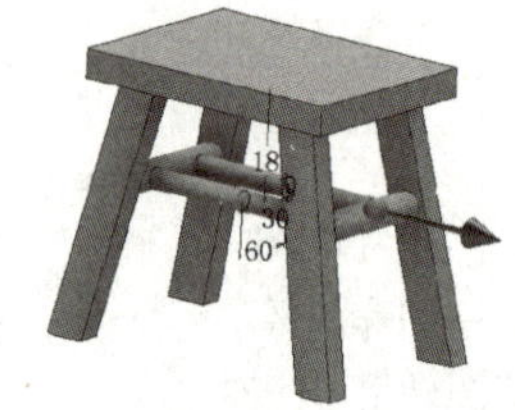 
07	**圆角修饰** 单击工具面板“三维模型”选项卡下“修改”面板中的“圆角”按钮，在弹出的圆角对话框中修改选择模式为“回路” 选择模式 边　模型特征边 回路　模型特征回路 特征　整个模型 定义：圆角工具用于在拐角或两线的交点位置添加指定半径的圆弧 使用方法：首先在圆角对话框中输入圆角半径，然后选择拐角，完成圆角的添加	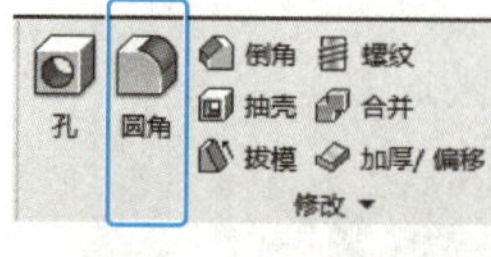 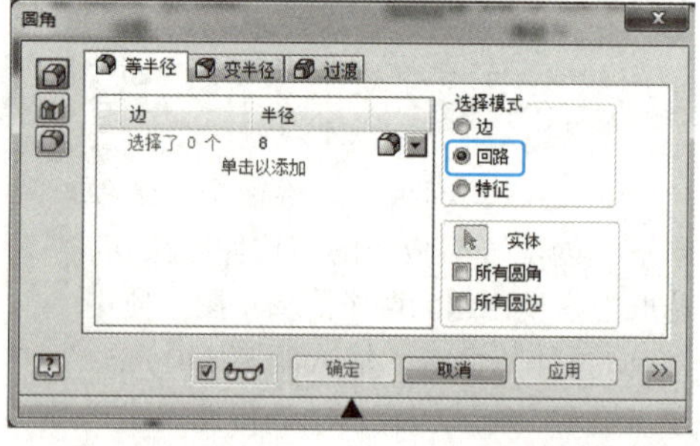 

续表

序号	操作文字说明 快捷操作示意	操作演示图示
07	再次使用圆角命令对凳板进行修饰，修改选择模式为“边”。依次选择模型凳板周围的四条边线。设置圆角大小为 8 mm	  
08	通过软件顶部下拉菜单设定竹凳子的材料 材料：竹木	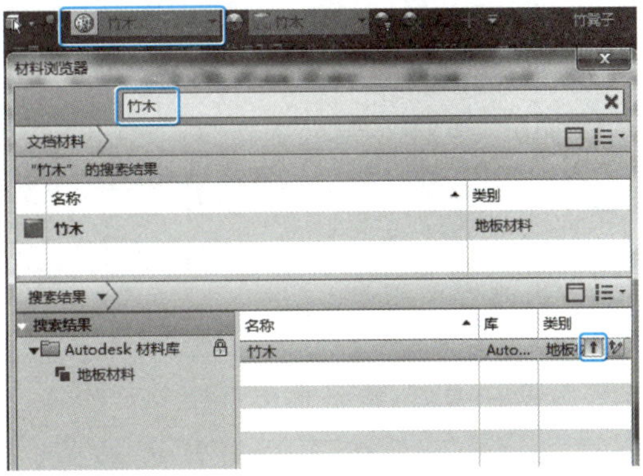  

续表

序号	操作文字说明 快捷操作示意	操作演示图示
09	单击“文件”，在下拉菜单中选择“保存”，输入文件名称“竹凳子”，单击保存	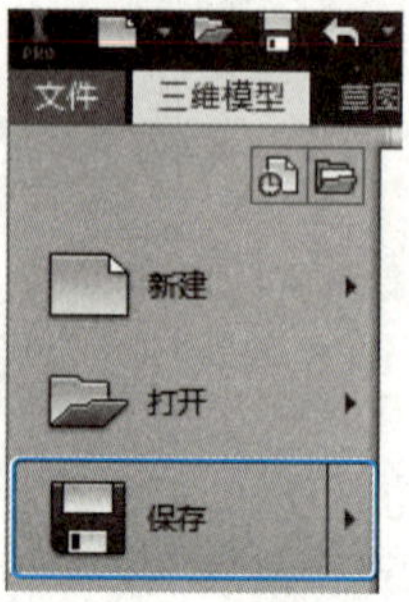 

自我评价

步骤	完成	未完成
1		
2		
3		
4		
5		
6		
7		
8		
9		

请根据自己的实际情况在相应的步骤栏内打钩。

作业

1. 请在课后运用手机或计算机通过网络搜索引擎寻找不同类型的凳子造型图片，运用本项目所学习的软件功能设计一款凳子。

2. 观察图 1–4 所示内容与上课建模竹凳子的浏览器状态有什么不同之处。

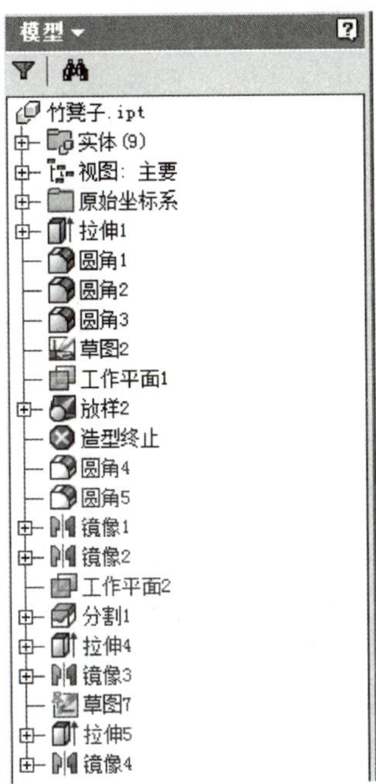

图 1-4 模型列表

作业指导

1. 上网查询类似图片进行三维设计。

2. 如果你在创建模型的过程中发现前几步操作中有尺寸输入错误应该怎么处理?

项目二　设计日用水杯

项目介绍

考古资料表明，新石器时代杯已经出现了。无论是仰韶文化、龙山文化还是河姆渡文化遗址中都见有陶制杯的存在。战国至汉代出现了原始青瓷杯；隋代杯多是直口、饼底的青釉小杯；唐代的三彩釉陶杯和纹胎陶杯极有特色；宋元时期的杯多直口、圈足或高足，高足底为喇叭状，宋杯多以釉色取胜，元杯胎骨厚重，杯内心常印有小花草为饰；明清时，制杯精致，其胎轻薄，其釉温润，其彩艳丽，其型多样。我们先来欣赏下古今中外的水杯造型（图 2–1），然后使用 Inventor 2018 软件自己制作一款漂亮的水杯吧（图 2–2、图 2–3）。

部件制作表

mm

零件	数量	长度	宽度	厚度	直径
① 杯盖	1 个	240	180	20	
② 茶隔	1 个	140			25
③ 杯身	1 个	220			
④ 挂件	1 个	186			18

注：挂件可自主设计造型，美观即可。

图 2–1　水杯造型

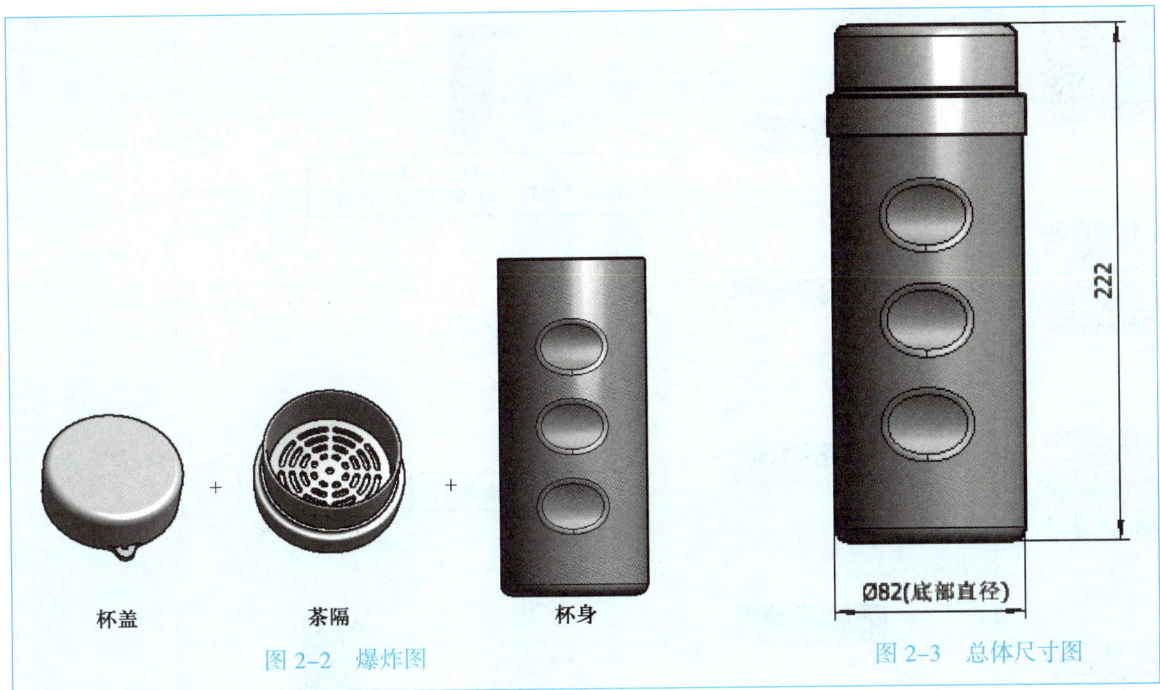

图 2-2 爆炸图

图 2-3 总体尺寸图

项目知识与技能

※ 创建零件文件并绘制二维草图轮廓
※ 草图旋转、布尔拉伸求差
※ 特征修饰
※ 特征镜像、阵列
※ iproperty 材料修改

项目建模步骤

日用水杯建模步骤如图 2-4 所示。

用 Inventor 2018 创建日用水杯模型的步骤可概括为：

（1）形体分析。对产品的形体进行整体分析，将其划分为若干个简单的元素。

（2）绘制草图。根据形体分析的结果绘制用于生成特征的草图。

（3）添加特征。通过旋转、抽壳、镜像、阵列、圆角等方式为草图或已有的模型添加特征。

（4）重复步骤（2）、（3），逐步完成模型的所有结构造型。

日用水杯建模过程见表 2-1。

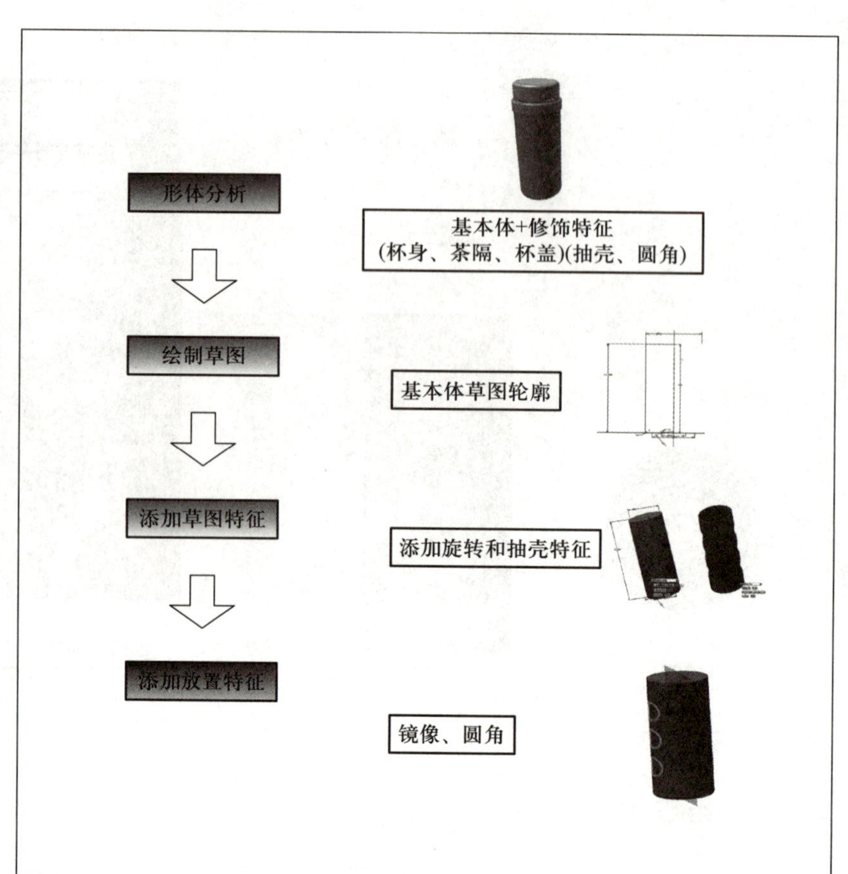

图 2-4　日用水杯建模步骤

表 2-1　日用水杯建模过程

序号	操作文字说明 快捷操作示意	操作演示图示
01	双击桌面图标启动软件，选择标准零件模板“Standard.ipt”创建零件文件	

续表

序号	操作文字说明 快捷操作示意	操作演示图示
02	单击工具面板“开始创建二维草图”按钮，并在绘图区中选择 XY 平面，进入二维草图创建环境	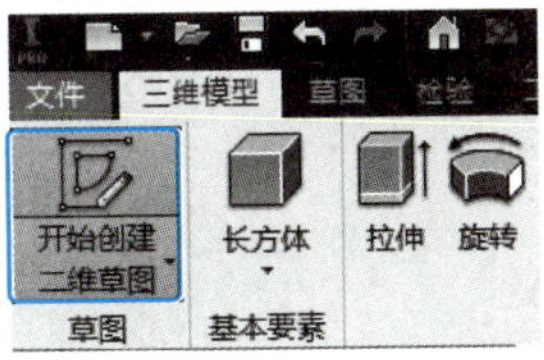 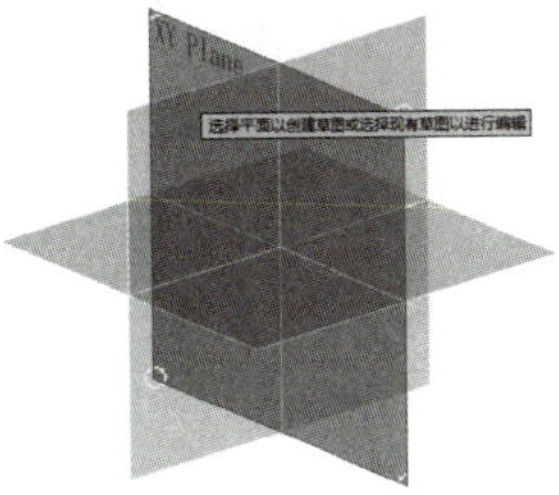
03	**创建杯身** ① 在草图选项卡中单击“直线”命令，依次绘制右图所示草图轮廓，并对草图添加尺寸约束，需要注意的是应将杯身的旋转轴设置成“中心线”，这样使得尺寸添加更加合理，操作示意如下： 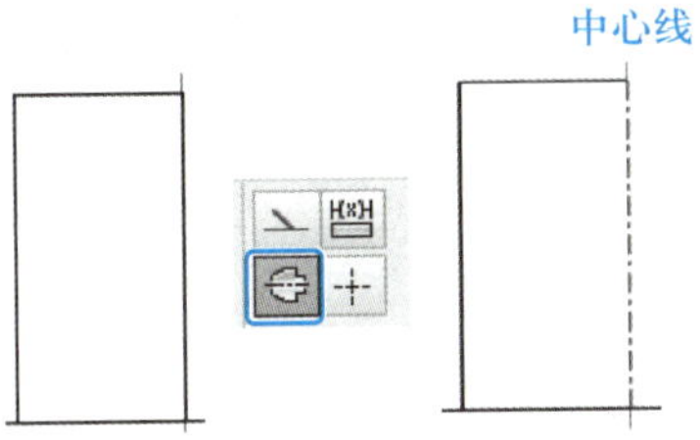 中心线 ② 单击工具面板中“三维模型”选项卡下“创建”面板中的“旋转”按钮，为草图轮廓添加旋转特征 定义：旋转特征是指将草图轮廓绕某一旋转轴旋转来创建实体或曲面	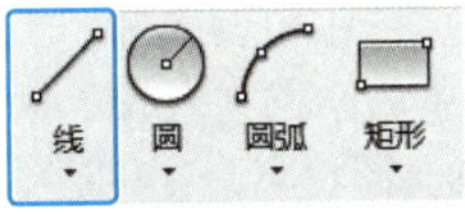 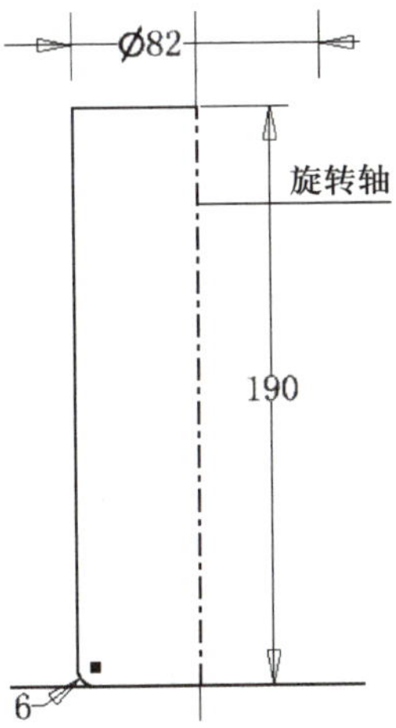 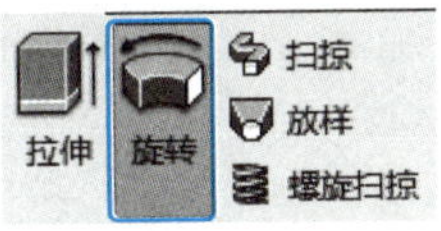 

续表

序号	操作文字说明 快捷操作示意	操作演示图示
03	③ 单击原始坐标系中的 YZ 平面，单击右键，在弹出的快捷菜单中单击“新建草图”按钮。进入草图绘制环境。随即按下键盘的 F7 键，草图环境进入“切片观察”模式，使用圆命令依次绘制右图	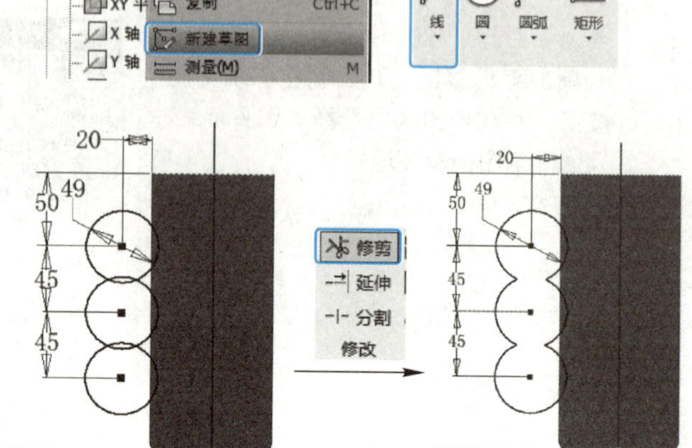
	④ 单击工具面板中“三维模型”选项卡下“创建”面板中的“拉伸”按钮，选取上一步创建的草图轮廓，对其进行双向拉伸求差操作	
	⑤ 单击工具面板中“三维模型”选项卡下“修改”面板中的“圆角”按钮，对上一步拉伸切除的特征进行圆角修饰	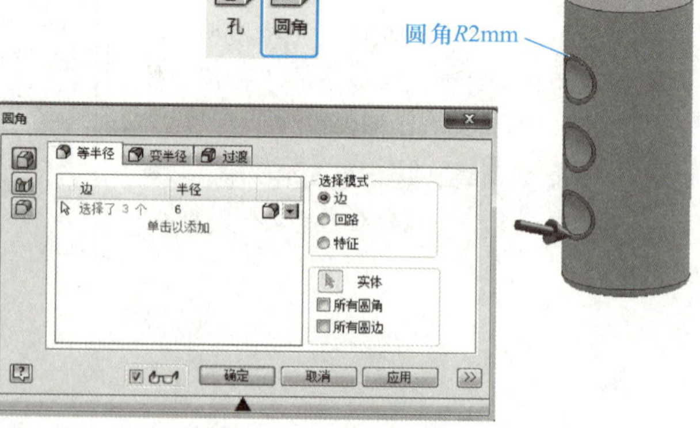

续表

<table>
<tr><th>序号</th><th>操作文字说明
快捷操作示意</th><th>操作演示图示</th></tr>
<tr><td rowspan="2">03</td><td>⑥ 单击工具面板中“三维模型”选项卡下“阵列”面板中的“镜像”按钮，对上一步创建完成的拉伸求差特征和圆角特征进行镜像操作。镜像操作可以选择镜像特征也可以选择镜像实体，针对本次设计要求，选择“镜像特征”
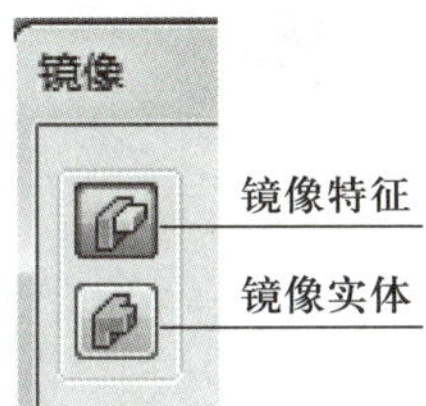
</td><td>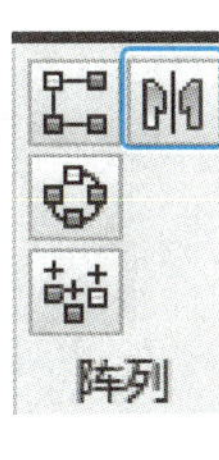

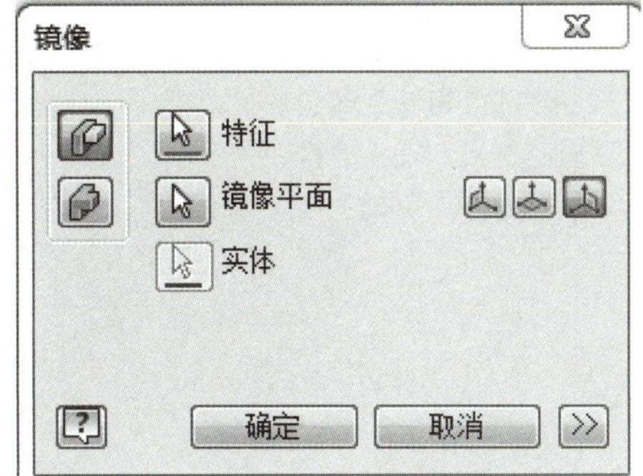

XY平面

</td></tr>
<tr><td>⑦ 单击工具面板中“三维模型”选项卡下“修改”面板中的“抽壳”按钮，对日用水杯杯身零件进行抽壳，抽壳厚度设置为 2 mm，对杯口进行内外圆角修饰，圆角半径为 $R1$ mm</td><td>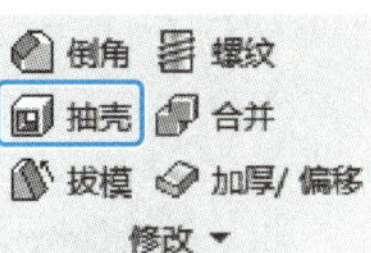

杯口圆角设计
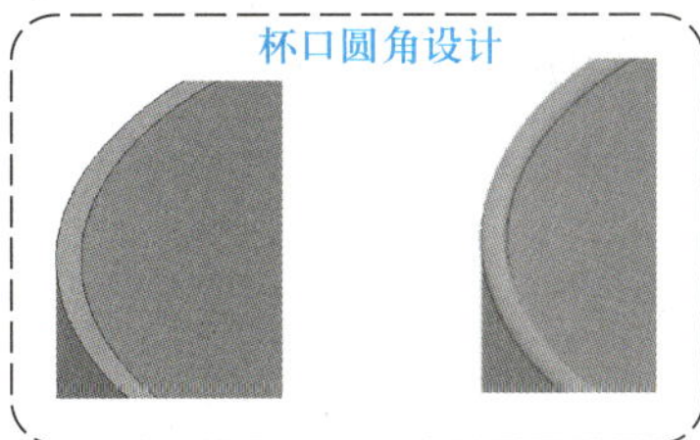</td></tr>
</table>

续表

序号	操作文字说明 快捷操作示意	操作演示图示
03	⑧ 通过软件顶部下拉菜单设定杯身的材料和外观颜色 材料：ABS 塑料 颜色：平滑—深森林绿 ⑨ 单击“文件”，在下拉菜单中选择“保存”，输入文件名称“杯身”，选择保存路径，单击保存	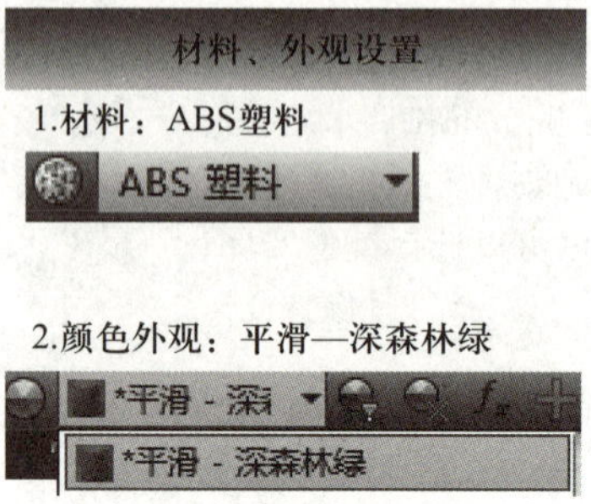  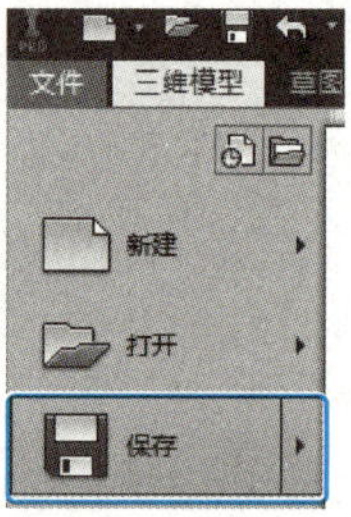 材料、外观设置 1.材料：ABS塑料 ABS 塑料 2.颜色外观：平滑—深森林绿 *平滑 - 深森林绿 文件 三维模型 草图 新建 打开 保存
04	在“快速访问工具栏”中选择菜单新建命令新建一个零件，进入三维设计环境。单击工具面板“开始创建二维草图”按钮，并在绘图区中选择 XY 平面，进入创建二维草图创建环境	 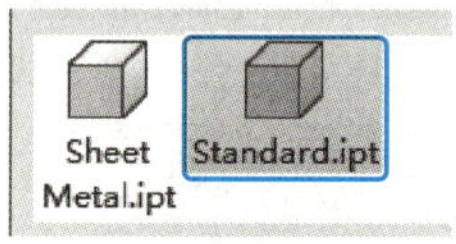  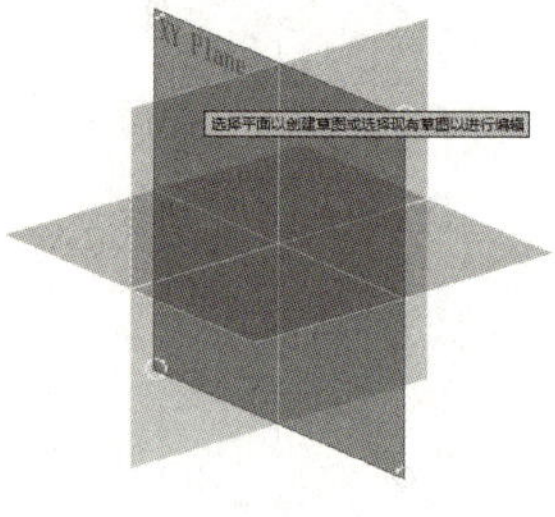 Sheet Metal.ipt Standard.ipt 文件 三维模型 草图 检验 开始创建二维草图 长方体 拉伸 旋转 草图 基本要素 XY Plane

续表

序号	操作文字说明 快捷操作示意	操作演示图示
05	**创建茶隔** ① 在草图选项卡中单击“直线”按钮，依次绘制右图所示草图轮廓，并对草图添加尺寸约束 偏移命令操作提示：单击偏移命令，选中偏移直线，按住左键向左拖动并输入“2” 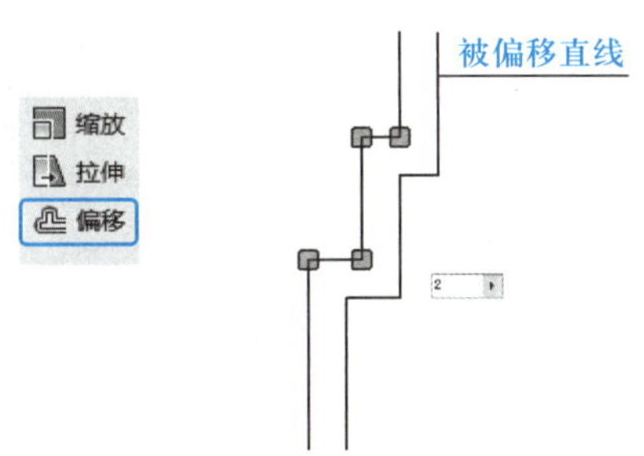 ② 单击工具面板中“三维模型”选项卡下“创建”面板中的“旋转”按钮为草图轮廓添加旋转特征 ③ 单击选中如右图所示零件特征表面，在弹出的快捷菜单中单击创建草图命令，进入草图绘制环境。软件自动投影直径为 74 mm 和直径为 82 mm 的圆形草图。将直径为 82 mm 圆的线型设置为构造线 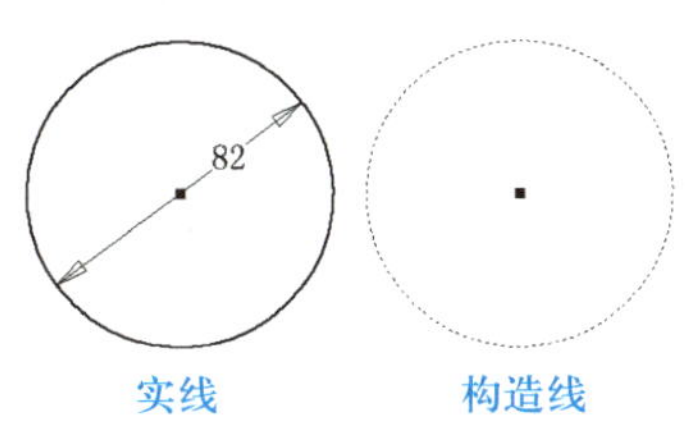 	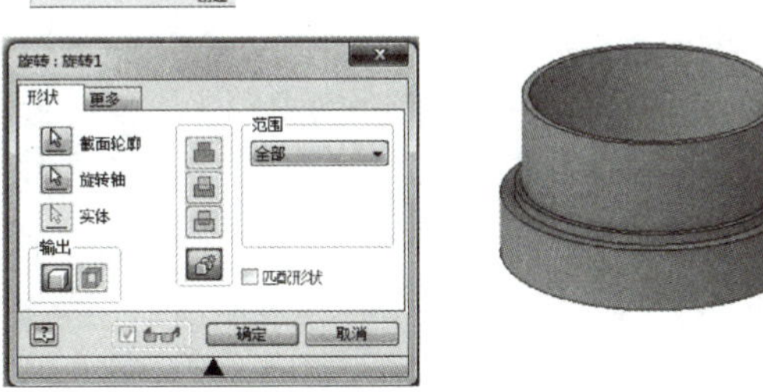  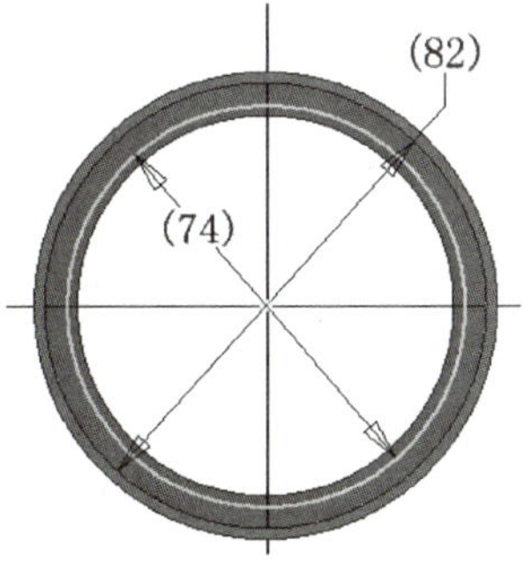

续表

<table>
<tr><th>序号</th><th>操作文字说明
快捷操作示意</th><th>操作演示图示</th></tr>
<tr><td rowspan="3">05</td><td>④ 单击工具面板中“三维模型”选项卡下“创建”面板中的“拉伸”按钮，在弹出的对话框中选取上一步由自动投影创建的直径为 74 mm 的圆为截面轮廓，范围选取“距离”，输入拉伸长度 3 mm。单击确定完成拉伸操作</td><td>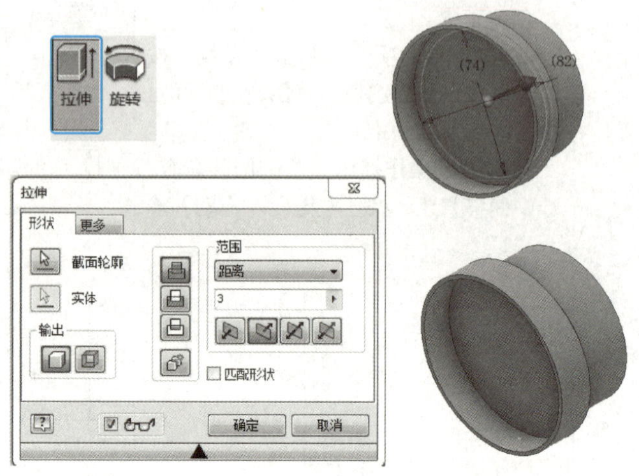
</td></tr>
<tr><td>⑤ 单击选中如右图所示零件特征表面，在弹出的快捷菜单中单击创建草图命令，进入草图绘制环境。依次绘制如右图所示的草图轮廓</td><td></td></tr>
<tr><td>⑥ 单击工具面板中“三维模型”选项卡下“创建”面板中的“拉伸”按钮，设置截面轮廓和拉伸范围如右图所示。单击确定完成拉伸操作</td><td>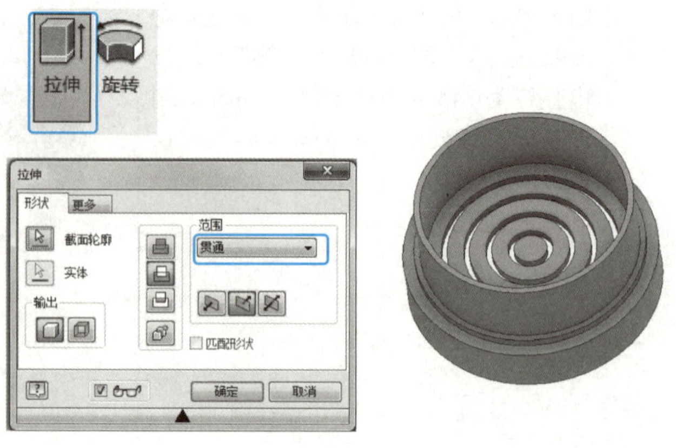
</td></tr>
</table>

续表

<table>
<tr><th>序号</th><th>操作文字说明
快捷操作示意</th><th>操作演示图示</th></tr>
<tr><td rowspan="4">05</td><td>⑦ 单击选中如右图所示零件特征表面，在弹出的快捷菜单中单击“创建草图”按钮，进入草图绘制环境。依次绘制如右图所示的草图轮廓。在绘制草图过程中使用环形阵列命令
环形阵列命令操作提示：选中阵列对象，中心原点为旋转轴，输入个数为6个
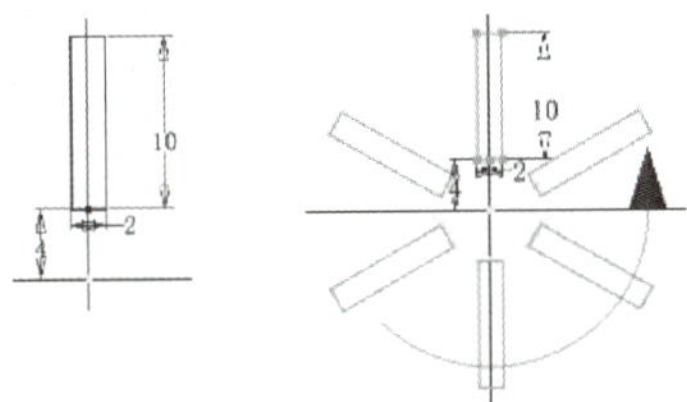</td><td>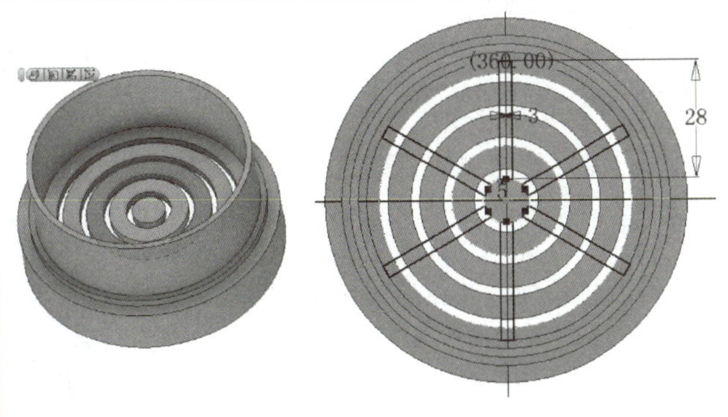</td></tr>
<tr><td>⑧ 单击工具面板中“三维模型”选项卡下“创建”面板中的“拉伸”按钮，选择6个矩形为截面轮廓，输入拉伸距离为3 mm，如右图所示。单击确定完成拉伸操作</td><td>

</td></tr>
<tr><td>⑨ 单击工具面板中“三维模型”选项卡下“修改”面板中的“圆角”按钮，依次选取零件外观棱边，设置圆角设计大小均为1 mm</td><td>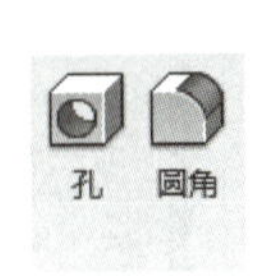

圆角1
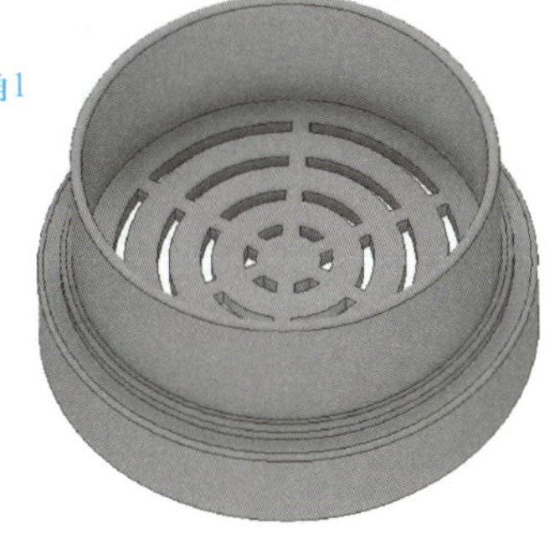</td></tr>
<tr><td>⑩ 通过软件顶部下拉菜单设定茶隔材料为“ABS塑料”，设定外观颜色为“平滑－白色”并保存设计文件，取名为“茶隔”</td><td>

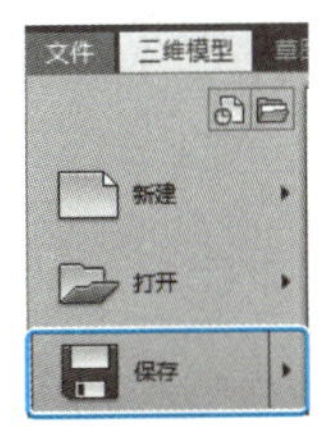

</td></tr>
</table>

续表

序号	操作文字说明 快捷操作示意	操作演示图示
06	在“快速访问工具栏”中选择新建命令新建一个零件，进入三维设计环境。单击工具面板“开始创建二维草图”按钮，并在绘图区中选择XY平面，进入创建二维草图创建环境	 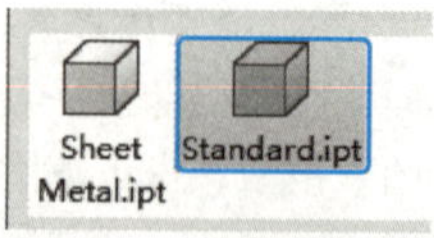 Sheet Metal.ipt　Standard.ipt  文件　三维模型　草图　检验 开始创建二维草图　长方体　拉伸　旋转 草图　基本要素 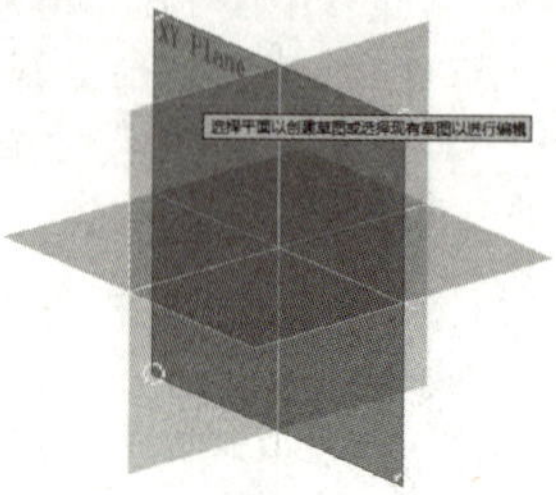 XY Plane
07	**创建杯盖** ① 在草图选项卡中单击“矩形”按钮，依次绘制右图所示草图轮廓，并对草图添加尺寸约束 ② 单击工具面板中“三维模型”选项卡下“创建”面板中的“旋转”按钮，为草图轮廓添加旋转特征 ③ 单击工具面板中“三维模型”选项卡下“修改”面板中的“抽壳”按钮，设置抽壳厚度为2 mm	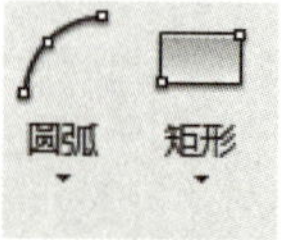 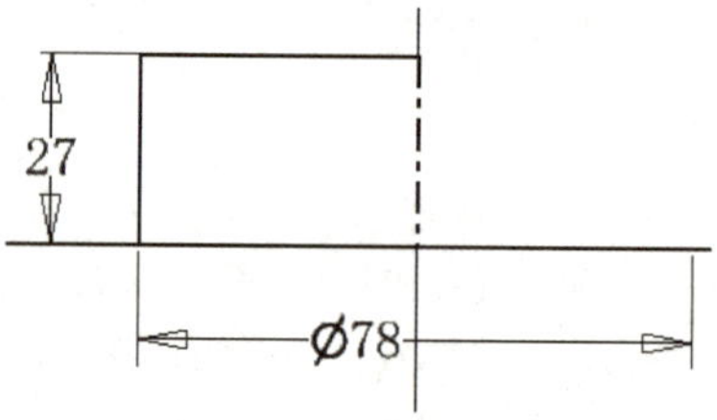   圆弧　矩形 27　Ø78 拉伸　旋转　扫掠　放样　螺旋扫掠　创建 旋转：旋转1　形状　更多　截面轮廓　旋转轴　实体　输出　范围　全部　匹配形状　确定　取消 圆角设计*R*5mm 孔　圆角　倒角　抽壳　拔模  抽壳　抽壳　更多　开口面　自动链选面　实体　厚度　2　确定　取消 

续表

序号	操作文字说明 快捷操作示意	操作演示图示
07	④ 单击选中如右图所示零件特征表面，在弹出的快捷菜单中单击创建草图命令，进入草图绘制环境，依次绘制右图所示的草图轮廓	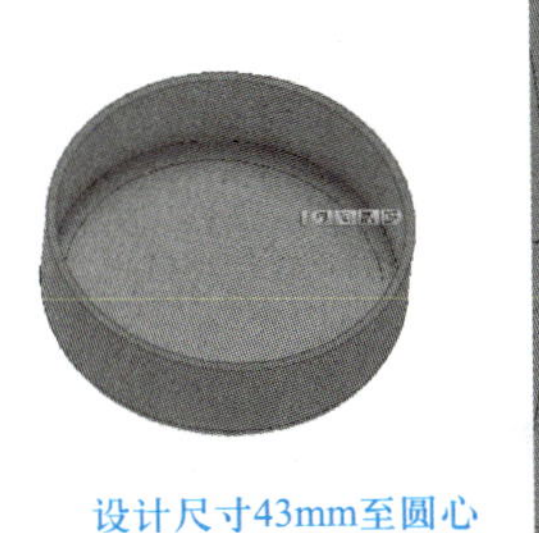 设计尺寸43mm至圆心 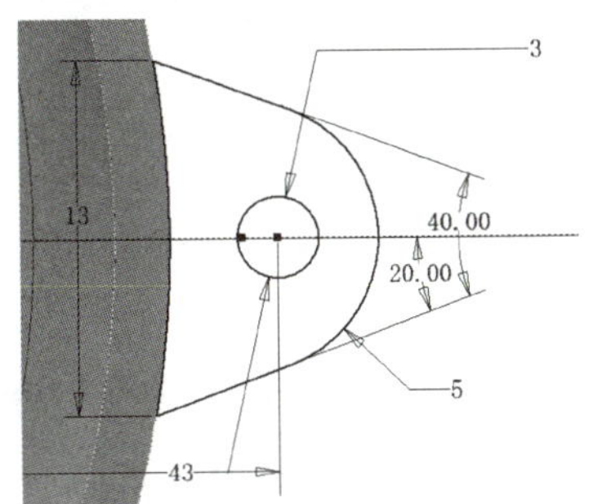
	⑤ 单击工具面板中“三维模型”选项卡下“创建”面板中的“拉伸”按钮，对上一步创建的草图轮廓拉伸 5 mm	拉伸 旋转  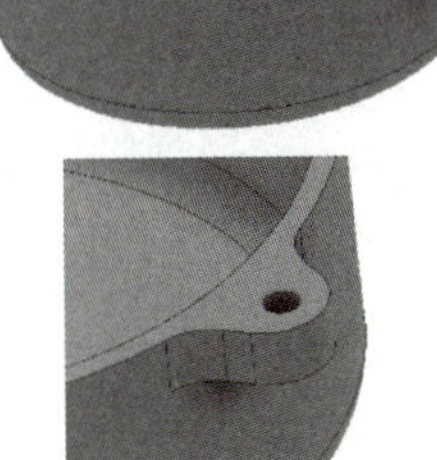 圆角$R5$mm
	⑥ 通过软件顶部下拉菜单设定杯盖材料为“ABS 塑料”，设定外观颜色为“平滑 - 白色”并保存设计文件，取名为“杯盖”	ABS 塑料　平滑 - 白色 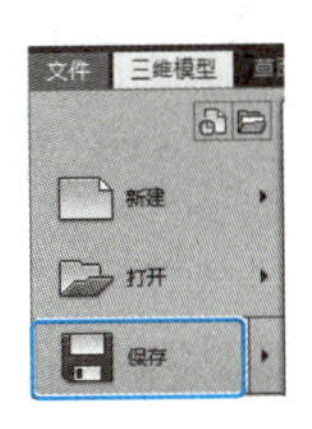 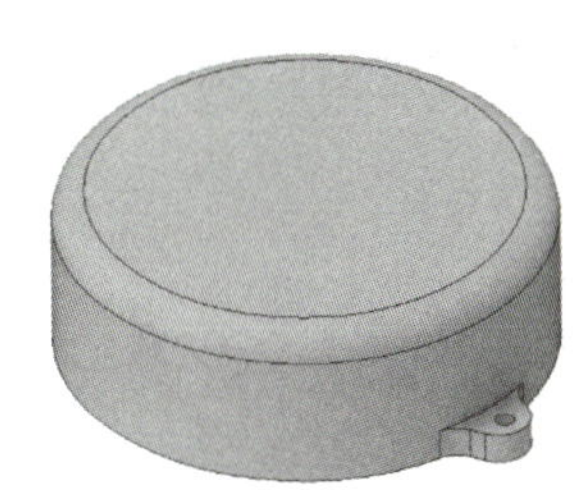

日用水杯装配

部件装配的一般流程

应用 Inventor 2018 进行部件装配时，首先要新建部件文件，并将待装配的零部件装入部件环境。由于第一个进入部件环境的零部件将被应用固定约束（该零部件的坐标与部件环境的坐标相重合），故应首先将部件中可作为部件主体或基体的零部件装入其中。另一方面，同时载入过多的零部件可能造成混乱，一般采用边装载边约束的方式，装入零部件后便添加约束，待该零件约束添加完成后再载入下一个零部件。添加约束时，应先添加位置约束，将零部件放置在正确的位置，再添加运动约束，设置该零部件与其他零部件之间的运动关系。部件装配的一般流程如图 2-5 所示。

使用Inventor 2018进行日用水杯部件装配时，应首先将“杯身”作为基础零件装入部件环境，然后逐步将茶隔、杯盖零件装入并应用相应的位置约束。装配效果如图2-6所示。装配步骤如下。

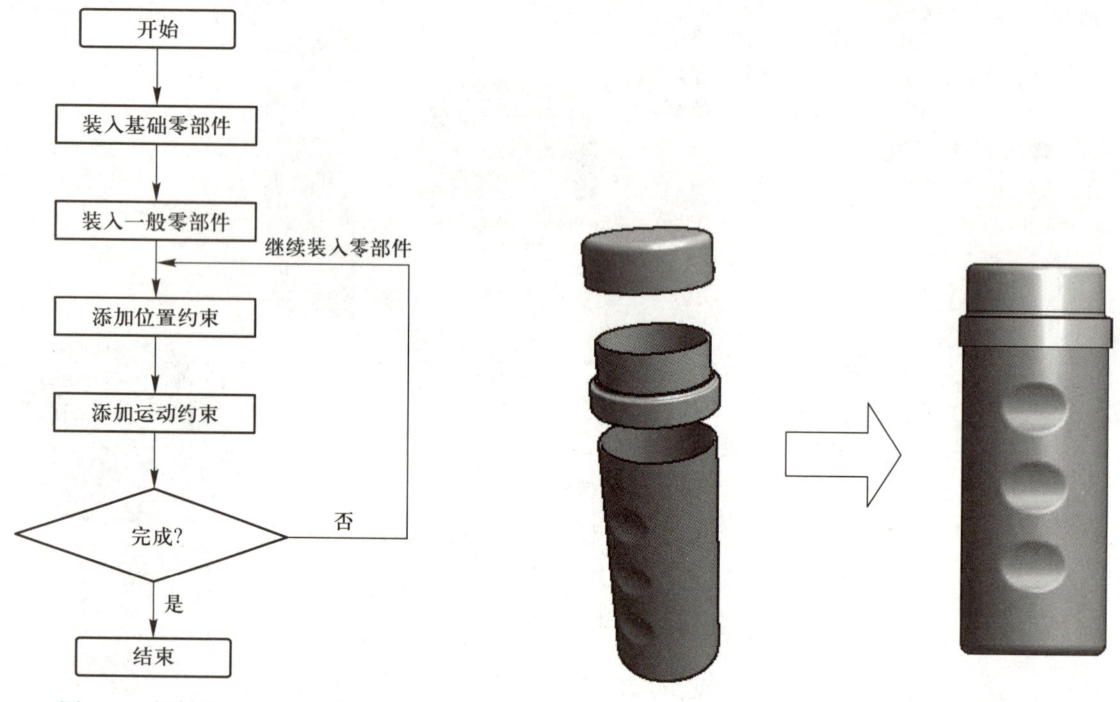

图2-5 部件装配的一般流程

图2-6 装配效果

步骤1 启动Inventor 2018并新建文件，选择标准部件模板（Standard.iam）创建部件文件，Inventor 2018将进入部件环境，如图2-7所示。

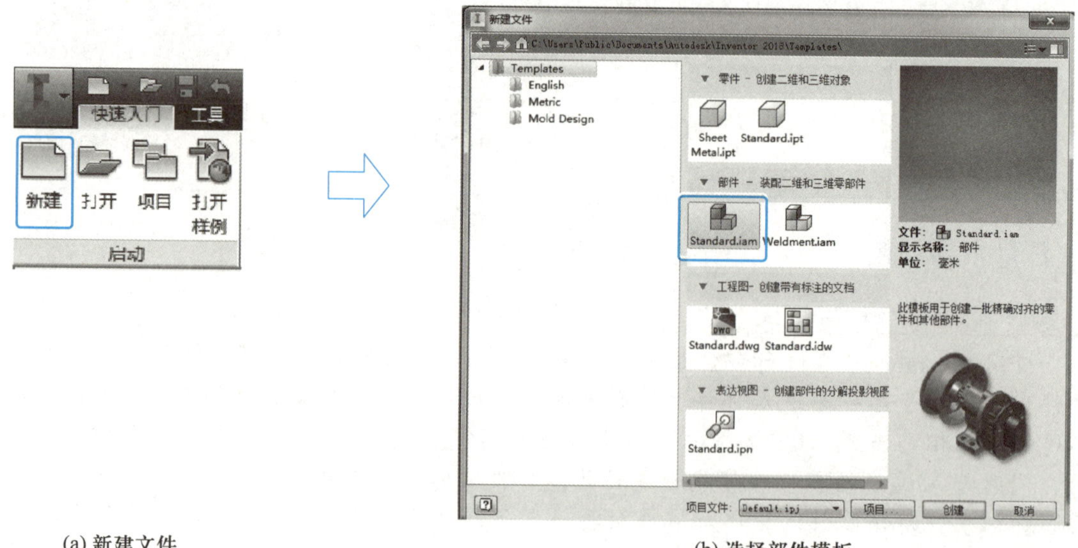

(a) 新建文件　　(b) 选择部件模板

图2-7 进入部件环境

步骤 2 首先单击工具面板“装配”选项卡中的“放置”按钮，打开“装入零部件”对话框，查找并选中需要装入的零部件，单击“打开”，所选取的零部件将随光标进入部件环境，将其放置到大致位置后单击确认（Inventor 2018 会将第一个进入部件环境的零部件放置在默认的位置，无需通过此步自行确定其位置；若需将同一零件多次装入部件环境，此步骤可多次单击确认），然后右击并选择右键菜单中的“确定”完成零部件的装入操作。放置方式装入零件如图 2–8 所示。

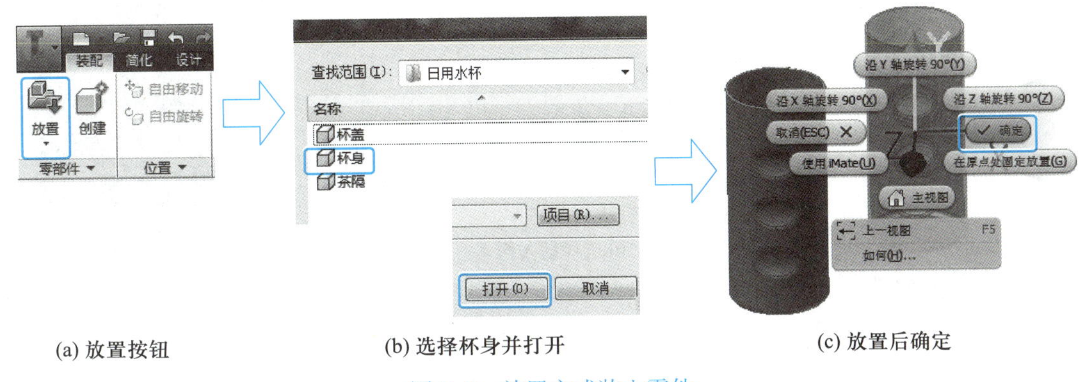

(a) 放置按钮 (b) 选择杯身并打开 (c) 放置后确定

图 2–8 放置方式装入零件

步骤 3 用相同的方法放置“茶隔”零件，并使用约束功能定位零件与杯身约束。装配茶隔的过程如图 2–9 所示。

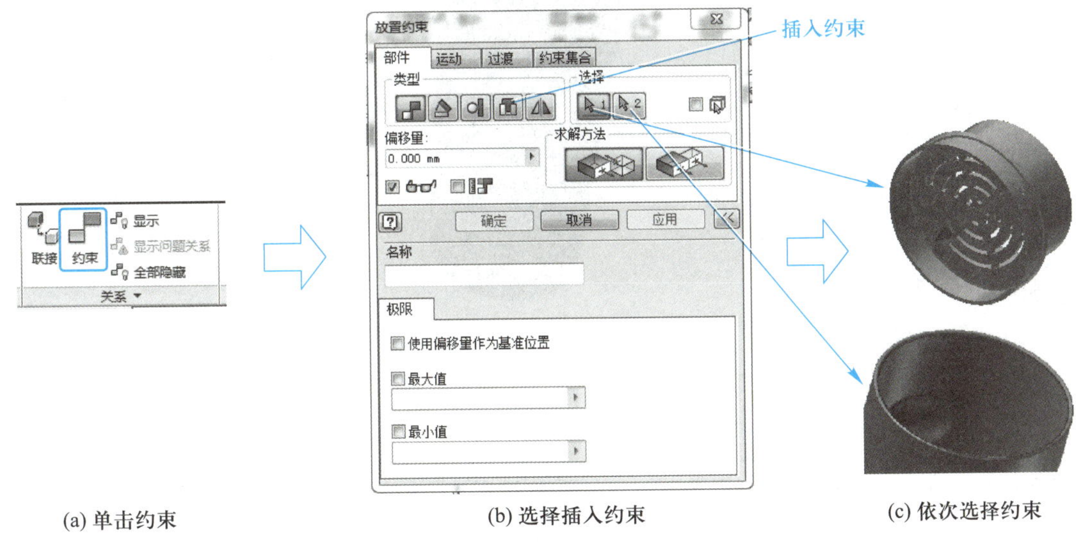

(a) 单击约束 (b) 选择插入约束 (c) 依次选择约束

图 2–9 装配茶隔的过程

步骤 4 用相同的方法放置“杯盖”零件，并使用约束功能定位零件，完成日用水杯的装配。装配杯盖的过程如图 2–10 所示。

步骤 5 装配效果如图 2–11 所示。

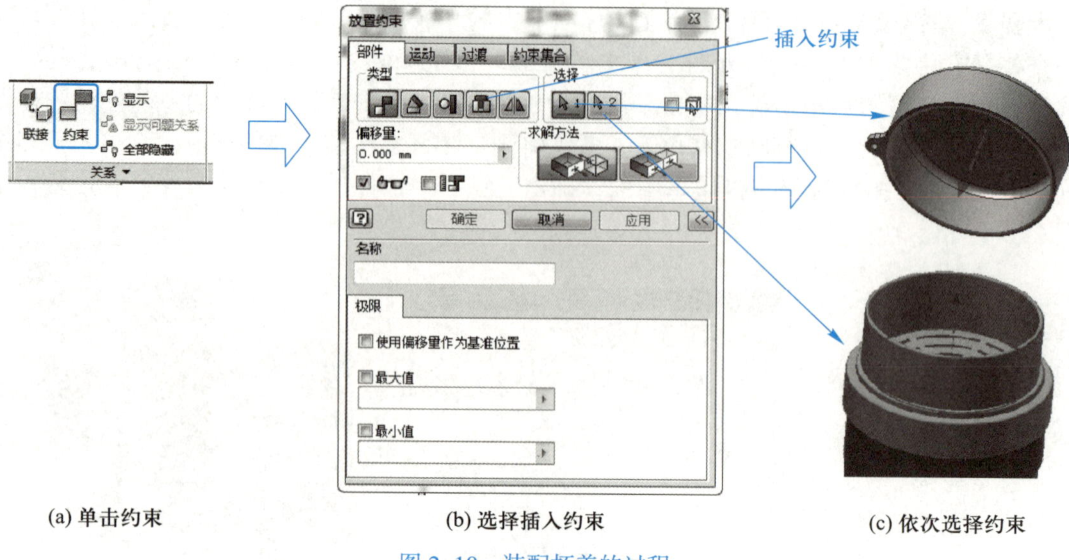

(a) 单击约束　　(b) 选择插入约束　　(c) 依次选择约束

图 2-10　装配杯盖的过程

图 2-11　装配效果

自我评价

制作任务	自主完成的步骤	合作讨论下完成的步骤	未完成的步骤
杯身			
茶隔			
杯盖			
装配			

作业

1. 请在课后运用手机或计算机通过网络搜索引擎寻找不同类型的杯子造型图片，运用本项目所学习的软件功能设计一款杯子。本项目中设计的日用水杯没有加入杯子手把，请思考如何给杯子增加手把，使得造型更加贴近实际。

2. 装配练习（教师提供零件）。

作业指导

1. 上网查询杯子造型图片并对杯子进行改进设计。

2. 在装配环境中练习使用其他约束方法进行零件装配。

项目三　设计百合花

项目介绍

百合（图 3–1），又名强蜀、番韭、山丹等，是百合科、百合属多年生草本球根植物，原产于中国，主要分布在亚洲东部、欧洲、北美洲等北半球温带地区，全球已发现有至少 120 个品种，其中 55 种产于中国。近年来有不少经过人工杂交而产生的新品种，如亚洲百合、香水百合。

百合花素有“云裳仙子”之称，其外表高雅纯洁，花名取“百年好合”“百事合意”之意，中国自古视百合为吉祥花。另外百合花也是一剂滋补良药。本项目将使用 Inventor 2018 软件制作一朵百合花（图 3–2）。

图 3–1　百合

图 3–2　百合花

项目知识与技能

※ 创建零件文件并绘制二维草图轮廓

※ 旋转曲面、曲面嵌片和缝合曲面

※ 扫掠特征

※ 特征环形阵列

※ 建模实体颜色调整设置

项目建模步骤

百合花建模步骤如图 3–3 所示。百合花建模过程见表 3–1。

图 3-3　百合花建模步骤

表 3-1　百合花建模过程

序号	操作文字说明 快捷操作示意	操作演示图示
01	双击桌面图标启动软件，选择标准零件模板“Standard.ipt”创建零件文件	

续表

<table>
<tr><th>序号</th><th>操作文字说明
快捷操作示意</th><th>操作演示图示</th></tr>
<tr><td>02</td><td>单击工具面板中的“开始创建二维草图”按钮，并在绘图区中选择 XY 平面，进入二维草图创建环境</td><td>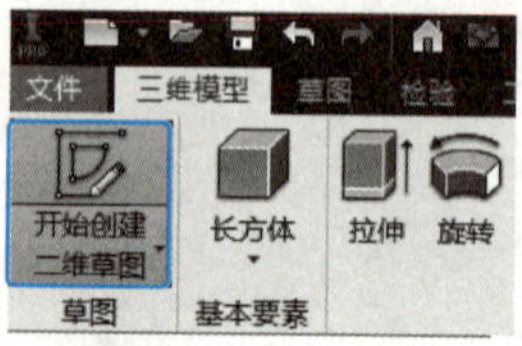

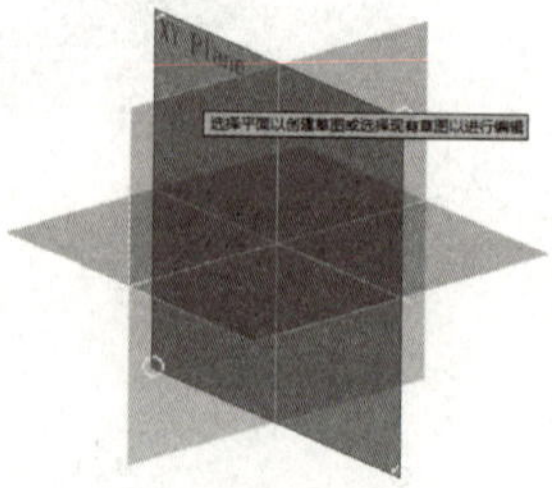
</td></tr>
<tr><td rowspan="3">03</td><td>创建花瓣
① 单击工具面板“草图”选项卡“线”与“圆弧”按钮，以原始坐标原点为起点，依次绘制如右图所示的草图轮廓</td><td>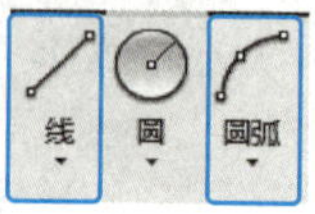

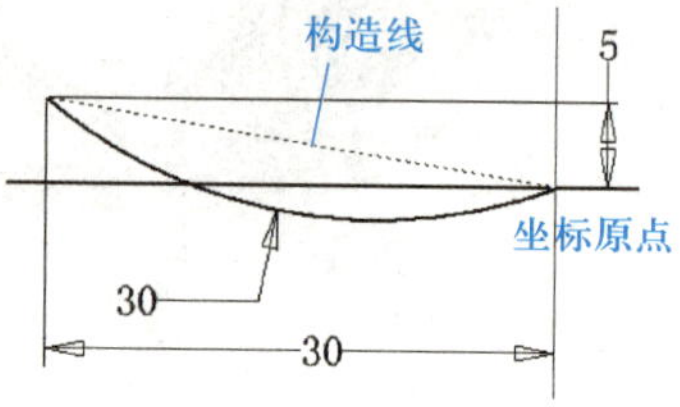
</td></tr>
<tr><td>② 单击工具面板“三维模型”选项卡中“创建”区域中的“旋转”按钮。在弹出的旋转对话框中设置旋转参数，其中旋转截面选取 R30 mm 圆弧，旋转轴选取构造线，设置输出方式为“曲面”，范围为“角度”并添加角度为 160°，旋转方向为“双向”。单击确定完成该旋转操作</td><td>

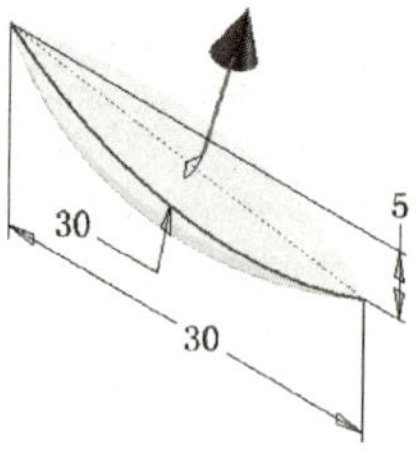

</td></tr>
<tr><td>③ 单击原始坐标系中的 XY 平面，单击绘图区的“创建草图”按钮，软件进入草图绘制环境。使用三点圆弧草图命令绘制如右图所示的 R50 mm 草图轮廓</td><td>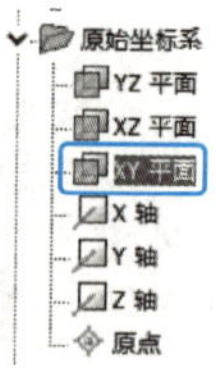

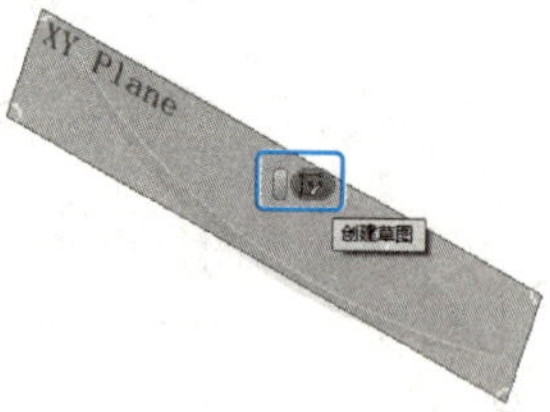

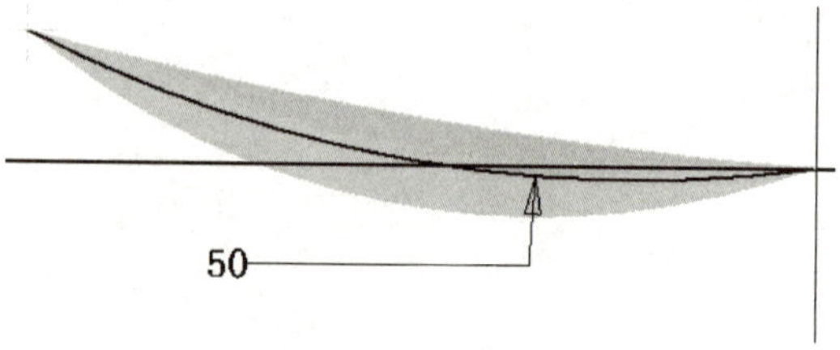
</td></tr>
</table>

续表

序号	操作文字说明 快捷操作示意	操作演示图示
03	④ 单击工具面板“三维模型”选项卡中“曲面”区域中的“边界嵌片”按钮。在弹出的对话框中将“自动链选边”前面的钩去掉，随后依次选取边1和草图3，单击确定完成边界嵌片操作。这样就完成了花瓣一边的边界嵌片。使用相同的操作方法完成另一边 边界嵌片的用途是可以在指定的闭合回路边界内创建平面或三维曲面 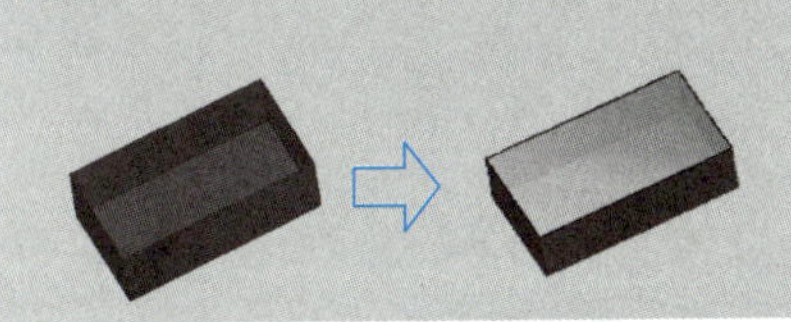	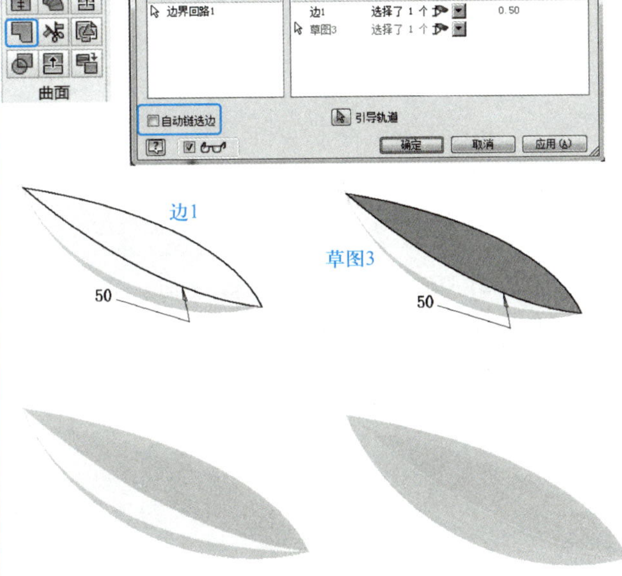
	⑤ 单击工具面板“三维模型”选项卡中“曲面”区域中的“缝合”按钮。框选绘图区全部三个曲面，单击应用完成由曲面到实体的输出	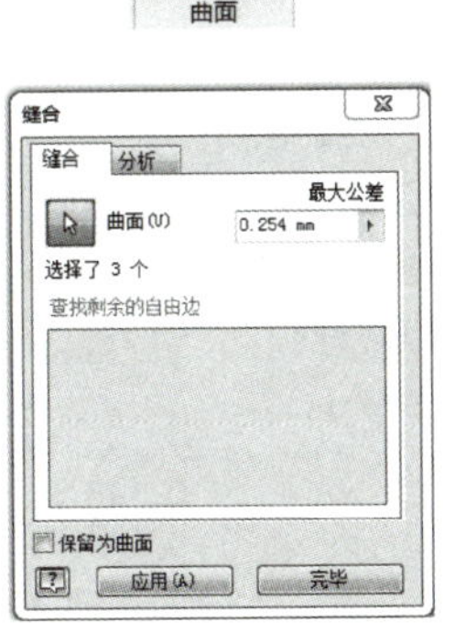 

续表

<table>
<tr><th>序号</th><th>操作文字说明
快捷操作示意</th><th>操作演示图示</th></tr>
<tr><td>04</td><td>创建花茎
使用扫掠命令进行创建
① 单击原始坐标系中的 XY 平面，单击绘图区的“创建草图”按钮，进入草图绘制环境。使用圆命令绘制直径为 2 mm 的草图轮廓。单击完成草图退出草图绘制环境

② 单击原始坐标系中的 YZ 平面，单击绘图区的“创建草图”按钮，进入草图绘制环境。使用直线与样条曲线命令完成右图草图轮廓的绘制

③ 单击工具面板“三维模型”选项卡中“创建”区域中的“扫掠”按钮。选取步骤①草图为截面轮廓，步骤②草图为扫掠路径，单击新建实体按钮，单击确定完成扫掠操作，生成花茎特征</td><td>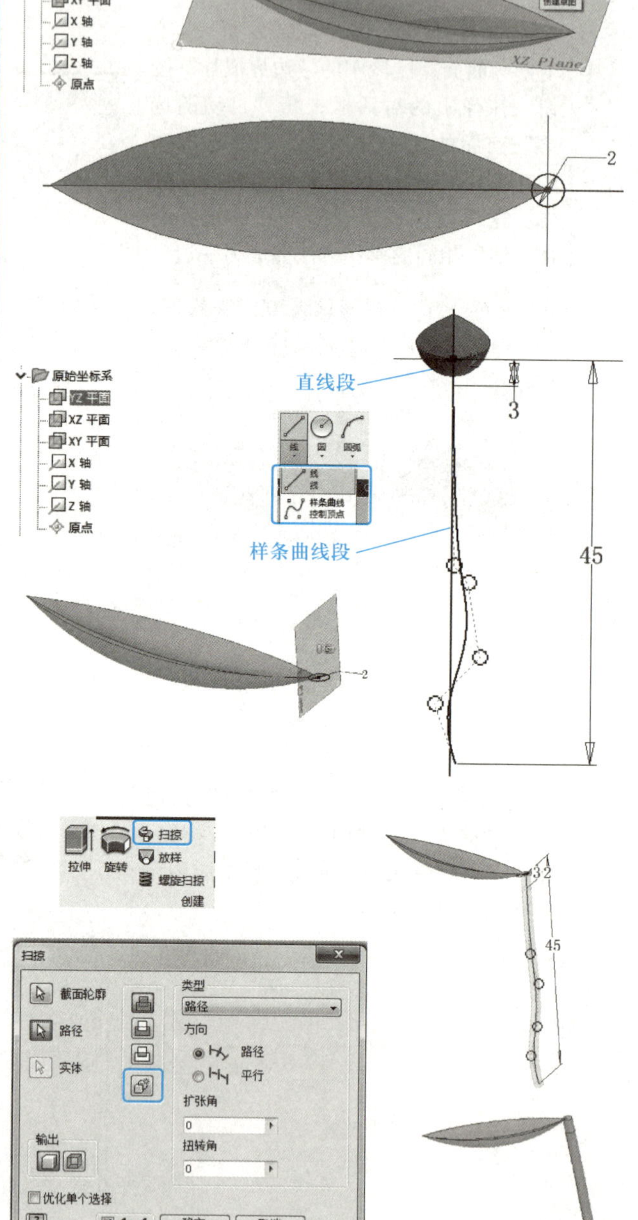
</td></tr>
</table>

续表

<table>
<tr><th>序号</th><th>操作文字说明
快捷操作示意</th><th>操作演示图示</th></tr>
<tr><td rowspan="4">05</td><td>创建其余花瓣
① 单击工具面板“三维模型”选项卡“阵列”区域中的“环形阵列”按钮。在弹出的环形阵列对话框中设置阵列参数，如右图所示。单击确定完成4层花瓣的设计</td><td>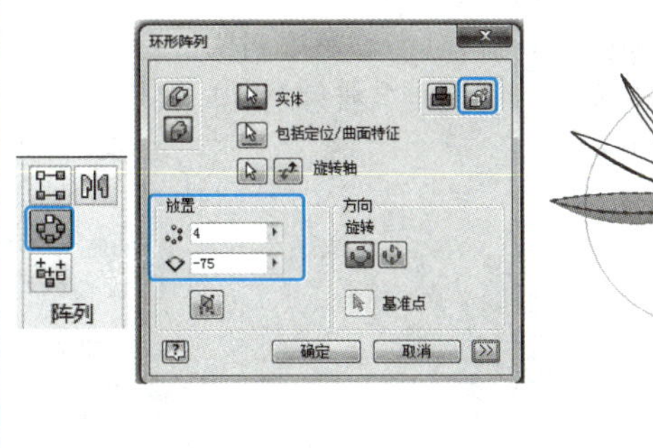</td></tr>
<tr><td>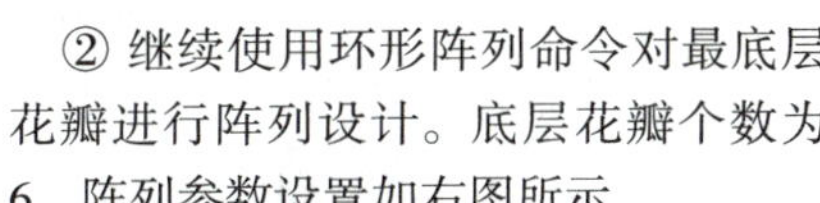② 继续使用环形阵列命令对最底层花瓣进行阵列设计。底层花瓣个数为6。阵列参数设置如右图所示
</td><td></td></tr>
<tr><td>③ 继续使用环形阵列命令对第二层花瓣进行阵列设计。花瓣个数为5。阵列参数设置如右图所示
</td><td>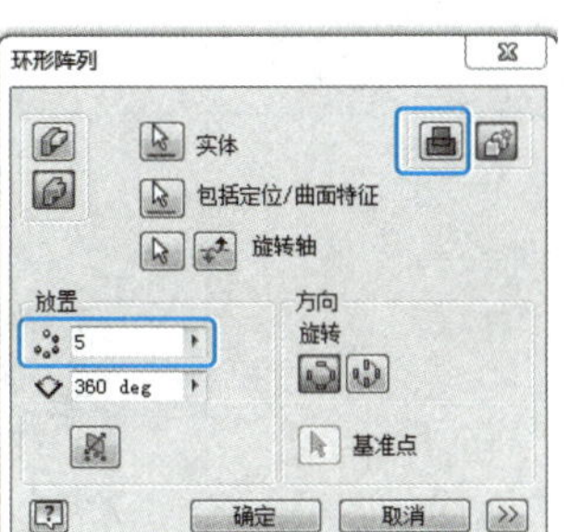</td></tr>
<tr><td>④ 继续使用环形阵列命令对第三层花瓣进行阵列设计。花瓣个数为4。阵列参数设置如右图所示
</td><td>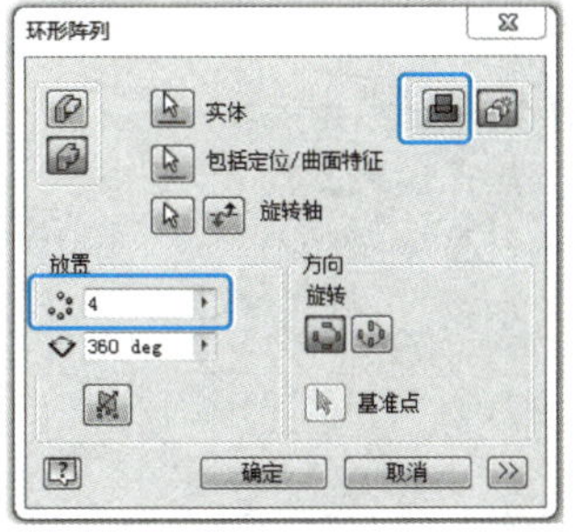</td></tr>
</table>

续表

序号	操作文字说明 快捷操作示意	操作演示图示
05	⑤ 继续使用环形阵列命令对第四层花瓣进行阵列设计。花瓣个数为 3。阵列参数设置如右图所示 	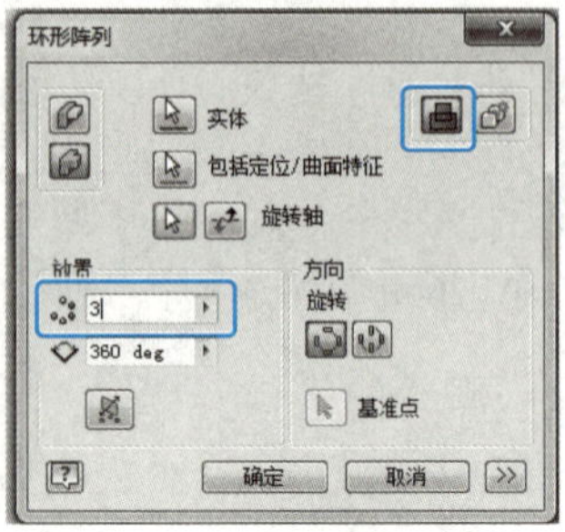 
06	**建议方案** 给单个零件取名，如右图所示。这样可更加准确地对目标零件进行外观修改（如颜色），同时对模型数据的管理也更加规范	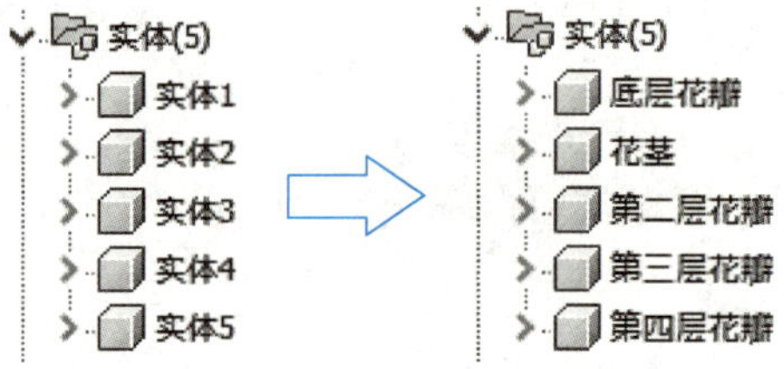
07	**设置花茎外观颜色** 单击选中花茎零件，单击快速访问栏中“调整”按钮，在弹出的调色盘中使用中心拖动块调节颜色至合适处 首先选中需要修改颜色的实体表面，再单击需要修改的颜色区域，接着移动颜色控制盘中间调整块调色或者输入颜色分量数值大小配色	 

续表

<table>
<tr><th>序号</th><th>操作文字说明
快捷操作示意</th><th>操作演示图示</th></tr>
<tr><td>08</td><td colspan="2">设置花瓣外观颜色
根据步骤 06 的操作方法依次对四层花瓣颜色进行修改，参考方案示意如下：

</td></tr>
<tr><td>09</td><td>完成建模与外观颜色修改，保存文件
单击“文件”，在下拉菜单中选择“保存”，输入文件名称“百合花”，单击保存</td><td>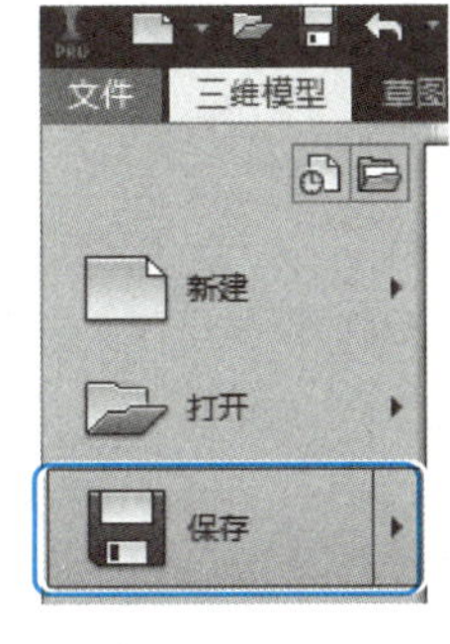
</td></tr>
</table>

自我评价

制作任务	自主完成的步骤	合作讨论下完成的步骤	未完成的步骤
花瓣			
花茎			
花瓣阵列			
外观修改			

作业

1. 请在课后运用手机或计算机通过网络搜索引擎寻找荷花造型图片（图 3–4），运用本项目所学习的软件功能设计一款荷花。

图 3–4　荷花

作业指导

在设计网站中搜索荷花造型，依照建模步骤学习建模思路。

2. 在创建百合花的过程中，多次使用了环形阵列命令。请思考为什么有时候环形阵列是生成单独实体，有时候又要进行与已知零件求和操作，请总结主要的原因。

3. 在修改百合花颜色的过程中，本项目只提供了一种方法（调色盘），但 Inventor 软件对颜色的修改并不只有一种方法，请结合软件操作并自主尝试总结其余修改外观颜色的方法。

项目四　设计足球

项目介绍

足球是我们课余时间非常喜爱的体育运动项目之一，它有“世界第一运动”的美誉，是全球体育界最具影响力的单项体育运动。

我们先来欣赏下足球的造型（图 4–1），然后使用 Inventor 2018 软件制作一只足球（图 4–2）。

图 4–1　足球的造型

图 4–2　足球

项目知识与技能

※ 创建零件文件并绘制二维草图轮廓

※ 旋转曲面、曲面嵌片和缝合曲面

※ 扫掠特征

※ 特征环形阵列（重点）

※ 建模实体颜色调整设置

项目建模步骤

足球建模步骤如图 4–3 所示。

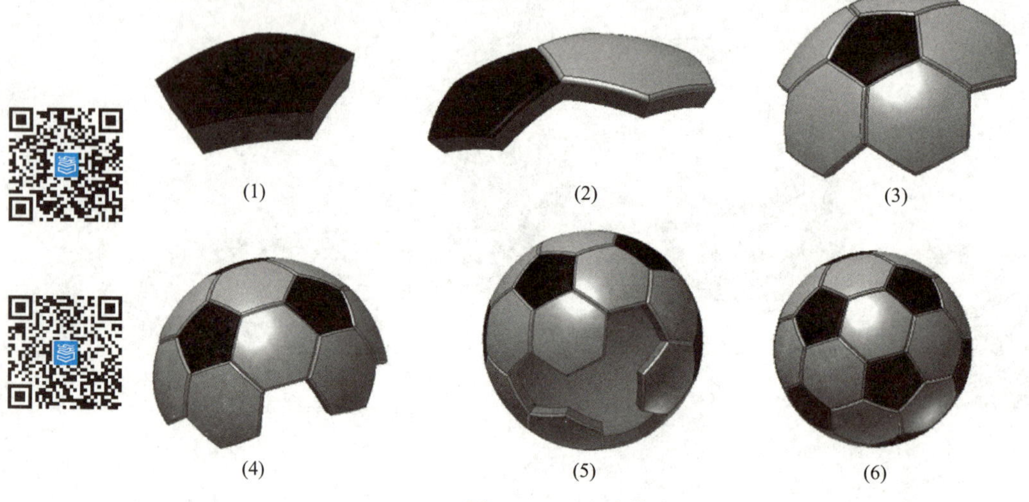

图 4–3　足球建模步骤

足球建模过程见表 4–1。

表 4–1　足球建模过程

序号	操作文字说明 快捷操作示意	操作演示图示
01	双击桌面图标启动软件，选择标准零件模板“Standard.ipt”创建零件文件	

续表

序号	操作文字说明 快捷操作示意	操作演示图示
02	单击工具面板“开始创建二维草图”按钮，并在绘图区中选择 XY 平面，进入二维草图创建环境	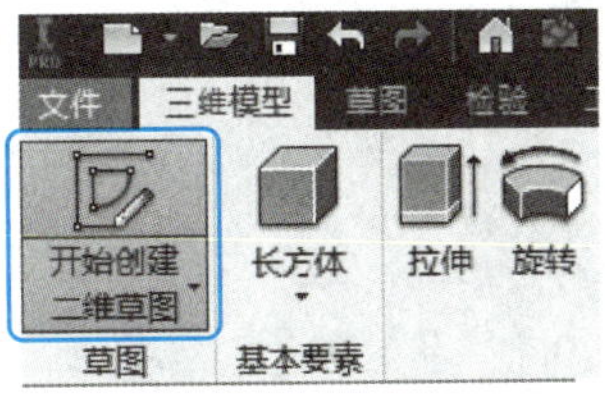 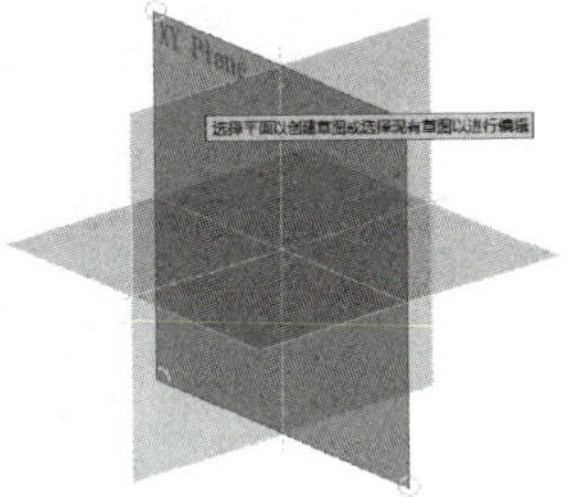
03	**构造足球初始线框** ① 在草图选项卡中单击“多边形”按钮，在弹出的对话框中输入多边形边数为 5，随即在绘图区绘制一个边长为 12 mm 的正五边形	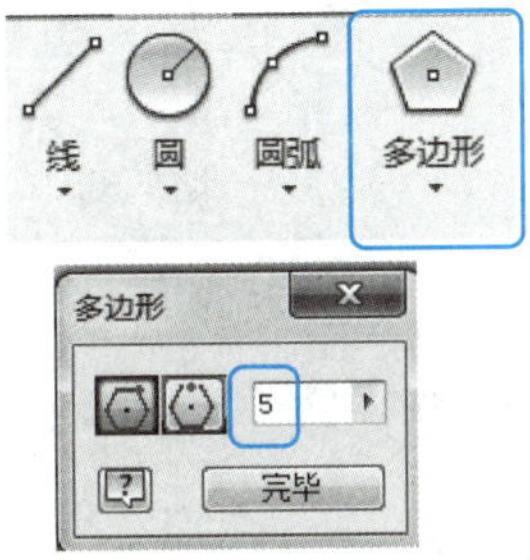 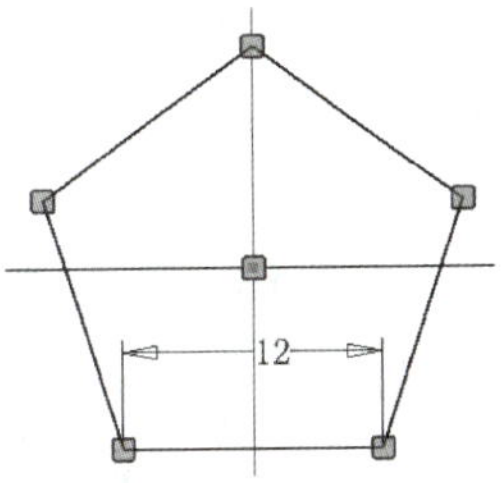
	② 单击工具面板“开始创建三维草图”按钮，在三维草图选项卡中单击“包括几何图元”，投影正五边形的任意相邻两条边，并将投影线线型修改为构造线	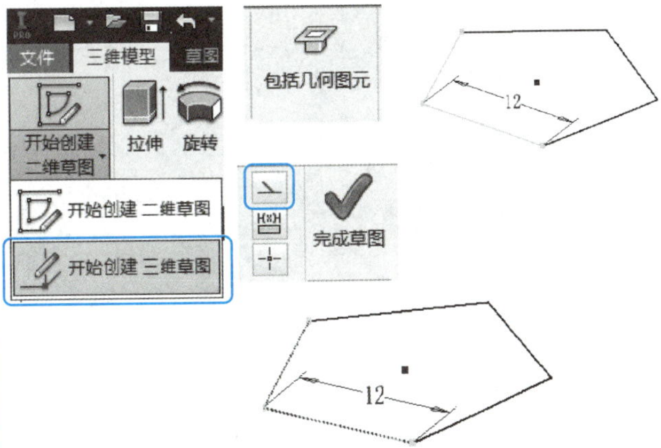
	③ 在三维草图选项卡中单击“直线”按钮，拾取两条构造线的交点作为直线起点画三维草图直线，并根据右图对草图进行全约束	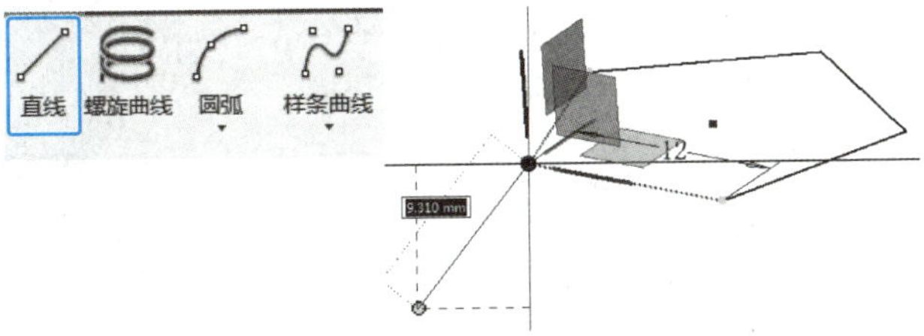

续表

序号	操作文字说明 快捷操作示意	操作演示图示
03	**操作提示：** 在构建三维草图直线过程中，请注意软件操作提示栏中的“正交模式”功能，在本次操作中应关闭此功能 	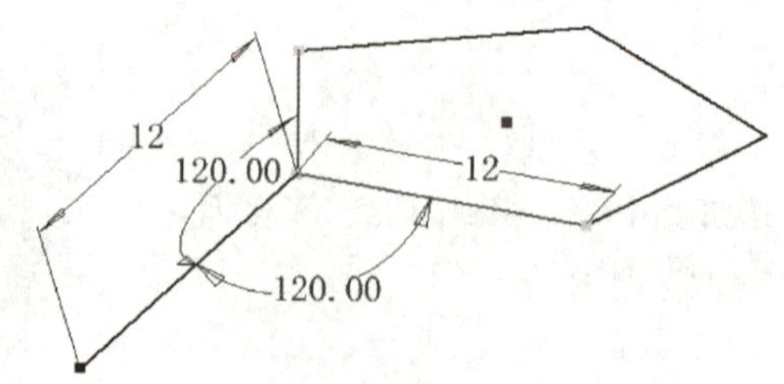 平面 轴 点 UCS 定位特征
	④ 单击工具面板中“三维模型”选项卡下“定位特征”面板中的“平面”按钮，依次拾取右图中直线 1 与直线 2。软件自动构建一个自定义平面	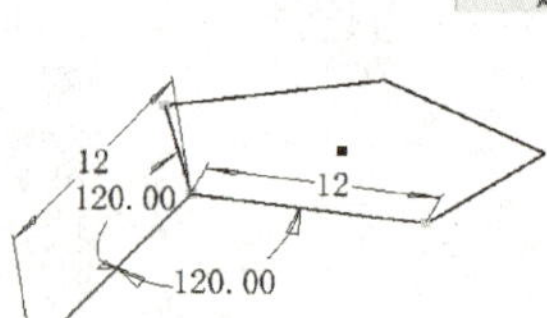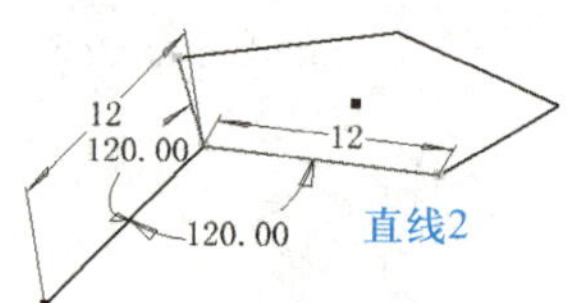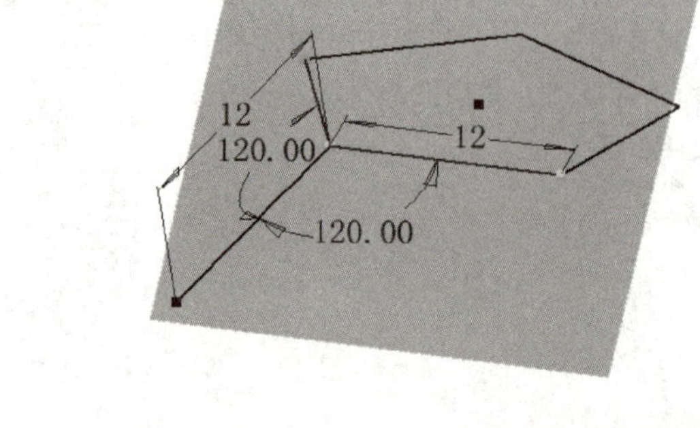
	⑤ 选中上一步创建的平面作为草图绘制平面，在草图选项卡中单击“多边形”按钮，在弹出的对话框中输入多边形边数为 6。完成正六边形的绘制。单击完成草图，退出草图绘制环境	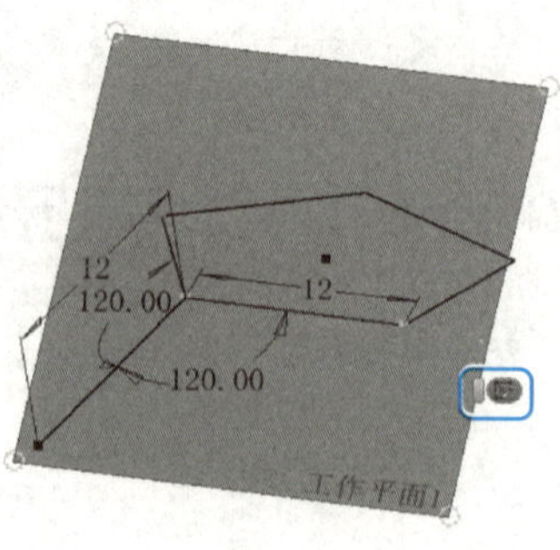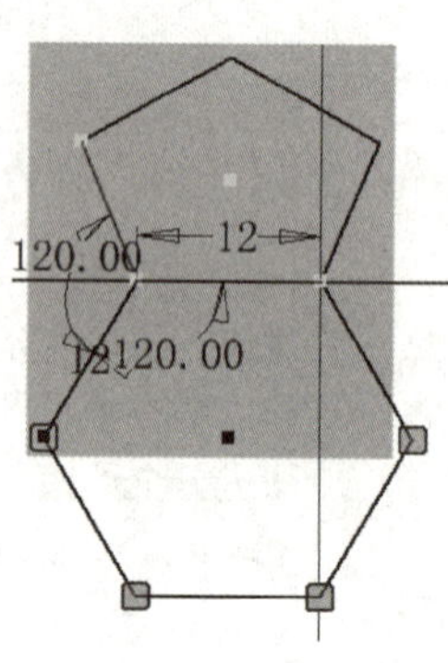

续表

<table>
<tr><th>序号</th><th>操作文字说明
快捷操作示意</th><th>操作演示图示</th></tr>
<tr><td>03</td><td>⑥ 单击原始坐标系中的YZ平面，在弹出的快捷键中单击创建草图进入草图绘制环境。在草图选项卡中单击“直线”按钮，绘制两条分别与正五边形、正六边形垂直的直线，如右图所示 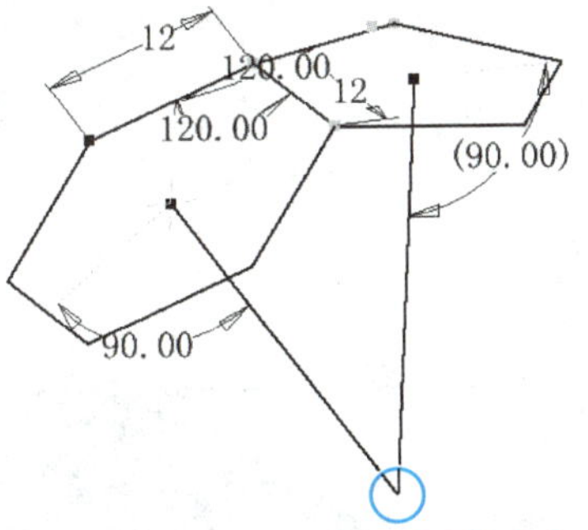
五边形与六边形法线方向上的交点</td><td> 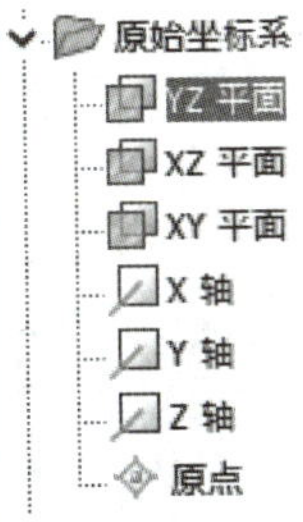 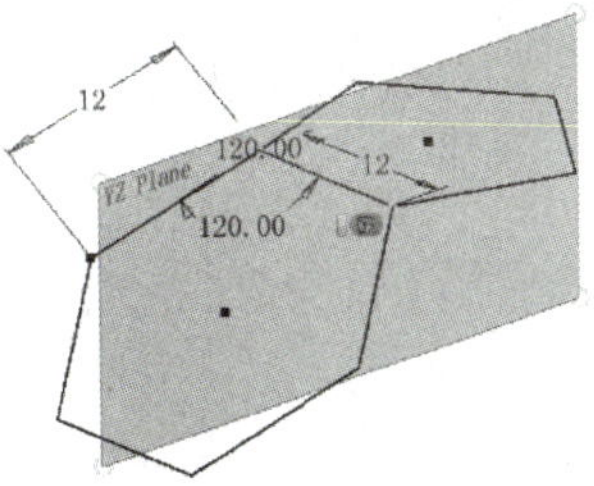 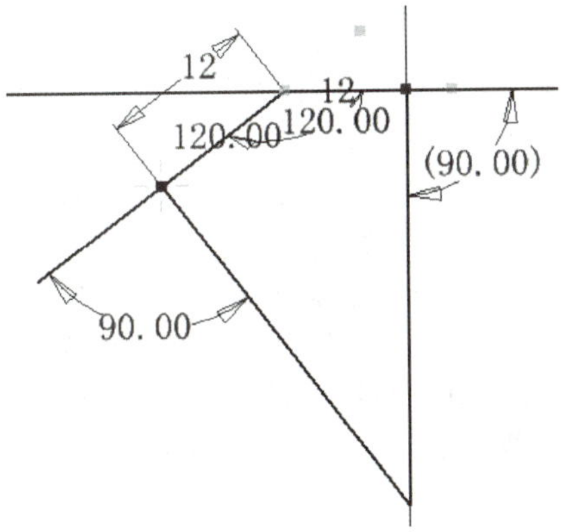</td></tr>
<tr><td>04</td><td>创建正五边形、正六边形实体
① 单击工具面板中“三维模型”选项卡下“创建”面板中的“放样”按钮，依次选取交点和正五边形实体。单击确定完成放样特征创建</td><td> 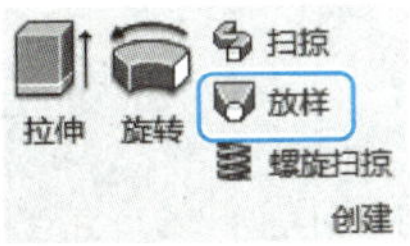 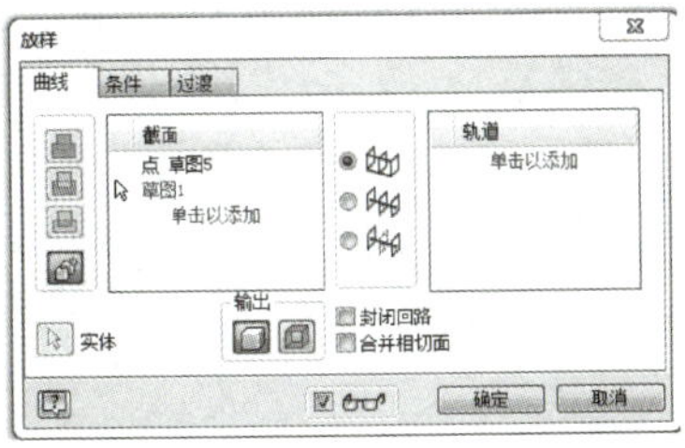 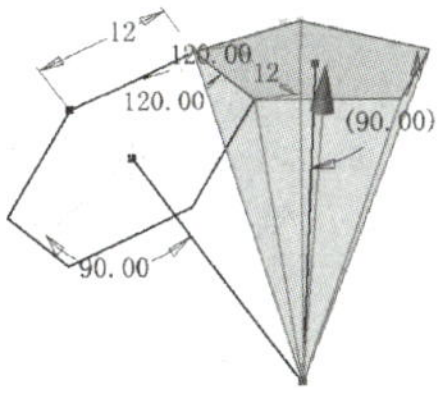 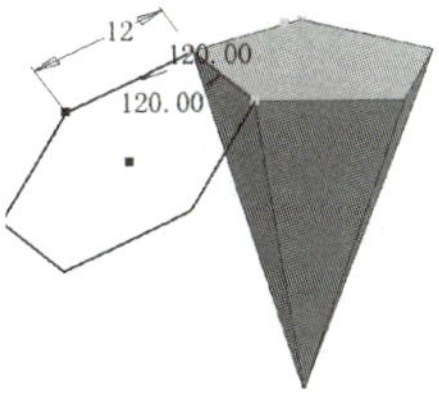</td></tr>
</table>

续表

<table>
<tr><th>序号</th><th>操作文字说明
快捷操作示意</th><th>操作演示图示</th></tr>
<tr><td rowspan="3">04</td><td>② 继续使用“放样”，依次拾取交点和正六边形。本次放样参数设置为“新建实体”。单击确定完成放样特征创建</td><td>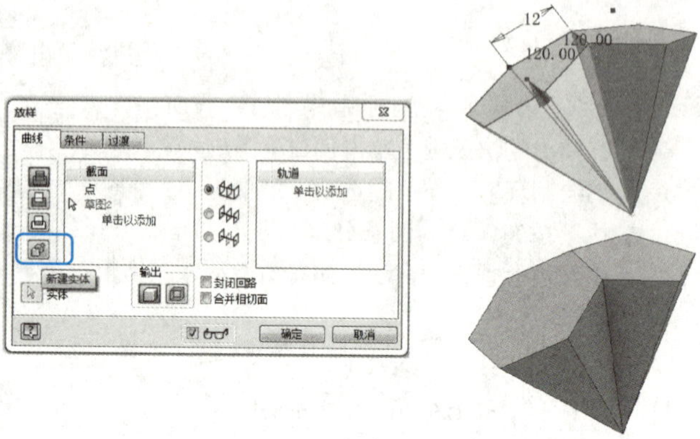
</td></tr>
<tr><td>③ 单击原始坐标系中的YZ平面，在弹出的快捷键中单击创建草图进入草图绘制环境。按键盘F7键进入草图切片观察模式</td><td>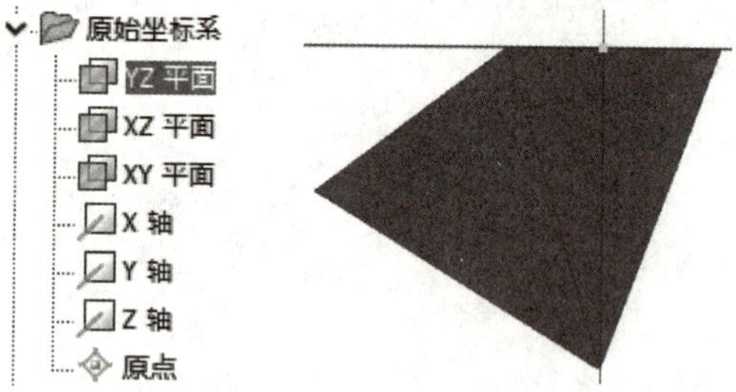

进入切片观察草图绘制环境</td></tr>
<tr><td>④ 在三维草图选项卡中单击“直线”与“圆”按钮依次绘制如右图所示的草图轮廓。单击完成草图退出草图绘制环境</td><td>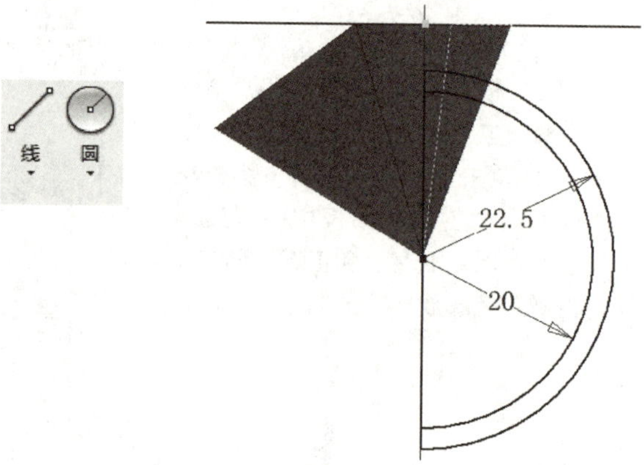
</td></tr>
</table>

续表

<table>
<tr><th>序号</th><th>操作文字说明
快捷操作示意</th><th>操作演示图示</th></tr>
<tr><td rowspan="2">04</td><td>⑤ 单击工具面板中“三维模型”选项卡下“创建”面板中的“旋转”按钮，选取圆环面为截面轮廓，直线为旋转轴，输出方式设置为“求交”模式，分别选取两步放样所建立的实体。单击确定就生成了正五边形实体和正六边形实体</td><td>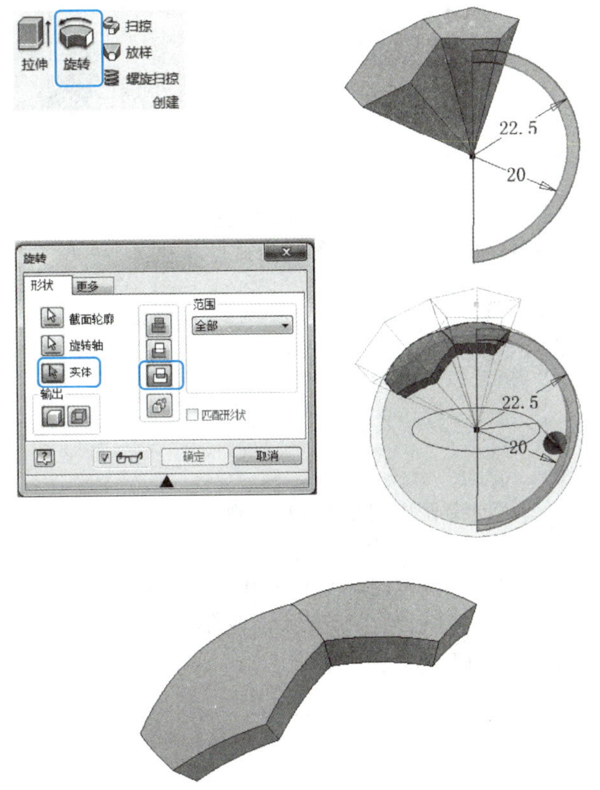</td></tr>
<tr><td>⑥ 单击工具面板中“三维模型”选项卡下“修改”面板中的“圆角”按钮，输入圆角半径为 0.5 mm，选择模式为“回路”，拾取右图所示的回路 1 和回路 2。单击确定完成圆角设计</td><td>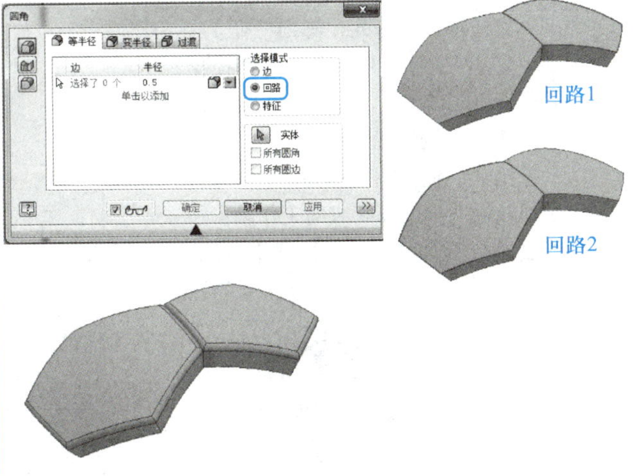</td></tr>
</table>

续表

序号	操作文字说明 快捷操作示意	操作演示图示
04	⑦ 选取正五边形外表面，单击快速访问栏中“调整”按钮，在弹出的调色盘中使用中心拖动块调节颜色成黑色。与此类似，正六边形表面调整颜色为白色	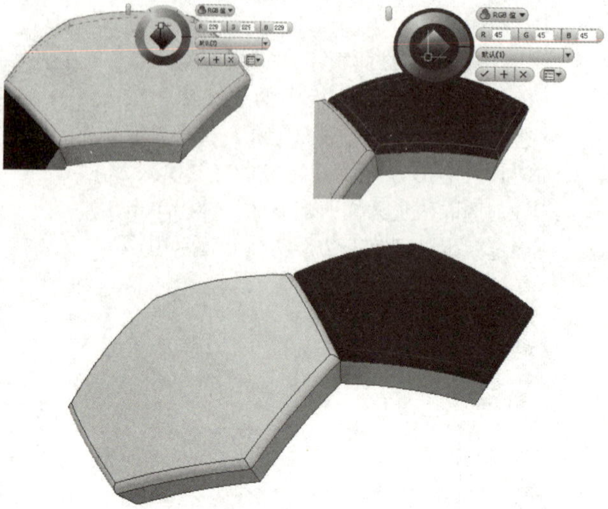
05	**四步环形阵列完成足球创建** ① 单击工具面板中“三维模型”选项卡下“定位特征”面板中的“轴”按钮，分别捕捉右图所示的两条直线，创建两根工作轴 **第一步环形阵列（阵列特征）** ② 单击工具面板中“三维模型”选项卡下“阵列”面板中的“环形阵列”按钮，阵列特征选择正六边形实体和工作轴，旋转轴选择原始坐标系中的Z轴或上一步创建完成的工作轴，放置个数为5。单击确定完成环形阵列 	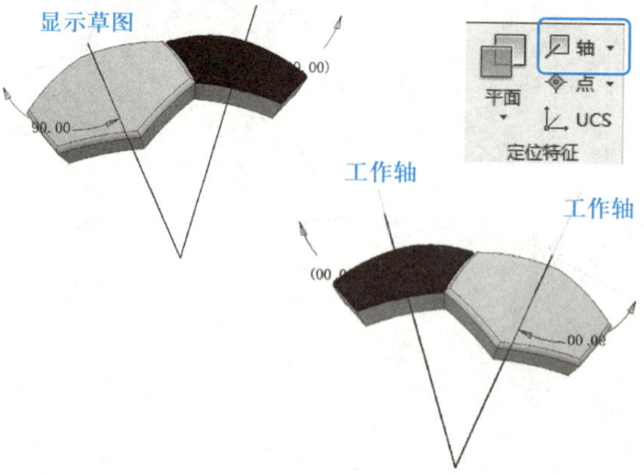 显示草图 轴 点 平面 UCS 定位特征 工作轴 工作轴 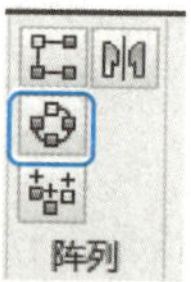 阵列 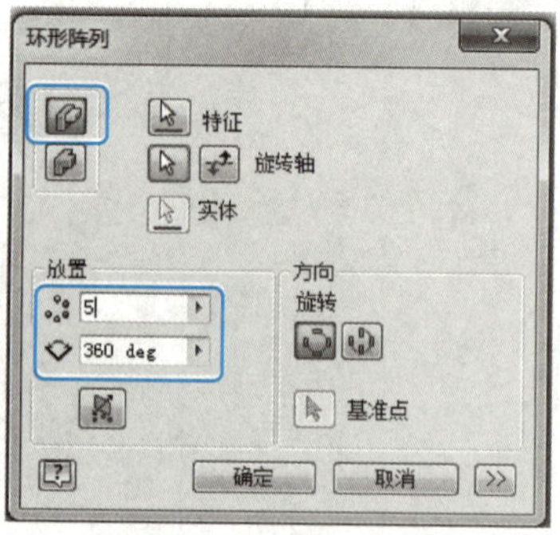 环形阵列 特征 旋转轴 实体 放置 5 360 deg 方向 旋转 基准点 确定 取消 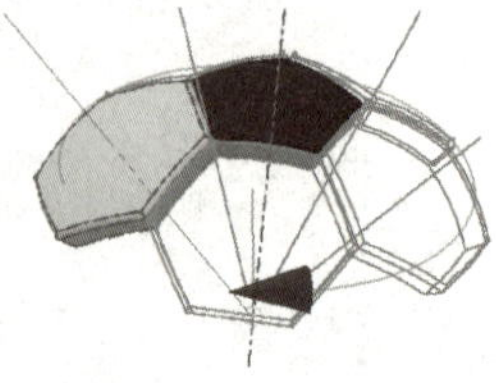

续表

序号	操作文字说明 快捷操作示意	操作演示图示
05	**第二步环形阵列（阵列实体）** ③ 继续使用环形阵列命令，依据右图设置阵列参数，正确选择旋转轴，如右图所示。单击确定完成环形阵列  **第三步环形阵列（阵列实体）** ④ 继续使用环形阵列命令，依据右图设置阵列参数，正确选择旋转轴，如右图所示。单击确定完成环形阵列  **第四步环形阵列（阵列实体）** ⑤ 继续使用环形阵列命令，依据右图设置阵列参数，正确选择旋转轴，如右图所示。单击确定完成环形阵列 	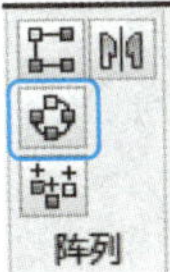 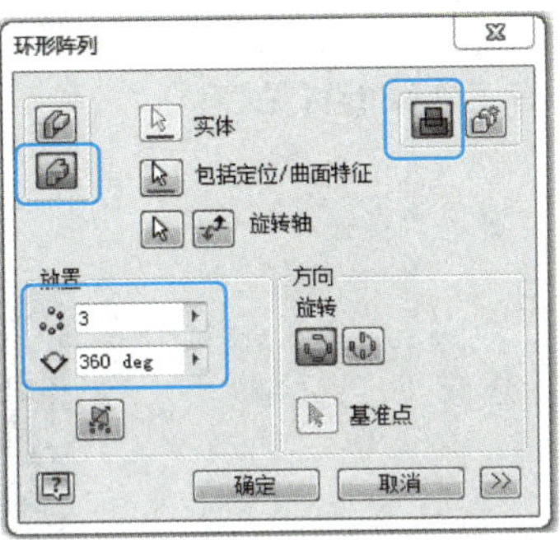  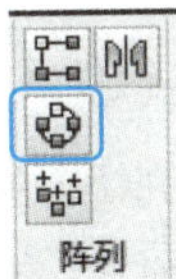 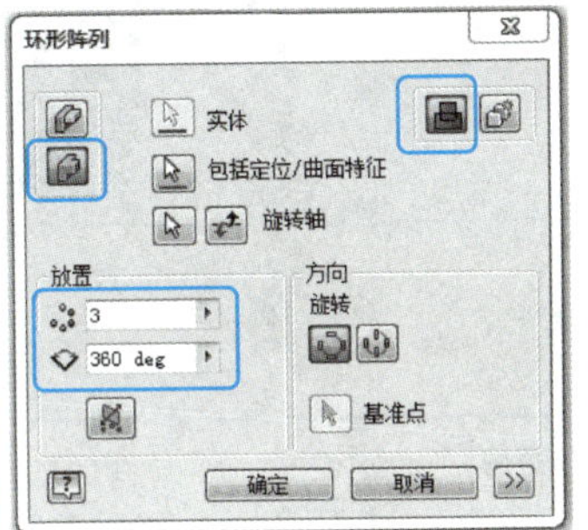  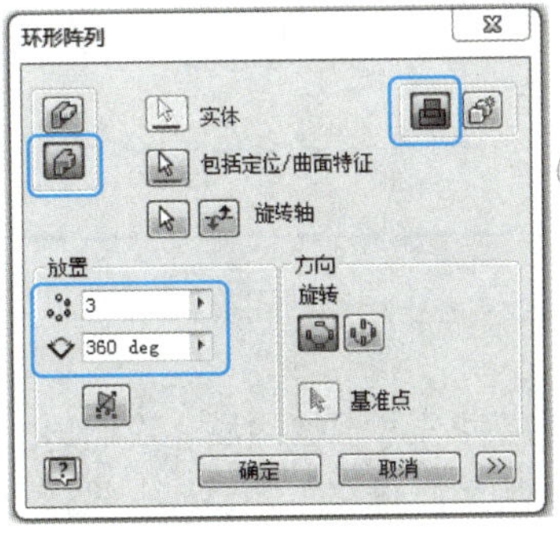 

续表

序号	操作文字说明 快捷操作示意	操作演示图示
05	⑥ 将模型上的所有工作轴的可见性关闭	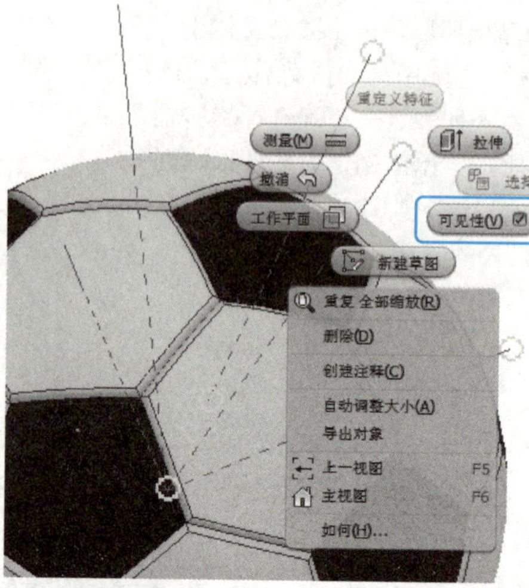
06	单击“文件”，在下拉菜单中选择“保存”，输入文件名称“足球”，单击保存	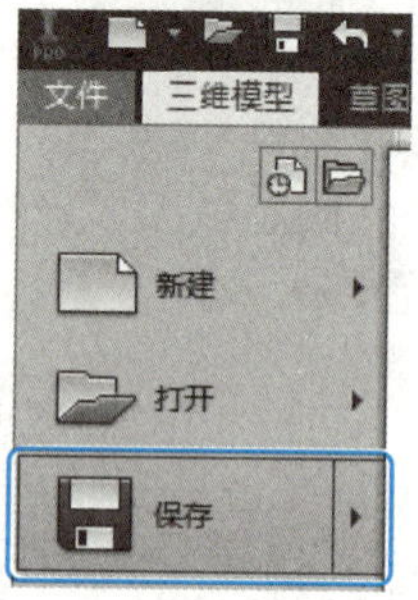 

自我评价

制作任务	自主完成的步骤	合作讨论下完成的步骤	未完成的步骤
足球初始线框			
正五边形、正六边形实体			
四步环形阵列			

作业

1. 请在课后通过网络搜索引擎寻找一款篮球的造型图片或在上体育课的时候观察篮球的造型特征并运用本项目所学知识设计一款篮球。

2. 在进行足球建模过程中，一共连续使用了四次环形

作业指导

根据提供的设计思路造型一款篮球。篮球建模提示如图4-4所示。

阵列，后三次直接阵列了实体，非常快速地完成了足球的设计。如果我们想把足球的所有五边形实体和六边形实体逐一分开，请问使用环形阵列命令该如何操作？

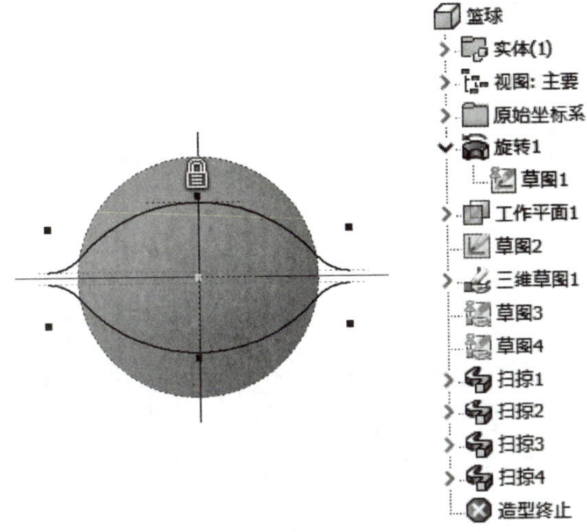

图 4–4 篮球建模提示

3. 完成正五边形 12 面球体（图 4–5）的设计。已知正五边形边长为 50 mm，求由 12 面围成的正五边形球体模型，将模型外观颜色修改为“铬—抛光”。

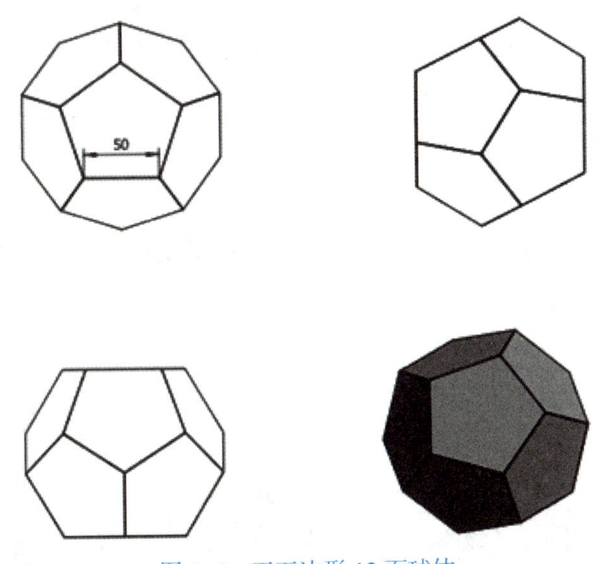

图 4–5 正五边形 12 面球体

项目五　设计走马灯

项目介绍

走马灯，又名马骑灯，是中国传统玩具之一，灯笼的一种，常见于除夕、元宵、中秋等节日。灯内点上蜡烛，蜡烛产生的热使灯内形成气流，使轮轴转动。轮轴上有剪纸，烛光将剪纸投射在灯壁上，图像便不断转动。因剪纸多为古代武将骑马的图画，灯转动时看起来好像几个人你追我赶一样，故名走马灯。

部件制作表

mm

零件	数量	长度	宽度	厚度	直径
① 长柜架杆	4 根	260	15	10	
② 短柜架杆	8 根	170	10	7	
③ 轮轴	1 根	226			7
④ 热源座	1 个	173	15	7	
⑤ 挂钩杆	1 根	173	15	7	

注：推动叶片根据部件总体尺寸按工程图设计。

我们先来欣赏一下走马灯的造型（图 5–1），然后使用 Inventor2018 软件制作一只走马灯吧（图 5–2）。

图 5–1　走马灯的造型

图 5–2　走马灯

项目知识与技能

※ 创建零件文件及绘制二维草图轮廓
※ 草图拉伸、凸雕
※ 调用资源中心库标准零件
※ 特征、实体镜像、阵列
※ iproperty 材料修改

项目建模步骤

走马灯建模步骤如图 5-3 所示。

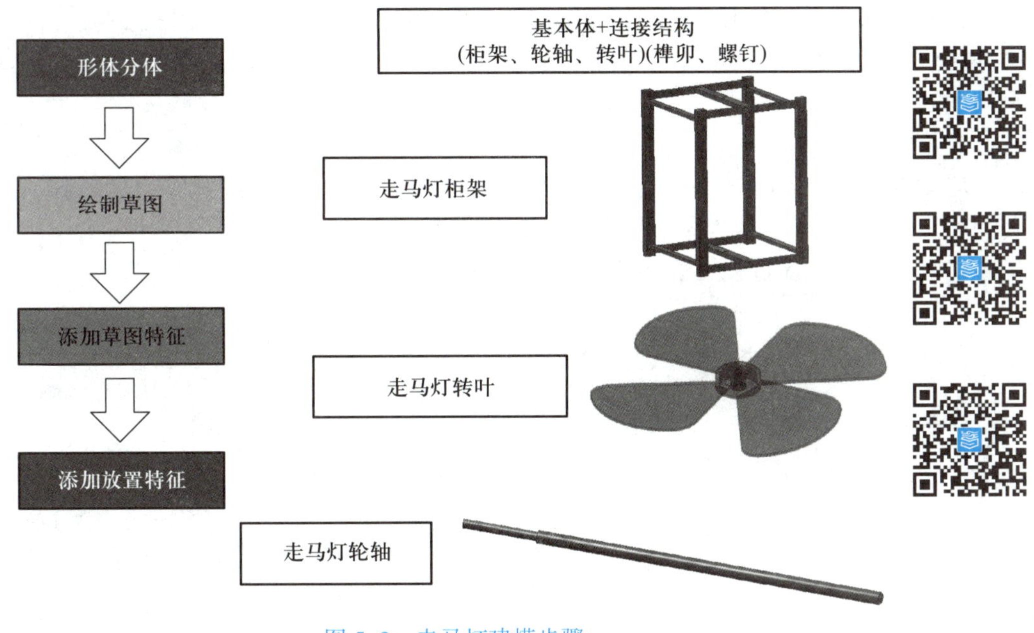

图 5-3 走马灯建模步骤

用 Inventor 2018 创建类似走马灯的三维造型步骤可概括为：

（1）形体分析。对模型的形体进行整体分析，将其划分为若干个简单的元素。

（2）创建草图。根据形体分析的结果指定最优的设计方法，构建全约束草图。

（3）添加特征。通过拉伸、凸雕、镜像等方式为全约束草图或已有的模型添加特征。

（4）重复步骤（2）、（3），逐步完成模型的所有结构造型。

（5）多实体建模。通过在一个“.ipt”下构建多个零件，最后生成零部件的方法自动创建装配文件。

本项目具体实施步骤如下。

1. 设计柜架

请仔细观察图 5-2 所示的走马灯及尺寸，仔细思考并回忆以往学习的知识点，分析框架模型的特点。走马灯框架建模分析如图 5-4 所示。

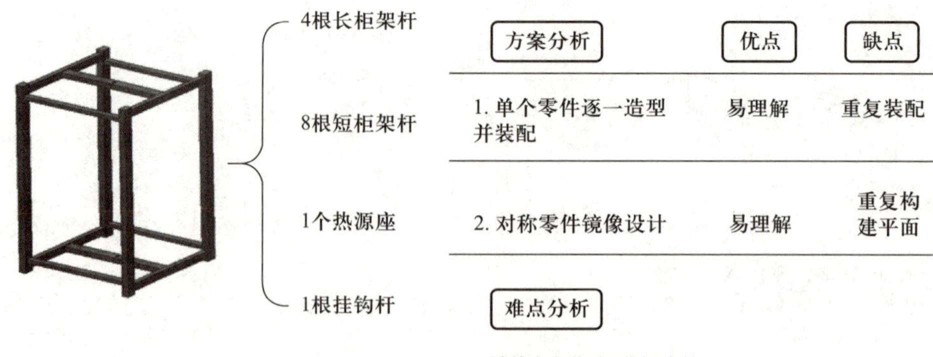

图 5-4　走马灯框架建模分析

针对该部件的特征情况和难点的分析结果，可使用 Invnetor 2018 提供的一种非常简便的设计方法——多实体建模。它能够有效地解决零件关系的连接设计、装配部件如何高效设计两大问题。

2. 创建项目文件

启动 Inventor 2018 软件，在“快速入门”菜单中选择“项目”，在桌面新建一个项目，命名为“走马灯设计”。具体操作步骤如图 5-5 所示。

走马灯模型创建过程见表 5-1。

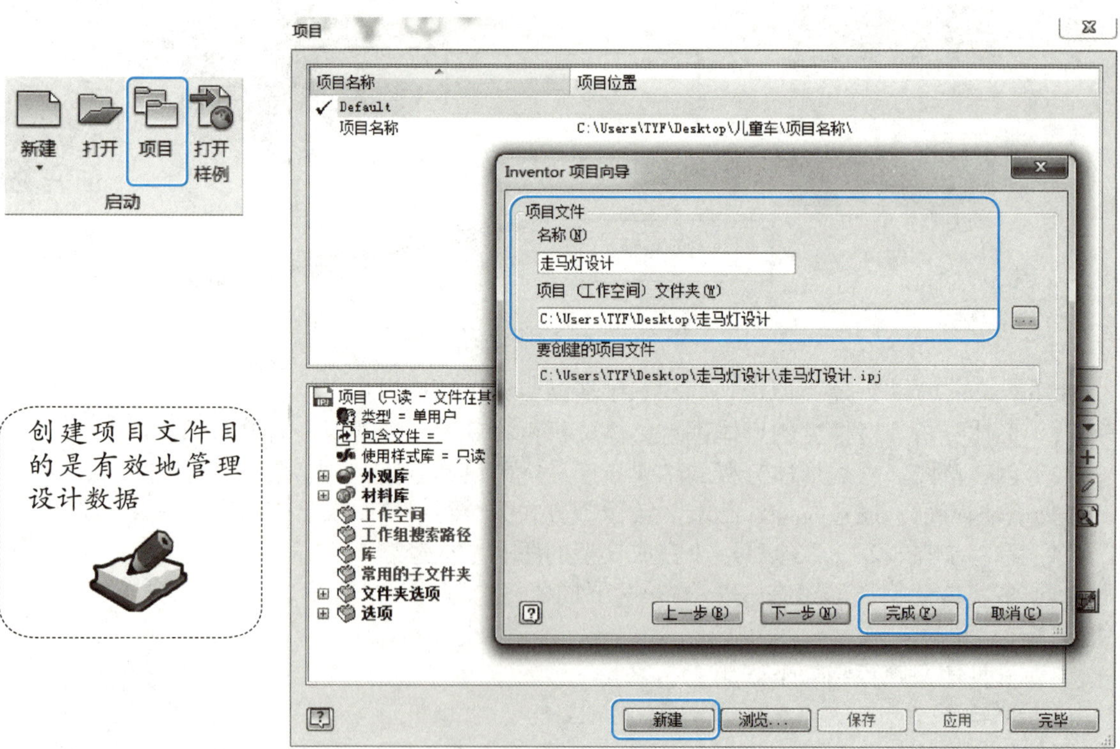

图 5-5　创建项目文件

表 5-1 走马灯模型创建过程

序号	操作文字说明 快捷操作示意	操作演示图示
01	双击桌面图标启动软件，选择标准零件模板“Standard.ipt”创建零件文件	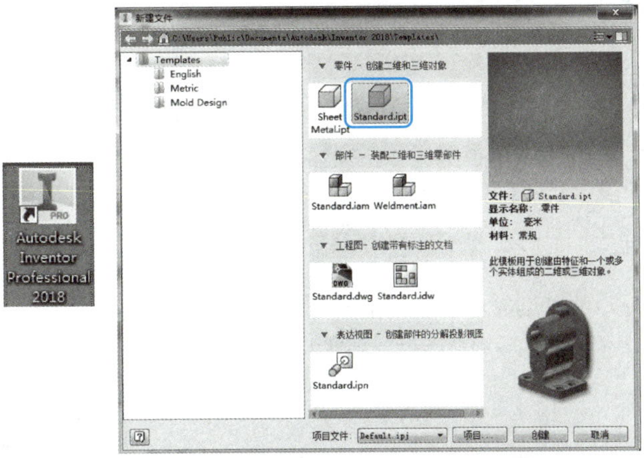
02	单击工具面板“开始创建二维草图”按钮，并在绘图区中选择 XY 平面，进入二维草图创建环境	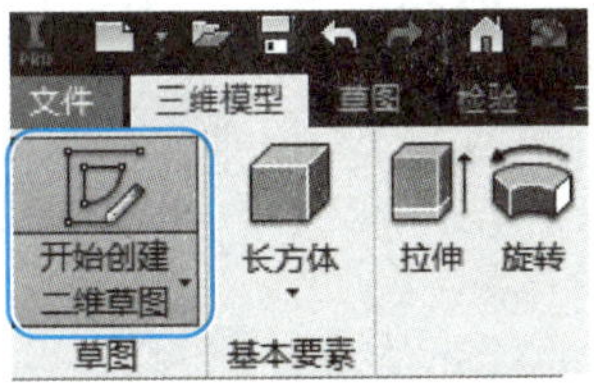 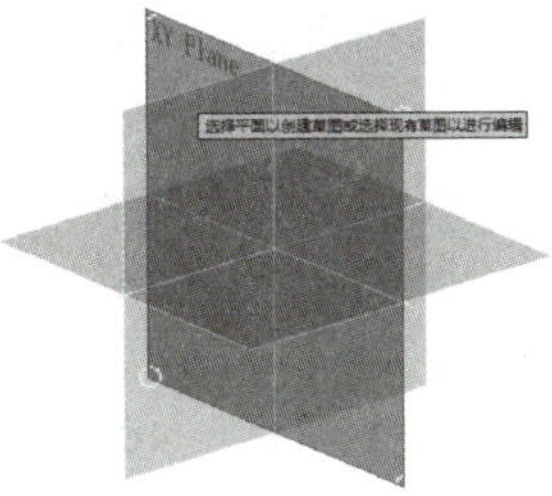
03	**多实体创建走马灯柜架** 由于本项目重复操作较多，主要介绍长、短柜架杆的多实体建模方式 ① 在草图选项卡中单击“两点中心矩形”按钮，以原始坐标系原点为矩形中心进行绘制 260 mm × 15 mm 的矩形 ② 单击工具面板中“三维模型”选项卡下“创建”面板中的“拉伸”按钮为草图轮廓添加拉伸特征，拉伸厚度为 10 mm	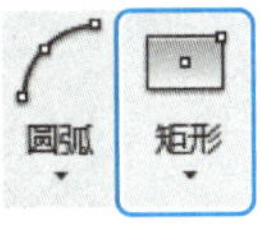 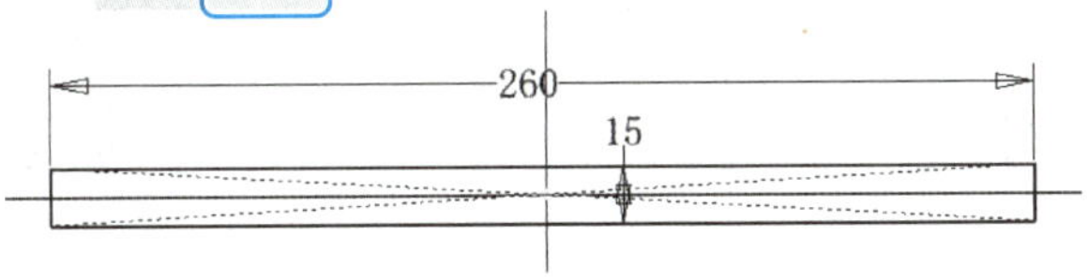 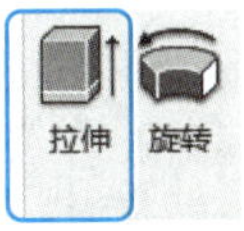  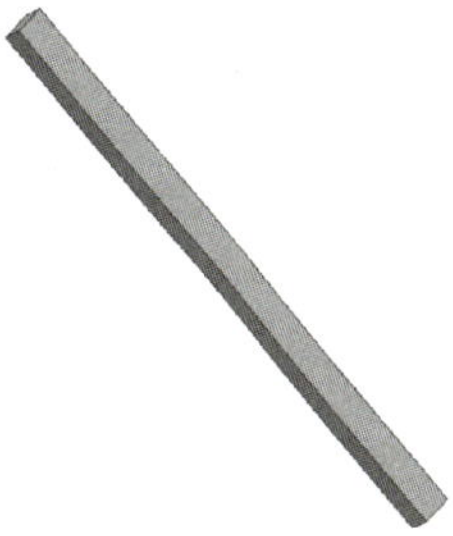

续表

序号	操作文字说明 快捷操作示意	操作演示图示
03	③ 单击零件特征表面，在弹出的快捷菜单中单击“创建草图”按钮，进入草图绘制环境。在草图选项卡中单击“两点中心矩形”按钮，绘制如右图所示的矩形轮廓。单击草图镜像命令，对矩形草图进行镜像 ④ 单击工具面板中“三维模型”选项卡下“创建”面板中的“拉伸”按钮，同时选中两个矩形，对矩形进行拉伸求差，设置拉伸深度为5mm ⑤ 单击零件特征表面，在弹出的快捷菜单中单击“创建草图”命令，进入草图绘制环境。按下键盘F7键，草图环境进入切片观察模式。软件已经自动投影了矩形草图，单击工具面板中“三维模型”选项卡下“创建”面板中的“拉伸”按钮，为矩形草图添加拉伸特征，设置拉伸厚度为5 mm，拉伸方式为“新建实体”	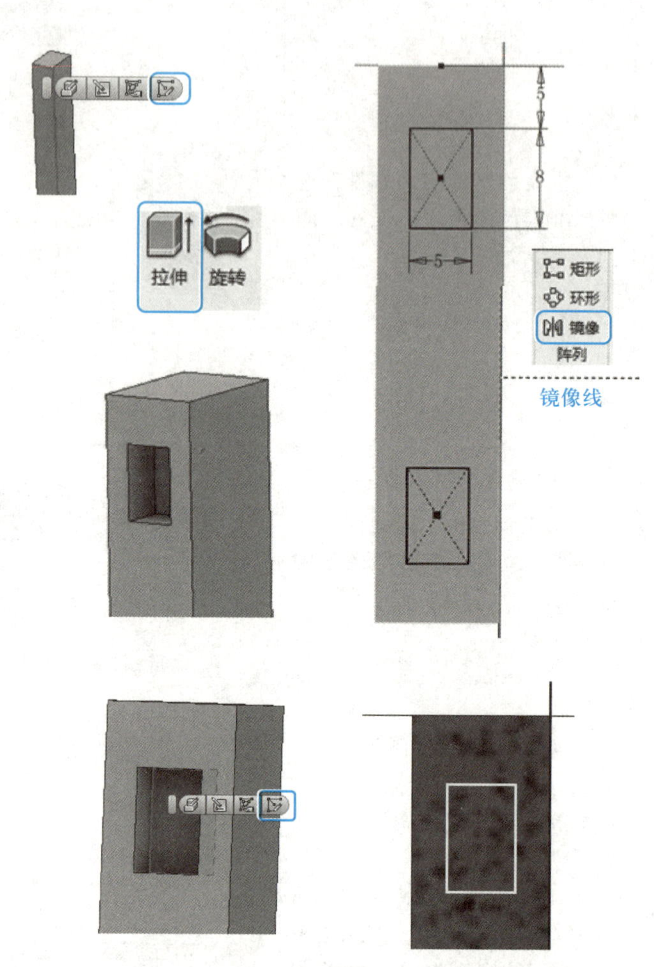 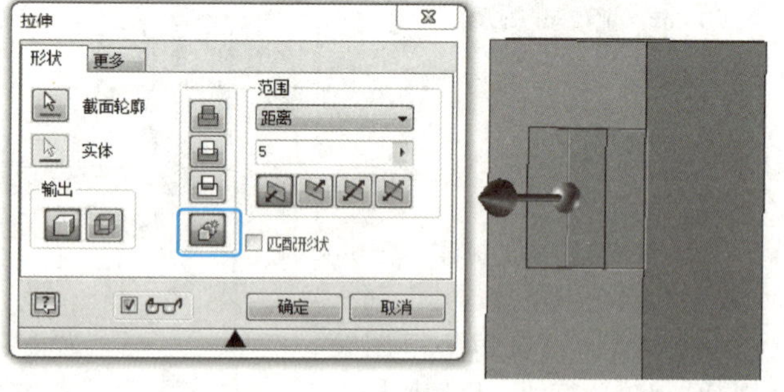

续表

<table>
<tr><th>序号</th><th>操作文字说明
快捷操作示意</th><th>操作演示图示</th></tr>
<tr><td rowspan="4">03</td><td>⑥ 单击零件特征表面，在弹出的快捷菜单中单击“创建草图”按钮，进入草图绘制环境。使用偏移命令绘制矩形，如右图所示</td><td rowspan="3">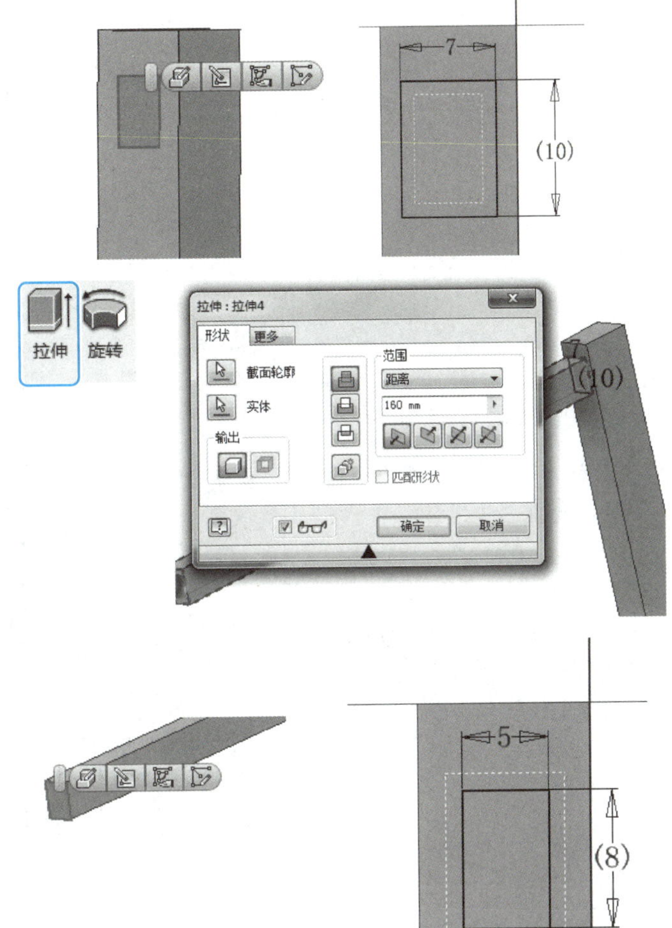
</td></tr>
<tr><td>⑦ 单击工具面板中“三维模型”选项卡下“创建”面板中的“拉伸”按钮，为矩形草图添加拉伸特征，设置拉伸长度为 160 mm，拉伸实体与上一步创建实体求和</td></tr>
<tr><td>⑧ 单击零件特征表面，在弹出的快捷菜单中单击“创建草图”按钮，进入草图绘制环境。使用偏移命令绘制矩形，如右图所示</td></tr>
<tr><td>⑨ 单击工具面板中“三维模型”选项卡下“创建”面板中的“拉伸”按钮，为矩形草图添加拉伸特征，设置拉伸长度为 5 mm，拉伸实体与上一步创建实体求和</td><td>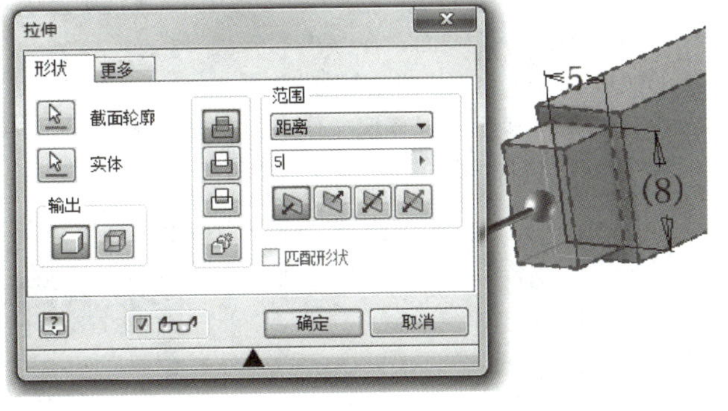
</td></tr>
</table>

续表

序号	操作文字说明 快捷操作示意	操作演示图示
03		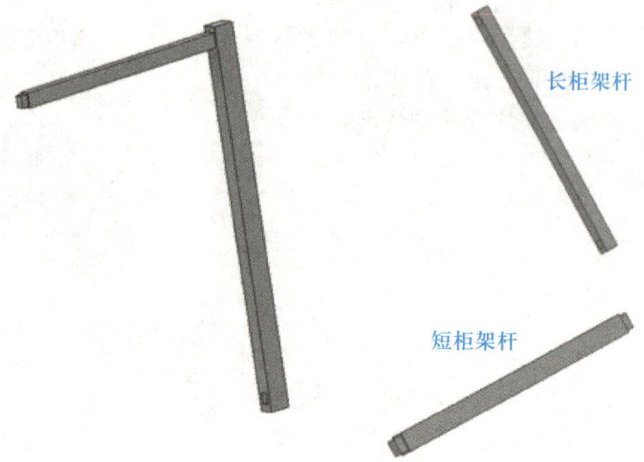
	依据上述给定的多实体建模方式依次绘制走马灯其余零件，直至完成所有走马灯柜架零件	以上步骤已经确定了长、短柜架杆的长、宽、厚，也讲述了操作方法，其余杆件依照该方法依次创建即可。可以自主设计 技术指导： 1. 多实体建模 2. 创建镜像平面 3. 在零件环境镜像单个实体 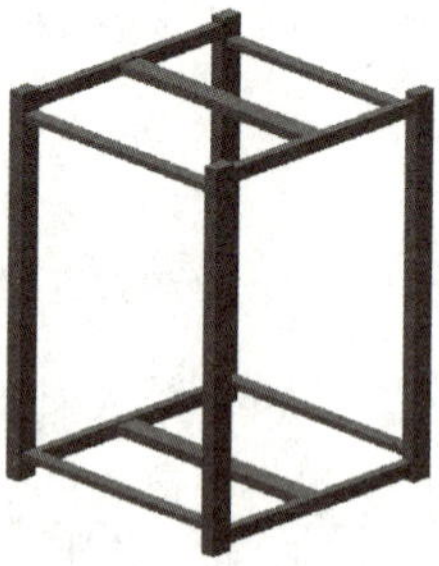
04	单击零件特征表面，在弹出的快捷菜单中单击“创建草图”按钮，进入草图绘制环境。使用圆命令绘制右侧草图	 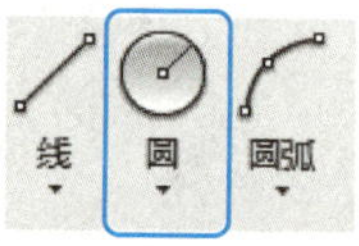 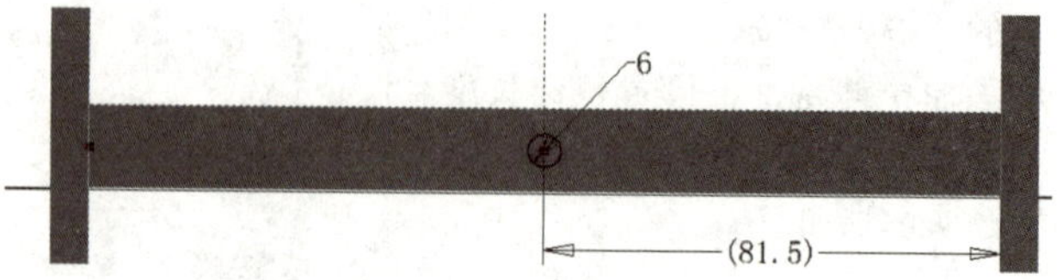

续表

序号	操作文字说明 快捷操作示意	操作演示图示
04	创建柜架上最后的特征——挂钩杆和热源座杆上的孔。单击工具面板中“三维模型”选项卡下“创建”面板中的“拉伸”按钮，对挂钩杆和热源杆同时做拉伸贯通操作	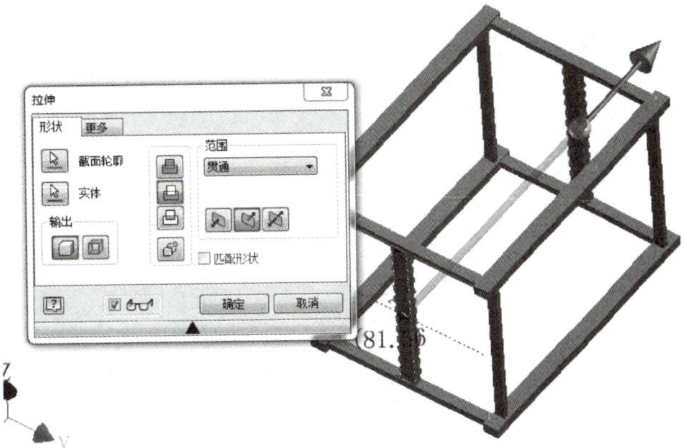
05	**零件命名** 通过设计浏览器，分别将所有实体名字修改为对应的零件名称	
06	**设置零件的材料和外观** 螺旋桨：木材（枫木） 外观：天然枫木	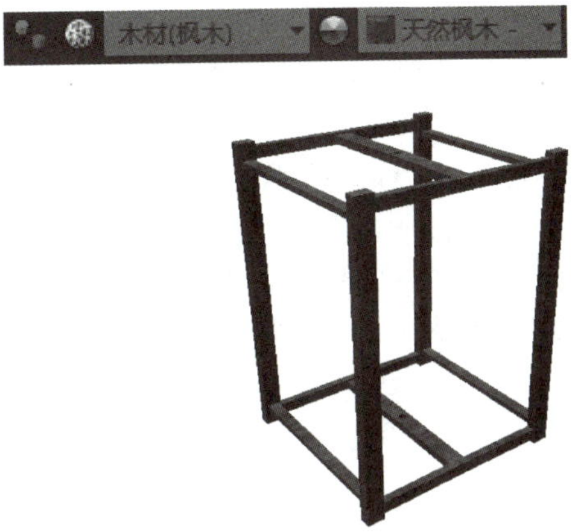

续表

序号	操作文字说明 快捷操作示意	操作演示图示
07	**对零件和实体进行升级操作** ① 将工具面板切换到“管理”选项卡，单击“布局”区域中的“生成零部件”按钮，打开生成零部件对话框 在建模浏览器中选中所有实体，单击“下一步”按钮 ② 在弹出的对话框中单击“确定”按钮 ③ 直接进入部件装配环境，此时，原先的多实体零件“走马灯设计”升级为部件，而多实体零件中的各个实体升级为零件 ④ 保存	生成零件 生成零部件 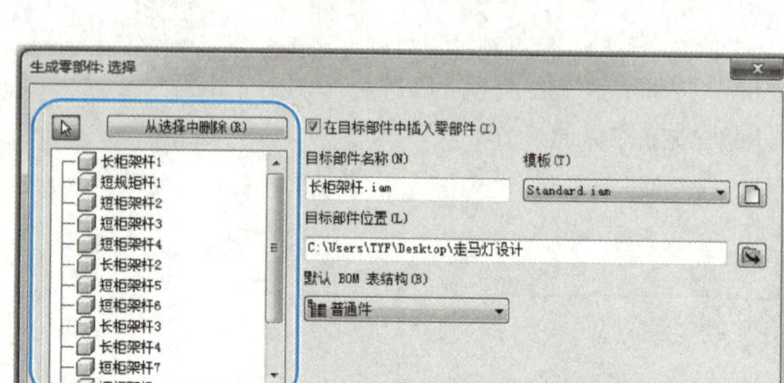 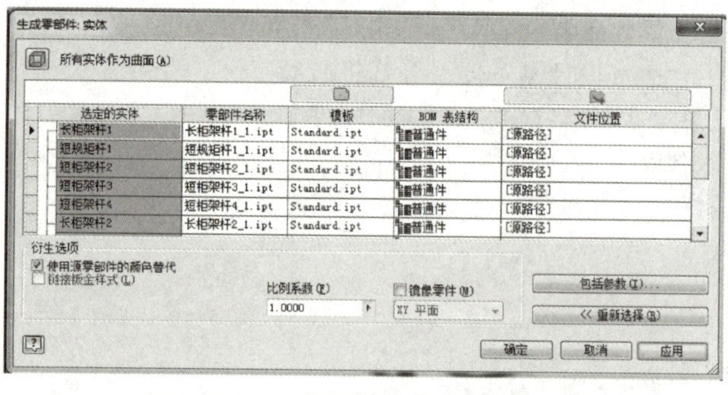 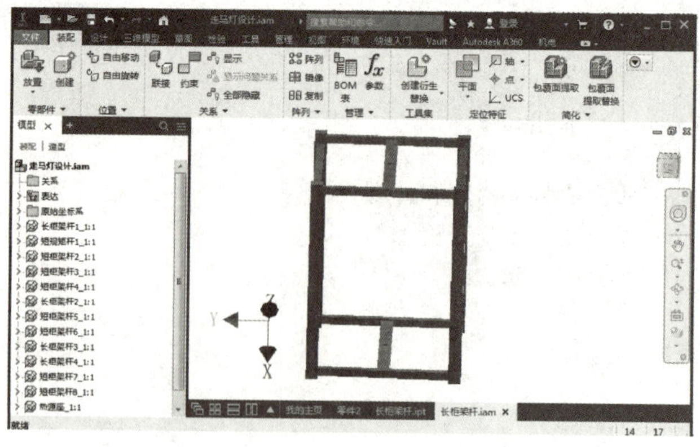

续表

<table>
<tr><th>序号</th><th>操作文字说明
快捷操作示意</th><th>操作演示图示</th></tr>
<tr><td>08</td><td>**轮轴设计与安装**
如何设计才能使走马灯转叶顺利转动？由我们的日常生活中的经验可知，要使两接触物体能够自如转动，两物体的接触面积应尽可能小
设计要点：
1. 螺钉设计
2. 转叶在轮轴上的固定
3. 转叶设计

① 在打开的走马灯设计装配环境中，单击操作面板中“放置”选项卡中的“从资源中心装入”按钮，依据右图搜索方式检索到所需螺钉种类</td><td>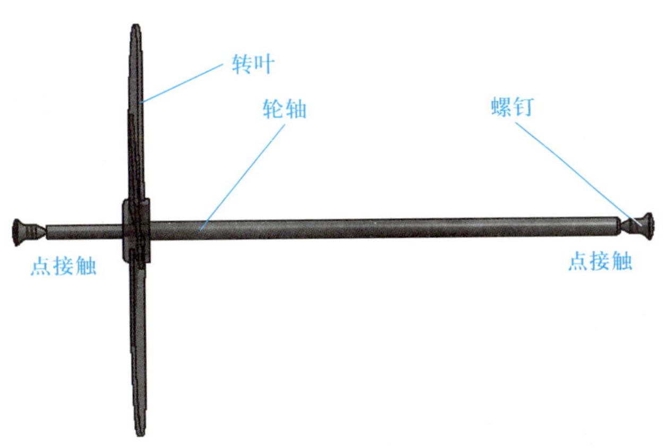

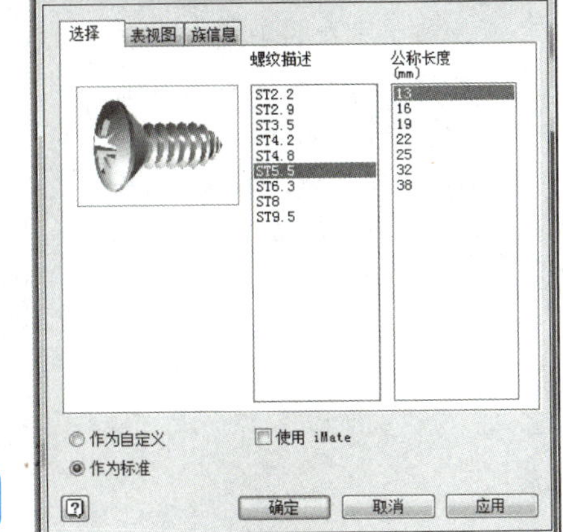

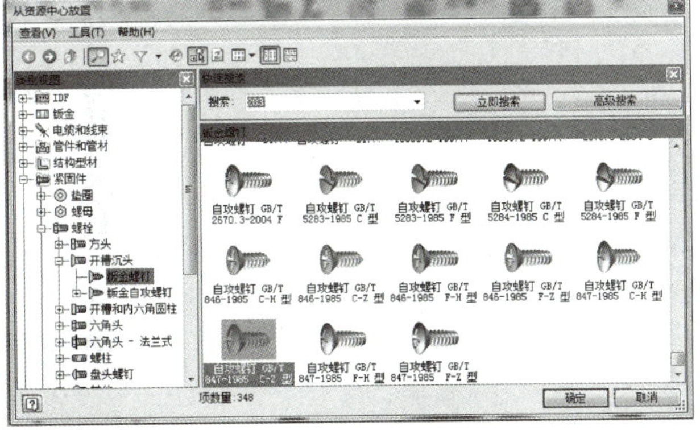
</td></tr>
</table>

续表

序号	操作文字说明 快捷操作示意	操作演示图示

08	② 单击工具面板中“装配”选项卡下“关系”面板中的“约束”按钮，在弹出的放置约束对话框中选取“插入”装配方式，分别选取螺钉边和挂钩杆孔上边缘。单击确定完成插入装配约束	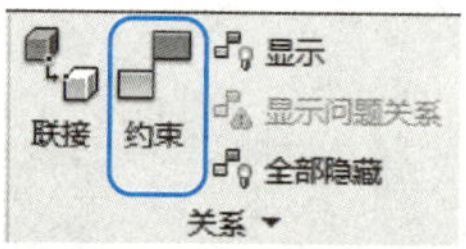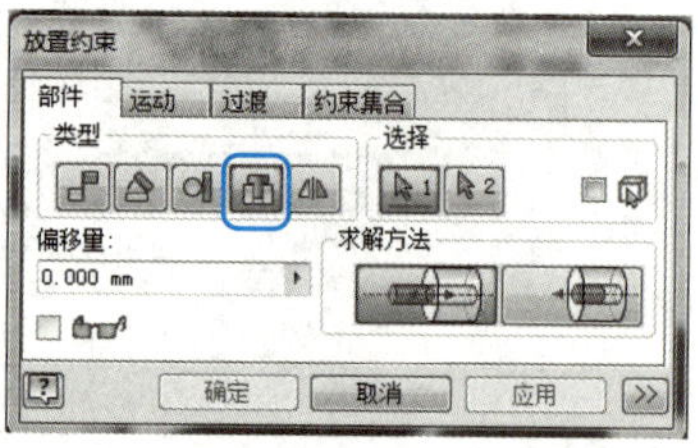
	③ 使用同样的操作方法完成热源杆的螺钉装配	

续表

序号	操作文字说明 快捷操作示意	操作演示图示
08	④ 单击工具面板中“装配”选项卡下“零部件”面板中的“创建”按钮，在弹出的“创建在位零部件”对话框中修改零部件名称为轮轴，单击确定后，单击挂钩杆中心平面进入创建二维草图环境。使用直线命令绘制轮轴旋转草图轮廓 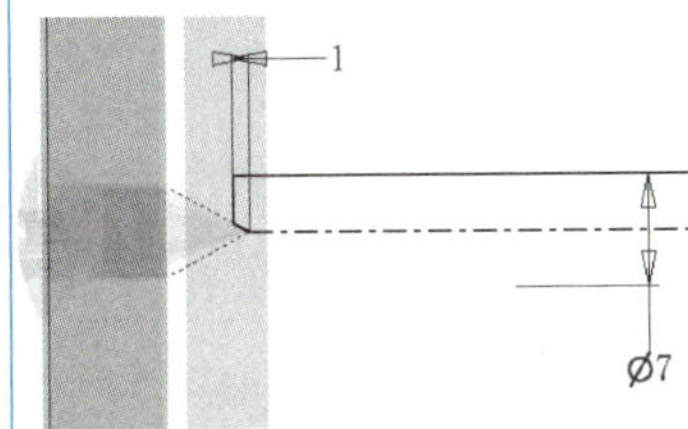	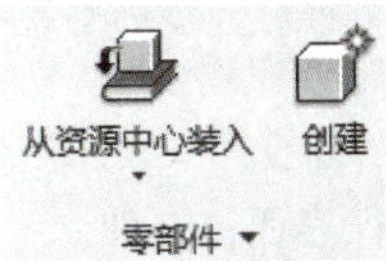 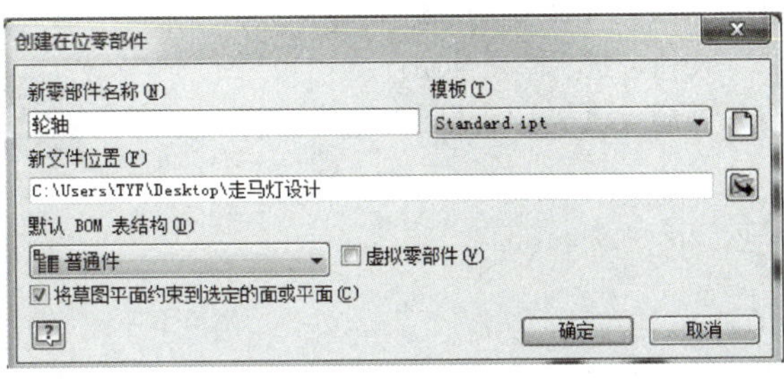 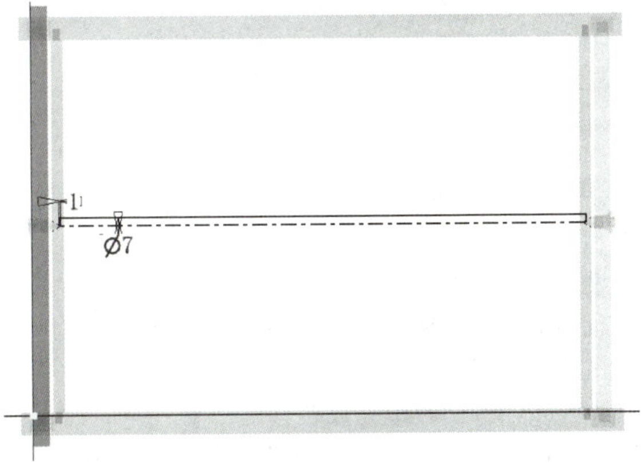 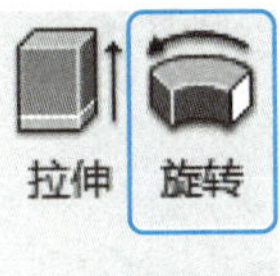
	⑤ 单击工具面板中“三维模型”选项卡下“创建”面板中的“旋转”命令，对草图添加旋转特征	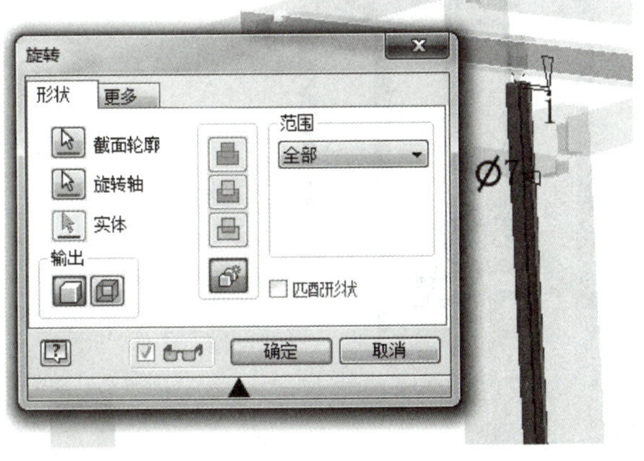

续表

<table>
<tr><th>序号</th><th>操作文字说明
快捷操作示意</th><th>操作演示图示</th></tr>
<tr><td rowspan="2">08</td><td>⑥ 单击零件特征表面，在弹出的快捷菜单中单击“创建草图”按钮，进入草图绘制环境。使用圆命令绘制右侧草图</td><td>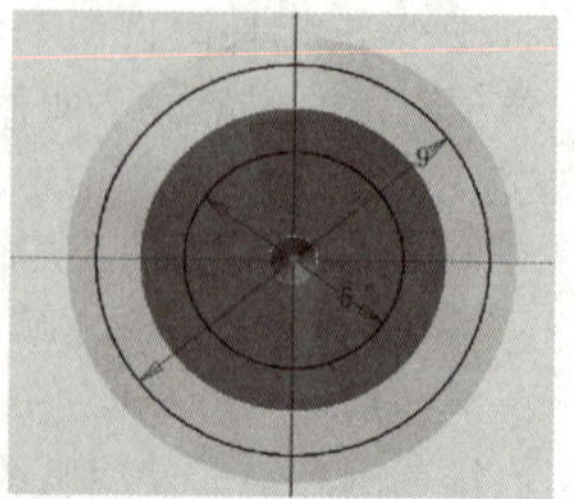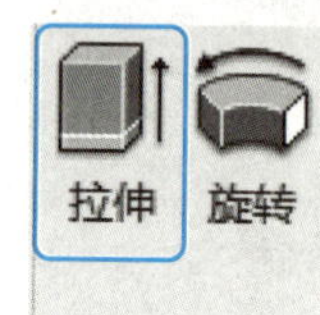</td></tr>
<tr><td>⑦ 单击工具面板中“三维模型”选项卡下“创建”面板中的“拉伸”命令，选取上一步创建的圆环草图轮廓，拉伸方式选择“求差”，输入距离为 40 mm。单击确定完成拉伸操作，随即单击命令栏“返回”按钮，退出零部件创建环境回到装配环境
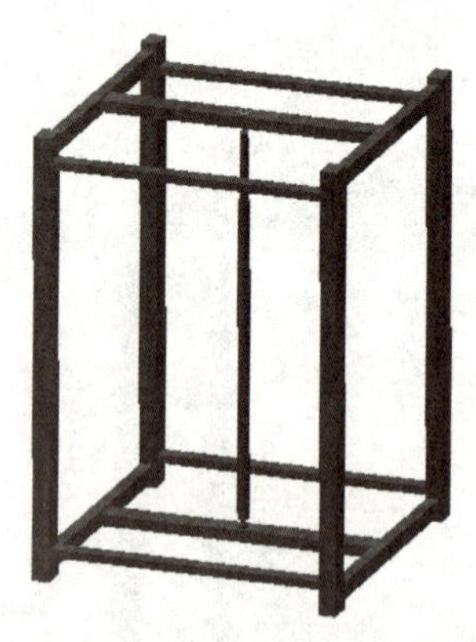</td><td></td></tr>
</table>

续表

序号	操作文字说明 快捷操作示意	操作演示图示
08	转叶设计	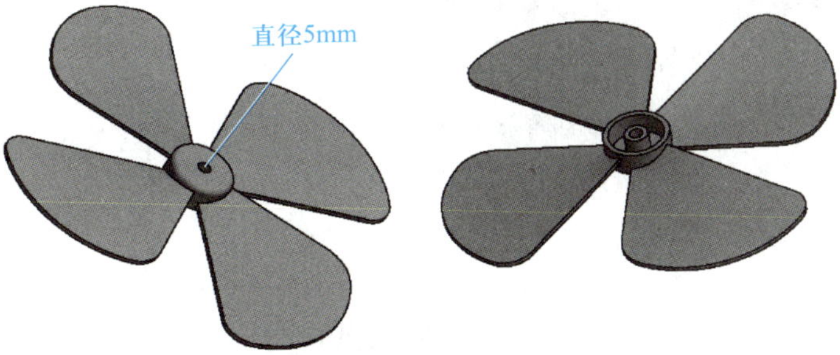 直径5mm 转叶设计参数 1. 转叶固定孔在轮轴上端设置，直径 5 mm 2. 转叶叶片最大旋转直径应小于 160 mm 3. 转叶叶片设计成 4 片，并进行修饰和圆角
09	创建转叶零部件，选择标准零件模板“Standard.ipt”创建零件文件	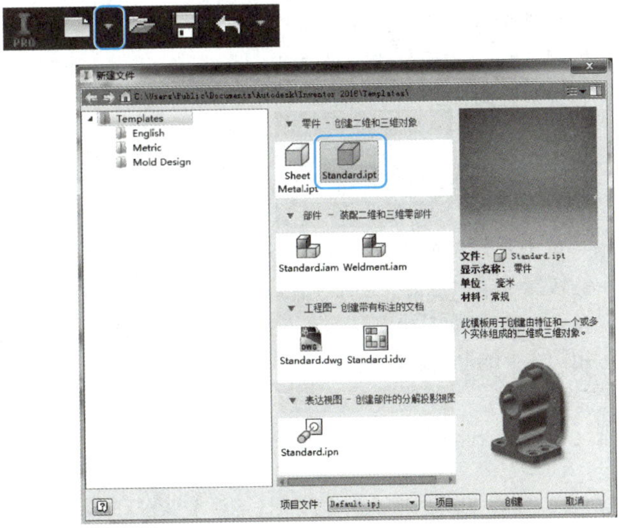
10	单击工具面板“开始创建二维草图”按钮，并在绘图区中选择 XY 平面，进入二维草图创建环境	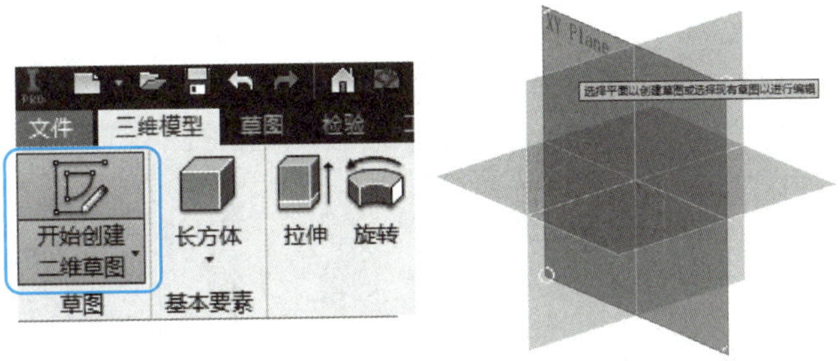

续表

序号	操作文字说明 快捷操作示意	操作演示图示
11	在草图选项卡中单击“圆”按钮，以原始坐标系原点为中心绘制直径为25 mm的圆	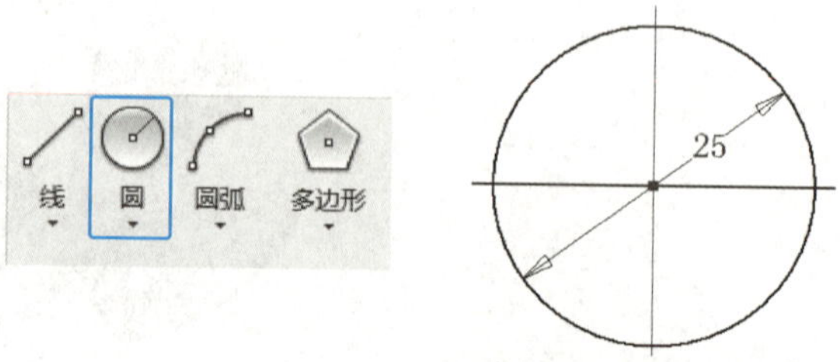 线 圆 圆弧 多边形 25
12	单击工具面板中“三维模型”选项卡下“创建”面板中的“拉伸”按钮，为草图轮廓添加拉伸特征，拉伸厚度为10 mm	 拉伸 旋转
13	单击工具面板中“三维模型”选项卡下“修改”面板中的“圆角”按钮，给拉伸体进行圆角修饰，半径为2 mm	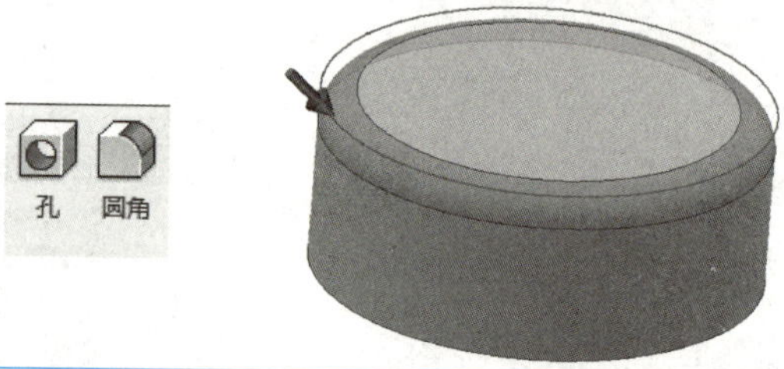 孔 圆角
14	单击零件特征表面，在弹出的快捷菜单中单击“创建草图”按钮，进入草图绘制环境。使用圆命令绘制右侧草图	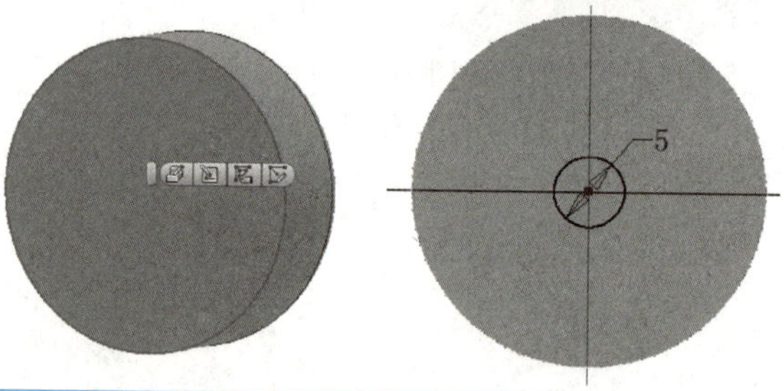 5
15	单击工具面板中“三维模型”选项卡下“创建”面板中的“拉伸”按钮，为草图轮廓添加拉伸贯通特征	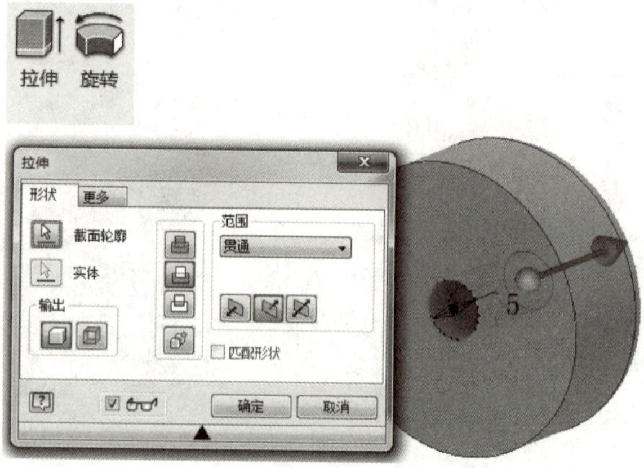 拉伸 旋转 拉伸 形状 更多 截面轮廓 实体 输出 范围 贯通 匹配形状 确定 取消 5

续表

序号	操作文字说明 快捷操作示意	操作演示图示
16	单击工具面板中“三维模型”选项卡下“修改”面板中的“抽壳”按钮，设置抽壳厚度为 2 mm	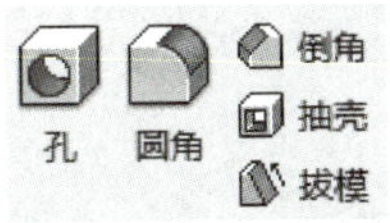 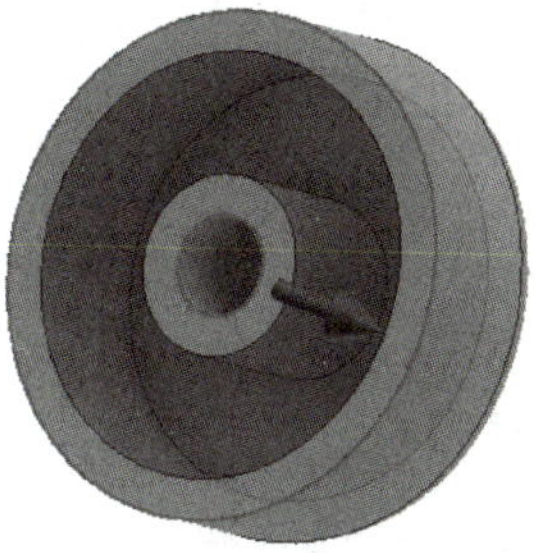 孔 圆角 倒角 抽壳 拔模
17	单击工具面板中“三维模型”选项卡下“定位特征”面板中的“平面”按钮。单击原始坐标系中的 YZ 平面，同时捕捉圆柱体外表面，软件会自动生成一个与圆柱体外表面相切的平面	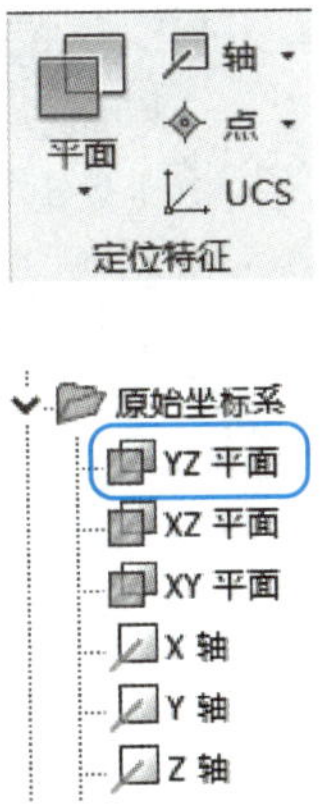 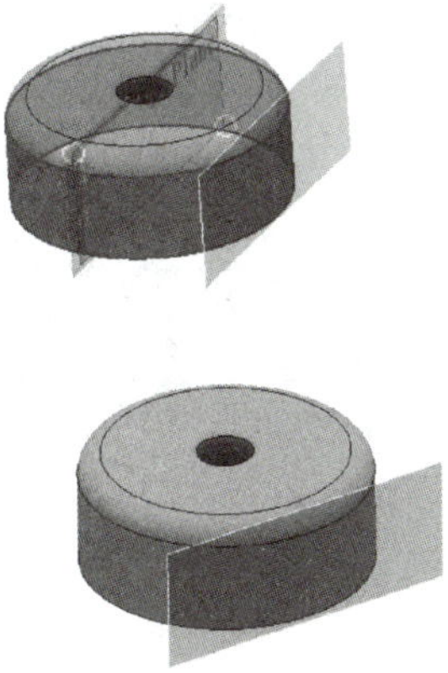 平面 轴 点 UCS 定位特征 原始坐标系 YZ 平面 XZ 平面 XY 平面 X 轴 Y 轴 Z 轴
18	使用上一步创建的平面作为草图绘制平面，依据右图绘制草图轮廓	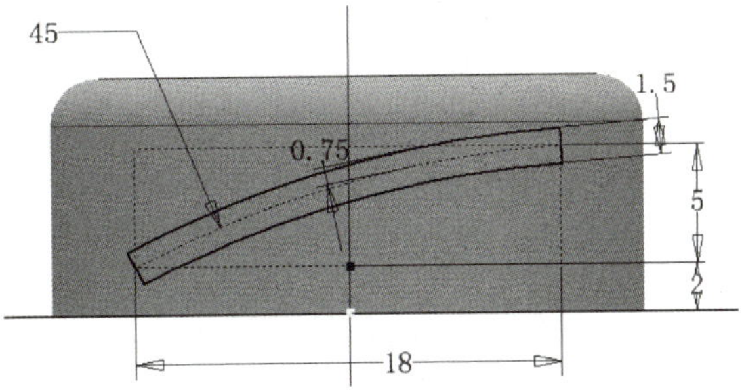 45 1.5 0.75 5 2 18

续表

序号	操作文字说明 快捷操作示意	操作演示图示
19	单击工具面板中“三维模型”选项卡下“创建”面板中的“凸雕”按钮，软件自动捕捉上一步创建完成的草图，设置凸雕参数如右图所示。单击确定完成操作 	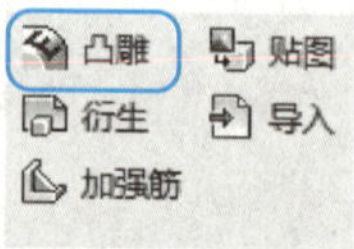 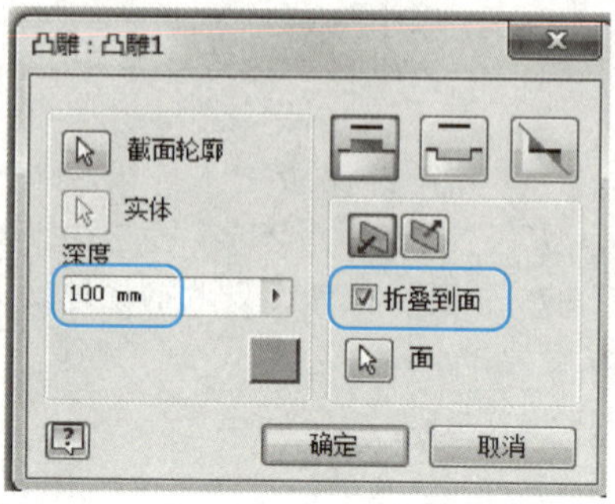 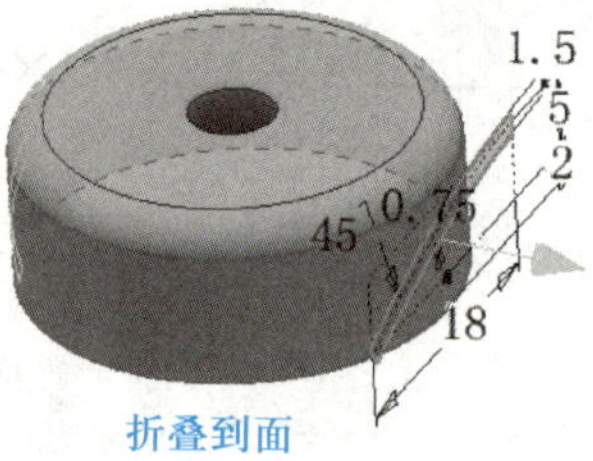 折叠到面
20	单击零件特征表面，在弹出的快捷菜单中单击“创建草图”按钮，进入草图绘制环境。使用直线与圆命令绘制右侧草图	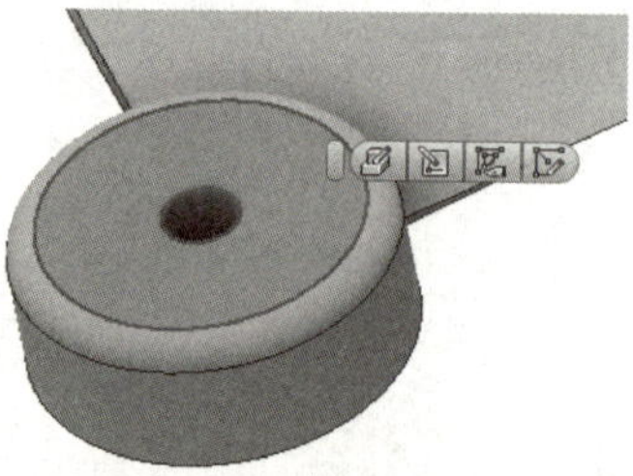 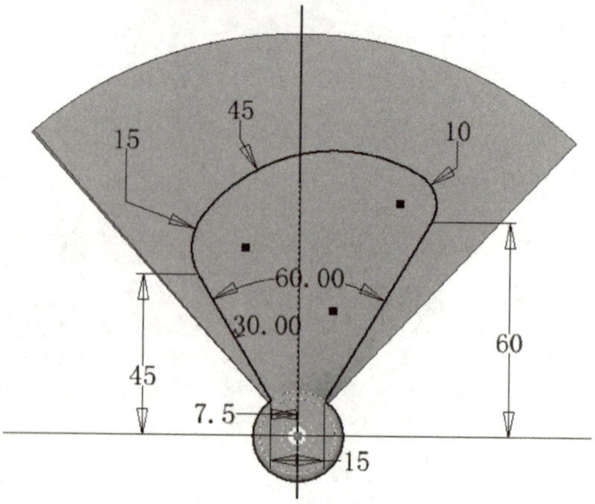

续表

序号	操作文字说明 快捷操作示意	操作演示图示
21	单击工具面板中“三维模型”选项卡下“创建”面板中的“拉伸”按钮，截面轮廓选择上一步创建的草图轮廓，范围设置为“贯通”，拉伸方式设置为“求交”	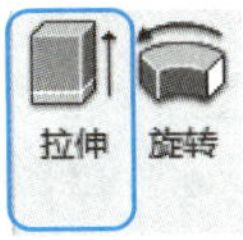  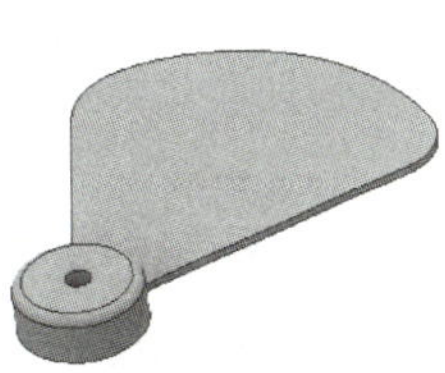
22	单击工具面板中“三维模型”选项卡下“阵列”面板中的“环形阵列”按钮，根据右图设置阵列参数	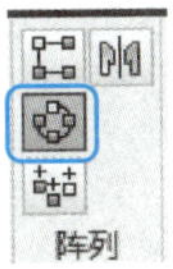 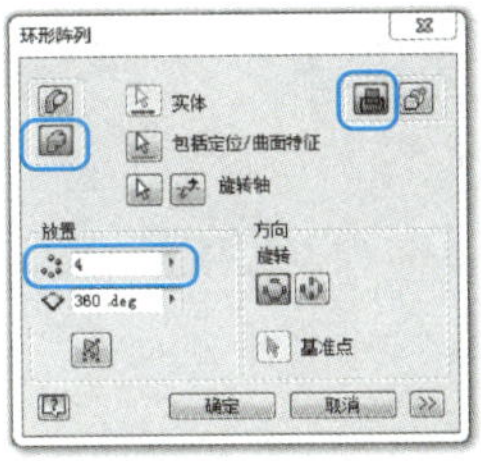 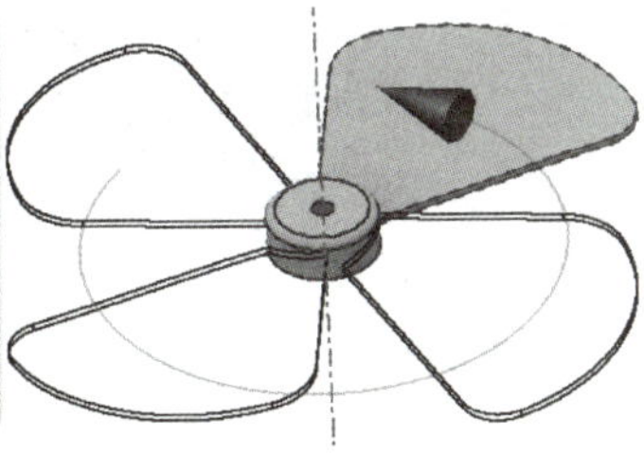 
23	通过软件顶部下拉菜单设定零件外观颜色为“清晰－蓝色”并保存设计文件，取名为“转叶”	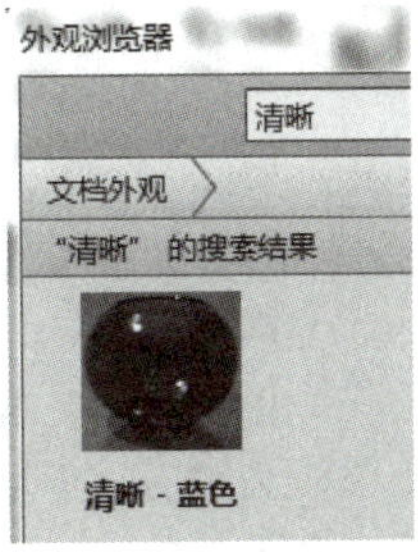 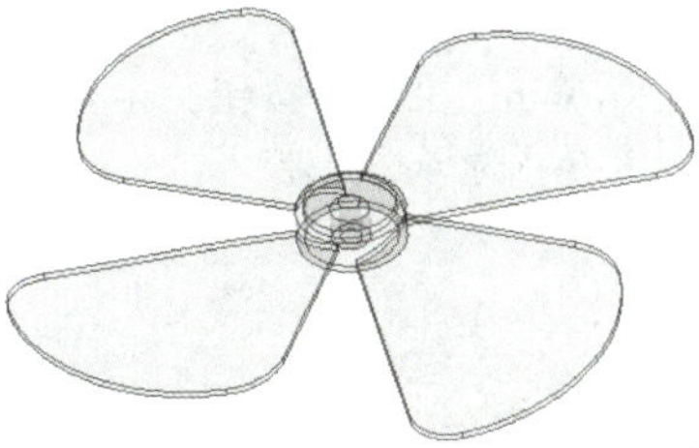

续表

序号	操作文字说明 快捷操作示意	操作演示图示
24	**安装转叶** 打开已经创建的走马灯框架装配模型，单击“放置”按钮，打开上一步创建的转叶零件 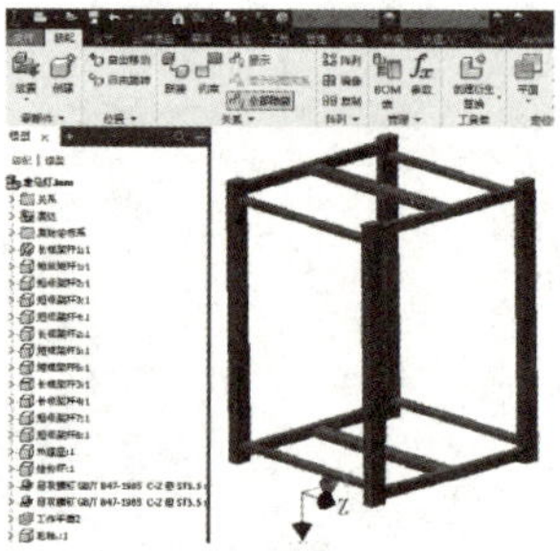	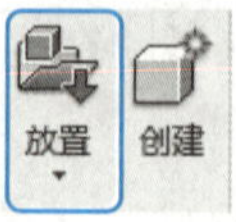  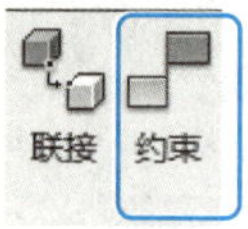 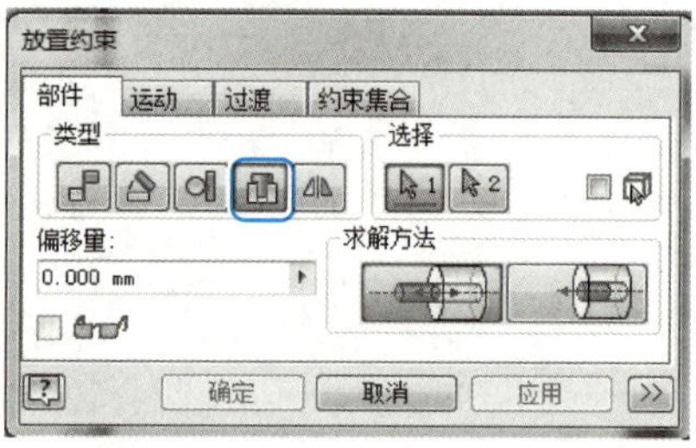 
25	单击“文件”按钮，在下拉菜单中选择“保存”	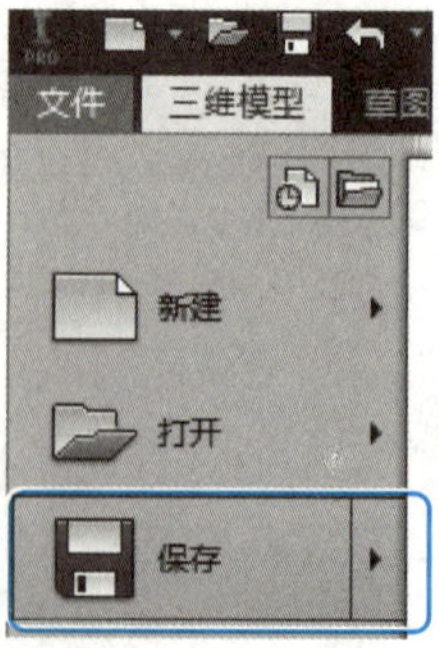 

自我评价

制作任务	自主完成的步骤	合作讨论下完成的步骤	未完成的步骤
多实体框架模型			
设计轮轴			
安装转叶			

作业

1. 根据风扇叶零件图（图 5–6）造型三维立体风扇叶模型。

2. 上网查询走马灯工作原理，了解实际走马灯的各个组成部分。走马灯各组成部分如图 5–7 所示。

作业指导

根据给定零件图造型风扇叶。

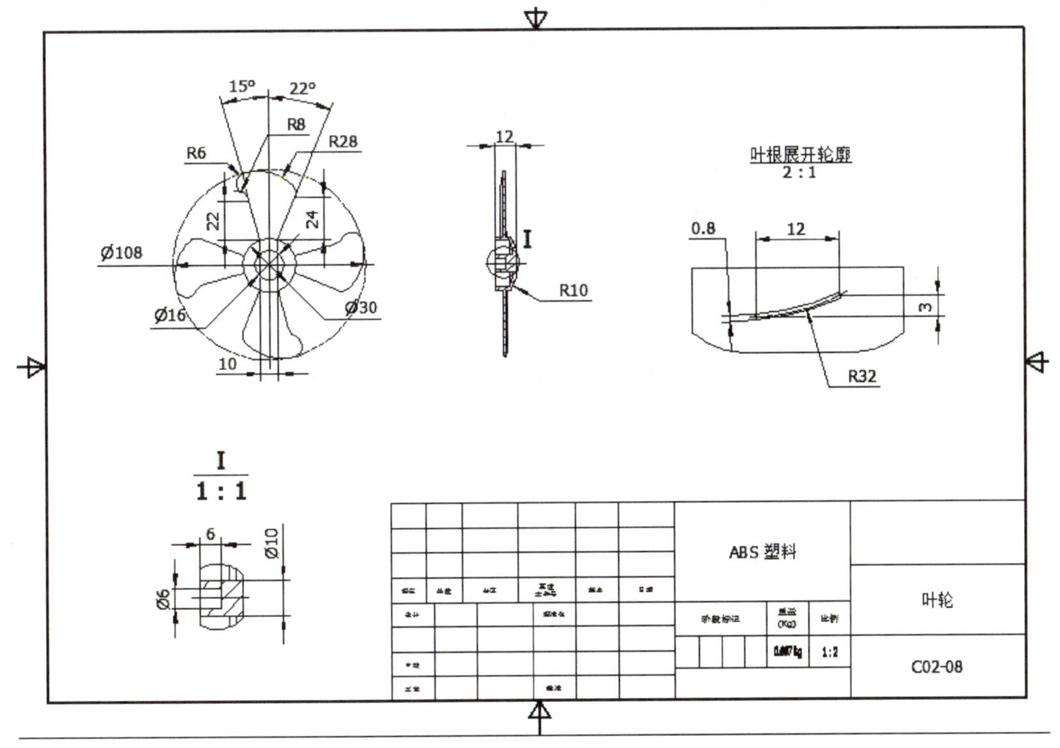

图 5–6 风扇叶零件图

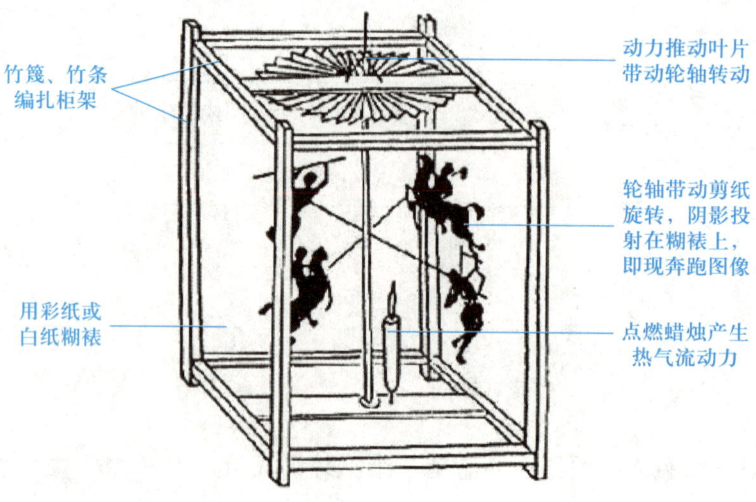

图 5-7　走马灯各组成部分

项目六　设计鲁班锁及输出动画

项目介绍

鲁班锁，又名八卦锁、孔明锁，是曾广泛流传于汉族民间的智力玩具，是中国古代汉族传统的土木建筑固定结合器。不用钉子和绳子，完全靠自身结构的连接支撑，展现了一种看似简单，却凝结着不平凡的智慧。

部件制作表　mm

零件	数量	长度	宽度	厚度
① 柱 1	1 个	80	20	20
② 柱 2	1 个	80	20	20
③ 柱 3	1 个	80	20	20

我们先来欣赏鲁班锁的造型（图 6–1），然后使用 Inventor 2018 软件制作一款鲁班锁（图 6–2、图 6–3）。

图 6–1　鲁班锁的造型

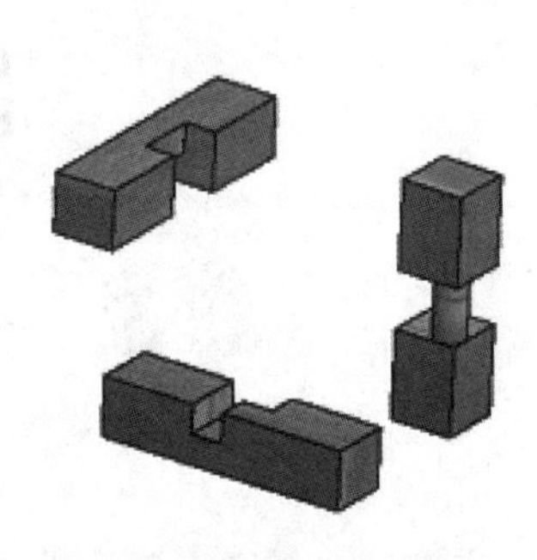
图 6–2　爆炸图

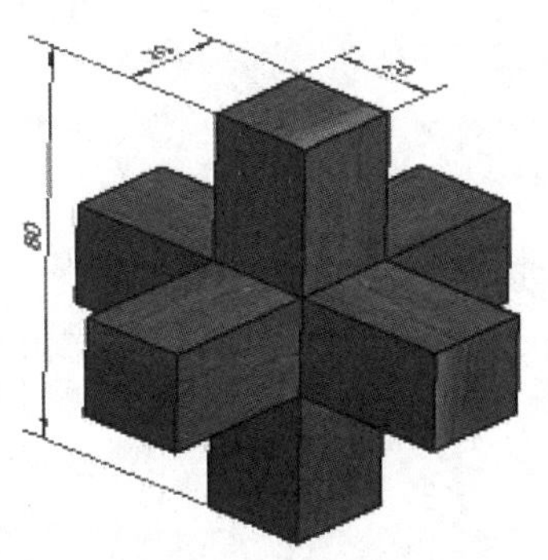

图 6–3　总体尺寸图

项目知识与技能

※ 创建零件文件并绘制二维草图轮廓
※ 草图拉伸求差
※ 创建部件、创建爆炸图
※ 装配动画输出
※ iproperty 材料修改

项目建模步骤

鲁班锁建模步骤如图 6–4 所示。

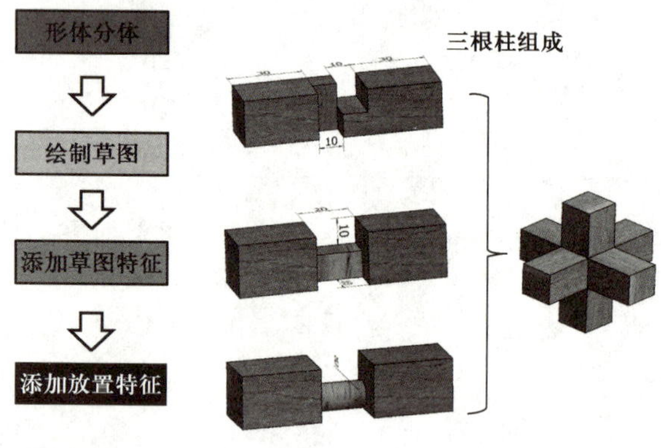

图 6–4　鲁班锁建模步骤

用 Inventor 2018 创建鲁班锁的三维造型和动画输出步骤可概括为：

（1）形体分析。对模型的形体进行整体分析，将其划分为若干个简单的元素。

（2）创建草图。根据形体分析的结果指定最优的设计方法，构建全约束草图。

（3）添加特征。通过拉伸方式为全约束草图或已有的模型添加特征。

（4）重复步骤（2）、（3），逐步完成模型的所有结构造型。

（5）装拆动画录制。首先建立鲁班锁表达视图，然后进行动画制作。

鲁班锁模型创建过程见表 6–1。

表 6–1　鲁班锁模型创建过程

序号	操作文字说明 快捷操作示意	操作演示图示
01	双击桌面图标启动软件，选择标准零件模板“Standard.ipt”创建零件文件	

续表

<table>
<tr><th>序号</th><th>操作文字说明
快捷操作示意</th><th>操作演示图示</th></tr>
<tr><td rowspan="4">02</td><td>鲁班锁设计——柱 1
① 单击工具面板“开始创建二维草图”按钮，并在绘图区中选择 XY 平面，进入二维草图创建环境</td><td>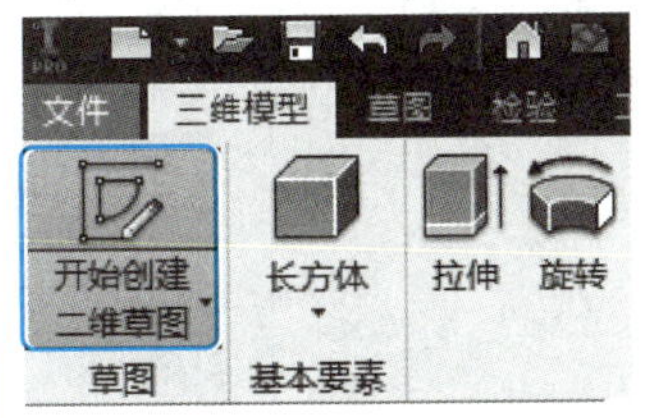 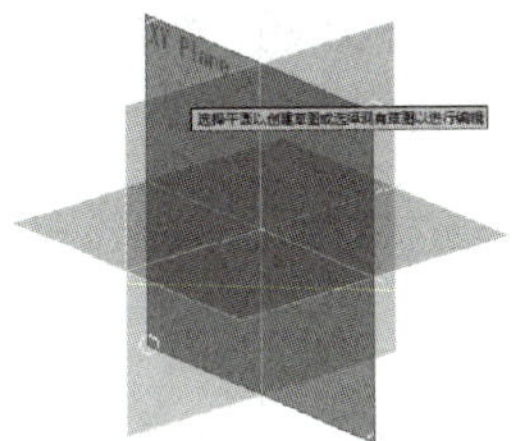</td></tr>
<tr><td>② 在草图选项卡中单击“矩形”按钮，以原始坐标系原点为矩形中心绘制 20 mm × 20 mm 的矩形</td><td>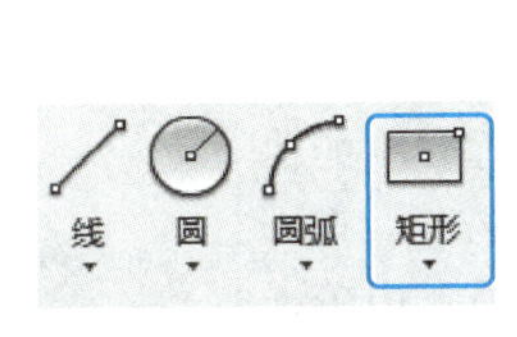 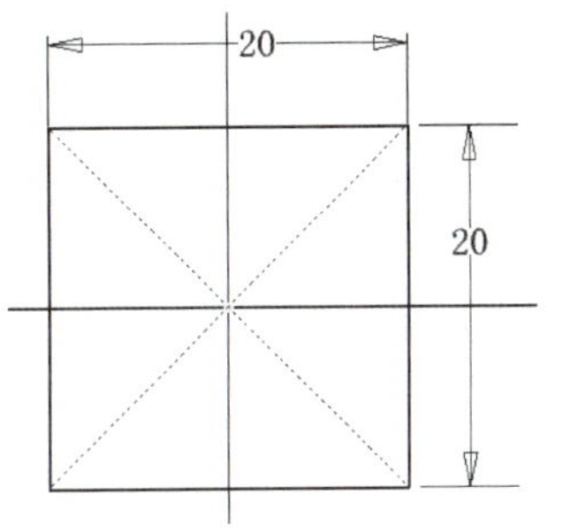</td></tr>
<tr><td>③ 单击工具面板中“三维模型”选项卡下“创建”面板中的“拉伸”按钮，为草图轮廓添加拉伸，设置拉伸距离为 80 mm</td><td>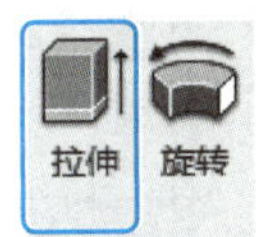 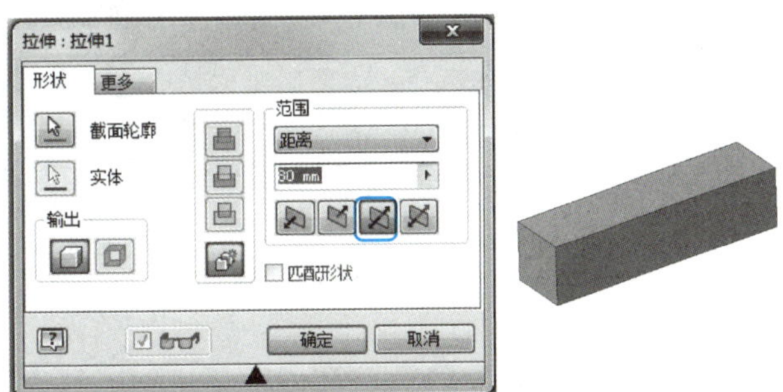</td></tr>
<tr><td>④ 选取零件已知表面，在弹出的快捷菜单中单击“创建草图”按钮，进入草图绘制环境。在草图选项卡中单击“矩形”按钮，根据右图完成草图创建</td><td>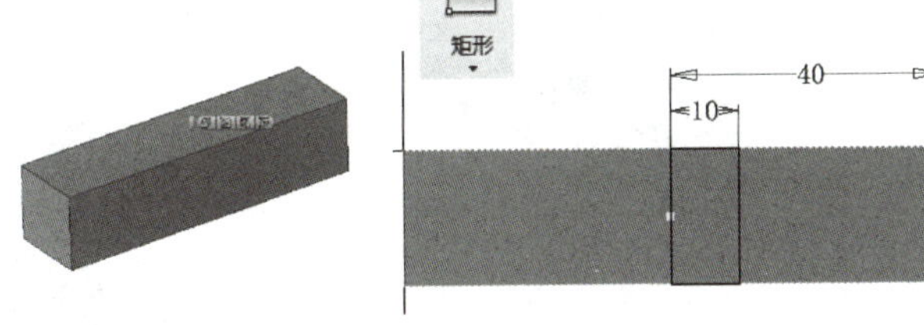</td></tr>
</table>

续表

序号	操作文字说明 快捷操作示意	操作演示图示
	⑤ 单击工具面板中“三维模型”选项卡下“创建”面板中的“拉伸”按钮，根据右图设置拉伸参数，切出柱 1 的第一个槽	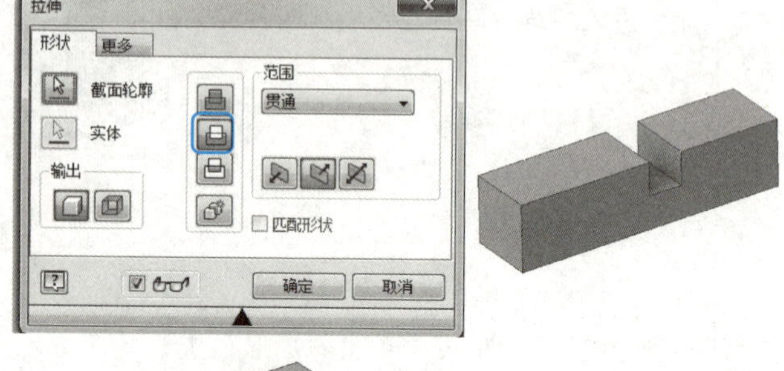
	⑥ 选取零件已知表面，在弹出的快捷菜单中单击“创建草图”按钮，进入草图绘制环境。在草图选项卡中单击“矩形”命令，根据右图完成草图创建	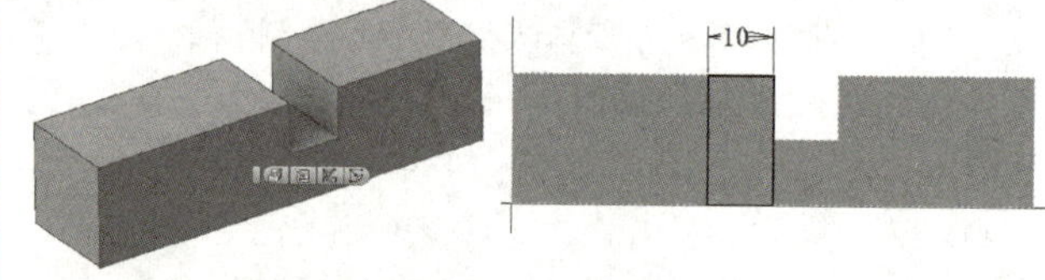
02	⑦ 单击工具面板中“三维模型”选项卡下“创建”面板中的“拉伸”按钮，根据右图设置拉伸参数，切出柱 1 的第二个槽	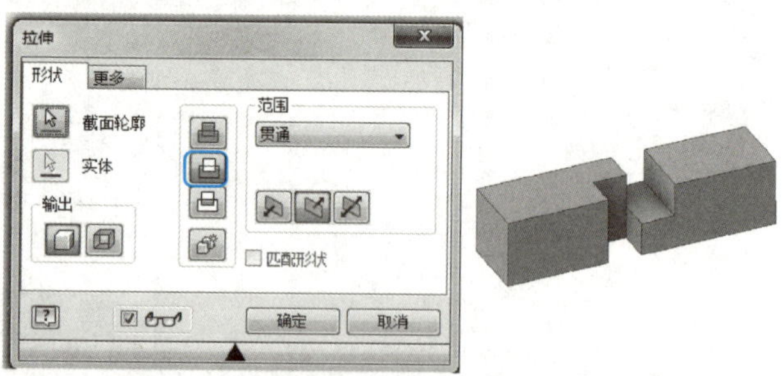
	⑧ 通过软件顶部下拉菜单设定柱 1 的外观颜色 外观：流木 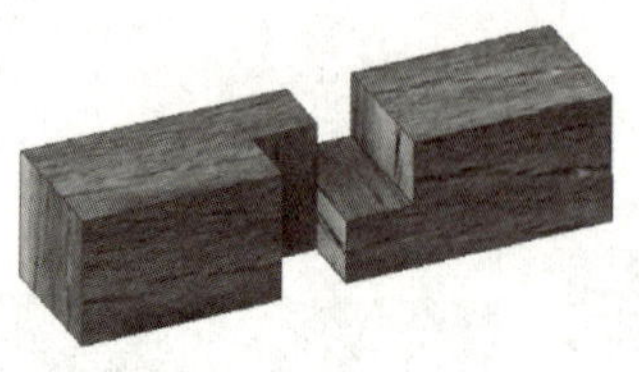	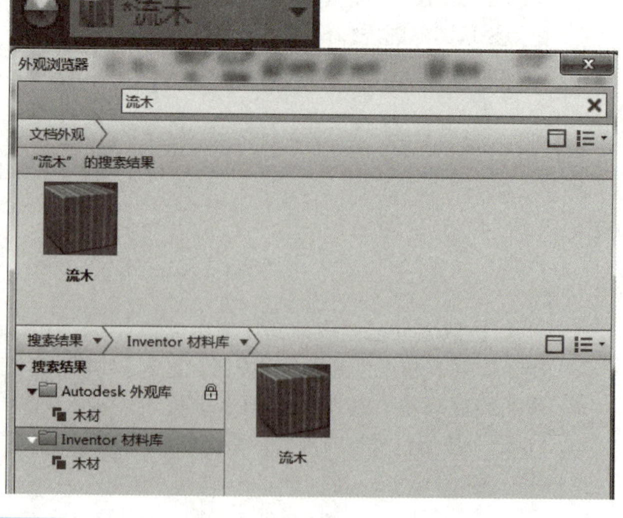

续表

序号	操作文字说明 快捷操作示意	操作演示图示
02	⑨ 单击“文件”，在下拉菜单中选择“保存”，输入文件名称“柱 1”，单击保存	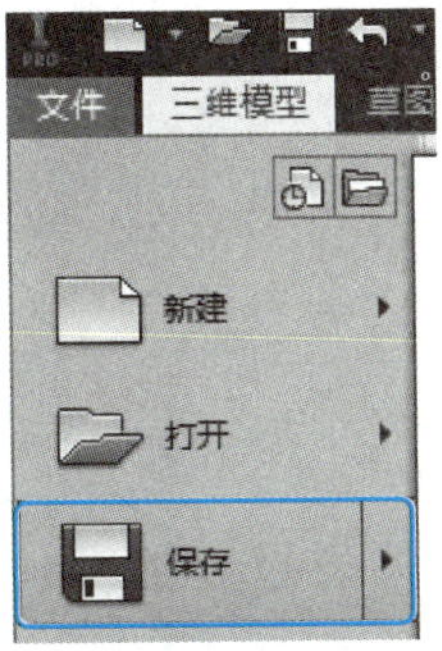 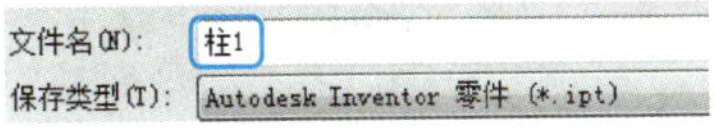 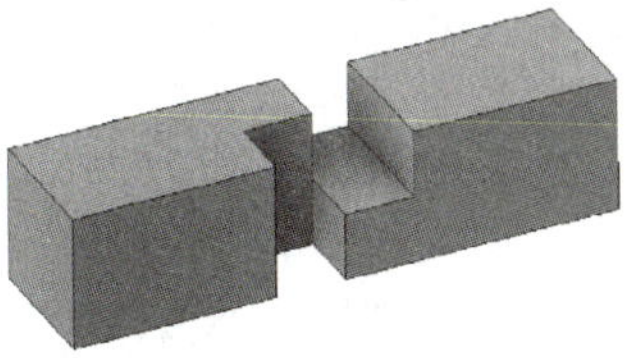
03	**鲁班锁设计——柱 2** 柱 2 的基础体部分的创建方法与柱 1 一致 ① 新建零件，单击工具面板“开始创建二维草图”按钮，并在绘图区中选择 XY 平面，进入二维草图创建环境	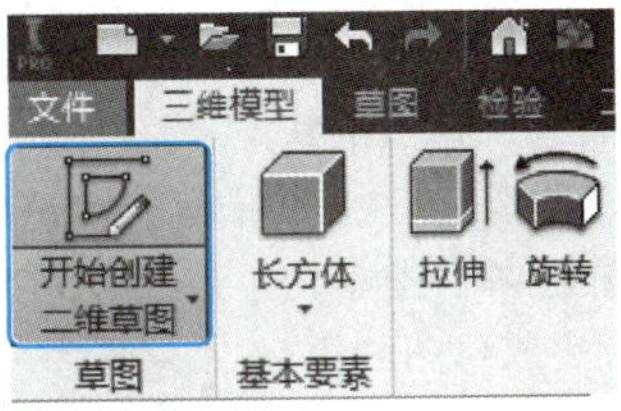 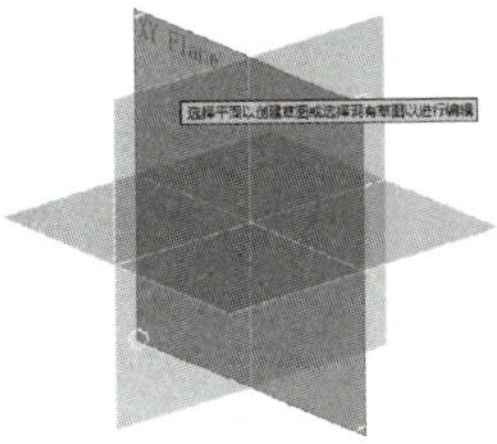
	② 在草图选项卡中单击“矩形”按钮，以原始坐标系原点为矩形中心绘制 20 mm × 20 mm 的矩形	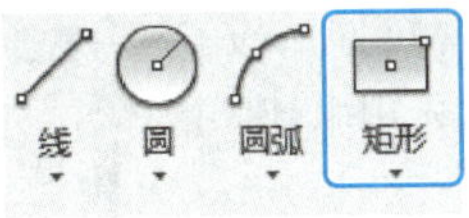 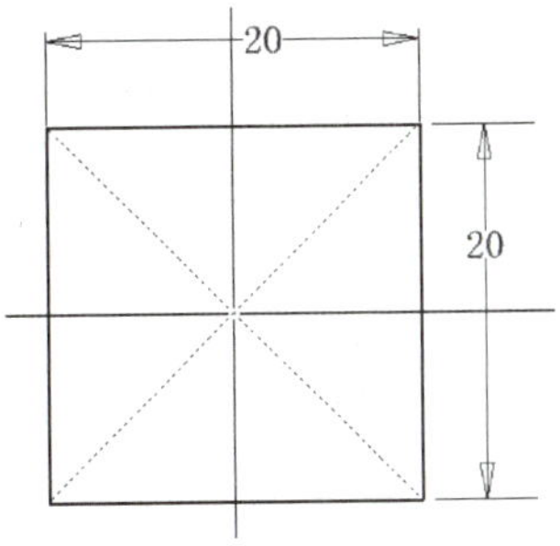
	③ 单击工具面板中“三维模型”选项卡下“创建”面板中的“拉伸”按钮，为草图轮廓添加拉伸，设置拉伸距离为 80 mm	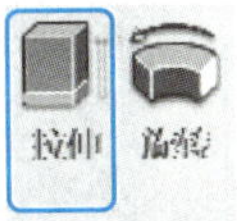 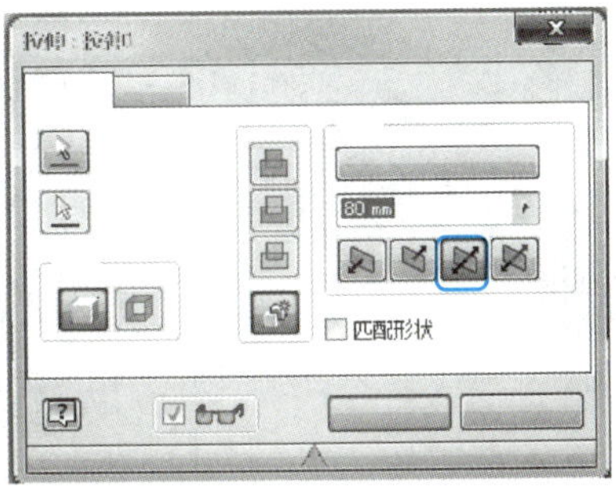 

续表

序号	操作文字说明 快捷操作示意	操作演示图示
	④ 选取零件已知表面，在弹出的快捷菜单中单击“创建草图”按钮，进入草图绘制环境。在草图选项卡中单击“矩形”按钮，根据右图完成草图创建	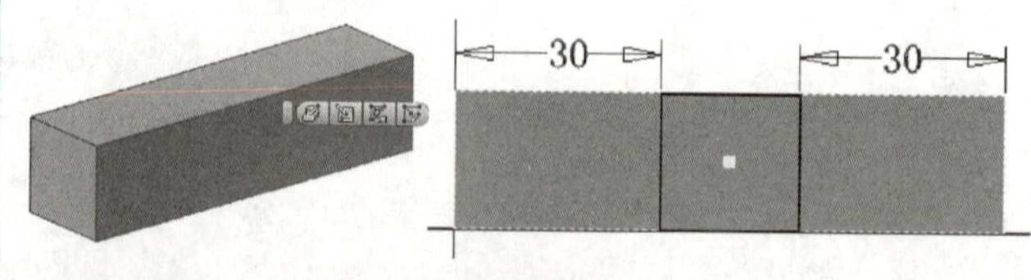
	⑤ 单击工具面板中“三维模型”选项卡下“创建”面板中的“拉伸”按钮，根据右图设置拉伸参数设计，切出柱 2 的第一个槽	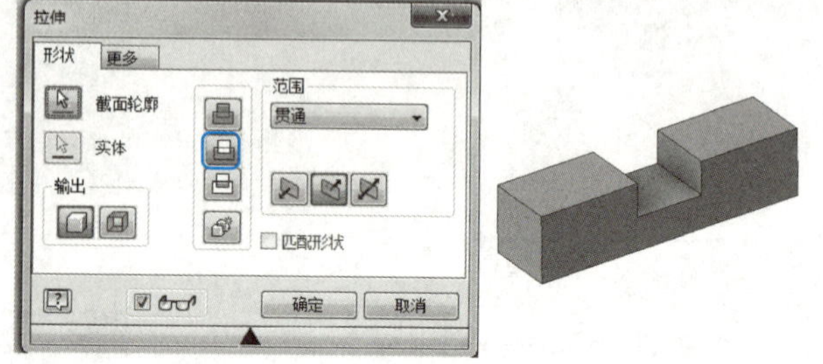
	⑥ 选取零件已知表面，在弹出的快捷菜单中单击“创建草图”按钮，进入草图绘制环境。在草图选项卡中单击“矩形”按钮，根据右图完成草图创建	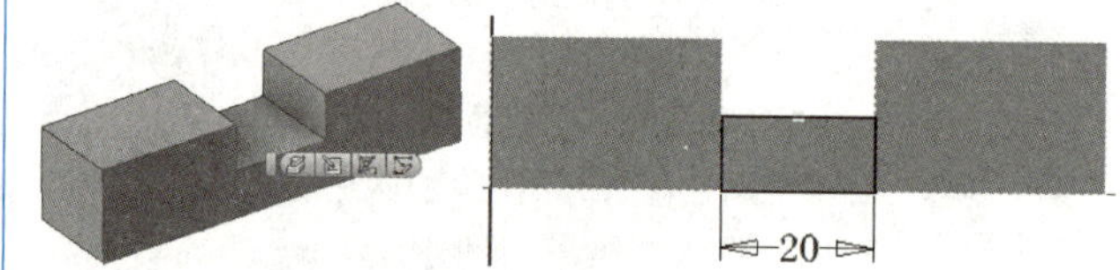
03	⑦ 单击工具面板中“三维模型”选项卡下“创建”面板中的“拉伸”按钮，根据右图设置拉伸参数，切出柱 2 的第二个槽	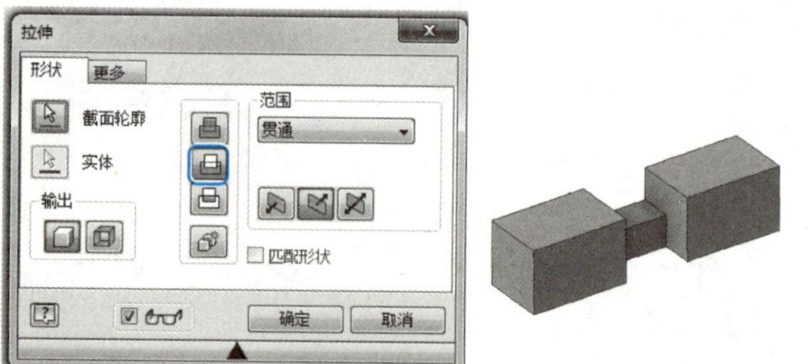
	⑧ 通过软件顶部下拉菜单设定柱 2 的外观颜色 外观：流木 	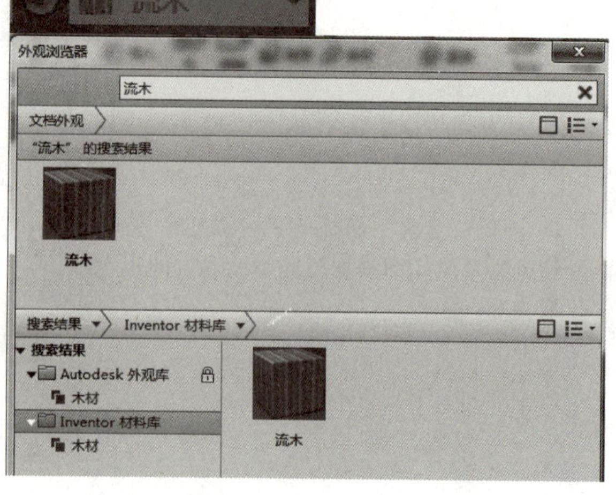

续表

序号	操作文字说明 快捷操作示意	操作演示图示
03	⑨ 单击“文件”，在下拉菜单中选择“保存”，输入文件名称“柱 2”，单击保存	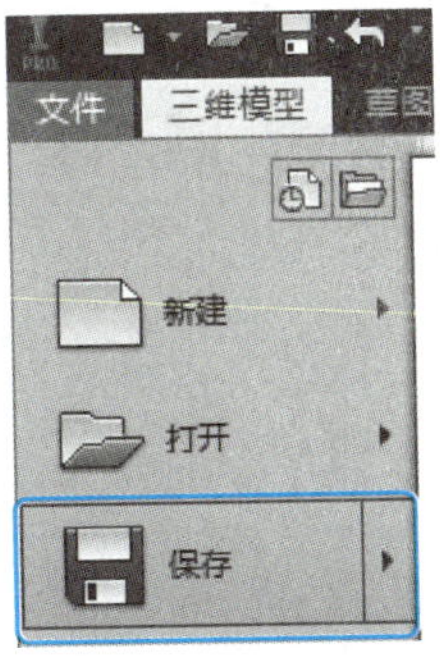 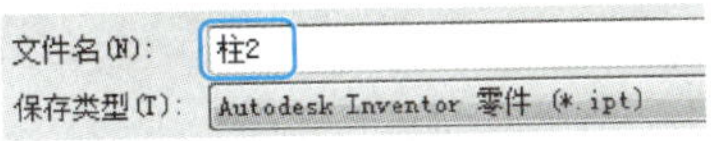 
04	**鲁班锁设计——柱 3** ① 柱 3 的设计与柱 1、柱 2 的基本体建模方式一致，不再赘述，只给出不同之处的建模步骤	基本体 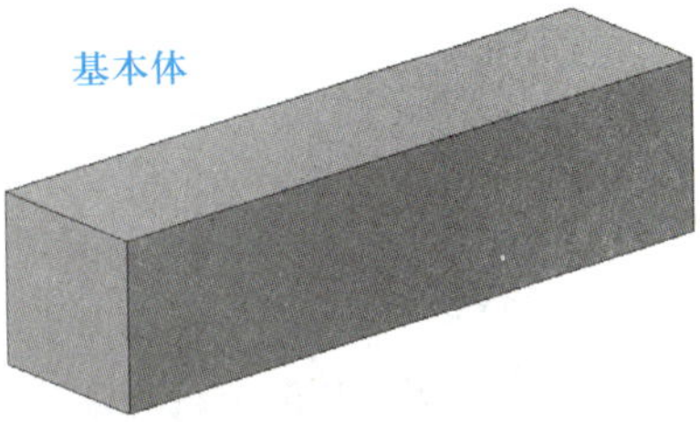
	② 选取零件已知表面，在弹出的快捷菜单中单击“创建草图”按钮，进入草图绘制环境。在草图选项卡中单击“矩形”按钮，根据右图完成草图创建	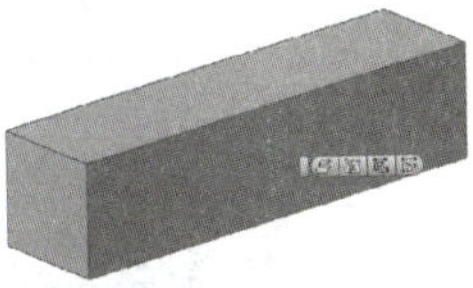 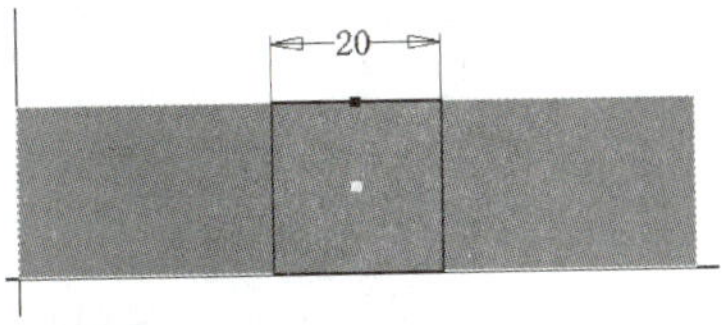 20
	③ 单击工具面板中“三维模型”选项卡下“创建”面板中的“拉伸”按钮。根据右图设置拉伸参数	 
	④ 选取零件已知表面，在弹出的快捷菜单中单击“创建草图”按钮，进入草图绘制环境。在草图选项卡中单击“圆”按钮，根据右图完成草图创建	 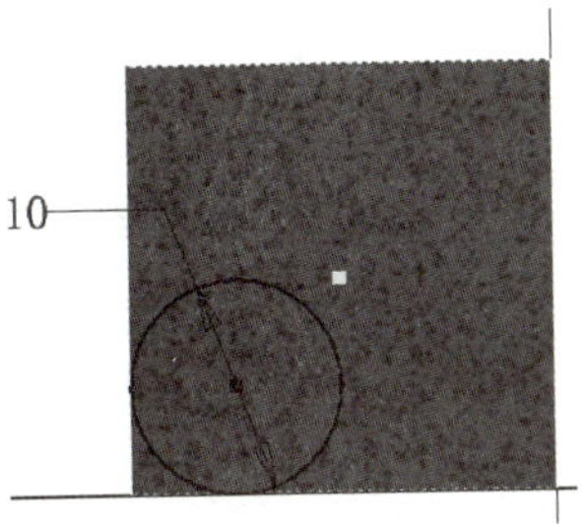 10

续表

序号	操作文字说明 快捷操作示意	操作演示图示
	⑤ 单击工具面板中“三维模型”选项卡下“创建”面板中的“拉伸”按钮，根据右图设置拉伸参数	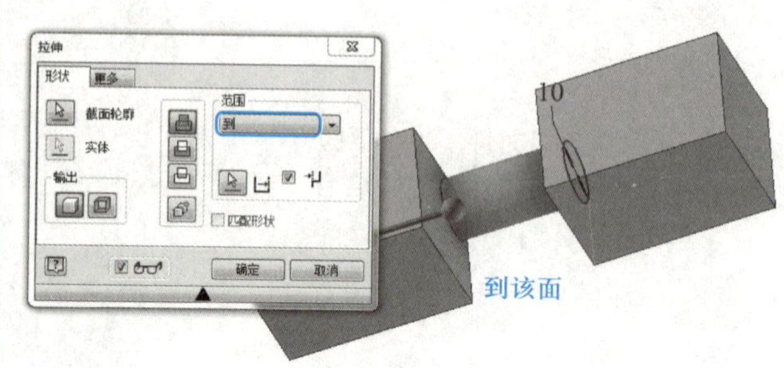
04	⑥ 通过软件顶部下拉菜单设定柱 3 的外观颜色 外观：流木 	
	⑦ 单击“文件”，在下拉菜单中选择“保存”，输入文件名称“柱 3”，单击保存	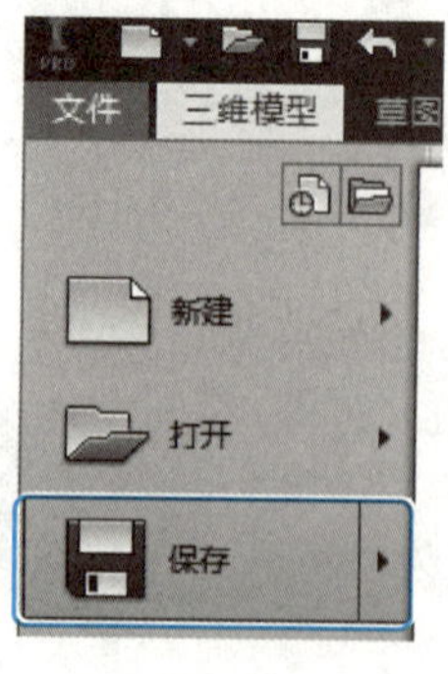 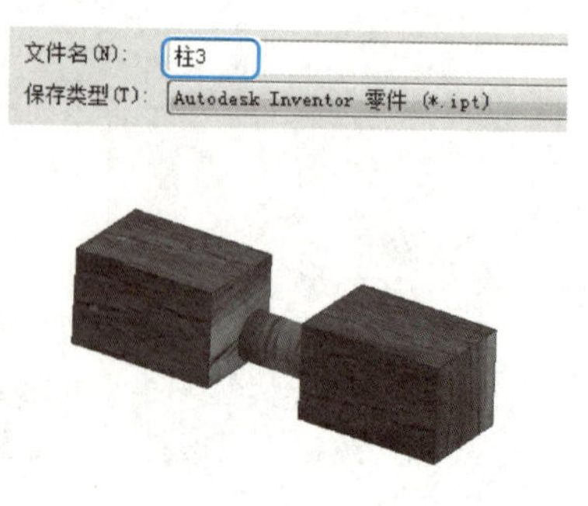

续表

<table>
<tr><th>序号</th><th>操作文字说明
快捷操作示意</th><th>操作演示图示</th></tr>
<tr><td rowspan="3">05</td><td>鲁班锁模型装配
① 单击“新建”，在弹出的“新建文件”对话框中选择标准装配模板“Standard.iam”创建装配文件。</td><td>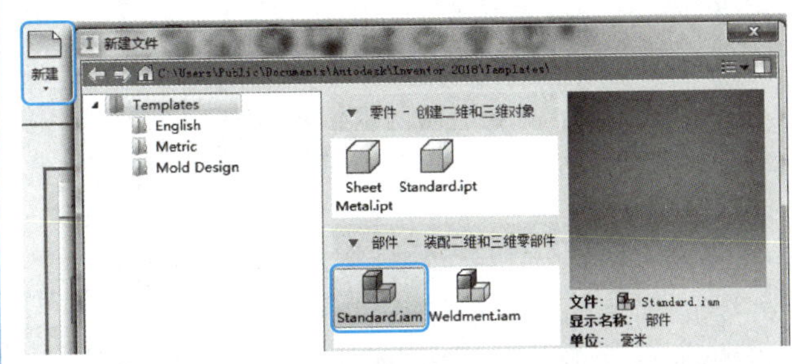</td></tr>
<tr><td>② 单击工具面板“装配”选项卡中的“放置”按钮，打开“装入零部件”对话框，查找并选中柱 1、柱 2、柱 3，单击“打开”，所选取的三个零部件将进入部件环境
操作技巧：
使用自由移动和自由旋转命令将三个零件调整到合适的装配角度
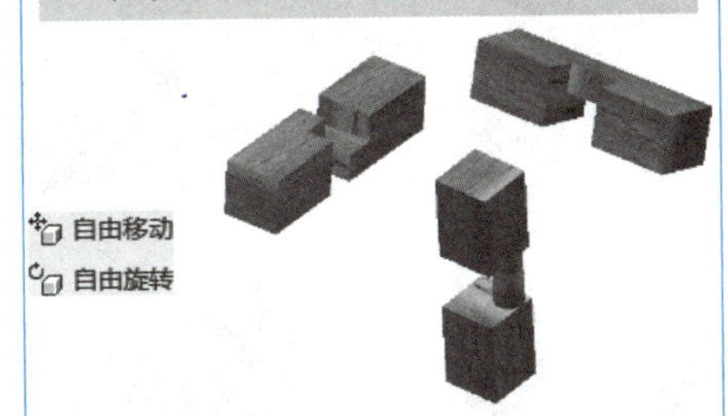</td><td>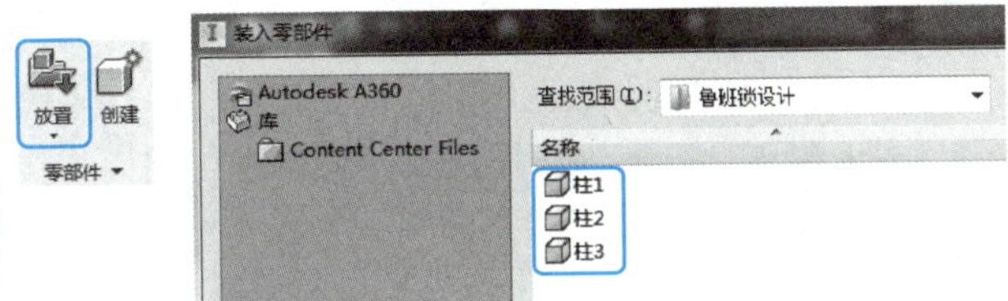
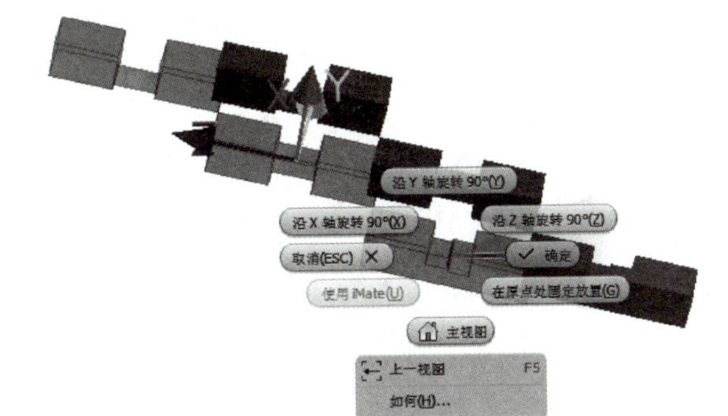</td></tr>
<tr><td>③ 单击工具面板中“装配”选项卡下“关系”面板中的“约束”按钮，在弹出的“放置约束”对话框中设置类型为“相切”并捕捉如右图所示的特征表面使其两面相切，单击“应用”完成第一步相切操作</td><td>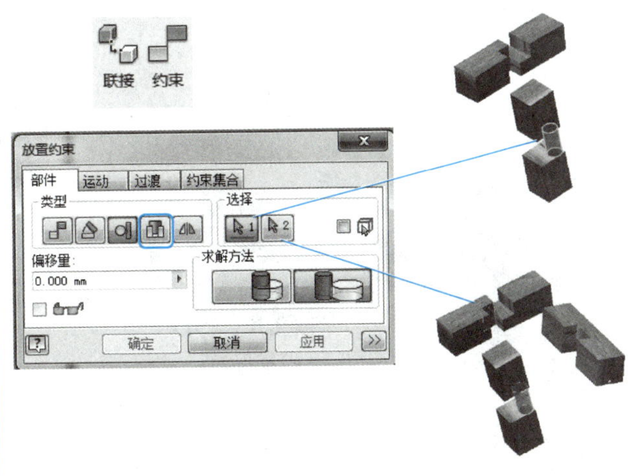</td></tr>
</table>

续表

序号	操作文字说明 快捷操作示意	操作演示图示
05	④ 同理，选择右图两零件实体表面使其相切，单击“应用”完成第二步相切操作 ⑤ 将约束方式从“相切”切换到“配合”并捕捉如右图所示的特征表面使其配合，单击“应用”完成操作。此时就完成了柱 1 和柱 3 的装配 ⑥ 柱 2 的装配使用 3 步“配合”约束。装配效果如右图所示 ⑦ 最后，将柱 3 手动旋转至合适位置，完成鲁班锁装配 	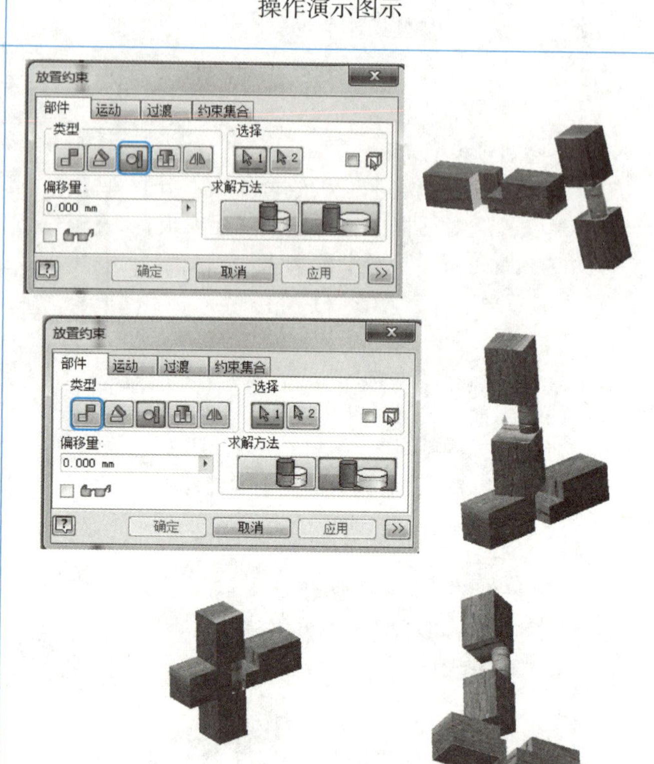 配合1  配合2 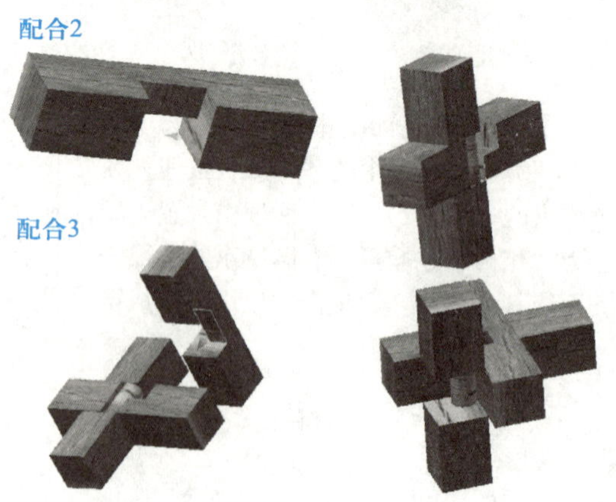 配合3

续表

<table>
<tr><th>序号</th><th>操作文字说明
快捷操作示意</th><th>操作演示图示</th></tr>
<tr><td rowspan="3">05</td><td colspan="2">表达视图又称为爆炸图，常用于表达部件的装配关系及装配过程。使用 Inventor 2018 表达视图模块，可创建部件的爆炸图，进而利用该爆炸图录制部件装拆动画。
使用 Inventor 2018 创建表达视图时，首先应新建表达视图文件，使用“创建视图”工具选择待拆解的部件文件，并通过“调整零部件位置”工具将完成装配的部件拆解开来。接下来依据部件的装拆顺序调整各零部件拆解动作在动画中的先后顺序。创建表达视图的一般流程如下图所示</td></tr>
<tr><td>表达视图的创建</td><td>创建表达视图文件 ⇨ 载入待拆解的部件 ⇨ 逐一拆解各零部件 ⇨ 调整零部件拆解顺序 ⇨ 调整各步动画的视角 ⇨ 录制装拆过程动画</td></tr>
<tr><td>表达视图示例</td><td>
</td></tr>
<tr><td>06</td><td>鲁班锁表达视图建立
① 单击“文件”下的“新建”，选择标准表达视图模板“Standard.ipn”创建表达视图文件</td><td>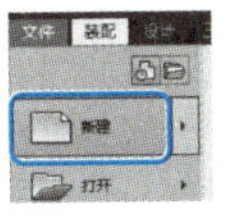

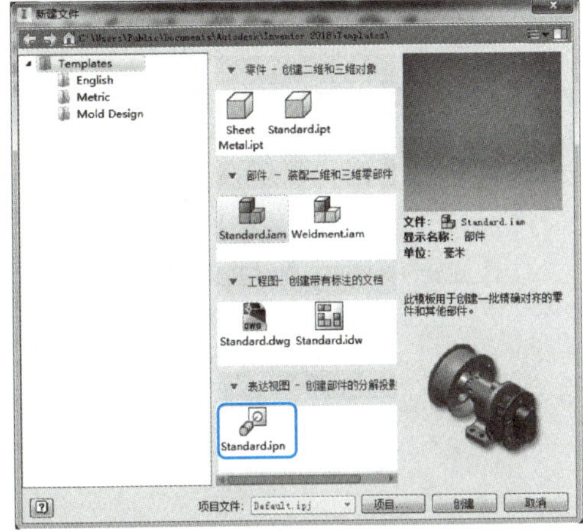
</td></tr>
</table>

续表

<table>
<tr><th>序号</th><th>操作文字说明
快捷操作示意</th><th>操作演示图示</th></tr>
<tr><td>06</td><td>②单击工具面板中“表达视图”选项卡下“模型”面板中的“插入模型”按钮，在弹出的“插入”对话框中选择鲁班锁装配文件。单击“打开”，鲁班锁装配模型进入了表达视图创建环境</td><td>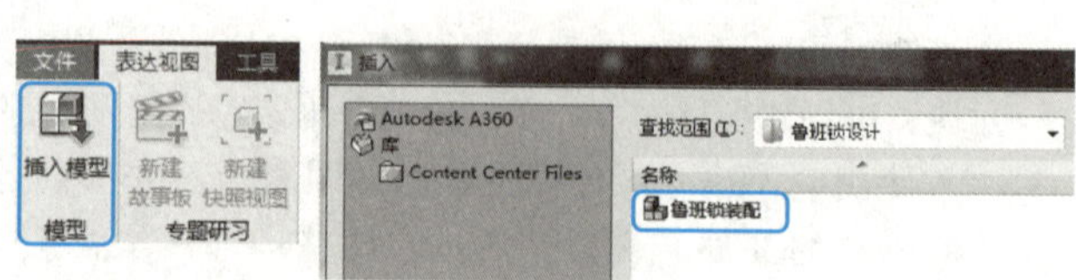

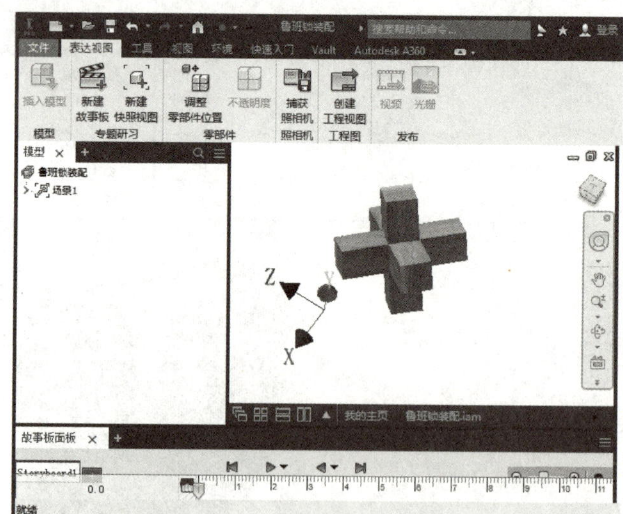
</td></tr>
<tr><td></td><td>③单击工具面板中“表达视图”选项卡下“零部件”面板中的“调整零部件位置”按钮，单击选择“柱3”零件，弹出快捷菜单
根据右图，首先切换调整模式为“旋转”；单击“定位”按钮，重新定位旋转中心轴；拖动控制柄旋转180°</td><td>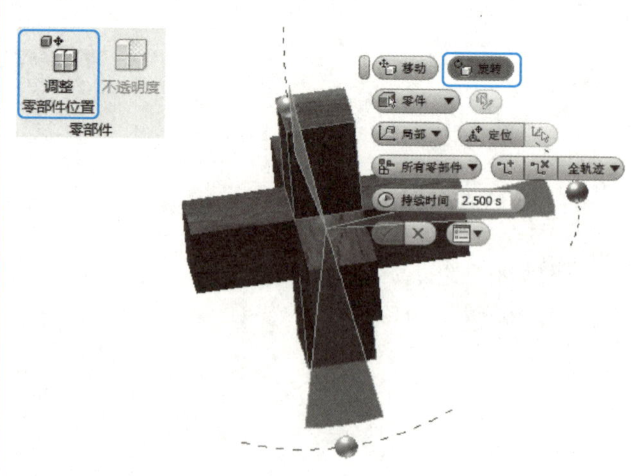
</td></tr>
</table>

续表

序号	操作文字说明 快捷操作示意	操作演示图示
06	④ 继续单击工具面板中“表达视图”选项卡下“零部件”面板中的“调整零部件位置”按钮，单击选择“柱 2”零件，调整方式为“移动”。拖动向上控制柄，使得柱 2 移动到上端 60 mm 处。单击图标“√”完成柱 2 第一步移动	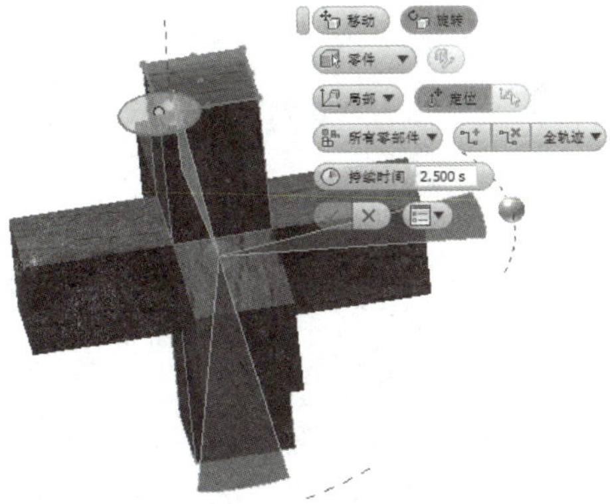 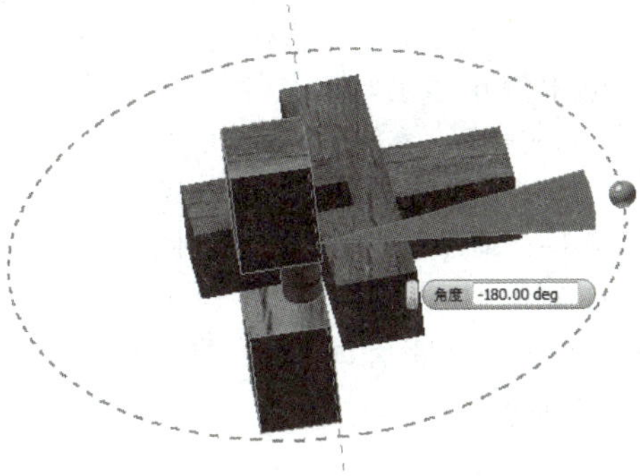 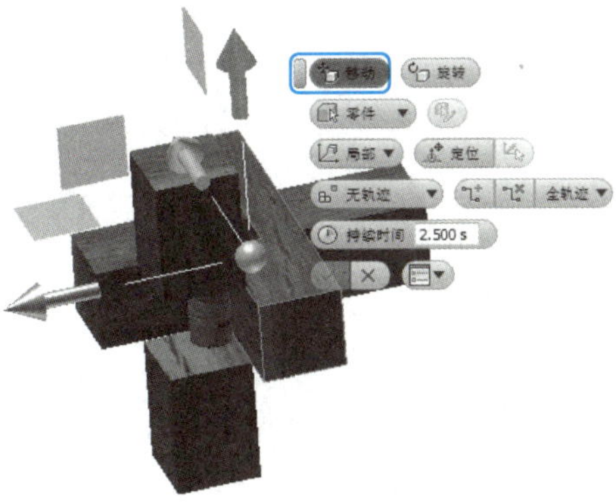

续表

序号	操作文字说明 快捷操作示意	操作演示图示
06	⑤ 继续单击工具面板中“表达视图”选项卡下“零部件”面板中的“调整零部件位置”按钮，单击选择“柱 2”零件，调整方式为“移动”。鼠标拖动向右控制柄，使得柱 2 移动到右端 –50 mm 处。单击图标“√”完成柱 2 第二步移动	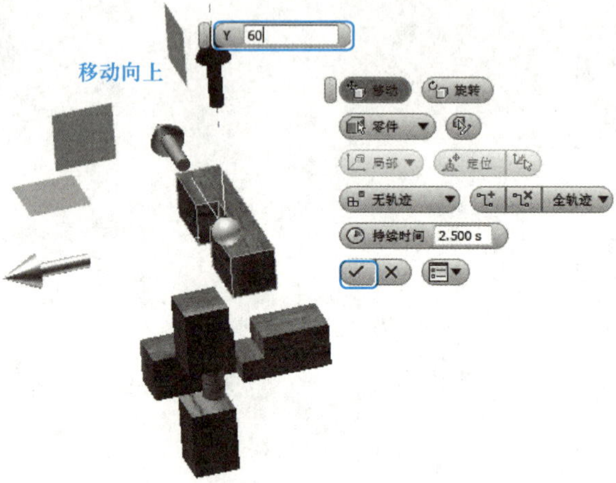 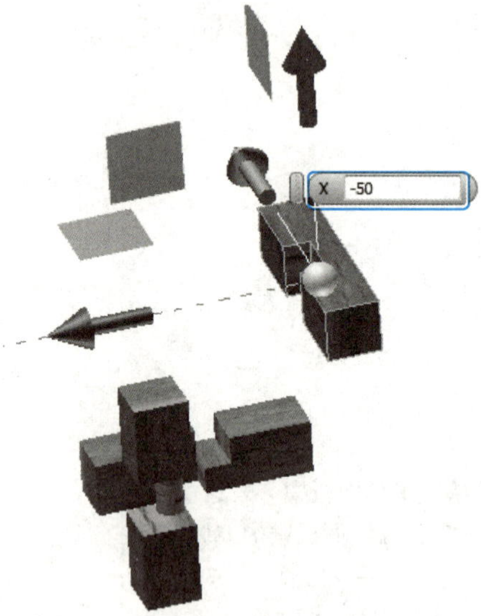 Y 60 移动向上 移动 旋转 零件 局部 定位 无轨迹 全轨迹 持续时间 2.500 s X -50

续表

序号	操作文字说明 快捷操作示意	操作演示图示
07	**鲁班锁拆解动画制作** 上一步调整零件位置后，可使用表达视图文件生成部件装拆动画。单击工具面板中“表达视图”选项卡“发布”面板中的“视频”按钮。在弹出的“发布为视频”对话框中设置好文件名、路径、文件格式，单击确定进行视频的发布 **视频播放界面如下** 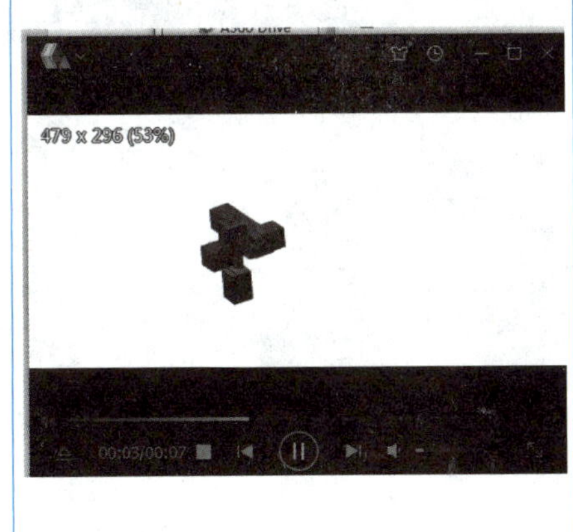	视频 光栅 发布 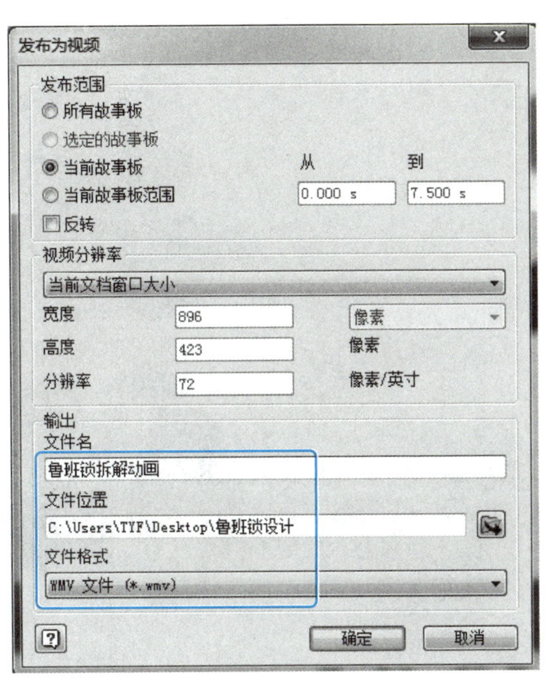

自我评价

制作任务	自主完成的步骤	合作讨论下完成的步骤	未完成的步骤
柱 1 建模			
柱 2 建模			
柱 3 建模			
鲁班锁装配			
表达视图建立			
拆解动画制作			

作业

1. 自主定义三板式鲁班锁的尺寸并建模。外形可参考图 6-5。

2. 依据图 6-6 所示进行六根鲁班锁的拆装。

3. 观察各式各样的鲁班锁（图 6-7），思考其建模方法。

作业指导

1. 可以购买三板式鲁班锁的模型，用三角板实际测量尺寸并进行建模。

2. 上网查询各种鲁班锁的拆装方法。

图 6-5　三板式鲁班锁

图 6-6　六根鲁班锁装配示意

菠萝锁

三板锁

梅花锁

六片锁

图 6-7　鲁班锁

项目七　设计骆驼

项目介绍

骆驼被誉为“沙漠之舟”，在古代商队贸易乃至政治军事中发挥了重要作用。我们先来欣赏骆驼的形象（图 7-1），然后使用 Inventor 2018 软件制作一只骆驼（图 7-2）。

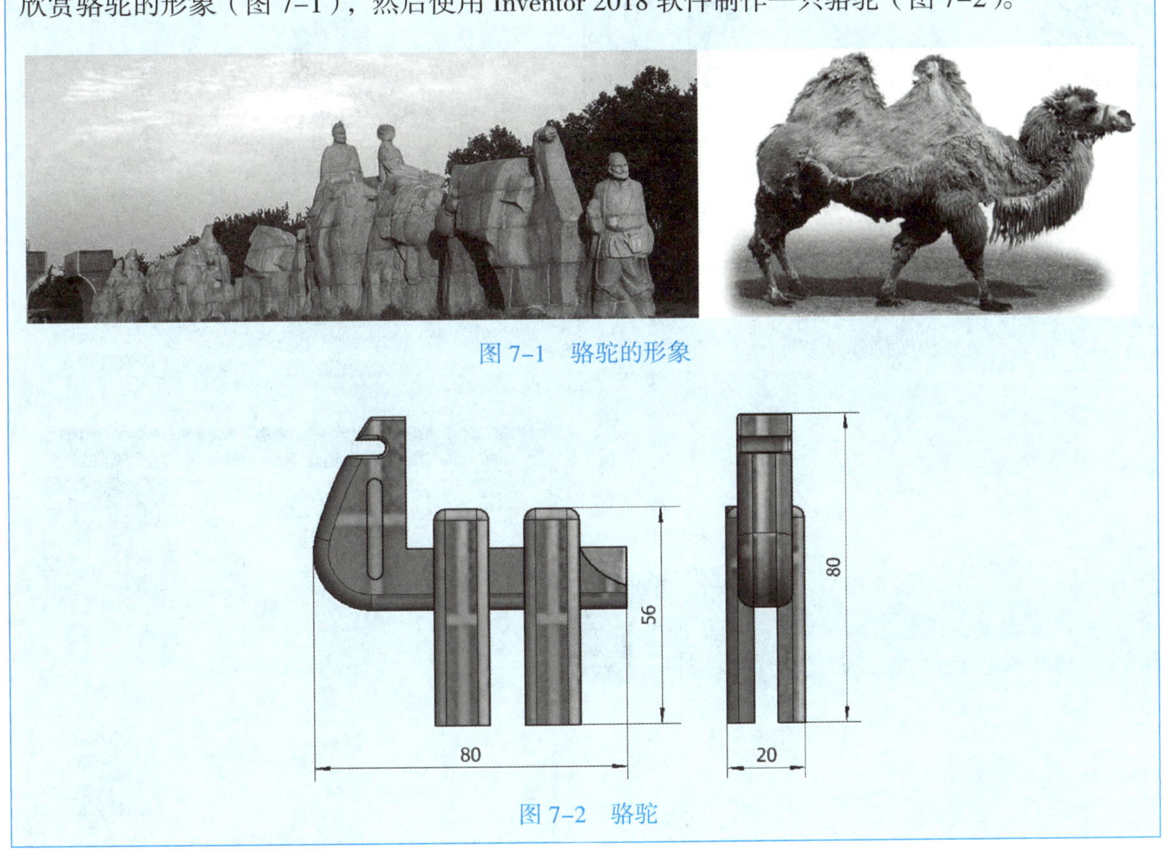

图 7-1　骆驼的形象

图 7-2　骆驼

项目知识与技能

※ 创建零件文件并绘制二维草图轮廓

※ 草图拉伸、凸雕、扫掠

※ 合并、分割等布尔运算

※ 特征镜像、圆角

※ iproperty 材料修改

项目建模步骤

骆驼形体分析如图 7–3 所示。

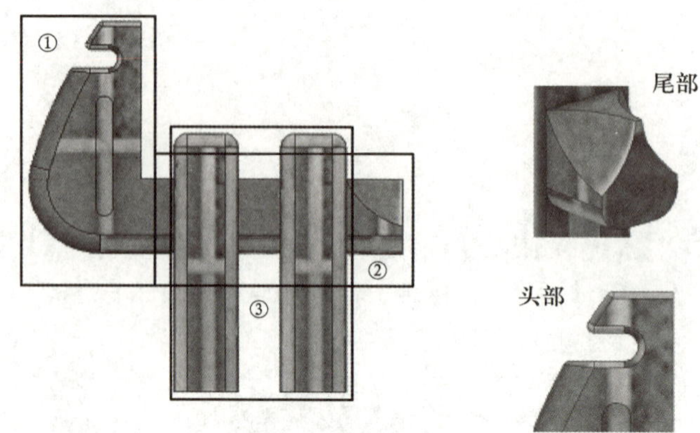

图 7–3 骆驼形体分析

骆驼模型创建过程见表 7–1。

表 7–1 骆驼模型创建过程

序号	操作文字说明 快捷操作示意	操作演示图示
01	双击桌面图标启动软件，选择标准零件模板“Standard.ipt”创建零件文件	
02	单击工具面板“开始创建二维草图”按钮，并在绘图区中选择 XY 平面，进入二维草图创建环境	

续表

<table>
<tr><th>序号</th><th>操作文字说明
快捷操作示意</th><th>操作演示图示</th></tr>
<tr><td rowspan="3">03</td><td>设计头部
① 在草图选项卡中单击“直线”和“圆弧”按钮，依次绘制右图所示草图轮廓，并对草图添加尺寸约束</td><td>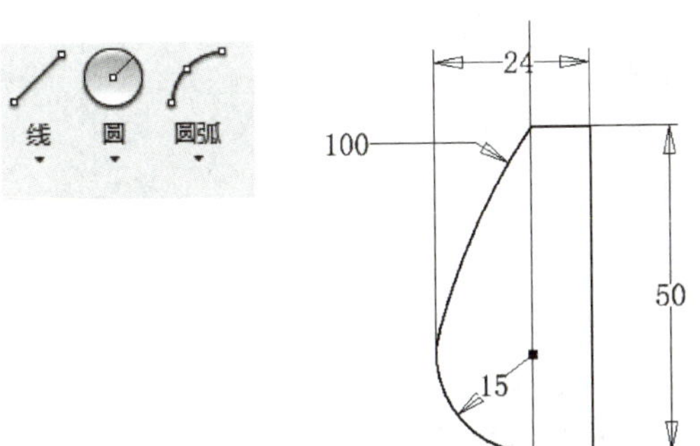</td></tr>
<tr><td>② 单击工具面板中“三维模型”选项卡下“创建”面板中的“拉伸”按钮，为草图轮廓添加拉伸特征。本次拉伸使用对称拉伸方式，拉伸的距离设置为 14 mm</td><td></td></tr>
<tr><td>③ 单击零件表面作为草图绘制平面，在草图选项卡中单击“矩形”按钮绘制草图轮廓</td><td>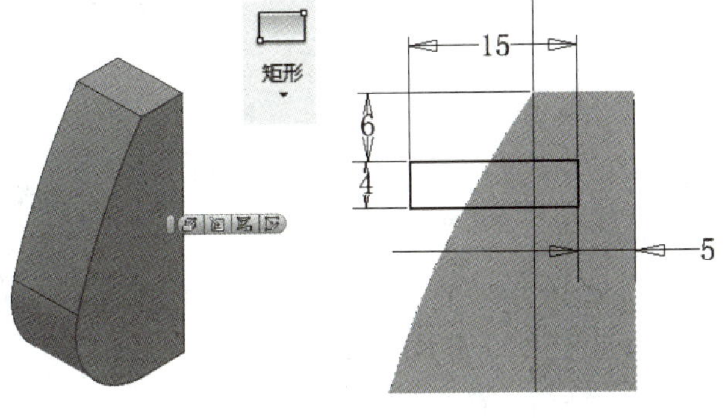</td></tr>
</table>

续表

序号	操作文字说明 快捷操作示意	操作演示图示
03	④ 单击工具面板中“三维模型”选项卡下“创建”面板中的“拉伸”按钮，为草图轮廓添加拉伸特征 ⑤ 单击工具面板中“三维模型”选项卡下“修改”面板中的“圆角”按钮，切换圆角模式为“全圆角”方式，依次选取侧面集 1、中心面集和侧面集 2 即可完成圆角设计	

续表

<table>
<tr><th>序号</th><th>操作文字说明
快捷操作示意</th><th>操作演示图示</th></tr>
<tr><td rowspan="3">03</td><td>⑥ 单击零件表面作为草图绘制平面，在草图选项卡中单击“槽”按钮绘制草图轮廓</td><td>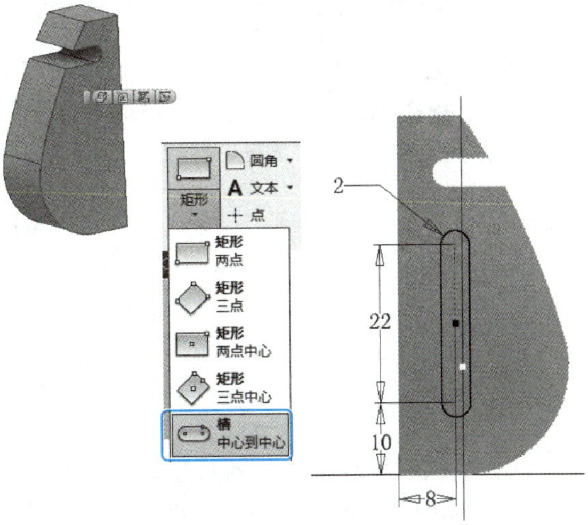
</td></tr>
<tr><td>⑦ 单击工具面板中“三维模型”选项卡下“创建”面板中的“凸雕”按钮，对零件进行凹雕设计。凸雕特征用于将草图截面轮廓按一定的厚度以凸起或凹进的方式缠绕或投影至零件的表面</td><td>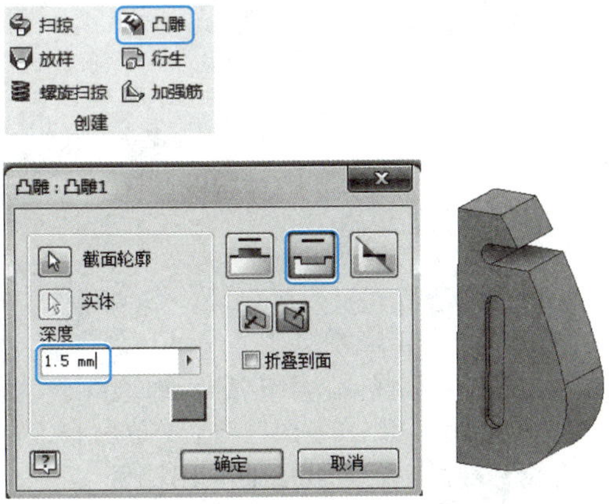
</td></tr>
<tr><td>⑧ 单击工具面板中“三维模型”选项卡下“阵列”面板中的“镜像”按钮，选取上一步创建的特征，将该特征镜像设计</td><td>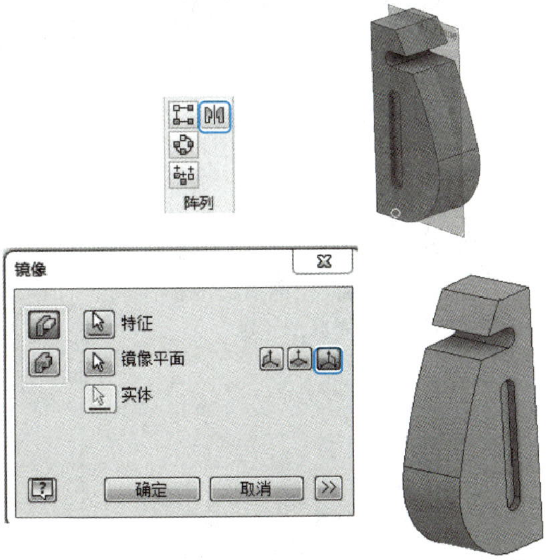
</td></tr>
</table>

续表

序号	操作文字说明 快捷操作示意	操作演示图示
04	**设计身体** ① 单击零件表面作为草图绘制平面，在草图选项卡中单击“矩形”按钮绘制草图轮廓	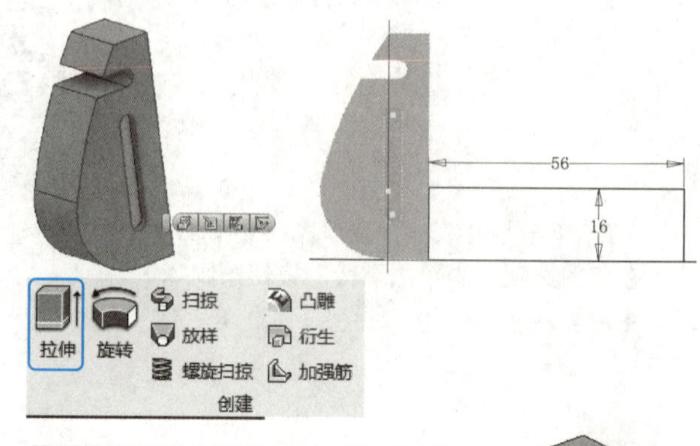
	② 单击工具面板中“三维模型”选项卡下“创建”面板中的“拉伸”按钮，为草图轮廓添加拉伸特征	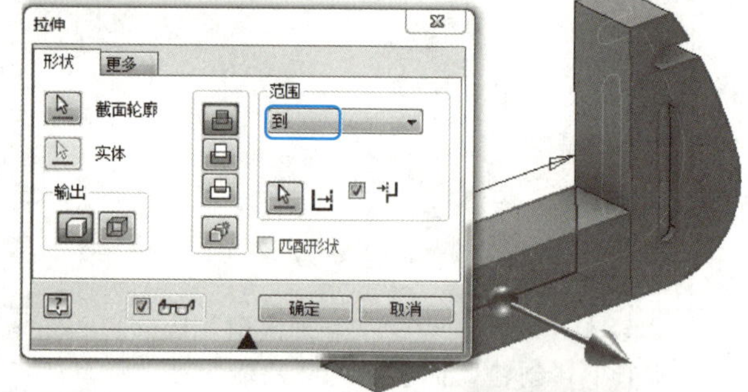
	扫掠修饰身体尾部 ③ 构建扫掠截面。单击零件表面作为草图绘制平面，在草图选项卡中单击“直线”和“圆弧”按钮绘制草图轮廓 ④ 构建扫掠路径。单击零件表面作为草图绘制平面，在草图选项卡中单击“圆弧”按钮绘制草图轮廓	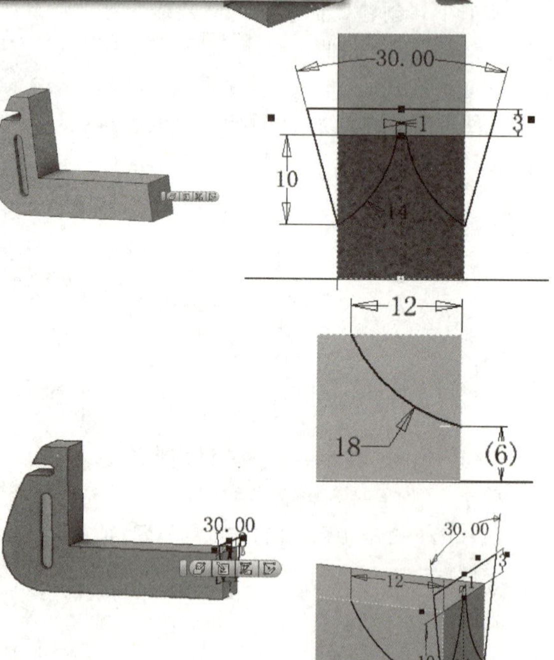

续表

序号	操作文字说明 快捷操作示意	操作演示图示
04	⑤ 单击工具面板中“三维模型”选项卡下“创建”面板中的“扫掠”按钮，依次选取截面轮廓和路径对已有实体进行扫掠求差操作 技术指导： 扫掠特征是选定的截面轮廓沿指定的路径移动而生成的实体或曲面 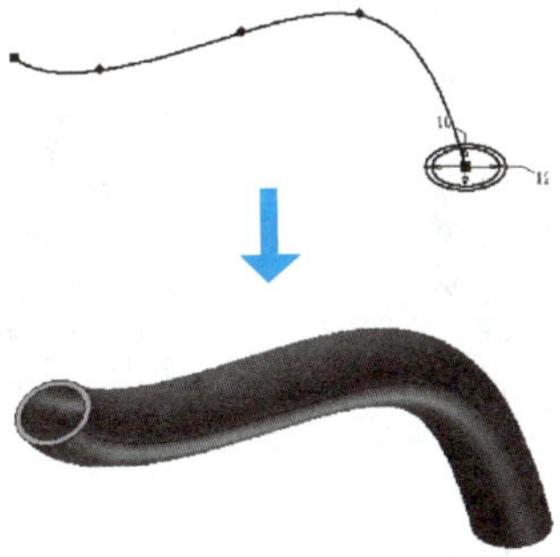	 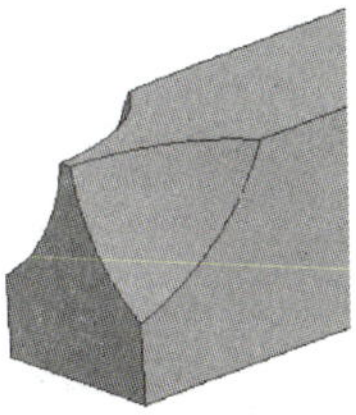 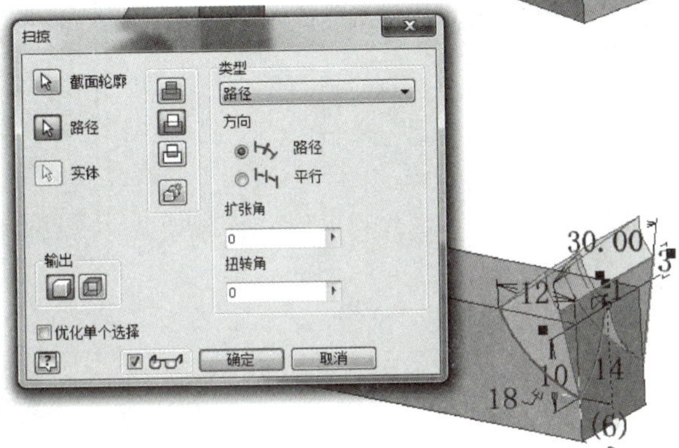 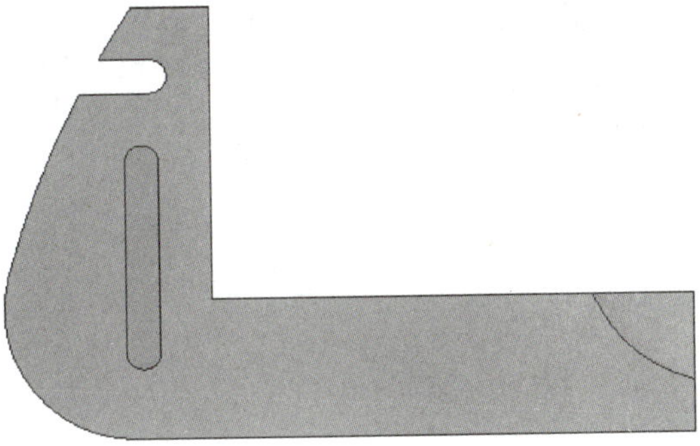
05	**设计四肢** ① 选取原始坐标系中的XY平面作为草图绘制平面。在草图选项卡中单击“矩形”按钮绘制草图轮廓	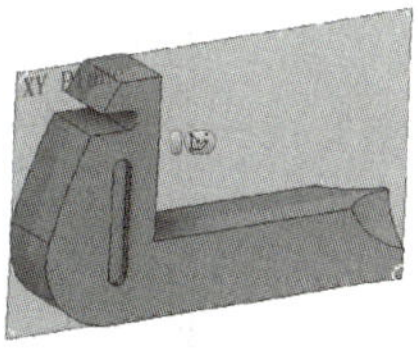 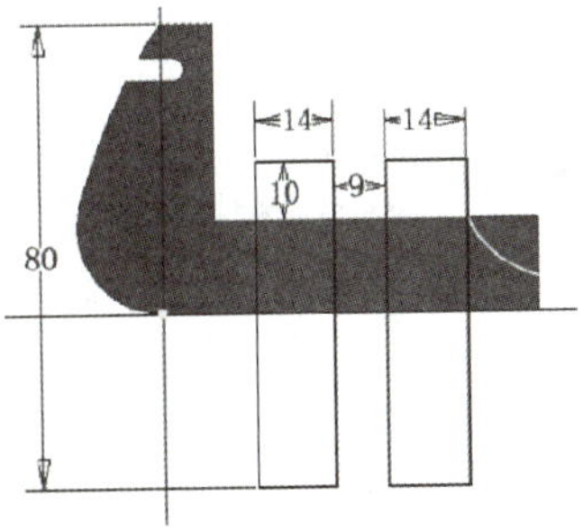

续表

序号	操作文字说明 快捷操作示意	操作演示图示
05	② 单击工具面板中“三维模型”选项卡下“创建”面板中的“拉伸”按钮，为草图轮廓添加对称拉伸，距离为 20 mm	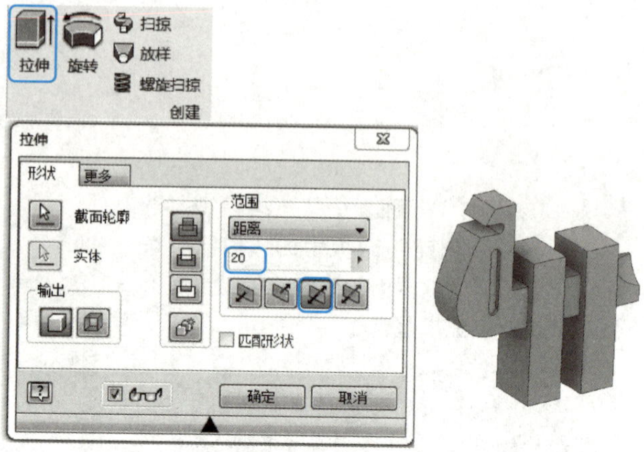
	③ 选取零件实体表面作为草图绘制平面。在草图选项卡中单击“矩形”按钮绘制草图轮廓	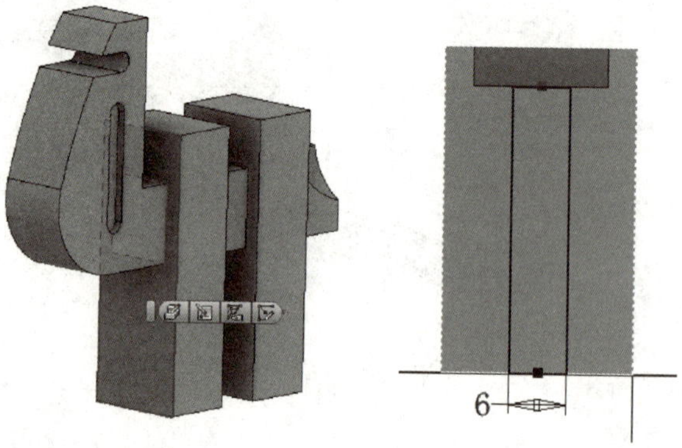
	④ 单击工具面板中“三维模型”选项卡下“创建”面板中的“拉伸”按钮，为草图轮廓添加贯通拉伸操作	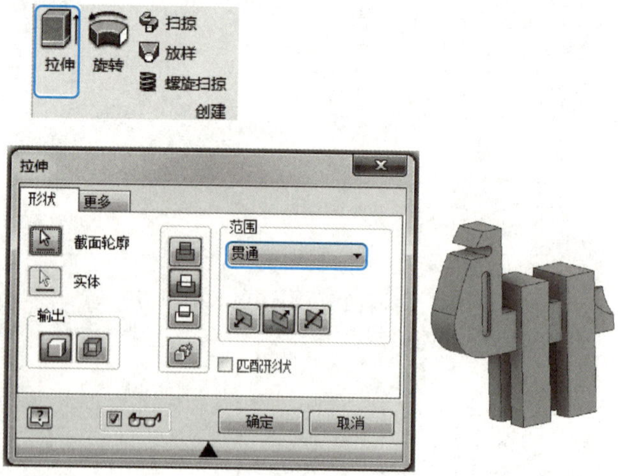

续表

序号	操作文字说明 快捷操作示意	操作演示图示
06	**骆驼设计优化——圆角设计** 单击工具面板中“三维模型”选项卡下“修饰”面板中的“圆角”按钮，依次选取零件特征边对模型进行圆角修饰，圆角尺寸参考右图	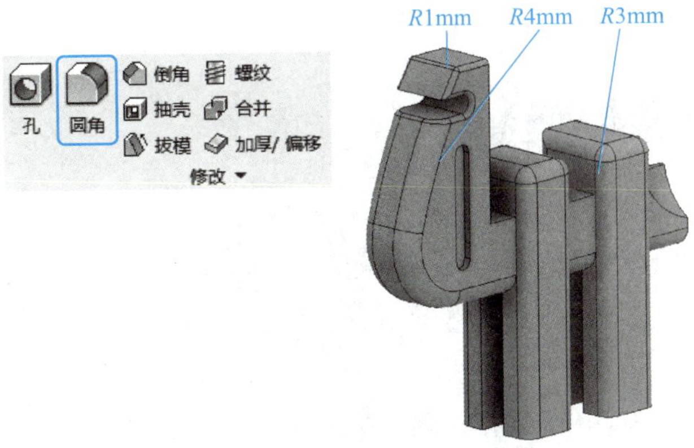
07	**模型外观颜色修改并保存文件** 修改零件颜色为“板石…红色” 单击“文件”，在下拉菜单中选择“保存”，输入文件名称“骆驼”，单击保存	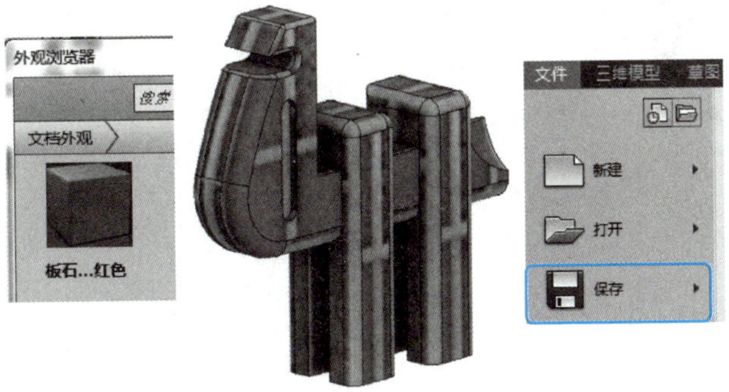

自我评价

制作任务	自主完成的步骤	合作讨论下完成的步骤	未完成的步骤
头部设计			
头部设计			
四肢设计			
圆角修饰			
外观修饰			

作业

在学习走马灯项目时，我们已经对凸雕功能有了了解。在Inventor 2018软件中，凸雕操作灵活、功能强大、使用面广。请思考生活中的旋转楼梯（图7-4）造型，结合凸雕功能尝试造型。

作业指导

1. 上网查阅丝绸之路的文化历史，了解丝绸之路。

2. 进一步练习凸雕和扫掠操作。

图7-4　旋转楼梯

项目八　设计三阶魔方

项目介绍

三阶魔方是最常见的魔方，是匈牙利布达佩斯建筑学院厄尔诺·鲁比克教授在 1974 年发明的。当初他发明的魔方，仅仅是作为一种帮助学生增强空间思维能力的教学工具。但要使那些小方块可以随意转动而不散开，不仅是个机械难题，还牵涉到木制的轴心、座和榫头等。我们先来欣赏魔方的造型（图 8-1），然后使用 Inventor 2018 软件制作一款魔方（图 8-2）。

图 8-1　魔方的造型

图 8-2　魔方

项目知识与技能

※ 创建零件文件及绘制二维草图轮廓
※ 实体矩形阵列、特征圆角
※ 多实体建模
※ 表达视图设计
※ 动画制作

项目建模步骤

三阶魔方模型创建过程见表8-1。

表8-1 三阶魔方模型创建过程

序号	操作文字说明 快捷操作示意	操作演示图示
01	**建立项目** ① 在计算机桌面创建文件夹，取名为“三阶魔方设计” ② 双击桌面图标启动软件，单击工具面板中“快速入门”选项卡下“启动”面板中的“项目”按钮，在打开的项目对话框中单击“新建”，在弹出的“Inventor项目向导”对话框中输入项目文件名称并设置项目所在的文件夹位置。单击“完成”完成项目的建立	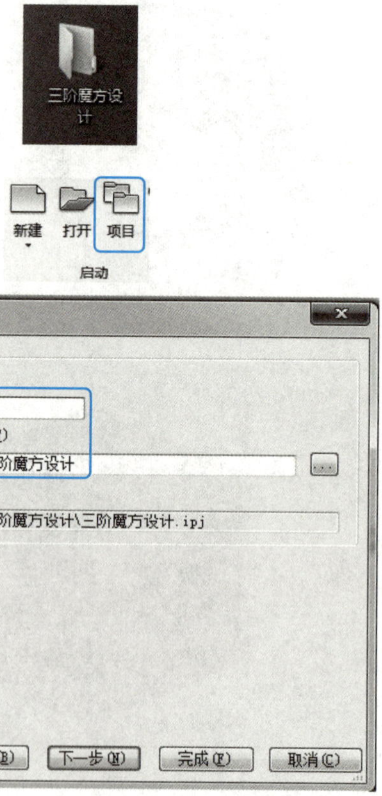 三阶魔方设计 新建 打开 项目 启动 Inventor 项目向导 项目文件 名称(N) 三阶魔方设计 项目（工作空间）文件夹(W) C:\Users\TYF\Desktop\三阶魔方设计 要创建的项目文件 C:\Users\TYF\Desktop\三阶魔方设计\三阶魔方设计.ipj 上一步(B) 下一步(N) 完成(F) 取消(C)

续表

序号	操作文字说明 快捷操作示意	操作演示图示
02	单击“新建”，在弹出的“新建文件”对话框中选择标准零件模板“Standard.ipt”创建零件文件	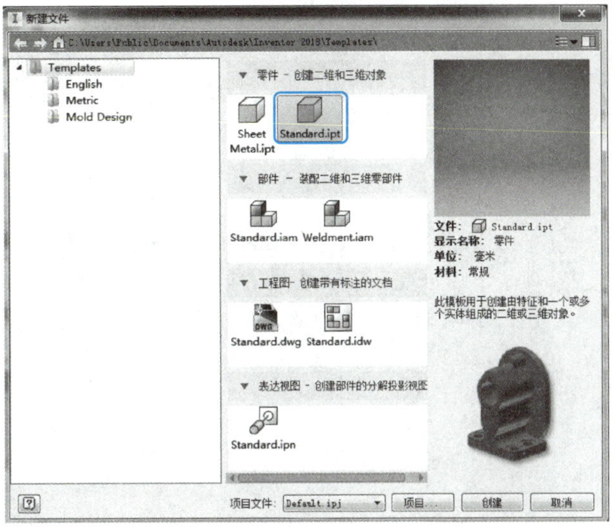
03	单击工具面板“开始创建二维草图”按钮，并在绘图区中选择 XY 平面，进入二维草图创建环境	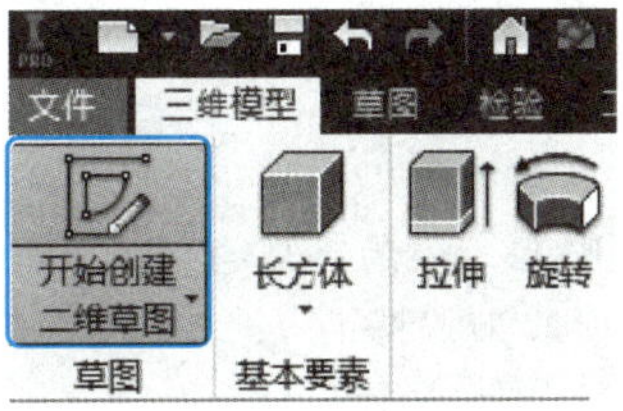 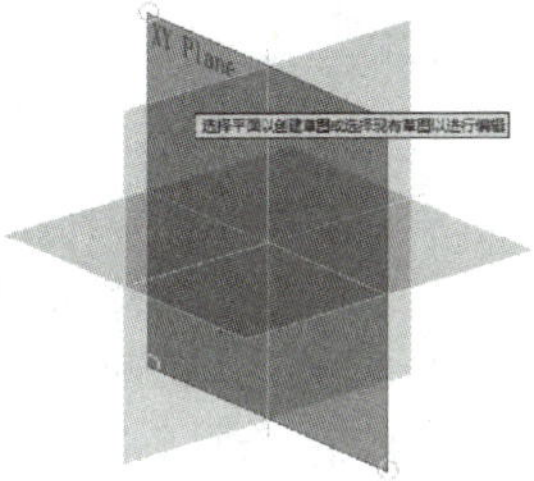
04	**建立三阶魔方模型** 本项目建立的三阶魔方模型不考虑魔方内部结构 ① 在草图选项卡中单击“矩形两点中心”按钮，以原始坐标原点为矩形中心绘制 18 mm × 18 mm 的矩形	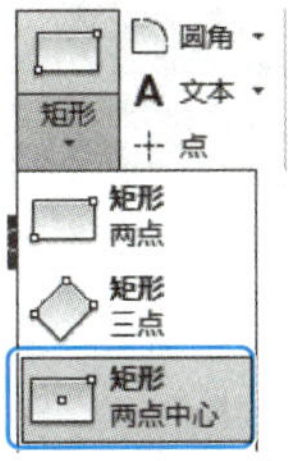 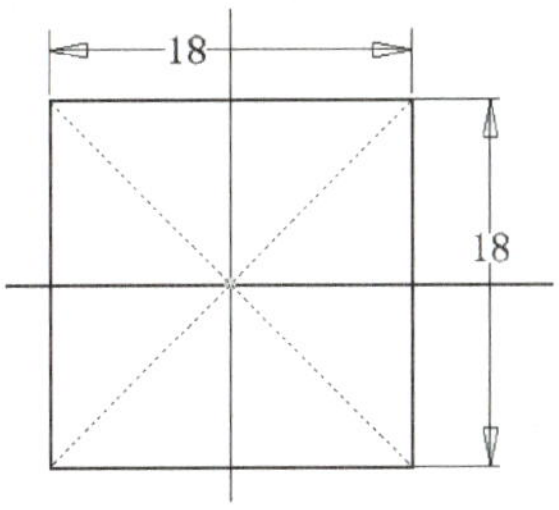

续表

序号	操作文字说明 快捷操作示意	操作演示图示
04	② 单击工具面板中“三维模型”选项卡下“创建”面板中的“拉伸”按钮，为草图轮廓添加拉伸特征 ③ 单击工具面板中“三维模型”选项卡下“修改”面板中的“圆角”按钮，将“选择模式”修改为“特征”，单击绘图区的实体特征，圆角半径设置为 1.5 mm **操作提示** 特征圆角是提高圆角设计速度的有效方式，启动该命令后软件会自动捕捉实体特征的所有轮廓线	 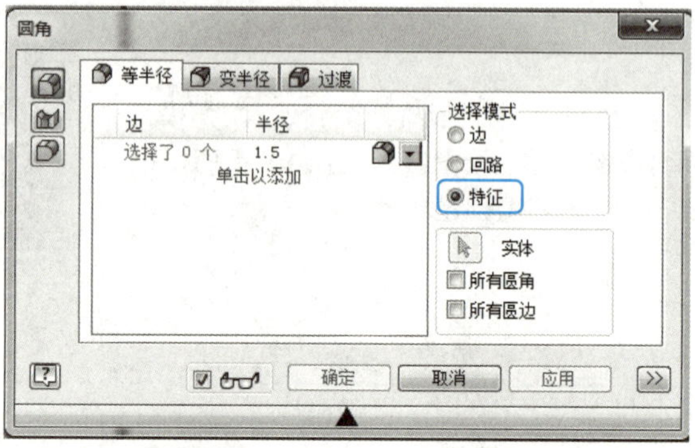 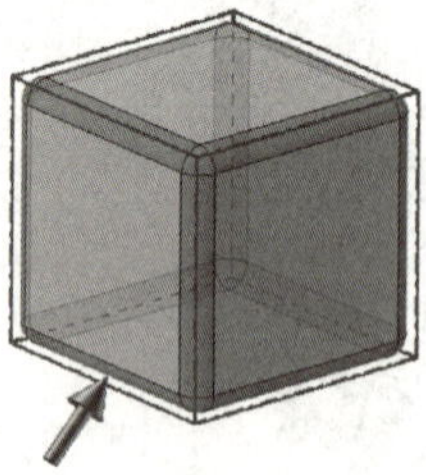 

续表

<table>
<tr><th>序号</th><th>操作文字说明
快捷操作示意</th><th>操作演示图示</th></tr>
<tr><td>04</td><td>④ 依次选择零件所有圆角特征外表面，单击菜单栏中的“外观”，在弹出的“外观浏览器”对话框中选取“平滑－黑色”。这样实体的所有圆角面颜色修改完成

操作提示
接下来连续运用三次矩形阵列命令完成三阶魔方的创建。三次阵列操作均采用阵列实体方式并新建实体输出

⑤ 单击工具面板中“三维模型”选项卡下“阵列”面板中的“矩形”按钮，依据右图设置矩形阵列参数，单击确定完成第一次阵列</td><td>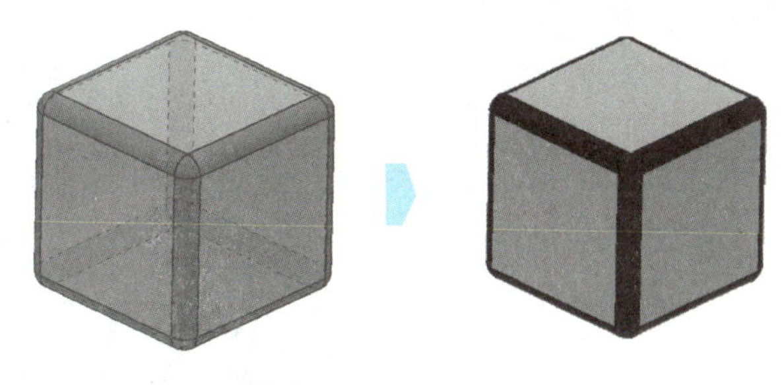
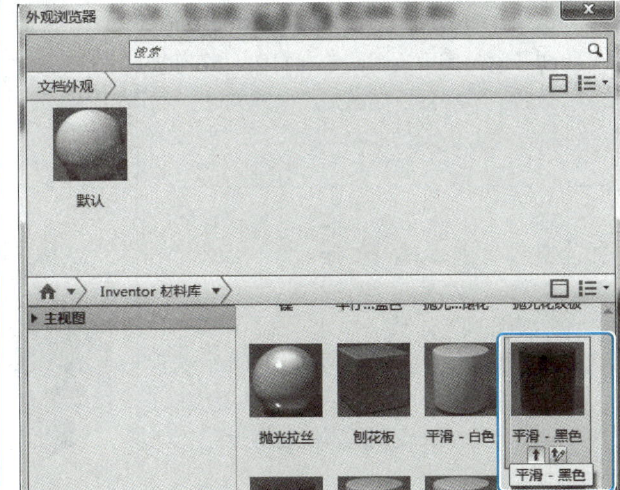

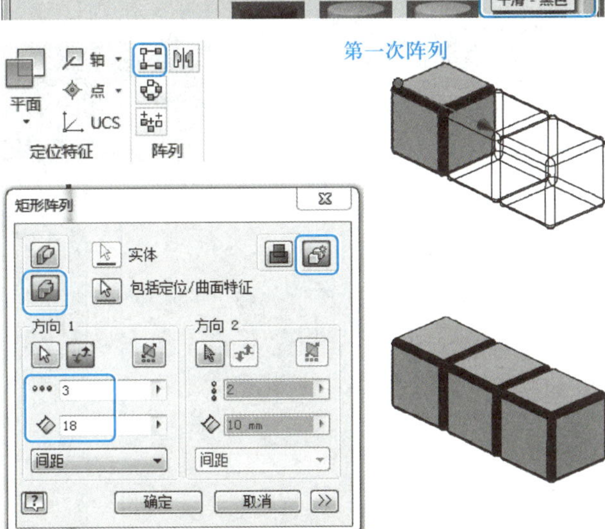
</td></tr>
</table>

续表

序号	操作文字说明 快捷操作示意	操作演示图示
04	⑥ 单击工具面板中“三维模型”选项卡下“阵列”面板中的“矩形”按钮，同时选中绘图区所有实体，阵列参数跟上步一致。完成第二次阵列 ⑦ 单击工具面板中“三维模型”选项卡下“阵列”面板中的“矩形”按钮，同时选中绘图区所有实体，阵列参数跟上步一致，完成第三次阵列	第二次阵列 第三次阵列
05	**修饰魔方外观** 三阶魔方每一面颜色均不同。接下来使用相同的方法修改六次外观颜色，将魔方每一面设置成不同的颜色 依次选取一面上的所有外表面，打开菜单栏中的“外观”，在弹出的“外观浏览器”中选取“平滑－红色”	外观浏览器 搜索 文档外观 默认 平滑 - 黑色 平滑 - 红色 Inventor 材料库 主视图 抛光拉丝 刨花板 平滑 - 白色 平滑 - 黑色 平滑 - 红色 平滑 - 黄色 平滑...白色 平滑 - 蜡木

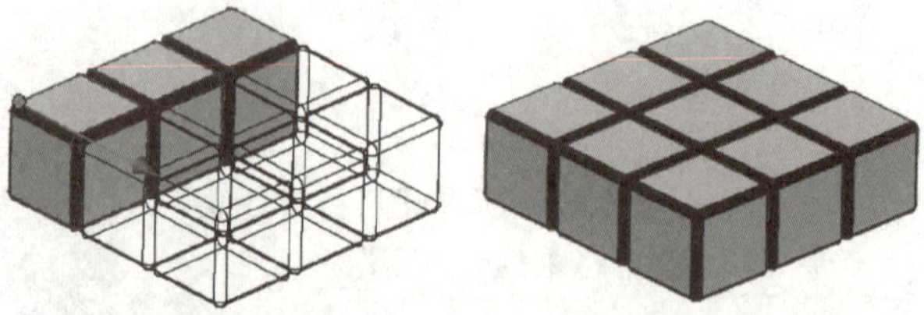

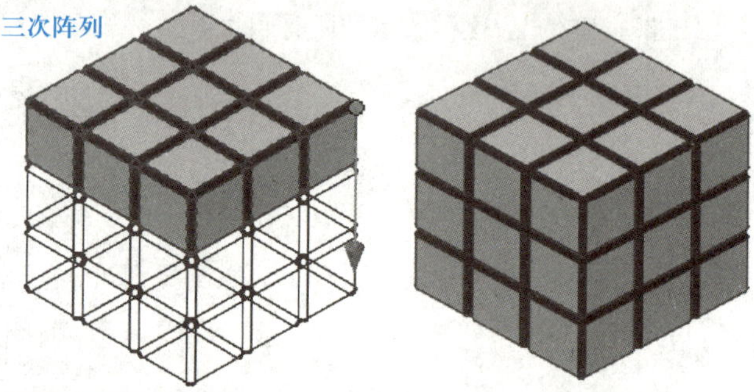

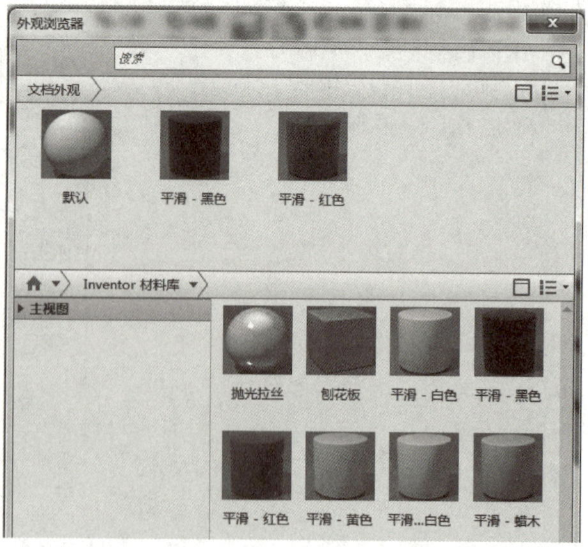

续表

序号	操作文字说明 快捷操作示意	操作演示图示
05	使用相同的方法依次对魔方的各个表面进行颜色的修改，最终效果如右图所示 参考颜色： 平滑－红色 平滑－黄色 平滑－橙色 平滑－林绿 蓝色－墙漆 白色默认	
06	**对零件和实体进行升级操作** ① 将工具面板切换到“管理”选项卡，单击“布局”区域中的“生成零部件”按钮，打开“生成零部件：选择”对话框 在建模浏览器中选中所有实体，单击下一步 ② 在弹出的对话框中单击“确定”按钮 ③ 软件直接进入部件装配环境，此时，原来的多实体零件“三阶魔方”升级为部件，而多实体零件中的各个实体升级为零件 ④ 保存	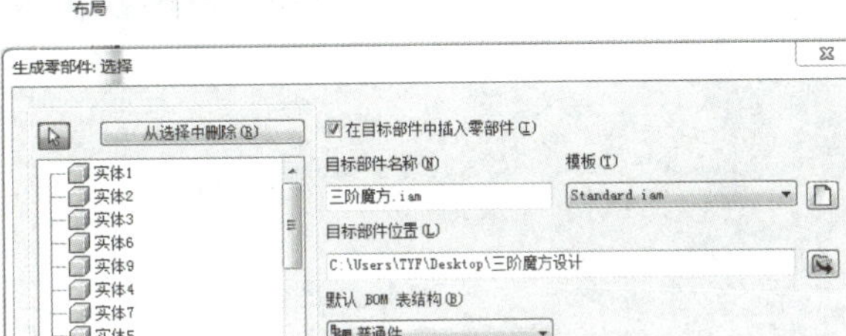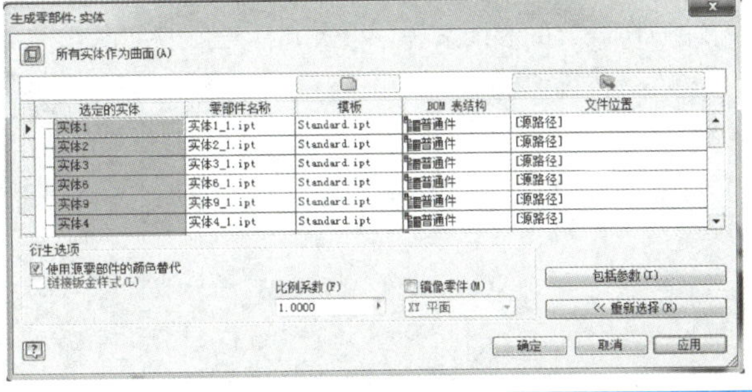

续表

序号	操作文字说明 快捷操作示意	操作演示图示
06		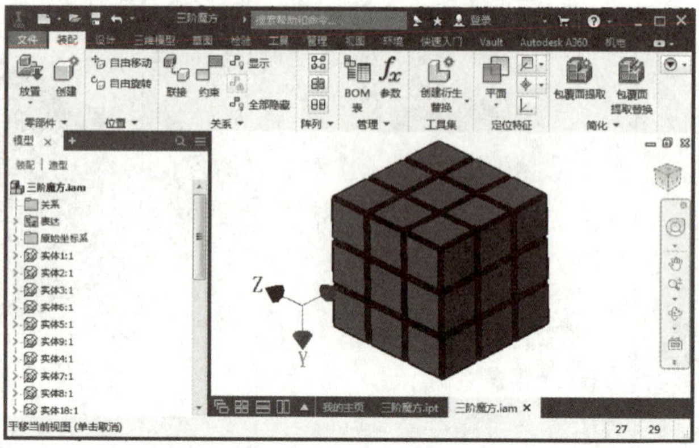
07	**建立表达视图** ① 单击“新建”文件命令，在弹出的“新建文件”对话框中选择标准零件模板“Standard.ipn”创建表达视图文件 ② 在弹出的“插入”对话框中选取三阶魔方的装配文件，单击“打开”进入表达视图创建环境	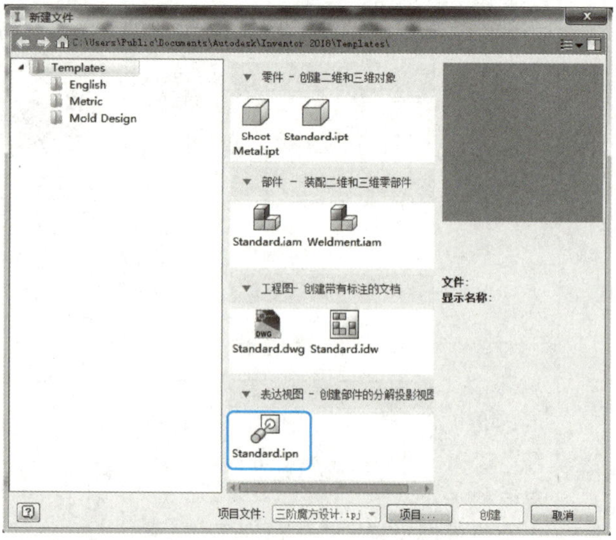 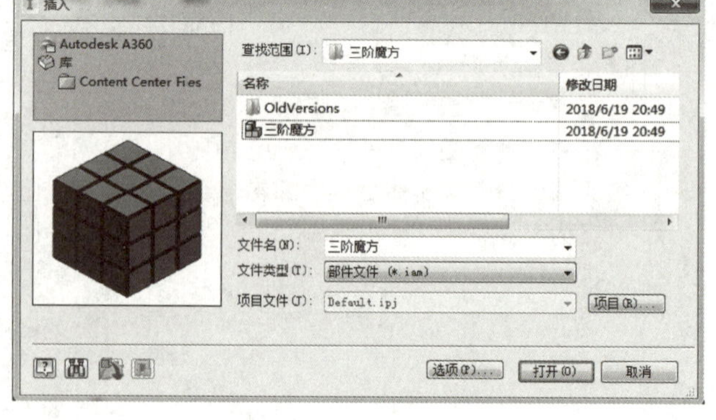

续表

序号	操作文字说明 快捷操作示意	操作演示图示
07	接下来对三阶魔方任意打乱，本项目介绍打乱四步，操作方法如下： ③ 单击工具面板中“表达视图”选项卡下“零部件”面板中的“调整零部件位置”按钮，按住 Ctrl 键依次选取一面九块实体。调整方式设置为“旋转”，将旋转中心定位在一面的中心处并拖动控制柄旋转，设置角度为 90°，完成一面魔方的旋转 ④ 依次使用相同的调整方法对三阶魔方进行打乱操作，最终效果如右图所示	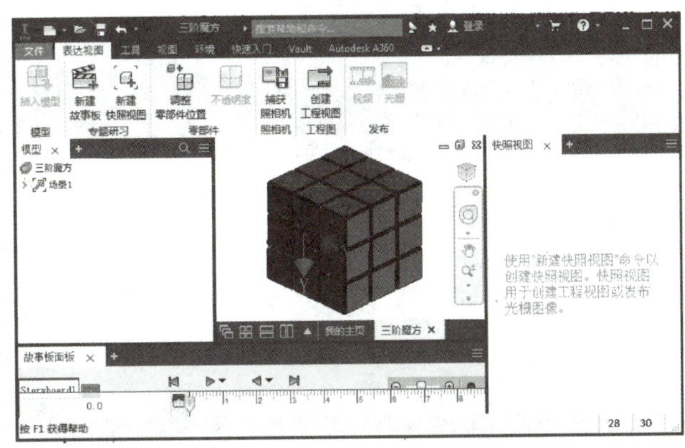 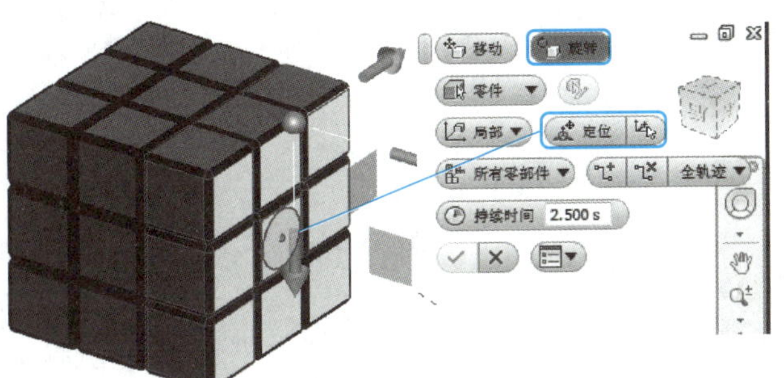 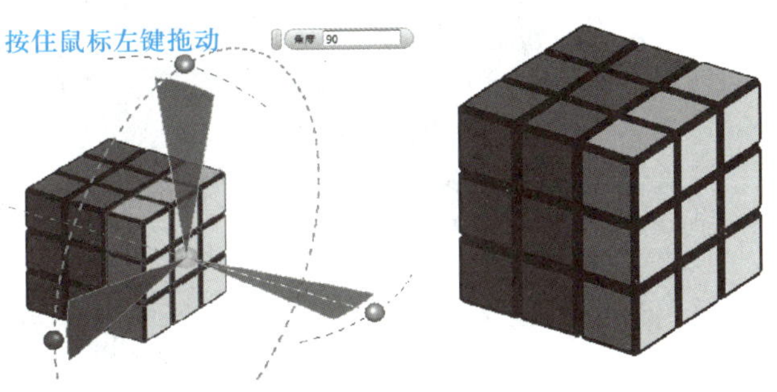 

续表

序号	操作文字说明 快捷操作示意	操作演示图示
07	以上四步旋转操作的每一步动作都被软件所记录，单击播放按钮三阶魔方自动进行恢复动画演示	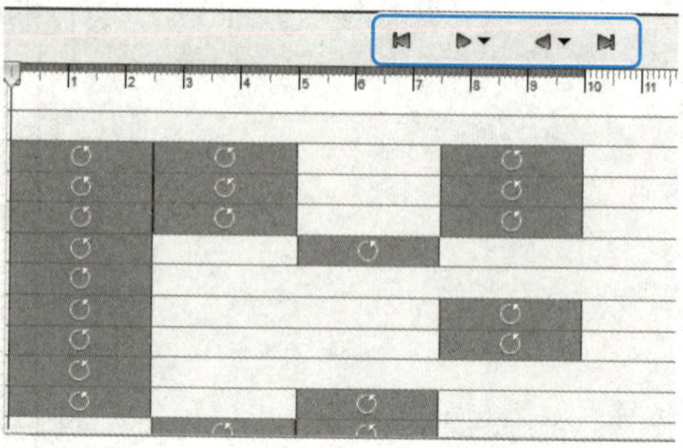
08	**制作动画** 单击工具面板中“表达视图”选项卡下“发布”面板中的“视频”按钮，在弹出的“发布为视频”对话框中修改文件名为“三阶魔方动画制作”。单击确定进入发布视频进度状态	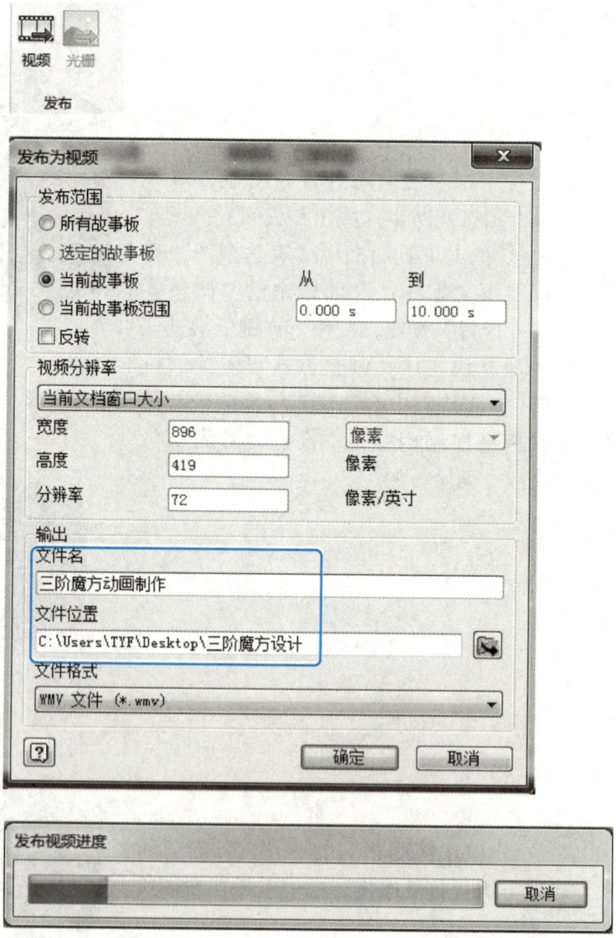

自我评价

制作任务	自主完成的步骤	合作讨论下完成的步骤	未完成的步骤
建立项目			
建立三阶魔方模型			
修饰魔方外观			
实体升级操作			
建立表达视图			
制作动画			

作业

百克球（图 8-3）是一款随时随地可以用于娱乐的玩具，最大的用处是可以释放压力，放松自己。百克球的魅力在于它的随机性、自由性，可以无限变化，没有固定玩法，能让人随心所欲地改变它的形状。请使用 Inventor 软件制作一款百克球。

> **作业指导**
>
> 预习如何制作带特写镜头的视频动画。

图 8-3　百克球

项目九　设计橡筋动力模型飞机

项目介绍

橡筋动力模型飞机，顾名思义就是飞机以橡筋为动力源来工作的。它的基本结构有前翼、后翼、机身，各部分都有自己独特的作用，缺一不可。前翼是模型飞机在飞行时产生升力的装置，并能保持模型飞机飞行时的横侧安定。后翼包括水平后翼和垂直后翼两部分。水平后翼可以保持模型飞机飞行时的俯仰安定，垂直后翼保持飞行时的方向安定。机身将模型的各部分连接成一个整体，它是模型飞机的主干。

我们先来欣赏模型飞机的造型（图 9–1），然后使用 Inventor 2018 软件制作一款橡筋动力模型飞机（图 9–2）。

图 9–1　模型飞机的造型

图 9–2　橡筋动力模型飞机

项目知识与技能

※ 创建零件文件及绘制二维草图轮廓

※ 草图拉伸、扫掠、凸雕、贴图

※ 多实体建模

※ 工程图设计（六视图）

※ 实体材料和外观颜色设置

项目建模步骤

橡筋动力模型飞机建模步骤如图 9-3 所示。

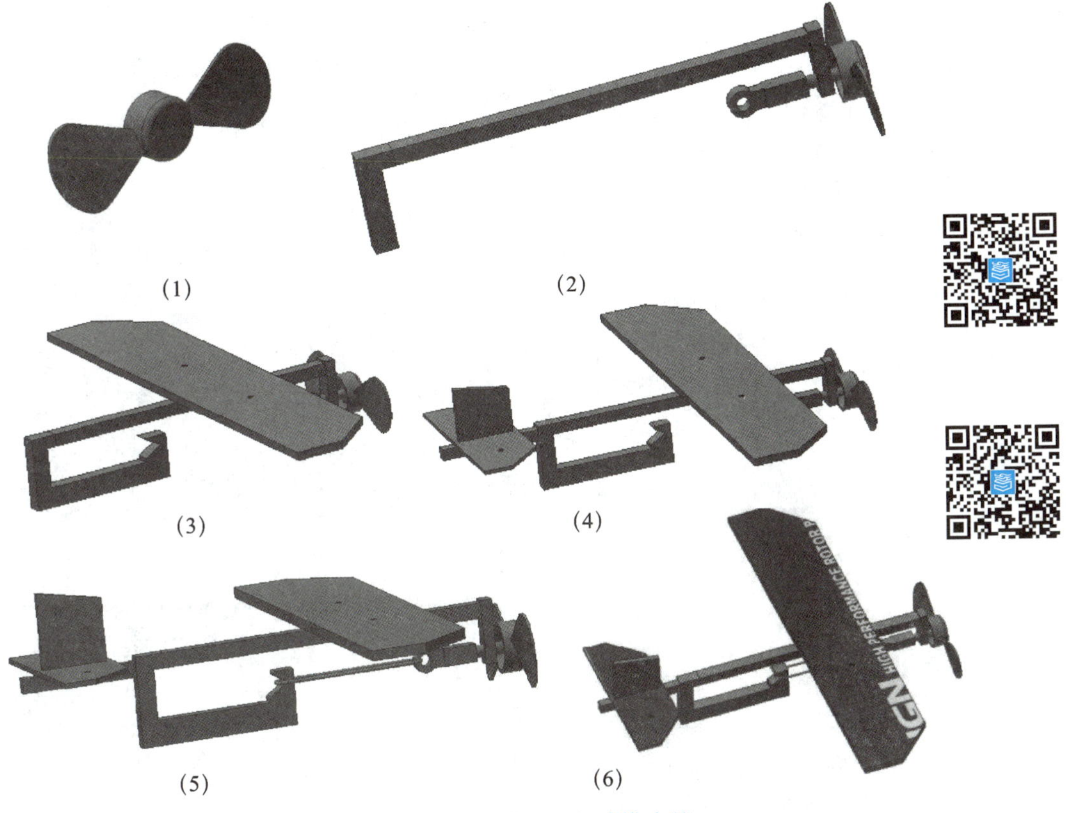

图 9-3　橡筋动力模型飞机建模步骤

橡筋动力模型飞机模型创建过程见表 9-1。

表 9-1　橡筋动力模型飞机模型创建过程

序号	操作文字说明 快捷操作示意	操作演示图示
01	**建立项目** ① 在电脑桌面创建文件夹，取名为“橡筋动力模型飞机”	橡筋动力模型飞机 新建 打开 项目 启动

续表

序号	操作文字说明 快捷操作示意	操作演示图示
01	② 双击桌面图标启动软件，单击工具面板中“快速入门”选项卡下“启动”面板中的“项目”按钮，在打开的项目对话框中单击“新建”，在弹出的“Inventor 项目向导”对话框中输入项目文件名称并设置项目所在的文件夹位置。单击确定完成项目的建立	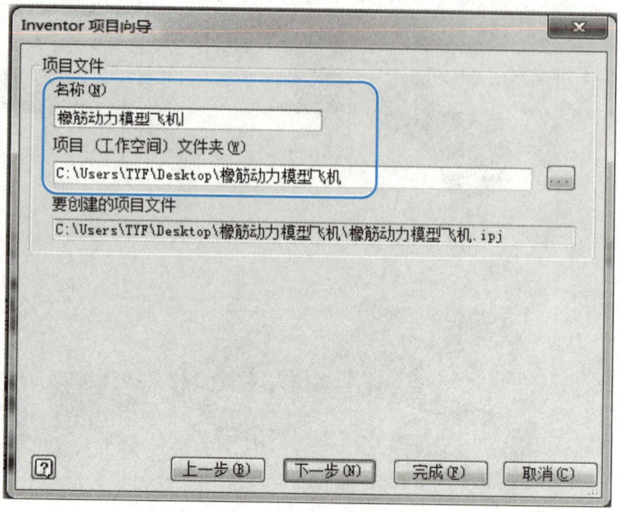
02	单击“新建”，在弹出的“新建文件”对话框中选择标准零件模板“Standard.ipt”创建零件文件	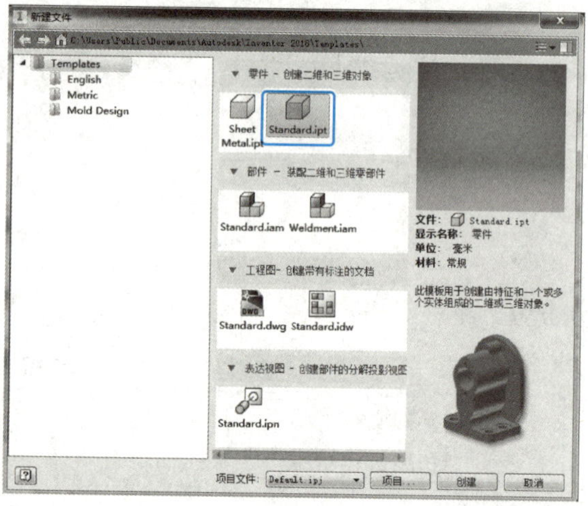
03	单击工具面板“开始创建二维草图”按钮，并在绘图区中选择 XY 平面，进入二维草图创建环境	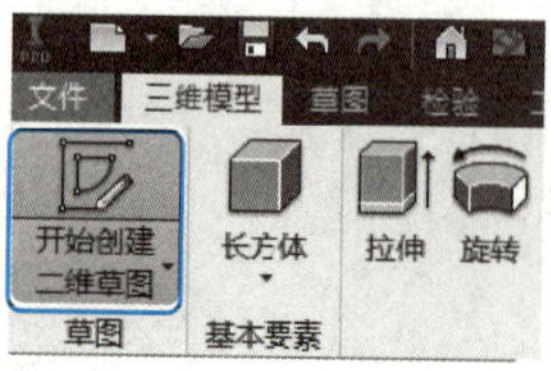 

续表

<table>
<tr><th>序号</th><th>操作文字说明
快捷操作示意</th><th>操作演示图示</th></tr>
<tr><td rowspan="4">04</td><td>建立螺旋桨模型
① 在草图选项卡中单击“圆”按钮，以原始原点为圆心绘制直径为 20 mm 的圆。随即单击工具面板中“三维模型”选项卡下“创建”面板中的“拉伸”按钮，为草图轮廓添加拉伸特征</td><td>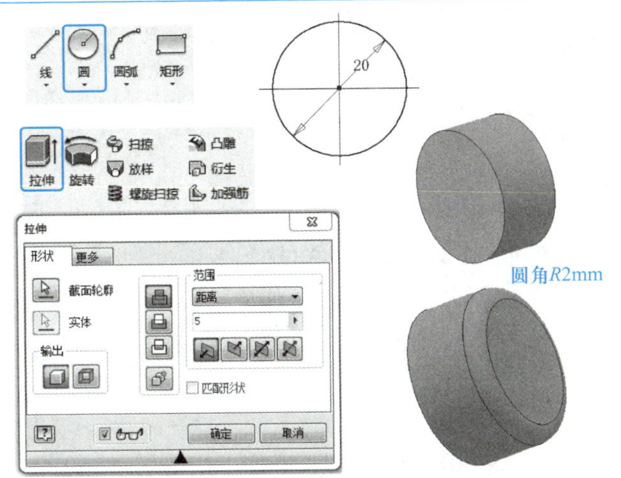</td></tr>
<tr><td>② 单击工具面板中“三维模型”选项卡下“修改”面板中的“抽壳”按钮，在弹出的抽壳对话框中设置厚度为 1.5 mm，选择绘图区实体开口面，单击确定完成抽壳操作</td><td>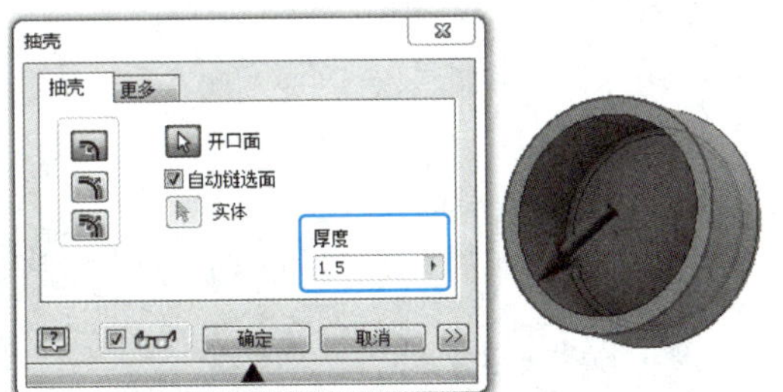</td></tr>
<tr><td>③ 单击选取实体零件表面作为草图绘制平面，在草图选项卡中单击“圆”按钮分别绘制直径为 10 mm 和 5 mm 的两个圆</td><td>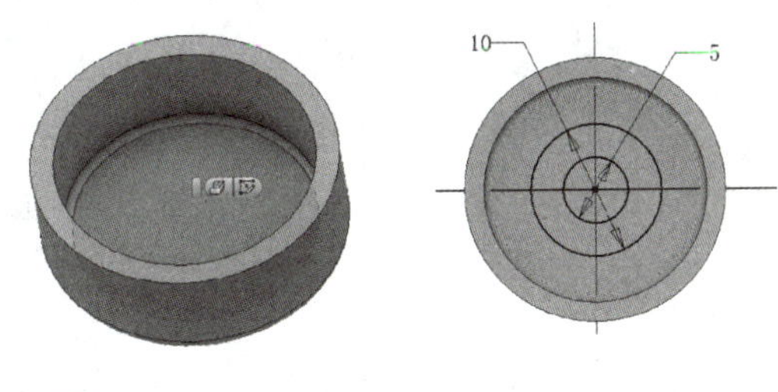</td></tr>
<tr><td>④ 单击工具面板中“三维模型”选项卡下“创建”面板中的“拉伸”按钮，为草图轮廓添加拉伸特征</td><td>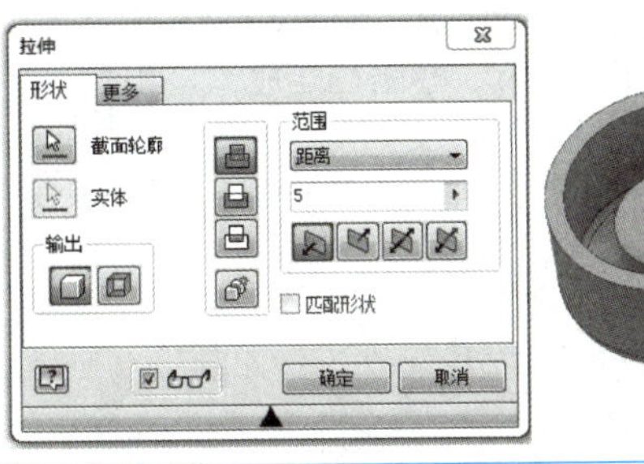</td></tr>
</table>

续表

序号	操作文字说明 快捷操作示意	操作演示图示
	⑤ 单击工具面板中“三维模型”选项卡下“定位特征”面板中的“平面”按钮，单击原始坐标系中的 YZ 平面，同时捕捉圆柱体外表面，软件会自动生成一张与圆柱体外表面相切的平面	
04	⑥ 使用上一步创建的平面作为草图绘制平面，依据右图绘制草图轮廓	
	⑦ 单击工具面板中“三维模型”选项卡下“创建”面板中的“凸雕”按钮，软件自动捕捉了上一步创建完成的草图，设置凸雕参数如右图所示。单击确定完成操作	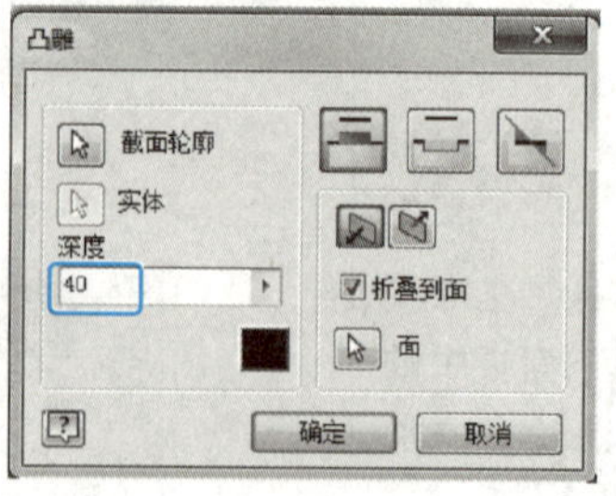 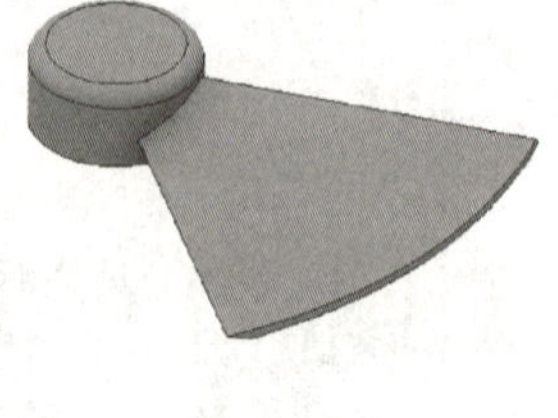

续表

<table>
<tr><th>序号</th><th>操作文字说明
快捷操作示意</th><th>操作演示图示</th></tr>
<tr><td></td><td>⑧ 单击零件特征表面，在弹出的快捷菜单中单击“创建草图”命令，进入草图绘制环境。使用直线与圆命令绘制右侧草图</td><td>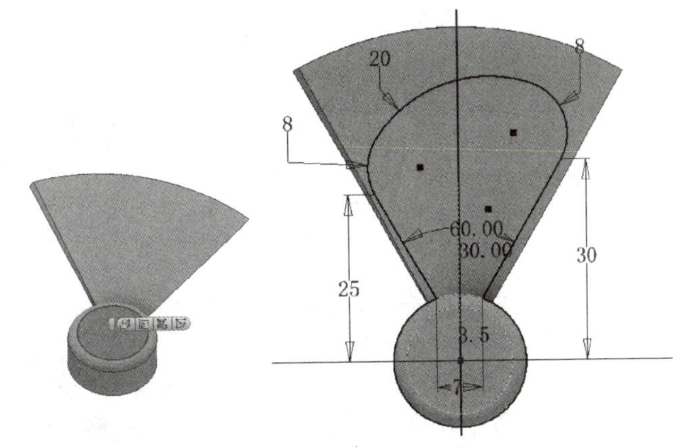
</td></tr>
<tr><td>04</td><td>⑨ 单击工具面板中“三维模型”选项卡下“创建”面板中的“拉伸”按钮，截面轮廓选择上一步创建的草图轮廓，范围设置为“贯通”，拉伸方式设置为“求交”</td><td>

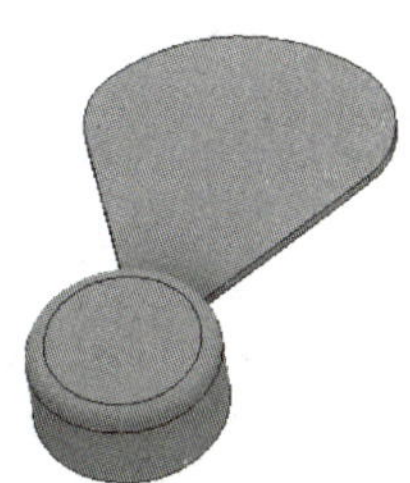</td></tr>
<tr><td></td><td>⑩ 单击工具面板中“三维模型”选项卡下“阵列”面板中的“环形阵列”按钮，根据右图进行阵列参数设置</td><td>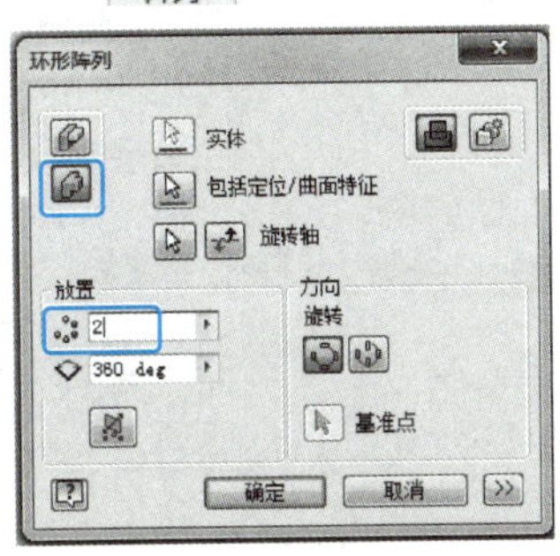

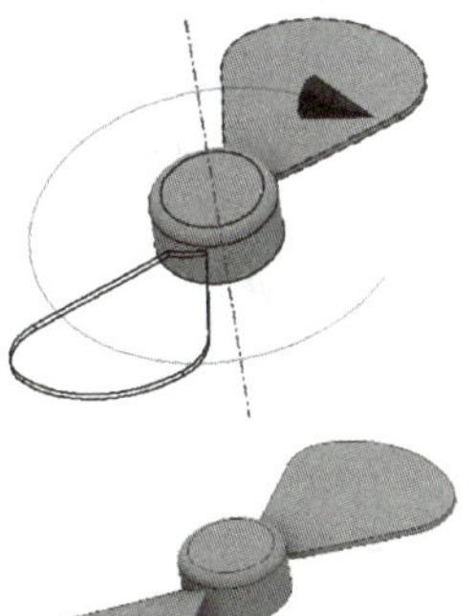</td></tr>
</table>

续表

序号	操作文字说明 快捷操作示意	操作演示图示
05	**创建机身及其连接部分** 本环节采用多实体建模方式进行设计，多次使用草图定位约束和拉伸命令 ① 单击选取实体零件表面作为草图绘制平面，进入草图绘制环境后软件自动生成了直径为 5 mm 的圆。使用该圆作为草图轮廓并对其拉伸 25 mm ② 单击选取实体零件表面作为草图绘制平面，在草图选项卡中单击“圆”按钮和“两点中心矩形”按钮绘制如右图所示的草图轮廓。随即单击工具面板中“三维模型”选项卡下“创建”面板中的“拉伸”按钮，为草图轮廓添加拉伸特征。拉伸参数设置如右图所示	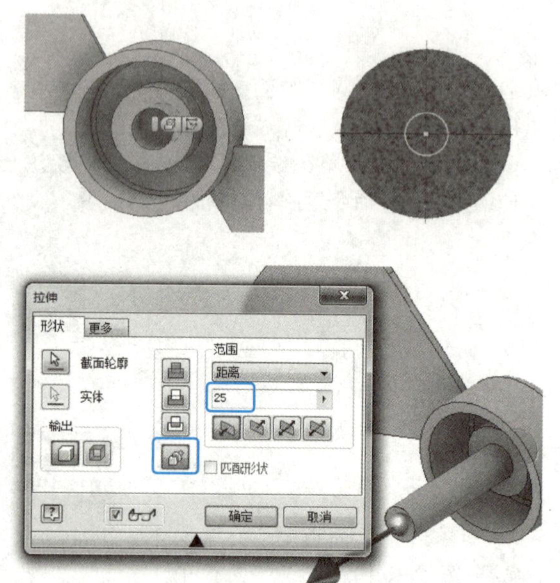 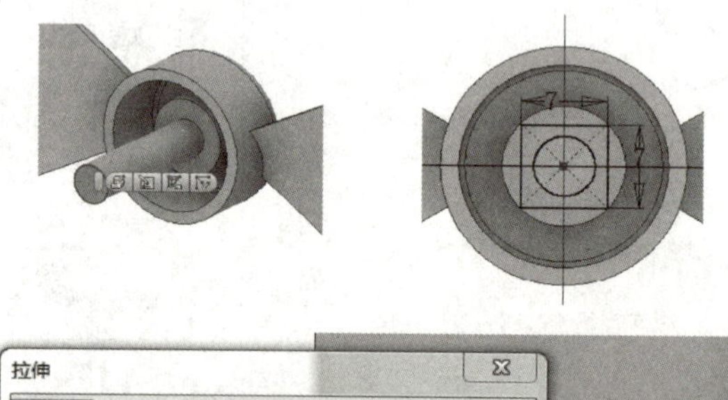 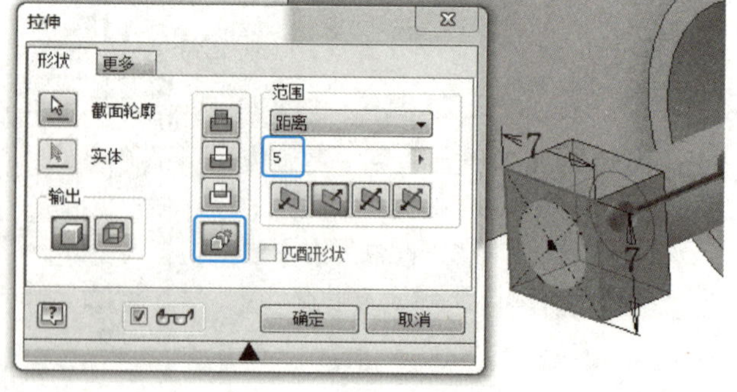

续表

序号	操作文字说明 快捷操作示意	操作演示图示
05	③ 单击选取实体零件表面作为草图绘制平面，在草图选项卡中单击“矩形”按钮绘制如右图所示的草图。随即单击工具面板中“三维模型”选项卡下“创建”面板中的“拉伸”按钮，为草图轮廓添加拉伸特征。拉伸参数设置如右图所示 ④ 选取浏览器原始坐标系中的 YZ 平面作为草图绘制平面，在草图选项卡中单击“直线”与“圆”按钮绘制如右图所示的草图。随即单击工具面板中“三维模型”选项卡下“创建”面板中的“拉伸”按钮，为草图轮廓添加拉伸特征。拉伸参数设置如右图所示	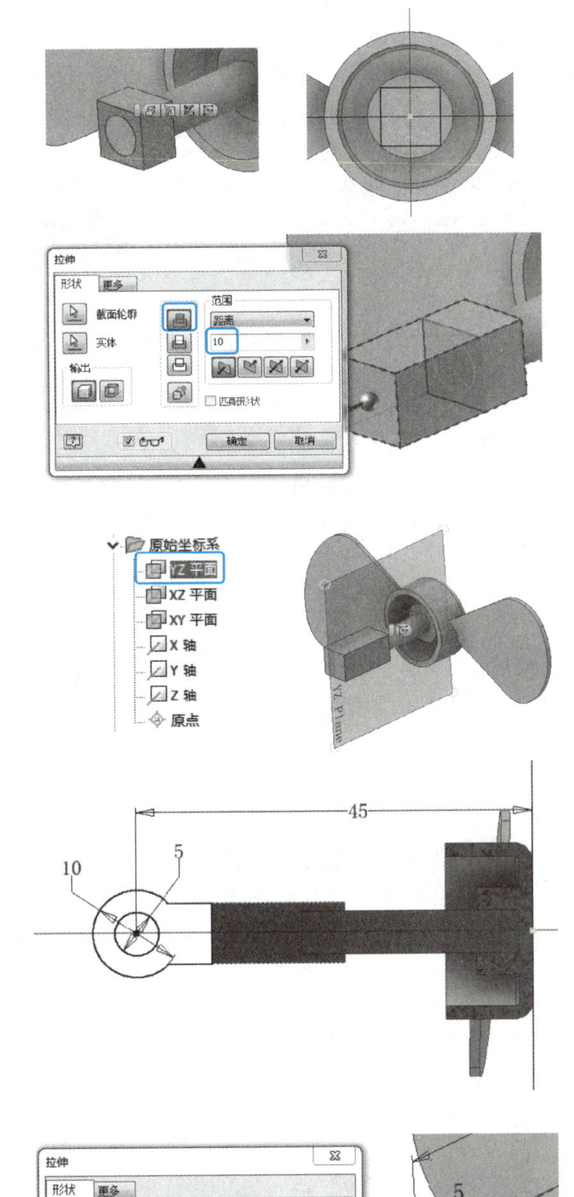

续表

序号	操作文字说明 快捷操作示意	操作演示图示
05	⑤ 单击工具面板上“平面”按钮，选取右图实体表面，按住鼠标左键将平面往右拖动到4 mm处。在创建的辅助平面上创建草图，绘制草图轮廓如右图所示。随即单击工具面板中“三维模型”选项卡下“创建”面板中的“拉伸”按钮，为草图轮廓添加拉伸特征。拉伸参数设置如右图所示	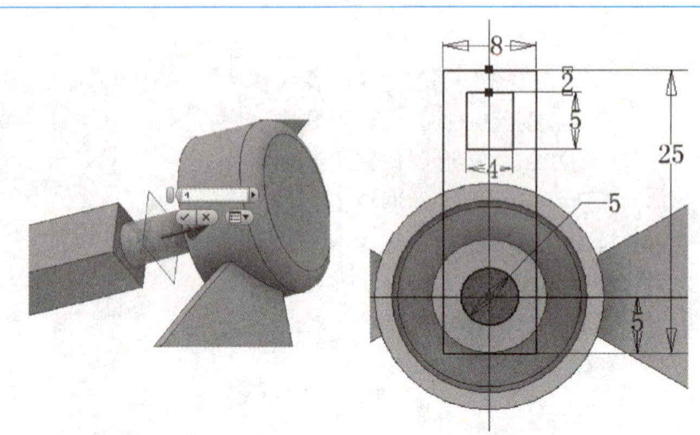 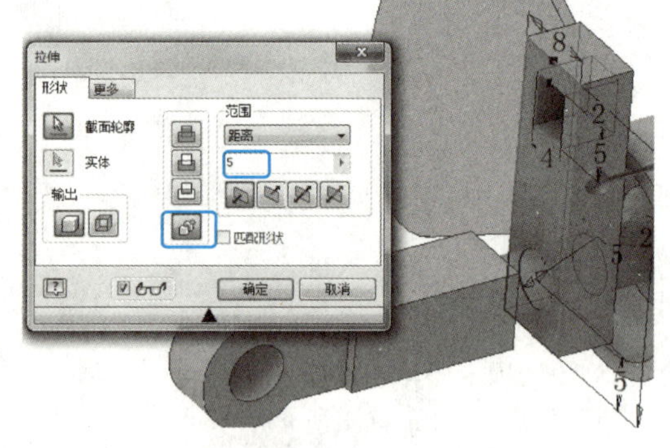
	⑥ 单击选取实体零件表面作为草图绘制平面，在草图选项卡中单击“矩形”按钮绘制如右图所示的草图。随即单击工具面板中“三维模型”选项卡下“创建”面板中的“拉伸”按钮，为草图轮廓添加拉伸特征。拉伸参数设置如右图所示	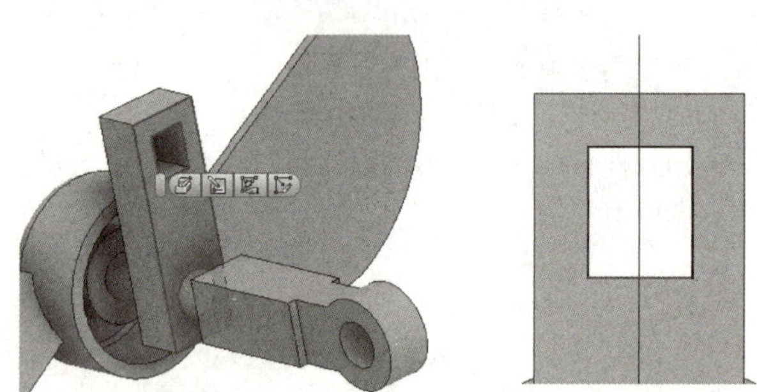 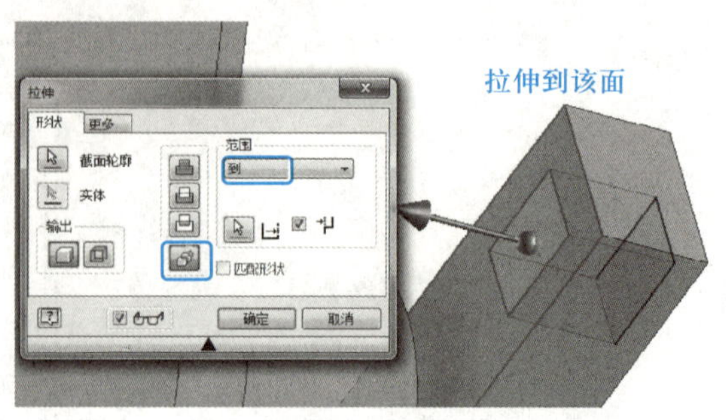

续表

序号	操作文字说明 快捷操作示意	操作演示图示
05	⑦ 单击选取实体零件表面作为草图绘制平面，在草图选项卡中单击“矩形”按钮绘制右图草图。随即单击工具面板中“三维模型”选项卡下“创建”面板中的“拉伸”按钮为草图轮廓添加拉伸特征。拉伸参数设置如右图所示	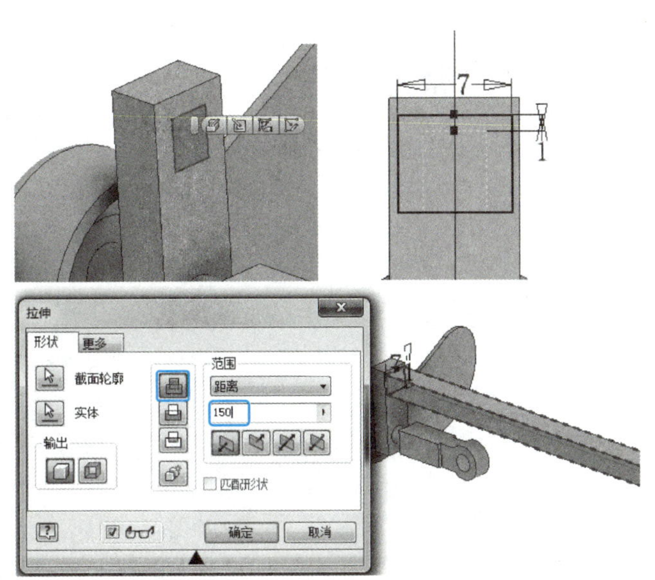
	⑧ 单击选取实体零件表面作为草图绘制平面，在草图选项卡中单击“矩形”按钮绘制右图草图。随即单击工具面板中“三维模型”选项卡下“创建”面板中的“拉伸”按钮，为草图轮廓添加拉伸特征。拉伸参数设置如右图所示	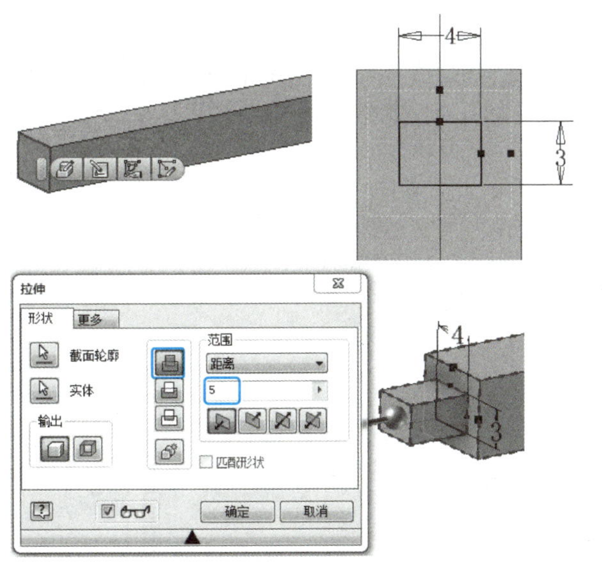

续表

序号	操作文字说明 快捷操作示意	操作演示图示
05	⑨ 单击选取实体零件表面作为草图绘制平面，进入草图绘制环境后软件自动生成了两个矩形轮廓，对该轮廓新建拉伸实体 5 mm	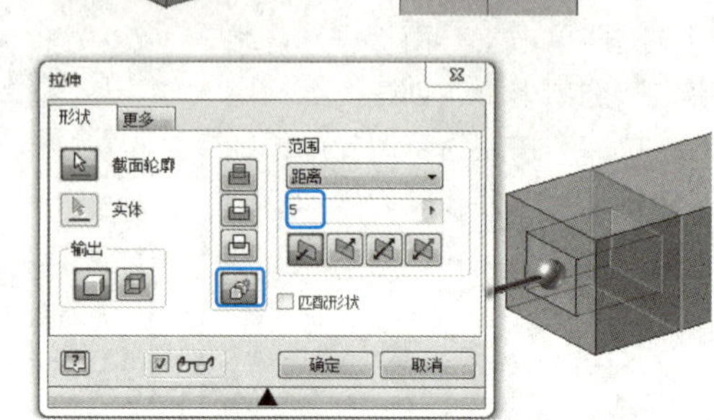
	⑩ 选取浏览器原始坐标系中的 YZ 平面作为草图绘制平面，在草图选项卡中单击“直线”按钮绘制如右图所示的草图。随即单击工具面板中“三维模型”选项卡下“创建”面板中的“拉伸”按钮，为草图轮廓添加拉伸特征。拉伸参数设置如右图所示	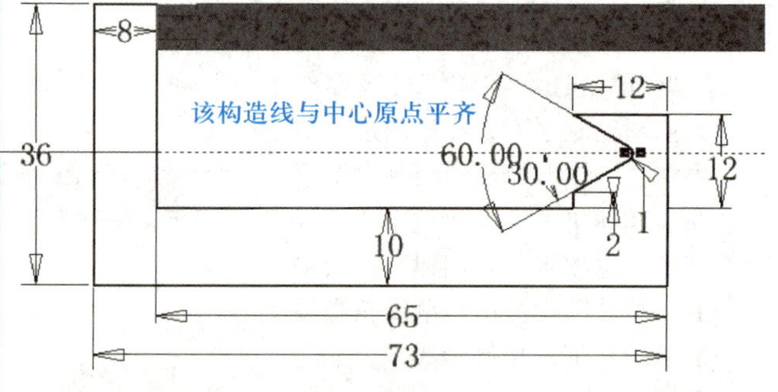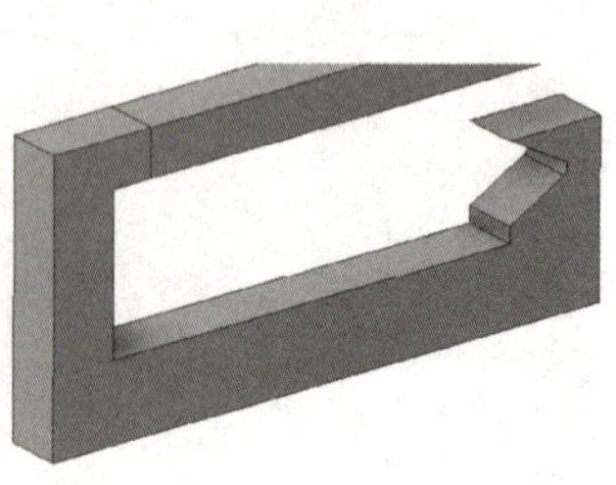

续表

<table>
<tr><th>序号</th><th>操作文字说明
快捷操作示意</th><th>操作演示图示</th></tr>
<tr><td rowspan="3">06</td><td>创建橡筋
① 单击工具面板上“平面”按钮，选取右图实体表面，按住左键将平面向下拖动到 −19 mm 处。在创建的辅助平面上创建草图，绘制草图轮廓如右图所示</td><td>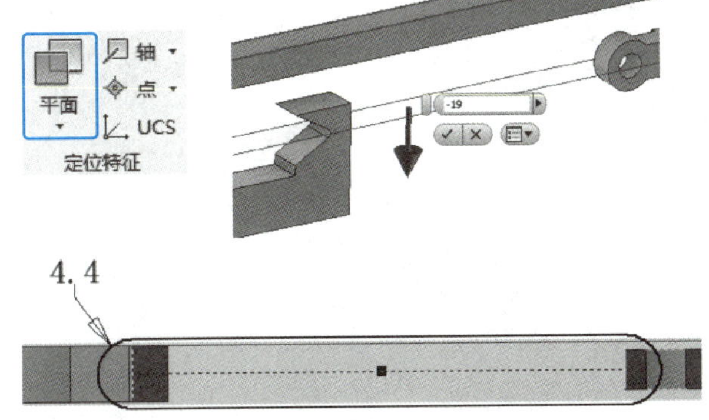</td></tr>
<tr><td>② 单击工具面板上“平面”按钮，捕捉草图直线段及直线的顶点，软件自动生成一个工作平面。在该工作平面下创建直径为 1.5 mm 的圆</td><td>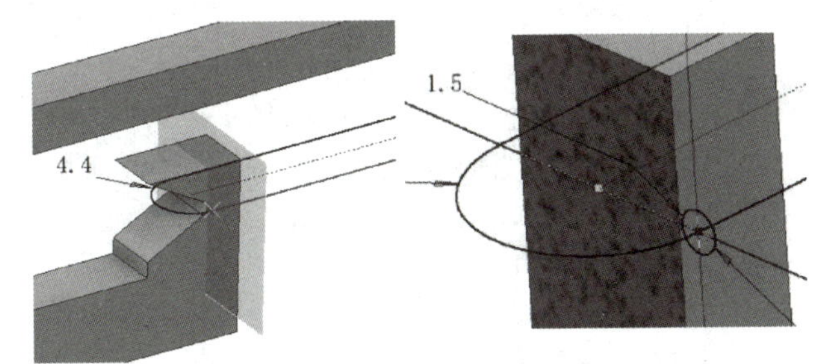</td></tr>
<tr><td>③ 单击工具面板中“三维模型”选项卡下“创建”面板中的“扫掠”按钮，选择直径 1.5 mm 圆为扫掠截面轮廓，选取环形草图轮廓为扫掠路径，输出方式为新建实体。单击确定完成橡筋的创建</td><td>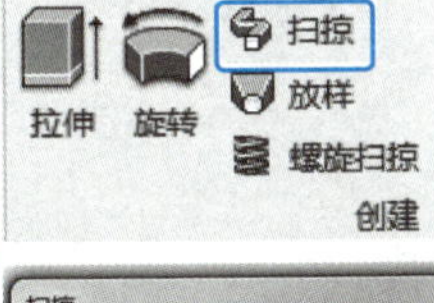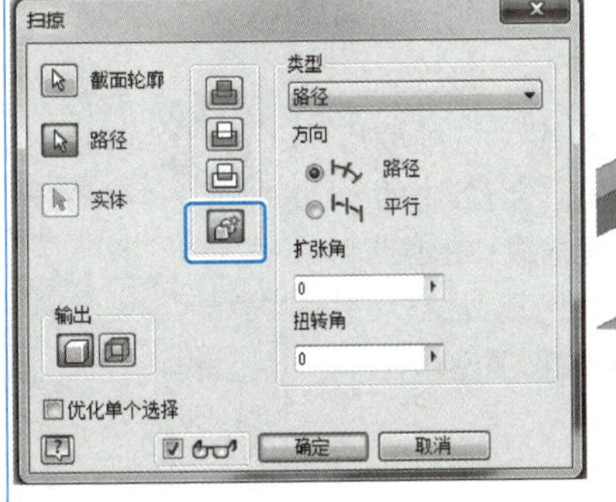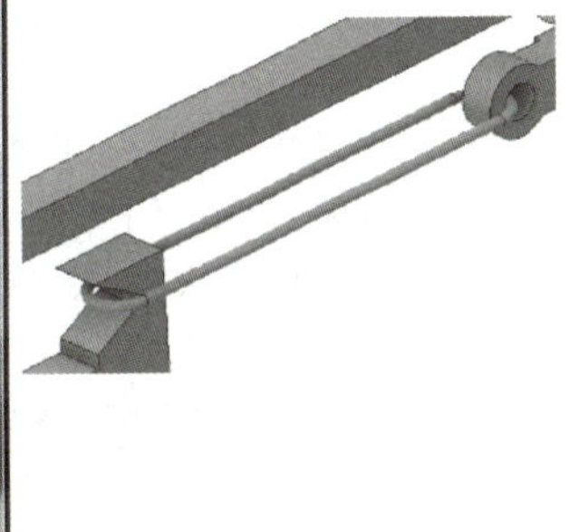</td></tr>
</table>

续表

<table>
<tr><th>序号</th><th>操作文字说明
快捷操作示意</th><th>操作演示图示</th></tr>
<tr><td>06</td><td colspan="2">设计说明
橡筋动力模型飞机的设计基本完成，如左图所示。缺少部分为前后机翼。请结合机翼参考设计图（右图），发挥自己的想象力给模型飞机的设计补充完整
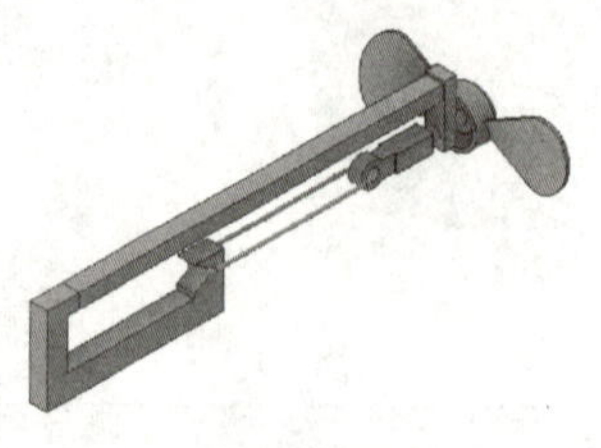
飞机初步设计
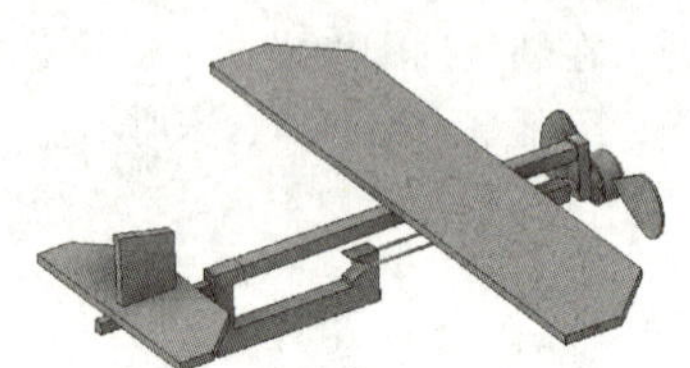
机翼参考设计图</td></tr>
<tr><td>07</td><td>贴图设计
① 单击选取实体零件表面作为草图绘制平面，进入草图绘制环境。单击工具面板中“草图”选项卡下“插入”面板中的“图像”按钮，弹出文件素材选择对话框，选取“贴图”图片，将该图片覆盖机翼实体外表面即可。单击“完成草图”按钮，退出草图绘制环境
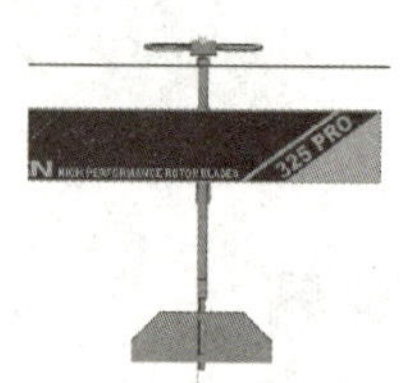

② 单击工具面板中“三维模型”选项卡下“创建”面板中的“贴图”按钮。依次选取“图像”为贴图图片，选取机翼外表为“面”，单击确定完成贴图操作</td><td>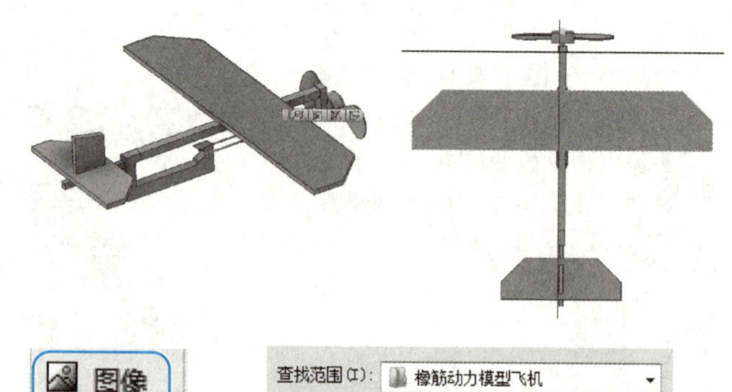
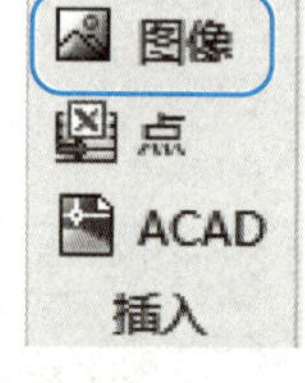

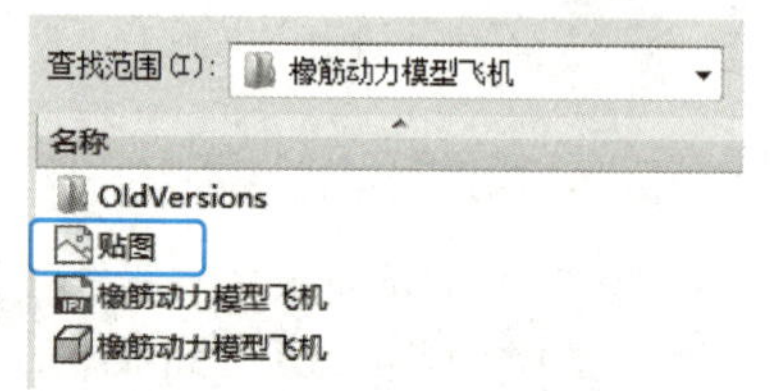

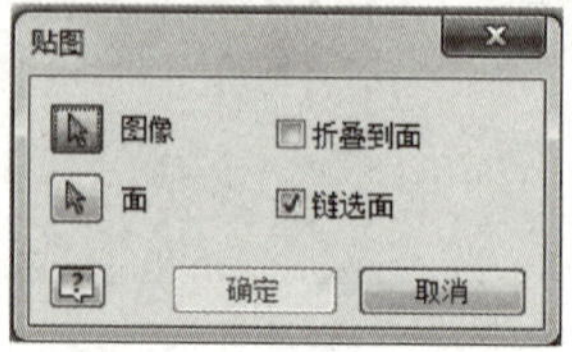

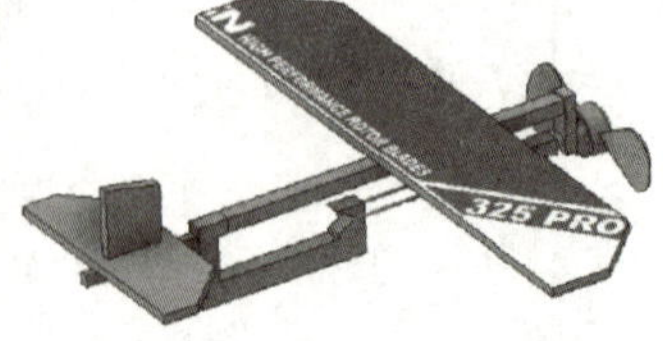
</td></tr>
</table>

续表

序号	操作文字说明 快捷操作示意	操作演示图示
07	③ 根据上诉步骤的贴图方法对尾翼部分表面贴图设计，最终效果如右图所示	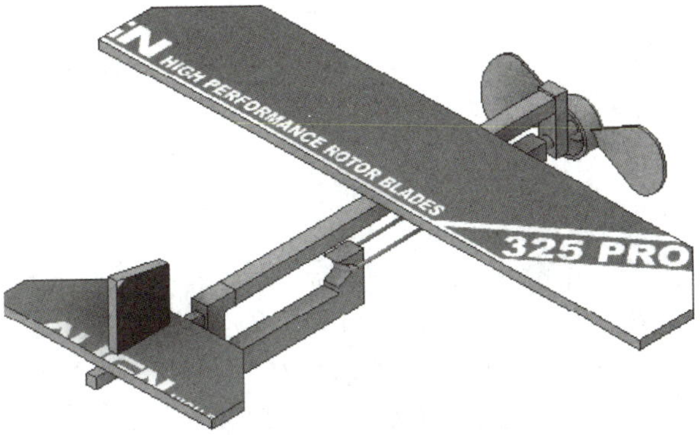HIGH PERFORMANCE ROTOR BLADES 325 PRO
08	**零件命名** 通过设计浏览器，分别将所有实体名字修改为对应的零件名称	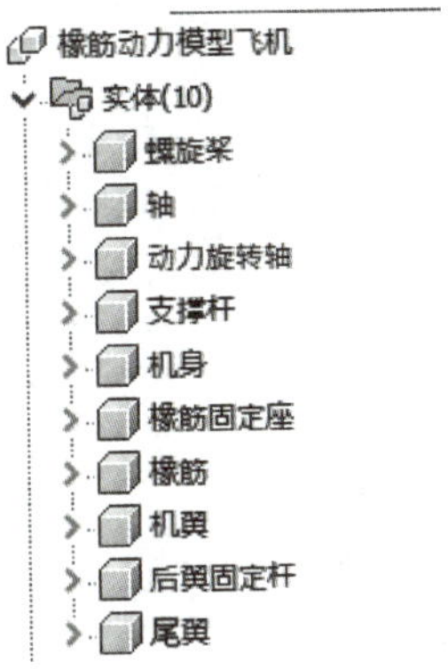橡筋动力模型飞机 实体(10) 螺旋桨 轴 动力旋转轴 支撑杆 机身 橡筋固定座 橡筋 机翼 后翼固定杆 尾翼
09	**设置零件外观** 螺旋桨：平滑 – 黄色 橡筋：平滑 – 黑色	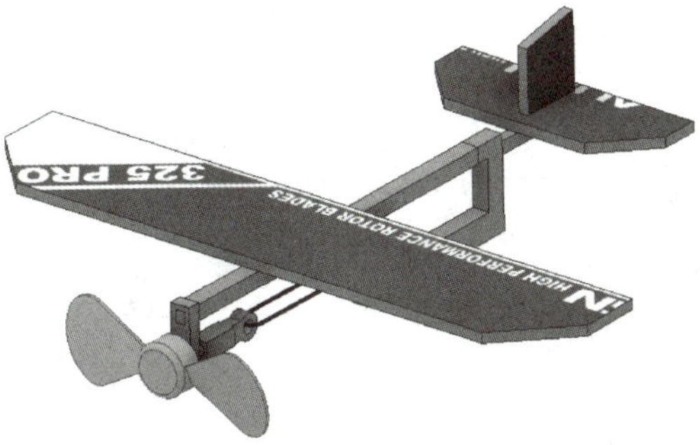

续表

序号	操作文字说明 快捷操作示意	操作演示图示
10	**对零件和实体进行升级操作：** ① 将工具面板切换到“管理”选项卡，单击“布局”区域中的“生成零部件”按钮，打开“生成零部件”对话框 在建模浏览器中选中所有实体，单击“下一步”按钮 ② 在弹出的对话框中单击确定 ③ 软件进入部件装配环境，此时，原先的多实体零件“橡筋动力模型飞机”升级为部件，而多实体零件中的各个实体升级为零件 ④ 保存	 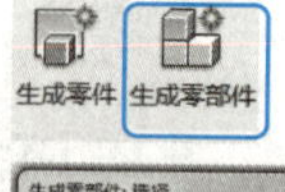 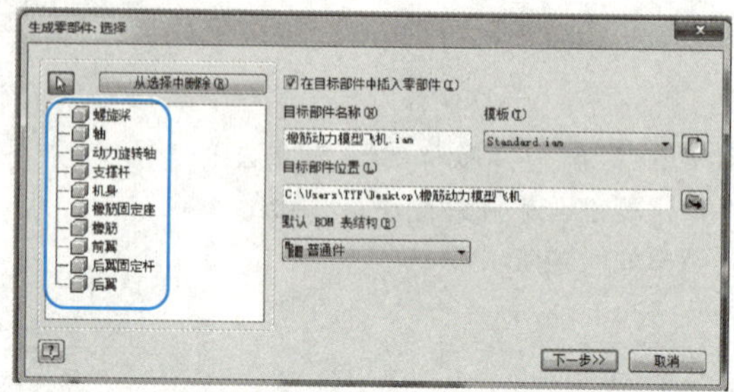 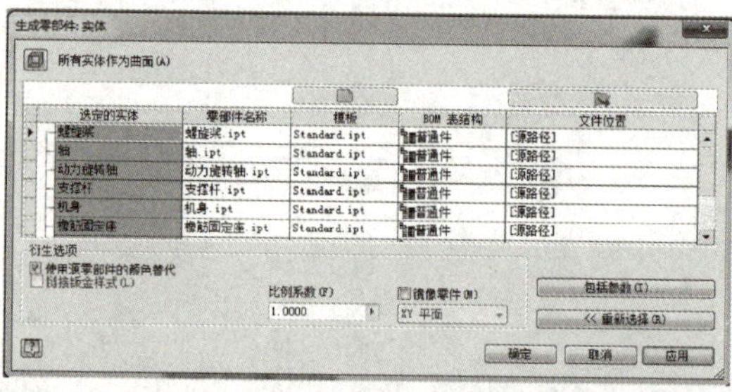 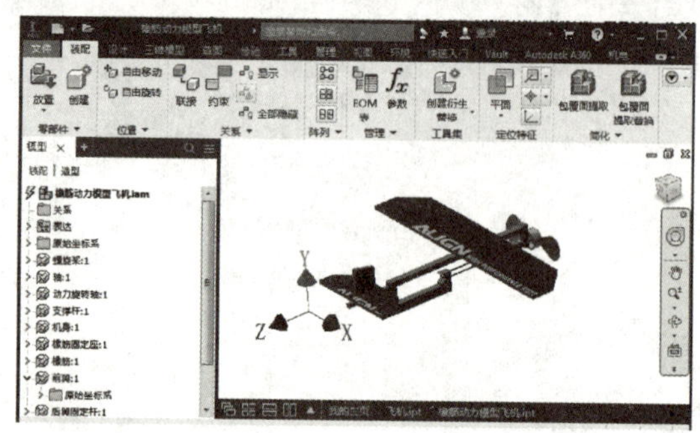

自我评价

制作任务	自主完成的步骤	合作讨论下完成的步骤	未完成的步骤
建立项目			
螺旋桨建模			
机身及连接部分			
橡筋建模			
贴图设计			
零件升级			

作业

根据给定的模型飞机参考图（图 9–4）自主设计轮子零件，保证飞机能够在地面上运动，保证各零件之间结构设计合理。

作业指导

利用视频输出功能给橡筋动力模型飞机设置螺旋桨旋转视频。

图 9–4　模型飞机参考图

第二篇

进阶项目训练

项目十　设计青铜酒杯

项目介绍

中国的酒器发展历史悠久，在不同的历史时期，酒器的制作技术、材料、造型都各有特色。每一种酒器都有许多样式，有普通型也有取动物造型的。以大中型酒器尊为例，有象尊、犀尊、牛尊、羊尊、虎尊等。

酒杯的种类主要有觚、觯、角、爵、杯、舟。不同身份的人使用不同的酒杯。如《礼记·礼器》篇记载："宗庙之祭，尊者举觯，卑者举角"。酒杯（图 10–1）的发展历史源远流长。本项目中，我们将使用三维设计软件 Inventor 2018 制作一款青铜酒杯（图 10–2、图 10–3）。

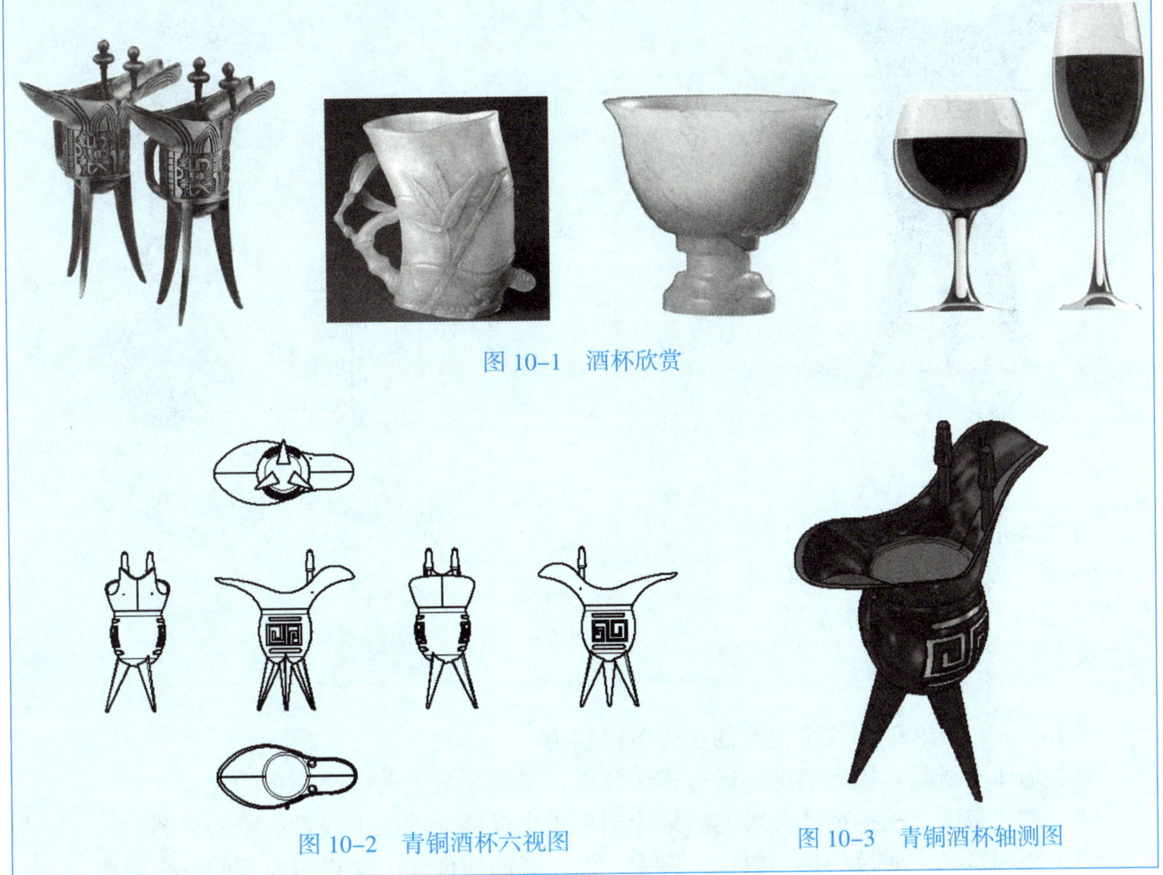

图 10–1　酒杯欣赏

图 10–2　青铜酒杯六视图

图 10–3　青铜酒杯轴测图

项目知识与技能

※ 二维草图：草图定位和布局
※ 三维草图的创建：相交曲线和投影到曲面
※ 曲面功能：面片、缝合曲面、灌注
※ 特征建模：扫掠、放样、凸雕、镜像、抽壳、合并、阵列、旋转
※ iproperty 材料修改及外观颜色修改

建模方法与工具

我们将青铜酒杯（图 10–4）的建模划分为三个主要区域，重点对三个区域的建模方法进行分析，见表 10–1。

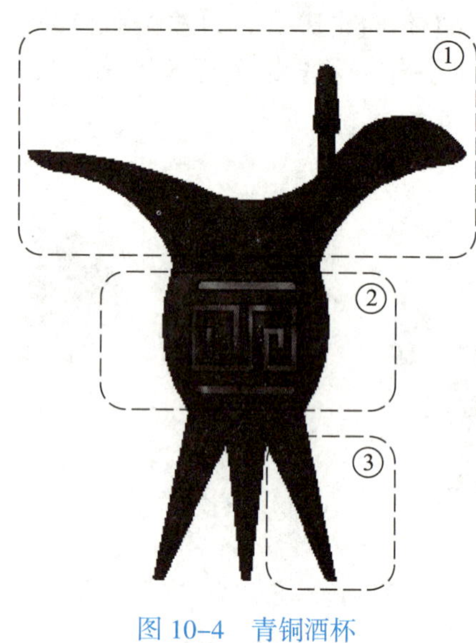

图 10–4 青铜酒杯

表 10–1 建 模 方 法

区域号	操作命令	基本使用方法示例	
①	相交线	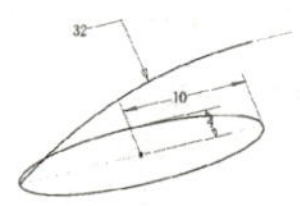	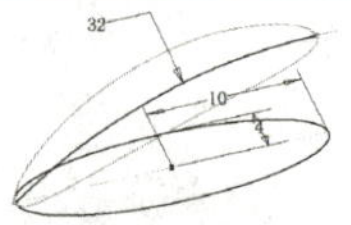
	面片	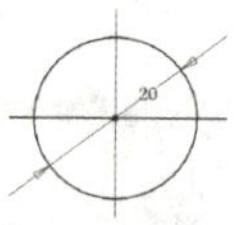	
	缝合		
②	旋转	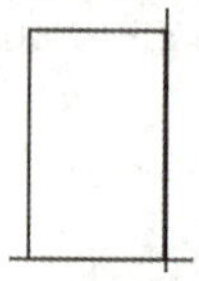	
	凸雕		
③	投射到曲面放样		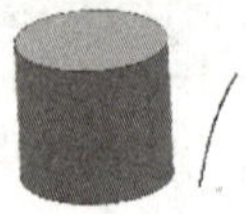

通过对图 10–4 和表 10–1 的分析可知，该模型建模需要绘制草图（二维、三维）与添加特征来完成。

用 Inventor 2018 创建三维模型的步骤可概括为：

（1）形体分析。对模型的形体进行整体分析，将其划分为若干个简单的元素。

（2）创建草图。根据形体分析的结果绘制用于生成特征的二维或者三维的草图。

（3）添加特征。通过扫掠、放样、镜像、面片等曲面创建方法进行模型的特征添加。

（4）重复步骤（2）、（3），逐步完成模型的所有结构造型。

项目建模步骤

图 10–5 所示为 Inventor 软件生成的青铜酒杯零件图，运用 Inventor 2018 根据给定的零件图创建该零件模型。

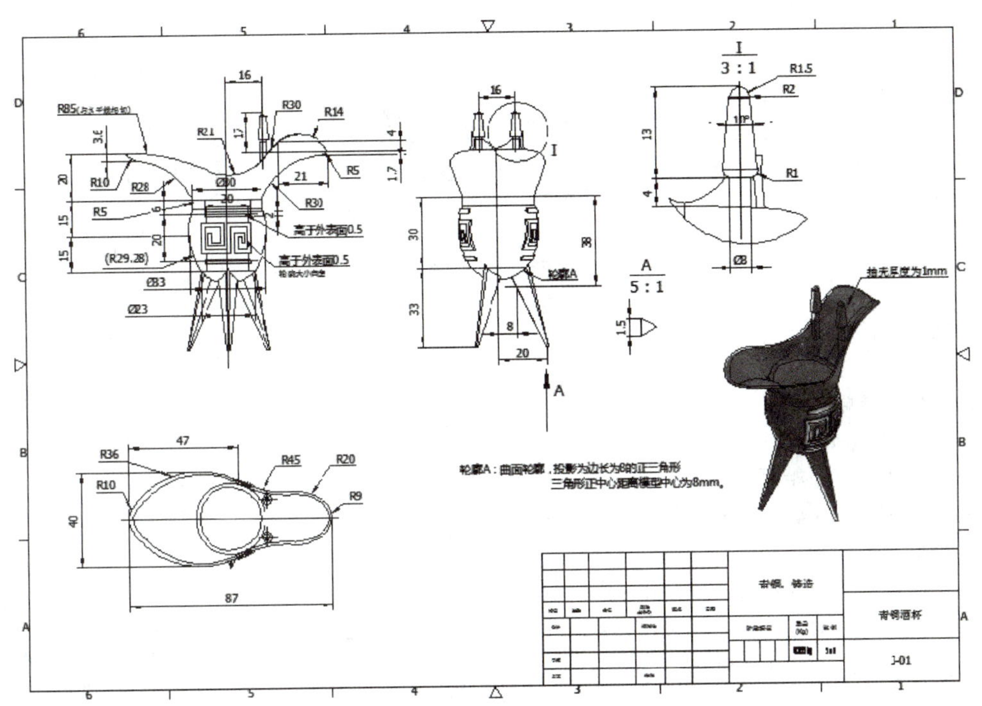

图 10–5　青铜酒杯零件图

青铜酒杯模型创建过程见表 10–2。

表 10–2　青铜酒杯模型创建过程

序号	操作文字说明 快捷操作示意	操作演示图示
01	双击桌面图标启动软件，选择标准零件模板“Standard.ipt”创建零件文件	

续表

序号	操作文字说明 快捷操作示意	操作演示图示
02	单击工具面板“开始创建二维草图”按钮，并在绘图区中选择 XY 平面，进入二维草图创建环境	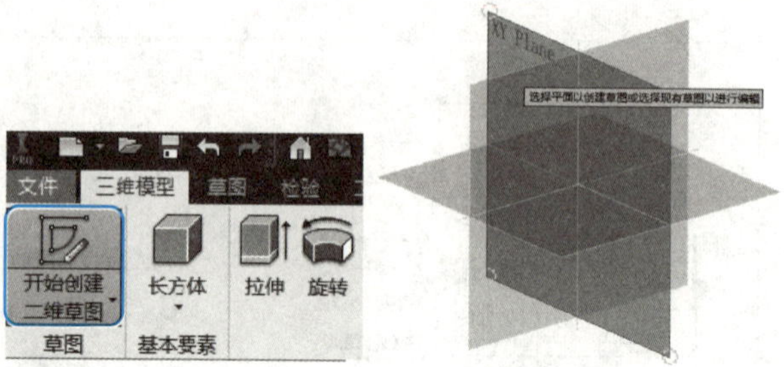
03	**绘制相交线草图轮廓一** ① 在草图选项卡中单击两点中心矩形按钮，以原始原点为矩形中心绘制 87 mm × 40 mm 的矩形并将矩形线型设置为构造线。按照零件图依次绘制大致接近的各条圆弧线 ② 依据零件图给定的尺寸约束和定位约束依次添加各几何图元的尺寸信息，直至草图全约束。单击工具面板上的“完成草图”按钮，退出草图环境，或者在绘图区单击右键，完成二维草图	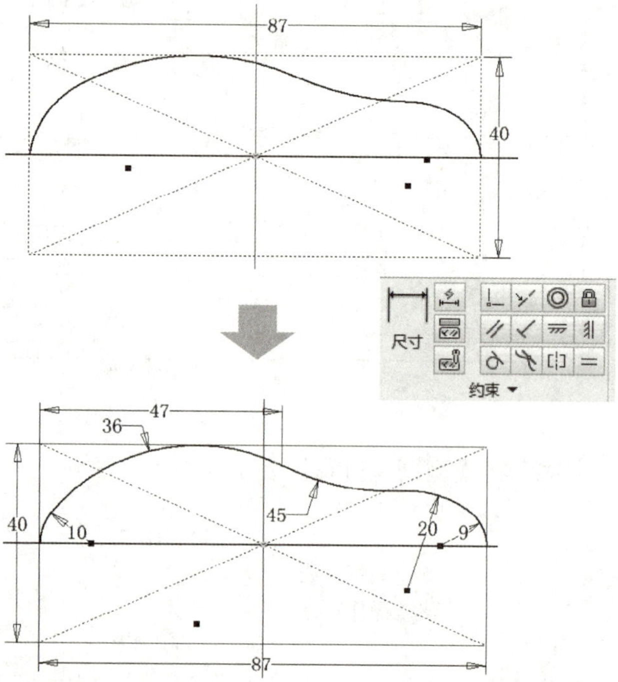
04	**绘制相交线草图轮廓二** ① 单击工具面板“开始创建二维草图”按钮，并在绘图区中选择 XZ 平面，进入二维草图创建环境 ② 单击工具面板“投影几何图元”按钮，将 *R*10 mm 和 *R*9 mm 圆弧的端点及圆弧本身进行投射并将投射线设置为构造线	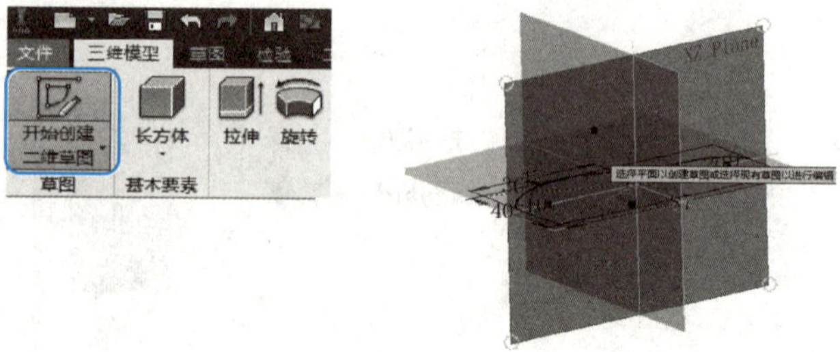

续表

序号	操作文字说明 快捷操作示意	操作演示图示
04	构造线是定位的参考线 实线设置构造线的方法如下 菜单：选中图元，单击 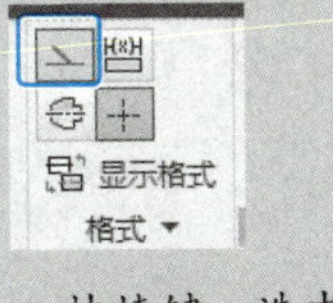 快捷键：选中图元，按住右键拖动 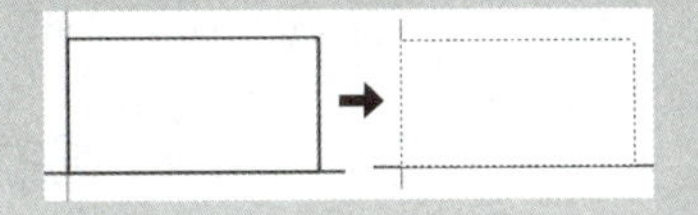 ③ 以 $R10$ mm 圆弧的端点往左绘制一段直线段并将其设置为构造线。以 $R10$ mm 圆弧的端点为起点使用直线绘制相切圆弧 **操作方法：**单击“直线”按钮，选取起点并按住左键，同时往右下方拖动。根据零件图给定的图元信息依次绘制相切圆弧并标注尺寸使其草图全约束 **操作示例：** 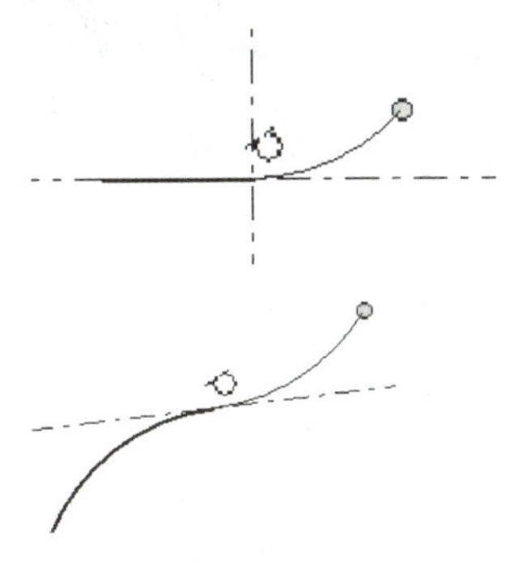	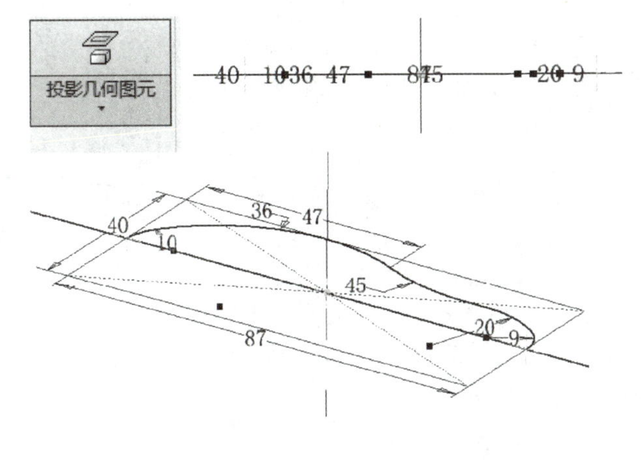 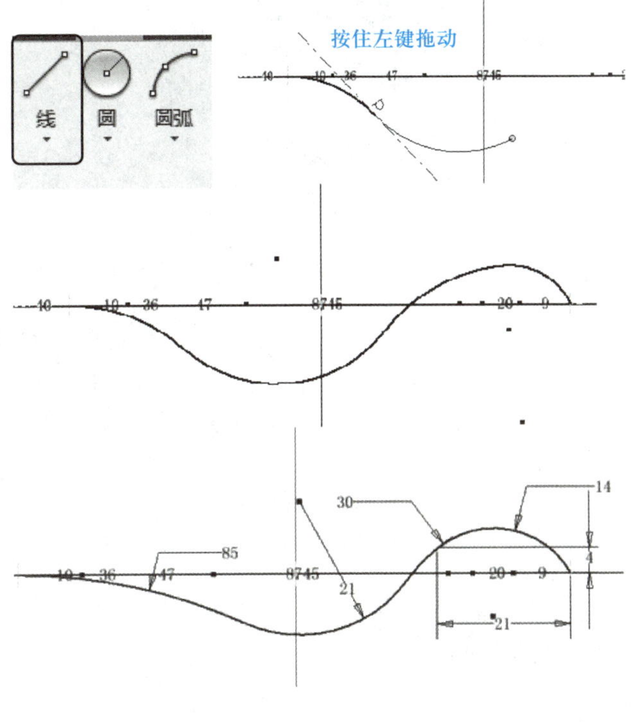

续表

序号	操作文字说明 快捷操作示意	操作演示图示
05	**求取相交曲线** 单击工具面板“开始创建三维草图”按钮，在三维草图选项卡中单击“相交曲线”按钮，分别单击绘图区中步骤03和步骤04创建完成的草图轮廓线，直接得到一条黄色的三维空间线并将两条二维草图线进行可见性的隐藏 **可见性隐藏的方法：** 在浏览器中选中元素单击右键，在弹出的对话框中去除可见性的勾选	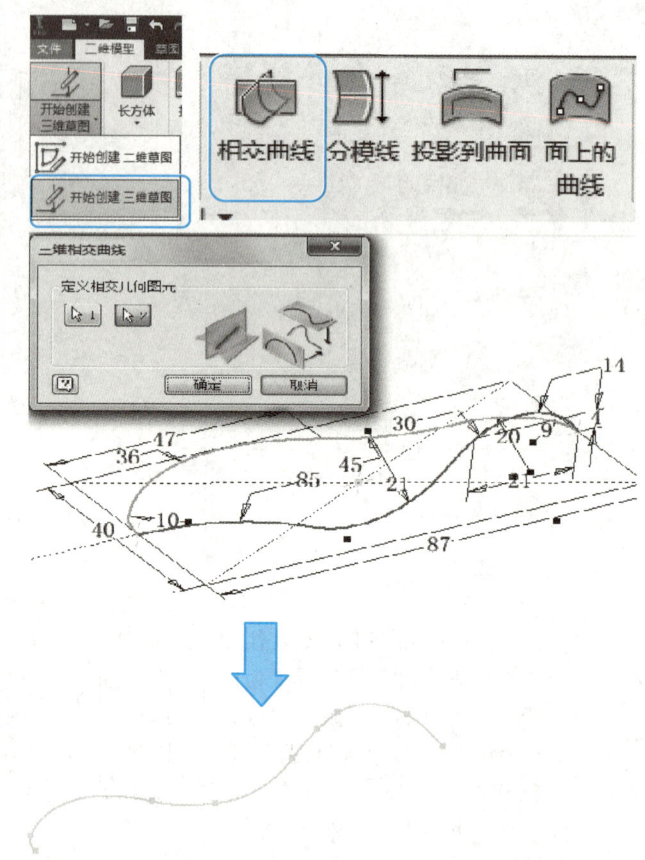
06	① 单击工具面板“开始创建二维草图”按钮，并在绘图区中选择XZ平面，进入二维草图创建环境 ② 单击工具面板“投影几何图元”按钮，投影三维相交线的左右端点 ③ 根据工程图给定的圆弧轮廓和尺寸信息绘制草图	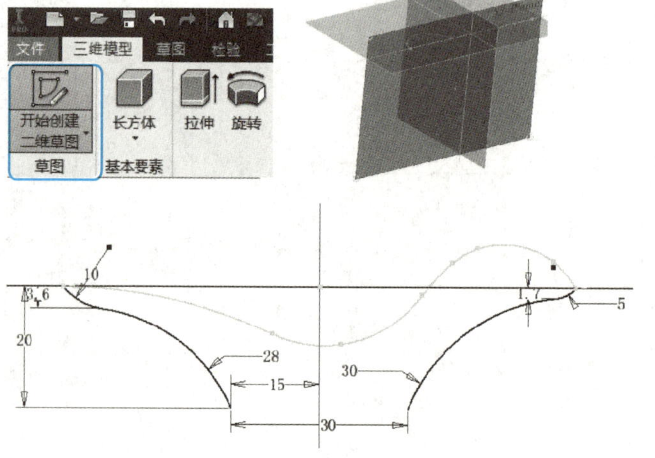

续表

序号	操作文字说明 快捷操作示意	操作演示图示
07	**创建辅助平面** ① 单击工具面板上“平面”按钮，选取 XY 平面，按住左键将平面向下拖动至 20 mm 处 **绘制草图** ② 在创建的辅助平面上创建草图，绘制 *R*15 mm 的半圆	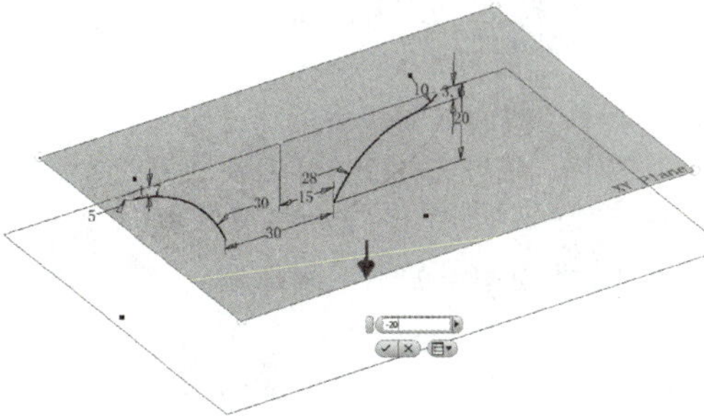 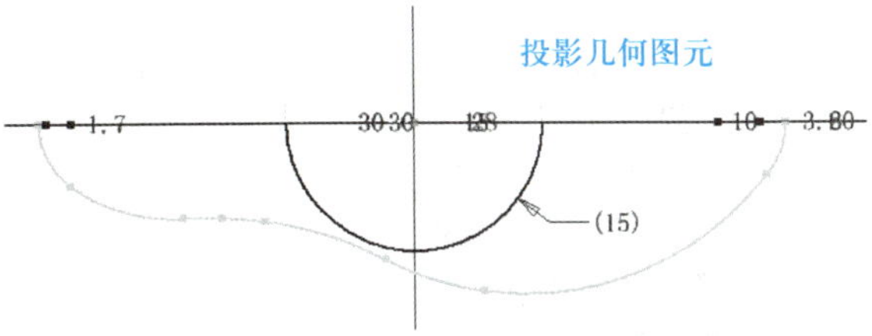 投影几何图元
08	① 创建“面片”曲面 单击工具面板中“三维模型”选项卡下“曲面”面板中的“面片”按钮，随即在绘图区依次选取图元求解得到一张曲面 ② 镜像曲面 单击工具面板“镜像”按钮，在弹出的对话框中特征选取面片曲面，镜像平面选取原始坐标系中的 XZ 平面	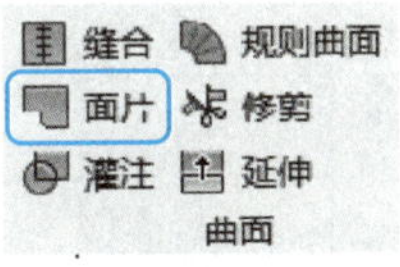 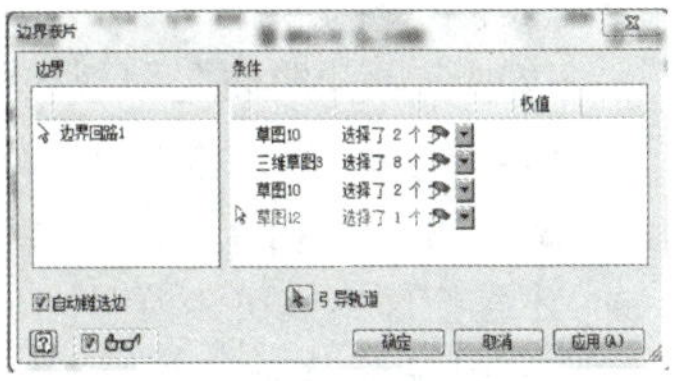 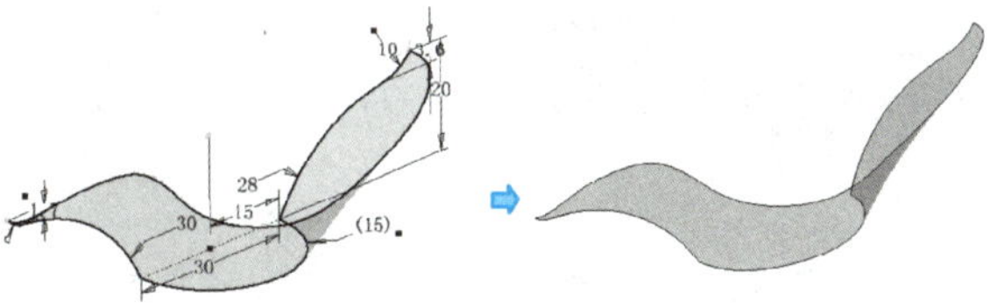 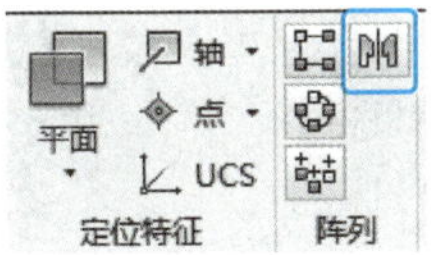 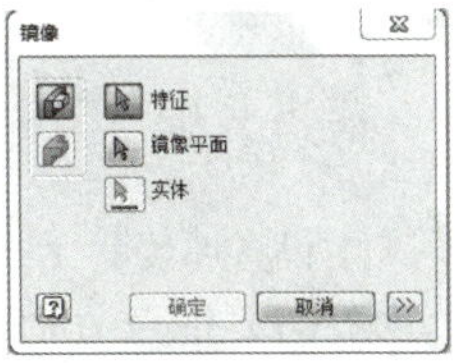 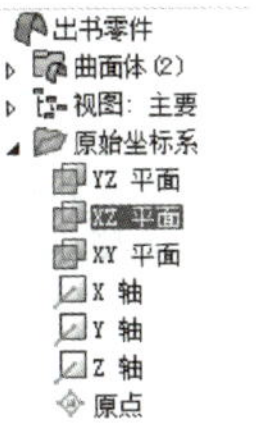 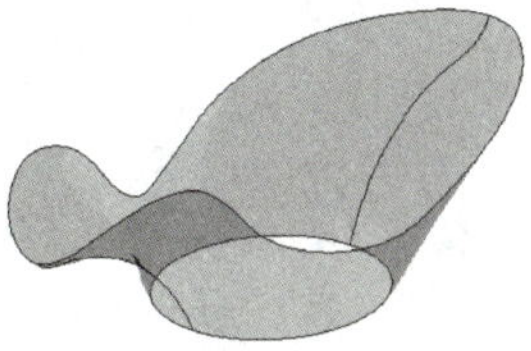

续表

序号	操作文字说明 快捷操作示意	操作演示图示
08	③使用“面片”缝补曲面 单击工具面板中“三维模型”选项卡下“曲面”面板中的“面片”按钮，依次选取曲面中空部分 注意：曲面中空的上下两部分需要分别进行面片修补 在弹出的“边界嵌片”对话框中需要把“自动链选边”的默认勾选去掉，这样可以单独进行对曲面边界的选择 ④缝合曲面生成实体 在零件环境中使用缝合功能将曲面缝合为缝合曲面 单击工具面板中“三维模型”选项卡下“曲面”面板中的“缝合”按钮，在绘图区框选所有曲面，单击“缝合”对话框中的确定按钮即生成实体模型 提示： 如果在缝合对话框中勾选保留为曲面选项，则无法生成实体	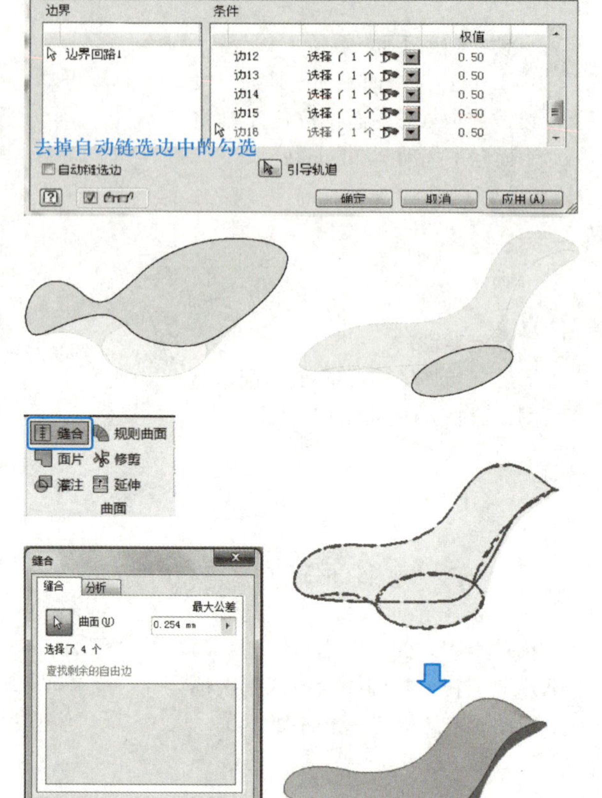
09	**对实体进行抽壳操作** 单击工具面板中“三维模型”选项卡下“修改”面板中的“抽壳”按钮，在弹出的抽壳对话框中设置厚度为1 mm，在绘图区选择需要抽壳的曲面为开口面，单击确定即可生成抽壳特征 注意抽壳方向： 抽壳 向内 向外 双向	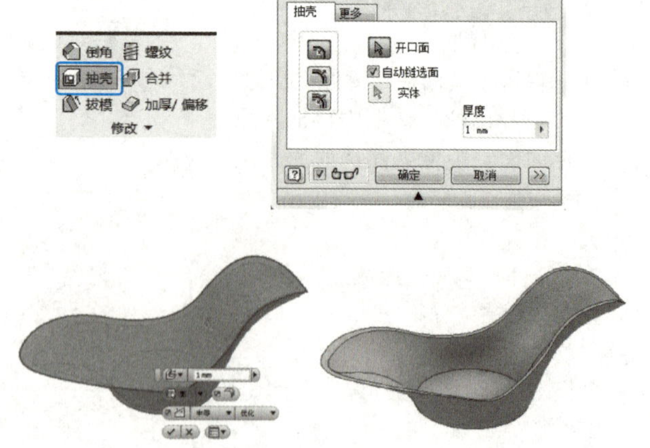

续表

<table>
<tr><th>序号</th><th>操作文字说明
快捷操作示意</th><th>操作演示图示</th></tr>
<tr><td>10</td><td>创建青铜酒杯的杯身
① 单击浏览器中的 XZ 平面，单击绘图区出现的创建草图按钮，进入草图创建环境，使用 F7 切换到“切片观察”模式。单击工具面板中的“投影剪切边”投影出辅助参考线并设置为构造线

② 根据给定零件图依次绘制出草图轮廓线（绘制方法参考步骤 04）

③ 给草图轮廓线添加尺寸约束和定位约束使草图全约束

④ 单击工具面板中“三维模型”选项卡下“创建”面板中的“旋转”按钮，为草图轮廓添加旋转特征</td><td>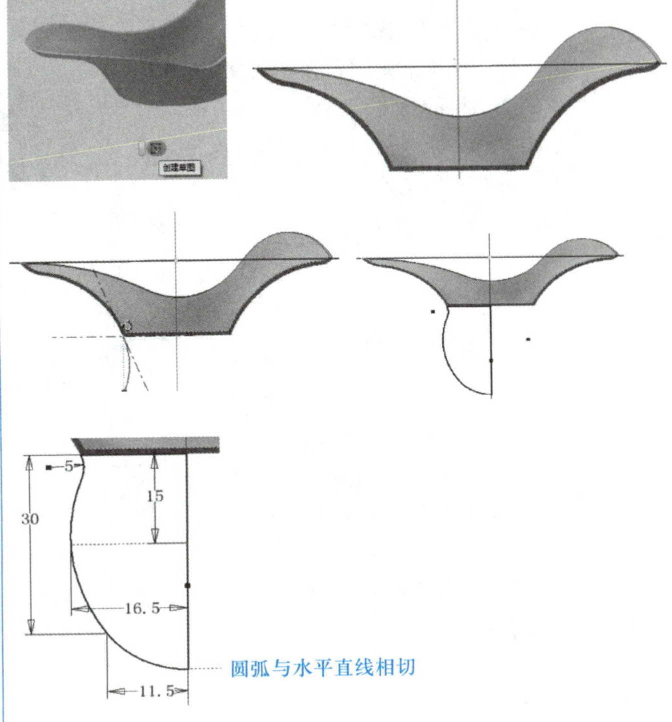

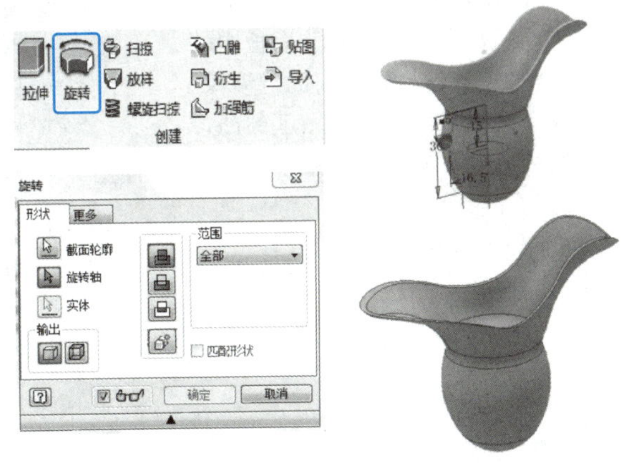
</td></tr>
</table>

续表

序号	操作文字说明 快捷操作示意	操作演示图示
	⑤ 创建工作平面，如右图所示。使用该平面进入草图，依据零件图给定的轮廓信息绘制凸雕草图轮廓。完成后单击“完成草图”退出草图绘制环境	
10	⑥ 单击工具面板中“三维模型”选项卡下“创建”面板中的“凸雕”按钮，在弹出的“凸雕”对话框依次选取绘图区的截面轮廓，设置凸雕方式为“从面凸雕”并设置深度为 5 mm，单击确定给杯身添加凸雕特征	
	⑦ 单击工具面板中“三维模型”选项卡下“阵列”面板中的“镜像”按钮，在弹出的“镜像”对话框中依次选取绘图区的凸雕特征，并在原始坐标系中选取合适的镜像平面	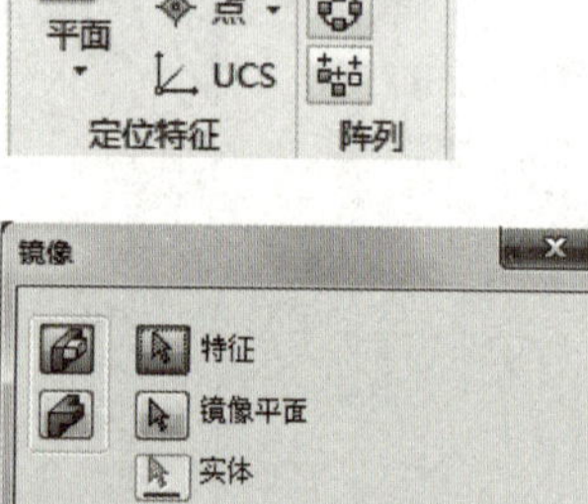

续表

<table>
<tr><th>序号</th><th>操作文字说明
快捷操作示意</th><th>操作演示图示</th></tr>
<tr><td>11</td><td>

创建青铜酒杯杯脚

① 单击工具面板中“三维模型”选项卡下“定位特征”面板中的“平面”按钮，在浏览器中选择原始坐标系的 XY 平面，按住左键将平面向下拖动至 58 mm 处。重复操作，将 XY 平面拖动至下方 83 mm 处，选取 58 mm 处工作平面进入草图绘制环境

② 单击工具面板中的“草图”选项卡下“创建”面板中的“多边形”按钮，在弹出的对话框中输入边数 3。根据给定的图样信息绘制正三角形并约束其尺寸和定位。完成后单击“完成草图”按钮退出草图环境

③ 单击工具面板“开始创建三维草图”按钮，在弹出的将曲线投影到曲面对话框中，默认情况下“面”选择工具处于激活状态，依次选取右图曲面后，切换至选取“曲线”选项，再选正三角形草图轮廓。单击确定完成三维草图的创建，并对正三角形草图进行隐藏

</td><td>

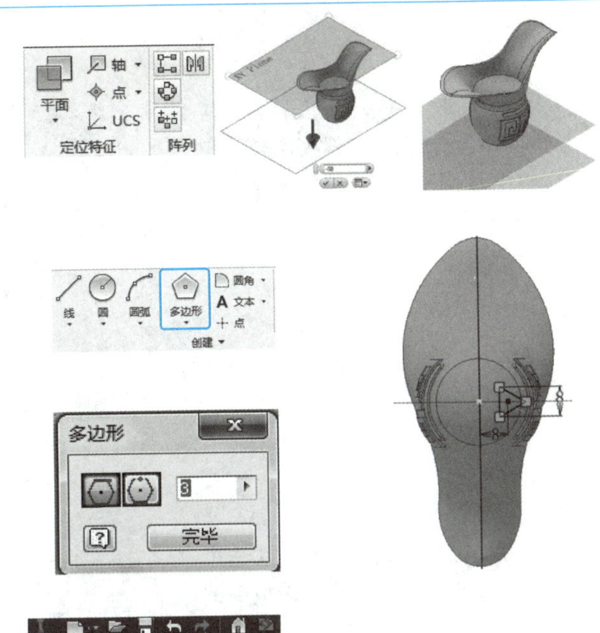

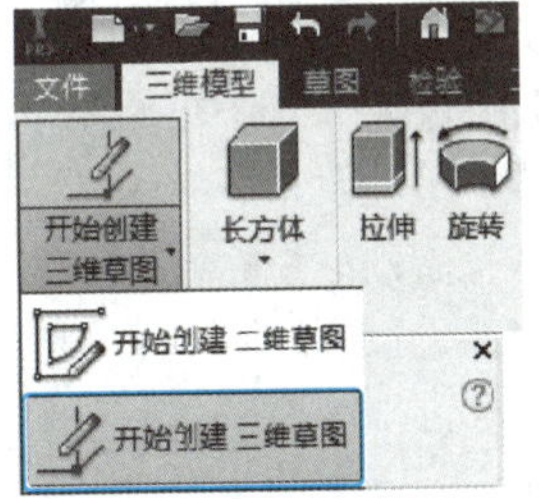

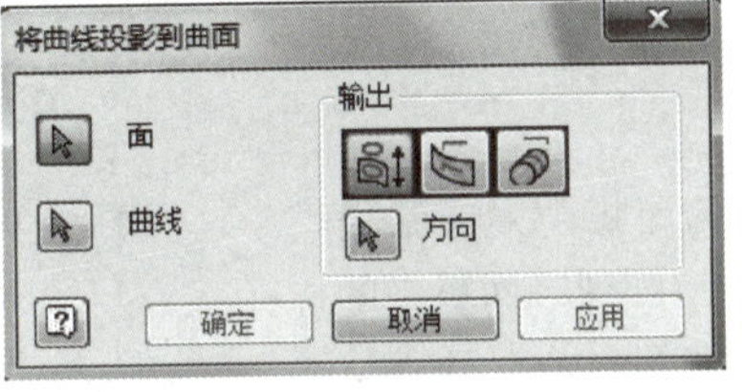

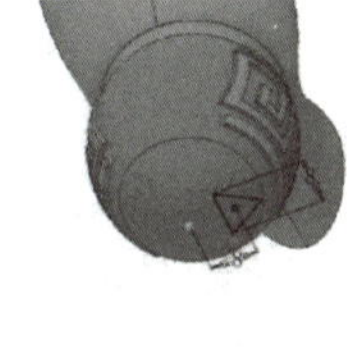

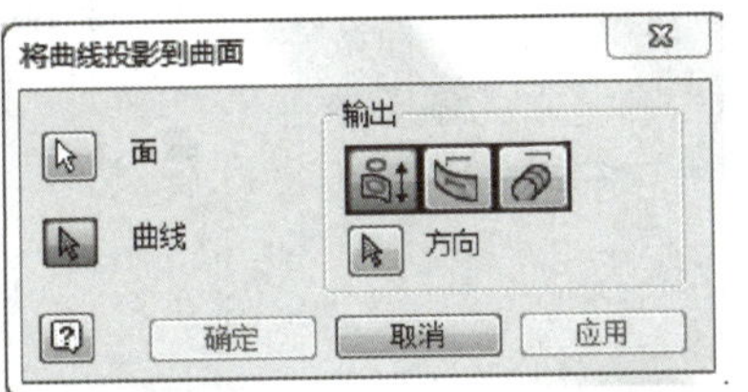

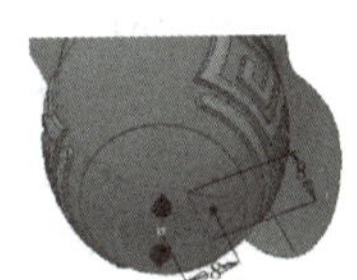

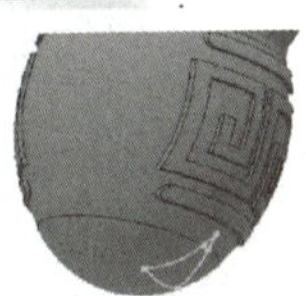

</td></tr>
</table>

续表

序号	操作文字说明 快捷操作示意	操作演示图示
11	④ 选取 58 mm 处工作平面作为草图绘制平面，根据图样绘制二维草图（操作方法参考绘制 8 mm 的草图）	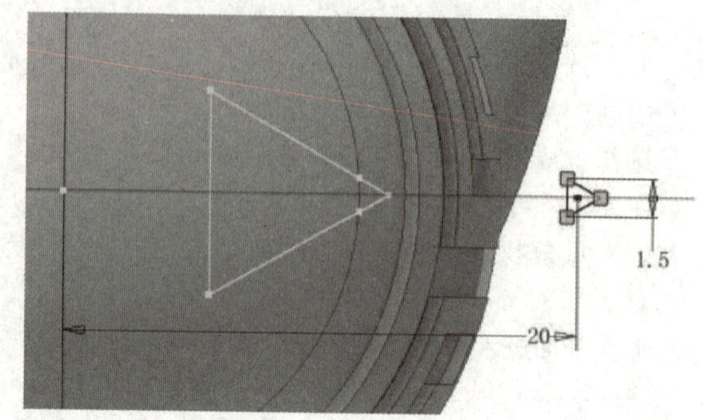
	⑤ 单击工具面板中“三维模型”选项卡下“创建”面板中的“放样”按钮，依次选取步骤③和④创建完成的图元。单击确定完成放样特征创建	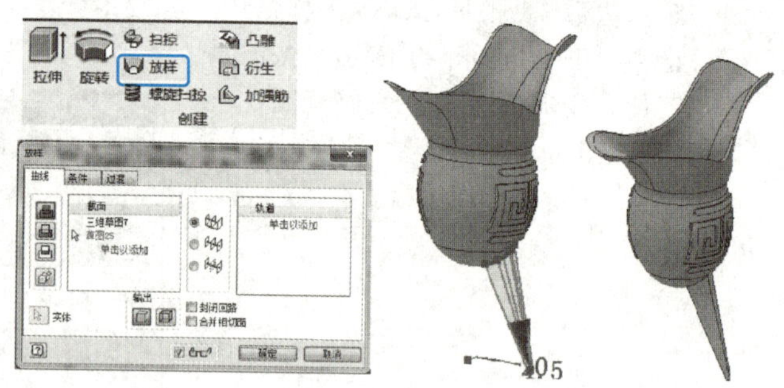
	⑥ 单击工具面板中“三维模型”选项卡下“阵列”面板中的“环形阵列”按钮，选取杯脚放样特征，旋转轴选取原始坐标系中的 Z 轴。单击确定完成环形阵列，即完成了所有杯脚的创建	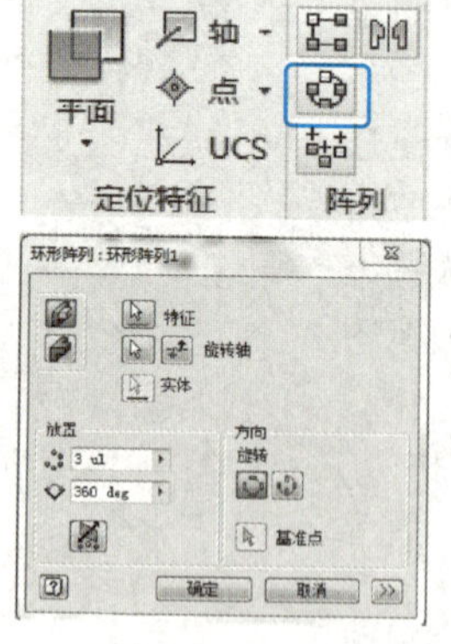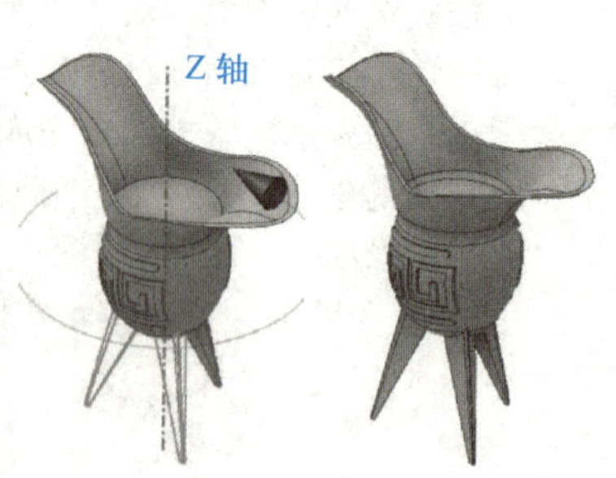

续表

序号	操作文字说明 快捷操作示意	操作演示图示
12	**青铜酒杯装饰设计** ① 单击工具面板中“三维模型”选项卡下“定位特征”面板中的“平面”按钮，选取浏览器原始坐标系中的 XZ 平面，如右图所示拖动至右方 8 mm 处 ② 单击新建平面进入草图绘制环境，在按下键盘上 F7 键进入模型切面观察视图。使用“投影切割边”命令投影切片轮廓线，并设置为构造线。根据零件图给定的尺寸信息绘制草图轮廓	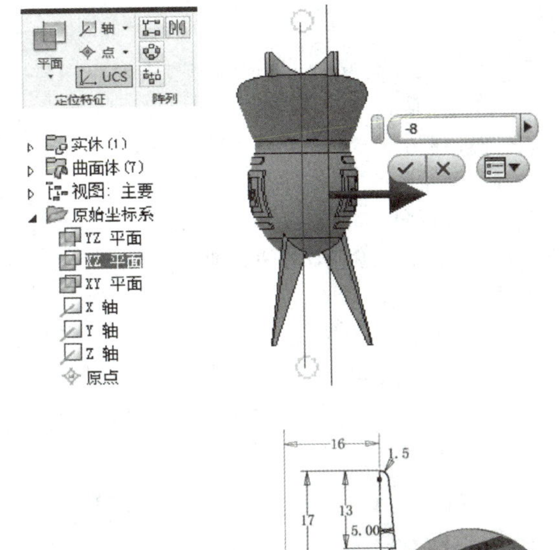
13	单击工具面板“三维模型”选项卡上的“旋转”按钮为刚刚建立的草图建立旋转特征。因为绘图区的封闭草图和旋转轴均只有一个，所以软件自动选取了旋转平面并索引了旋转轴，旋转特征自动生成，并根据图样进行圆角特征操作	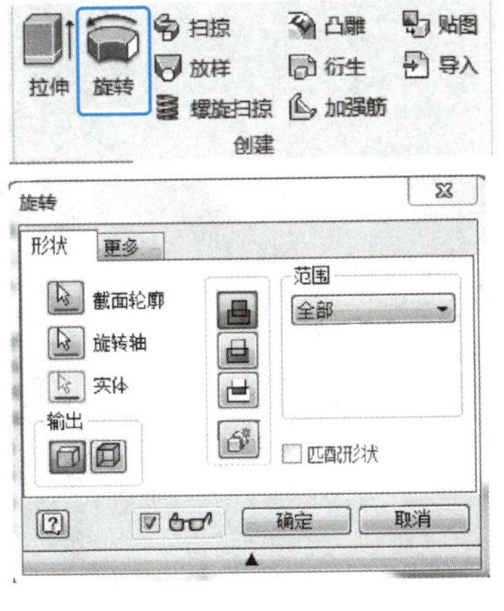

续表

序号	操作文字说明 快捷操作示意	操作演示图示
13	单击工具面板“三维建模”选项卡中的“镜像”按钮，在弹出的对话框中依次选取镜像“特征”和“镜像平面”。在选取镜像特征时，必须同时选择旋转特征和圆角特征，否则会使操作更繁琐	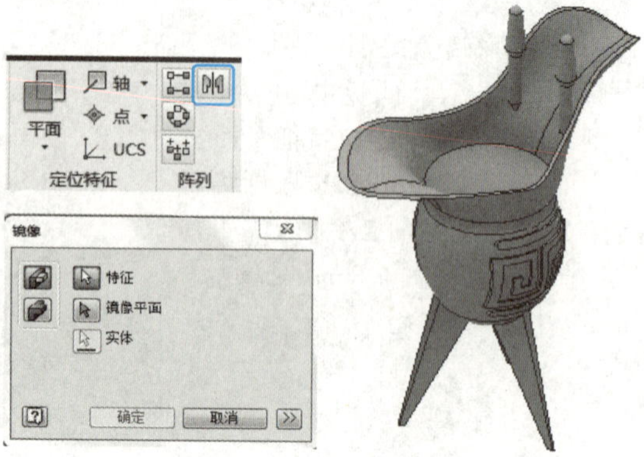
14	通过顶部下拉菜单设定酒杯的材料和外观颜色 材料：青铜，铸造 外观：铁灰色－抛光	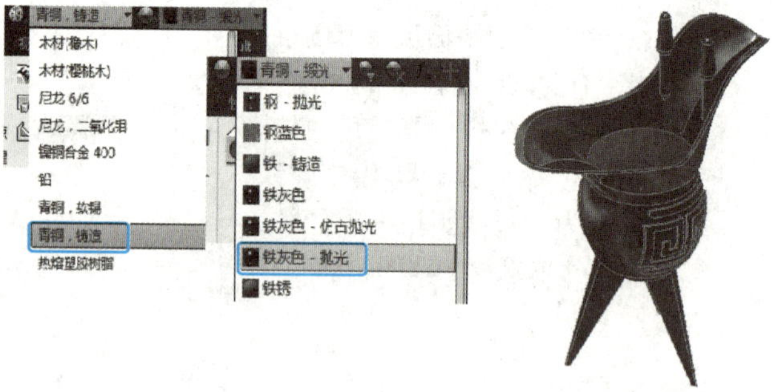
15	单击“文件”，在下拉菜单中选择“保存”，输入文件名称“青铜酒杯”，单击保存	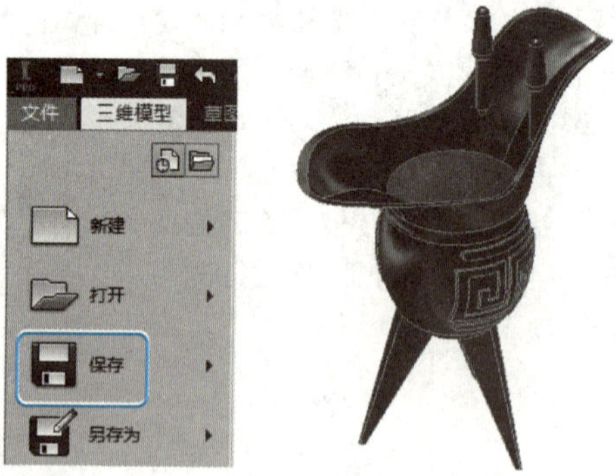

任务拓展

（1）在进行青铜酒杯杯口设计的曲面修补时，软件提供了很多种方法，除了所学的“面片”功能，请仔细思考是否还有其他方法可以完成同样的设计效果。

（2）青铜酒杯建模过程中，你遇到最大的困难是什么？

自我评价

自主完成的步骤	合作讨论下完成的步骤	未完成的步骤

作业

请运用手机或计算机通过网络搜索引擎寻找不同类型的酒杯造型图片，运用本项目所学习的 Inventor 软件功能设计一款创意酒杯，可参考高脚杯如图 10-6 所示。

作业指导

上网查询类似图纸进行三维设计。

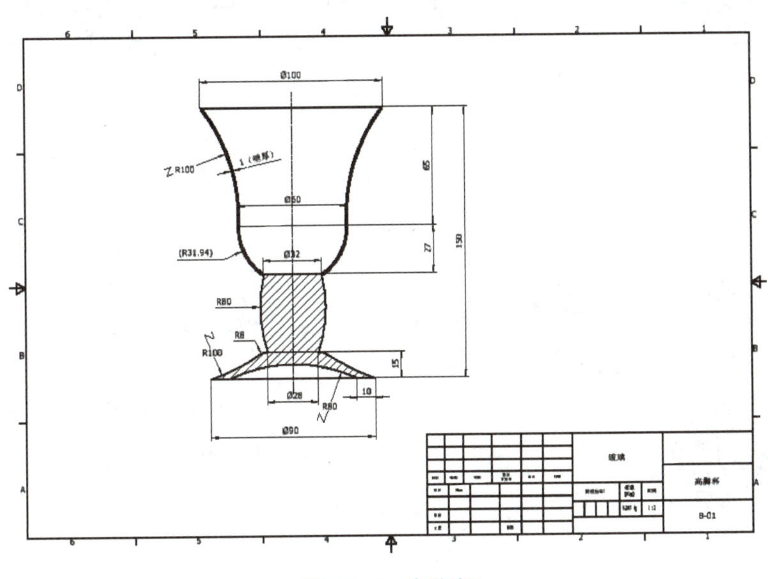

图 10-6 高脚杯

项目十一　设计六角凉亭

项目介绍

凉亭（图 11-1）是传统木结构单体建筑之一，是建筑在路旁供行人休息的小亭，因为造型轻巧，选材不拘，布设灵活而被广泛应用在园林之中。

凉亭是人们凭借一定材料建造出来的，而材料的特性，也必然会对建筑的造型风格产生影响。所以，凉亭的造型艺术，也在一定程度上取决于所选用的材料。由于各种材料性能的差异，不同材料建造的凉亭，就各自带有非常显著的特色，而同时，也必然受到所用材料特性的限制。

凉亭在选材方面类型很多，根据使用材料不同可以分为木亭、石亭、竹亭、茅亭、铜亭等。

凉亭从形状上来说，大致有四角亭、六角亭、八角亭、扇形凉亭等。

从古到今，凉亭这一建筑形式历经时间的考验经久不衰，为人们提供了休闲、纳凉的好场所。今天，我们使用 Inventor 2018 软件设计一款六角凉亭（图 11-2、图 11-3）。

图 11-1　凉亭

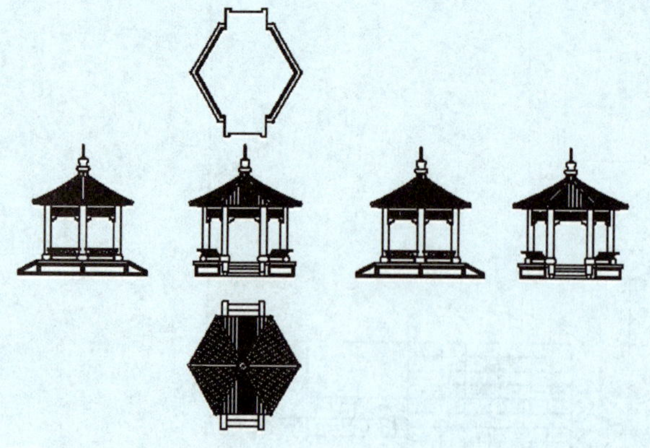
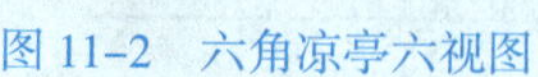

图 11-2　六角凉亭六视图

图 11-3　六角凉亭轴测图

项目知识与技能

※ 二维草图：草图定位和布局
※ 三维草图的创建：三维直线绘制和投影到曲面
※ 曲面功能：偏移曲面、面片、缝合曲面
※ 特征建模：拉伸、旋转、扫掠、放样、镜像、合并、阵列、凸雕
※ 模型实体外观颜色修改

建模方法与工具

本项目会用到两方面的内容，分别是六角凉亭的设计建模和如何保证建模的实体能够实现3D打印。在本次凉亭的建模过程中，我们一共将凉亭划分为五部分（图11–4）并且保证每个部分的设计结构都能够实现3D打印。

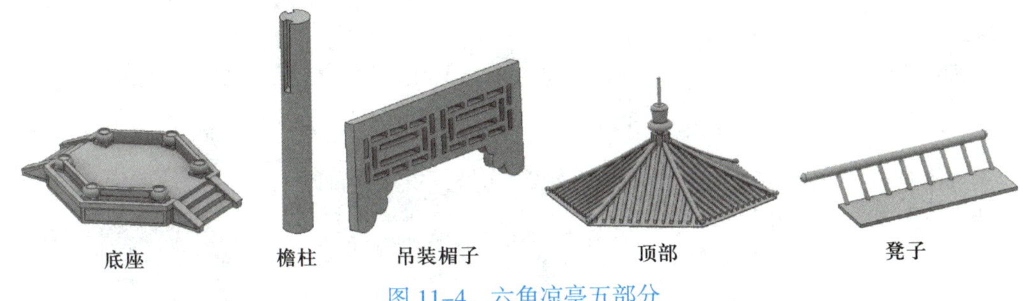

图11–4　六角凉亭五部分

项目建模步骤

六角凉亭设计要求如下：

（1）总体尺寸如图11–5所示，长宽高尺寸不大于160 mm × 130 mm × 160 mm。

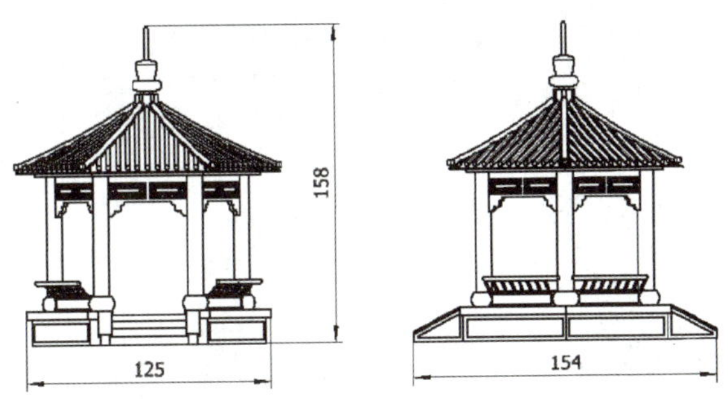

图11–5　总体尺寸图

（2）底座与六个檐柱零件之间需设计连接关系。

（3）檐柱和吊挂楣子之间需设计连接关系。

（4）浏览器中六角凉亭的19个零件都必须满足3D打印的要求，能够对3D打印零件进行组装。

（5）应考虑产品的美观度，可考虑设计符合实际的修饰特征，如圆角、凸雕等。

六角凉亭模型创建过程见表11–1所示。

表11–1　六角凉亭模型创建过程

序号	操作文字说明 快捷操作示意	操作演示图示
01	在桌面新建一个文件夹，命名为“六角凉亭”。启动软件，在“快速入门”菜单中选择“项目”，在弹出的项目对话框中单击新建按钮，选取项目的类型为“新建单用户项目”，随即点击下一步，在弹出的“Inventor项目向导”对话框中设定项目所见的文件夹地址以及项目的名称。设置完成后，单击“完成”按钮。创建项目文件的目的是用于有效地管理设计数据。	 桌面文件夹 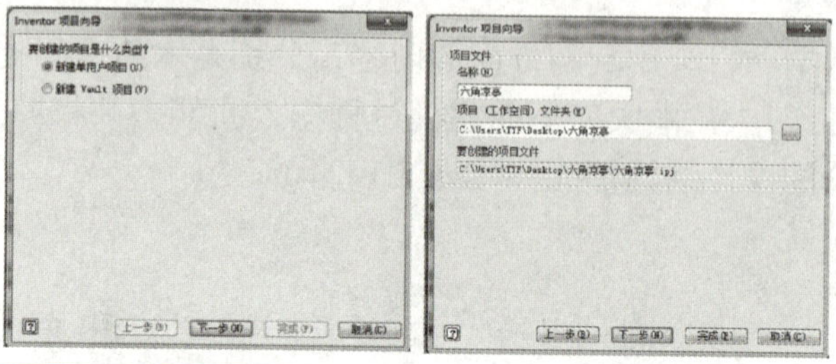
02	单击工具面板“开始创建二维草图”按钮，并在绘图区中选择XY平面，进入二维草图创建环境	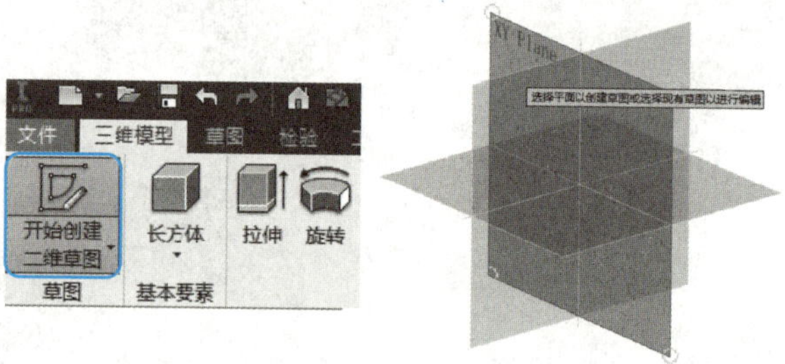
03	**创建底座零件** 在草图选项卡中单击“多边形”按钮，以原始原点为多边形中心绘制一个边长为60 mm的正六边形 单击工具面板中“三维模型”选项卡下“创建”面板中的“拉伸”按钮，在绘图区左键选取正六边形作为拉伸草图轮廓，设置拉伸高度为15 mm 拉伸操作包括四种方式： 求和：增加实体材料 求差：去除实体材料 求交：保留公共部分 新建实体：生成新的实体	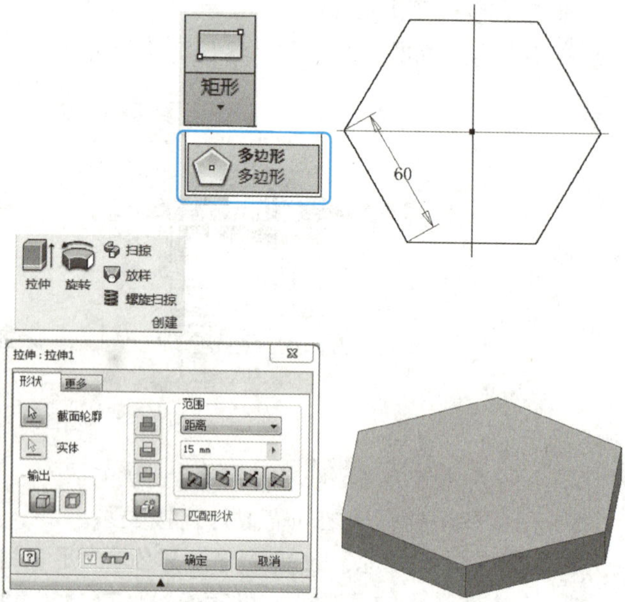

续表

<table>
<tr><th>序号</th><th>操作文字说明
快捷操作示意</th><th>操作演示图示</th></tr>
<tr><td rowspan="4">04</td><td>单击工具面板“开始创建二维草图”按钮，并在绘图区中选择XZ平面，进入二维草图创建环境。在草图选项卡中单击“直线”按钮绘制右图轮廓并对尺寸进行全约束</td><td rowspan="4">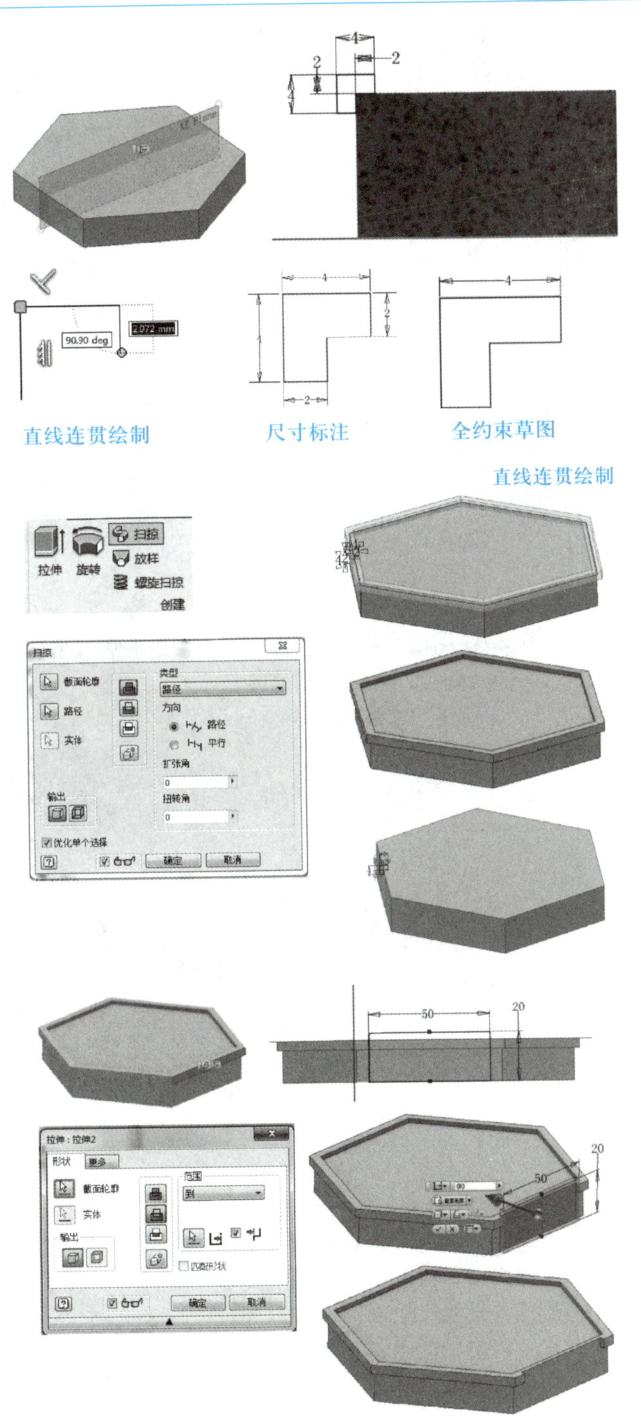
</td></tr>
<tr><td>单击工具面板中“三维模型”选项卡下“创建”面板中的“扫掠”按钮，在绘图区截面轮廓选取上一步草图轮廓，路径选取正六边形边轮廓。单击确定生成扫掠特征</td></tr>
<tr><td>单击工具面板“开始创建二维草图”按钮，并在绘图区中选取已知实体表面，进入二维草图创建环境。在草图选项卡中单击“矩形”按钮，绘制右图轮廓并对尺寸进行全约束</td></tr>
<tr><td>单击工具面板中“三维模型”选项卡下“创建”面板中的“拉伸”按钮，选取绘图区矩形草图进行拉伸求差操作</td></tr>
</table>

续表

<table>
<tr><th>序号</th><th>操作文字说明
快捷操作示意</th><th>操作演示图示</th></tr>
<tr><td rowspan="5">04</td><td>单击工具面板“开始创建二维草图”按钮，并在绘图区中选取已知实体表面，进入二维草图创建环境。在草图选项卡中单击“直线”按钮绘制右图轮廓并对尺寸进行全约束</td><td>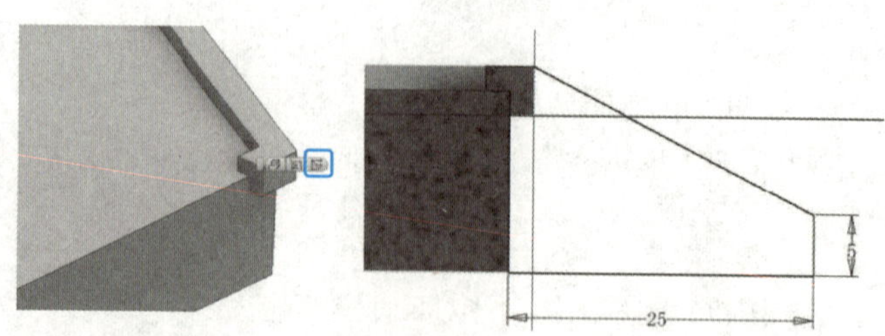</td></tr>
<tr><td>单击工具面板中“三维模型”选项卡下“创建”面板中的“拉伸”按钮，选取绘图区直线轮廓草图进行拉伸，拉伸厚度设置为5 mm</td><td>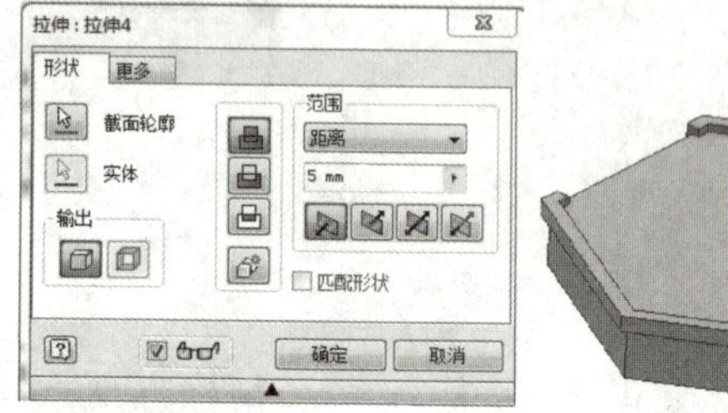</td></tr>
<tr><td>选取绘图区实体零件表面作为草图绘制平面，进入草图绘制环境后，使用“直线”命令绘制如右图所示的草图轮廓</td><td>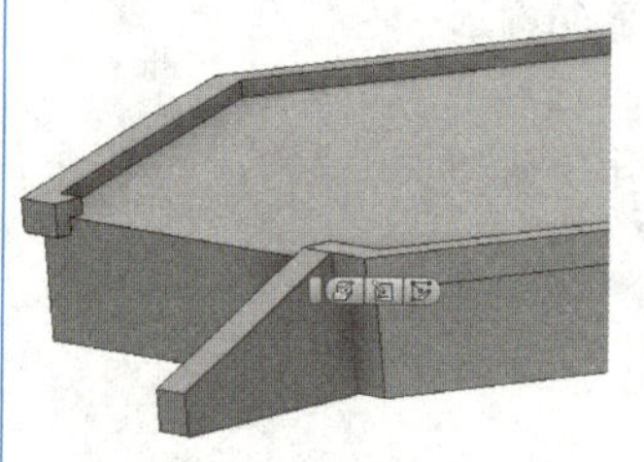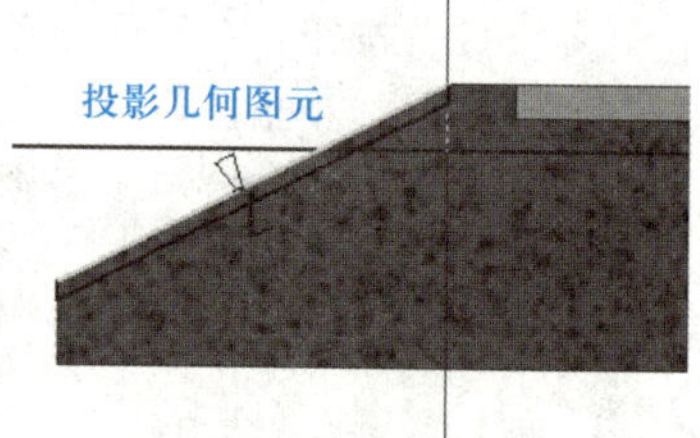</td></tr>
<tr><td>单击工具面板中“三维模型”选项卡下“创建”面板中的“拉伸”按钮，选取绘图区直线轮廓草图进行拉伸，拉伸厚度设置为1 mm</td><td>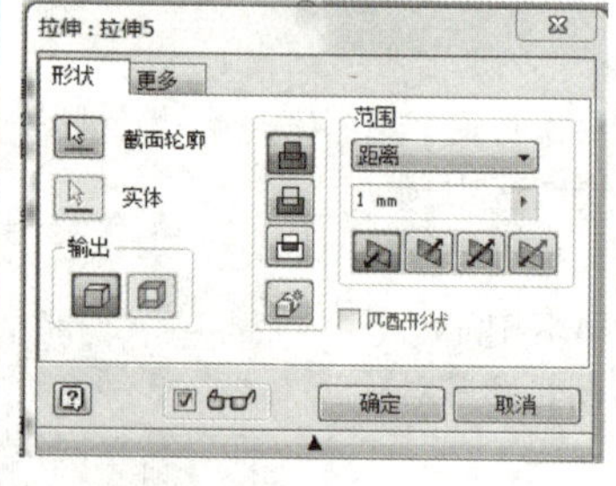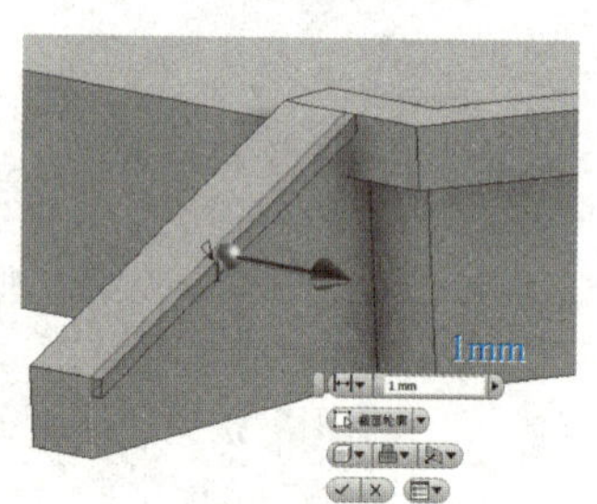</td></tr>
<tr><td>同理，选取实体表面作为草图绘制平面，右图草图的创建可以使用“直线”绘制，也可以先进行“投影几何图元”操作，再进行偏移1 mm操作</td><td>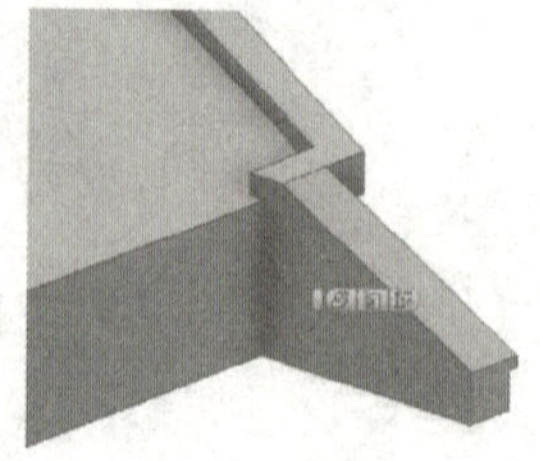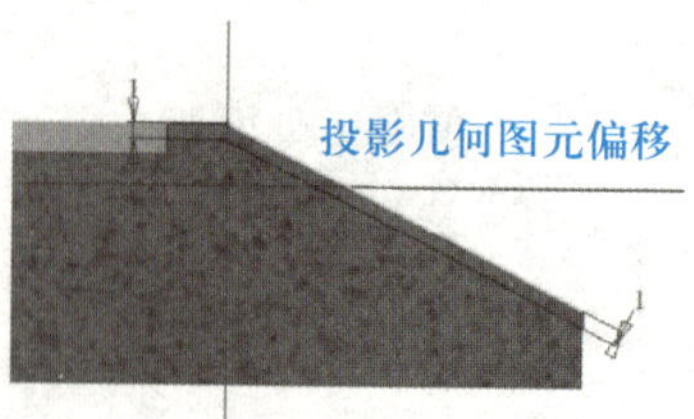</td></tr>
</table>

续表

序号	操作文字说明 快捷操作示意	操作演示图示
04	单击工具面板中“三维模型”选项卡下“创建”面板中的“拉伸”按钮，选取绘图区直线轮廓草图进行拉伸，拉伸厚度设置为 1 mm	 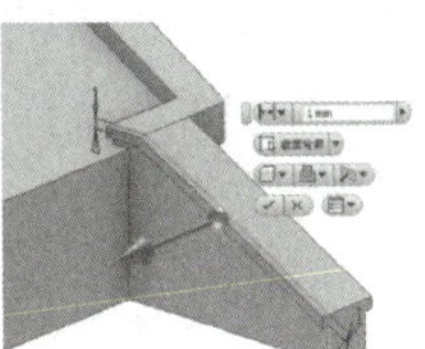
	选取实体表面作为草图绘制平面，使用“直线”依次绘制如右图所示的草图轮廓并将草图全约束	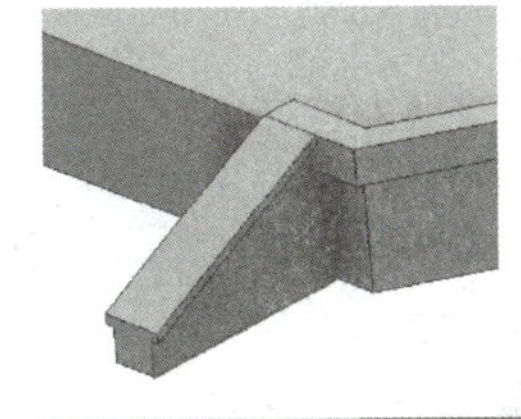 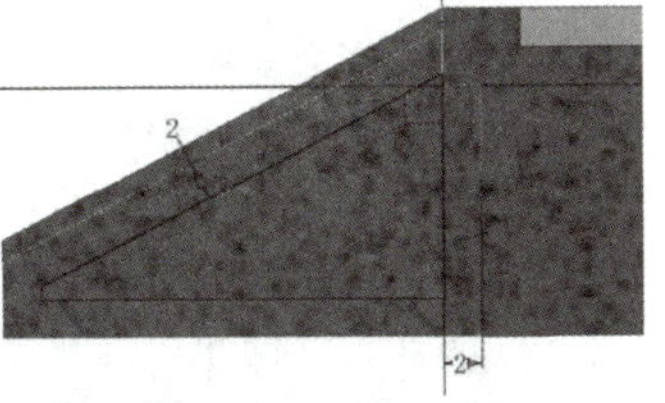
	单击工具面板中“三维模型”选项卡下“创建”面板中的“拉伸”按钮，选取绘图区直线轮廓草图进行拉伸，拉伸切除材料深度设置为 0.5 mm	 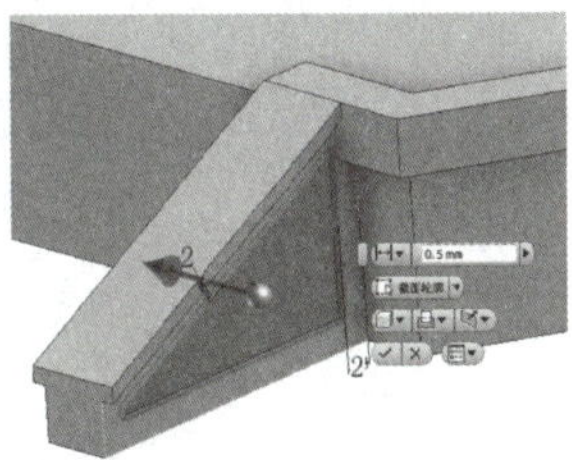
	单击工具面板中“三维模型”选项卡下“阵列”面板中的“镜像”按钮，依次选取需要镜像的特征和镜像平面。单击“确定”完成操作	 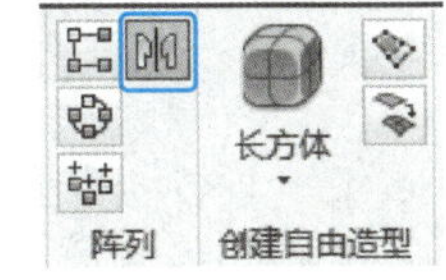  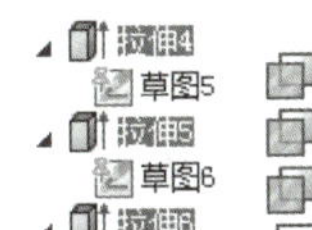 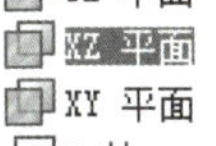 特征 镜像平面 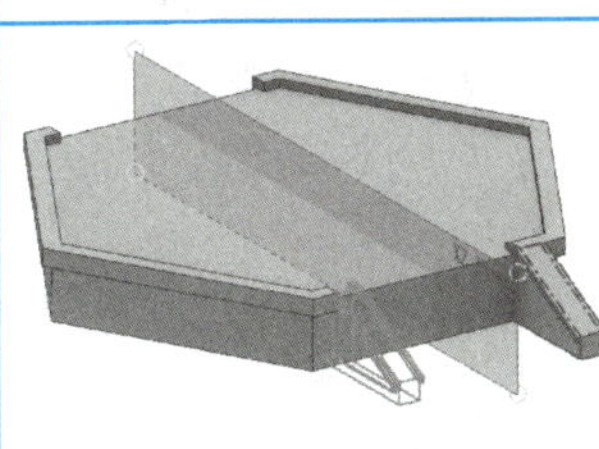 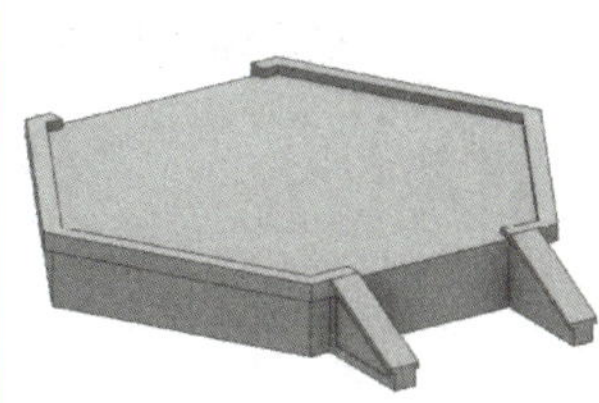

续表

序号	操作文字说明 快捷操作示意	操作演示图示
04	选取实体表面作为草图绘制平面，使用“矩形”依次绘制如右图所示的草图轮廓并将草图全约束 单击工具面板中“三维模型”选项卡下“创建”面板中的“拉伸”按钮，在绘图区选取截面轮廓，设置拉伸范围为“到”，单击确定完成拉伸操作 单击工具面板中“三维模型”选项卡下“阵列”面板中的“镜像”按钮，依次选取需要镜像的特征和镜像平面。单击确定完成操作	拉伸到该表面 镜像平面 镜像特征

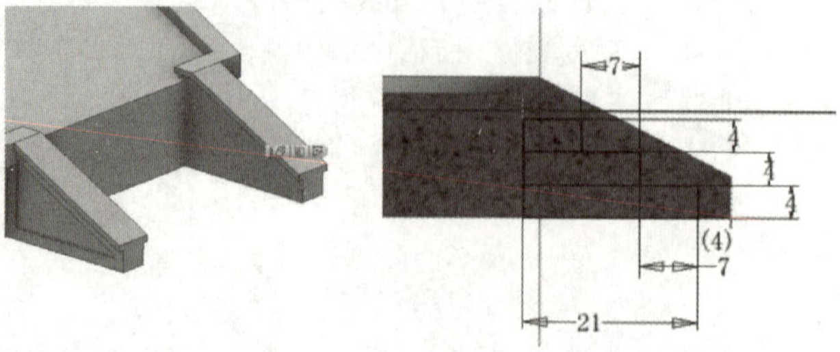

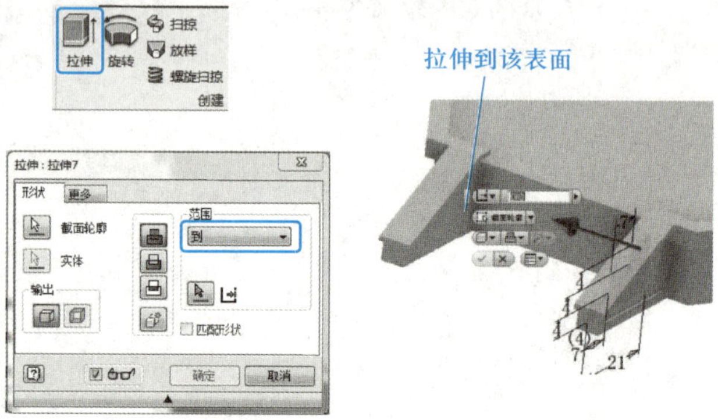

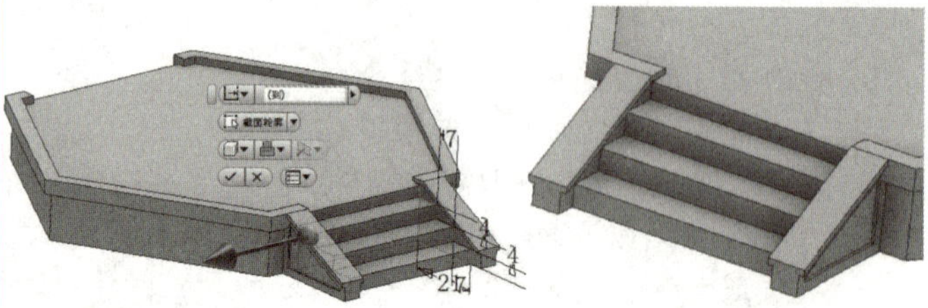

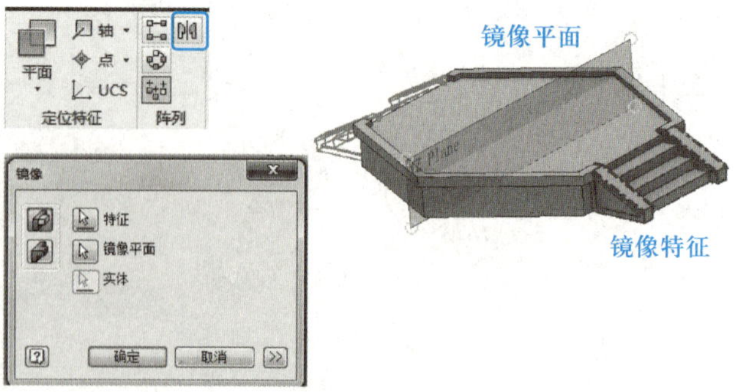

续表

序号	操作文字说明 快捷操作示意	操作演示图示
04	选取实体表面作为草图绘制平面，使用“投影几何图元”命令投影截面轮廓并将线型设置为“构造线”，再利用“偏移”命令绘制如右图所示的矩形草图轮廓	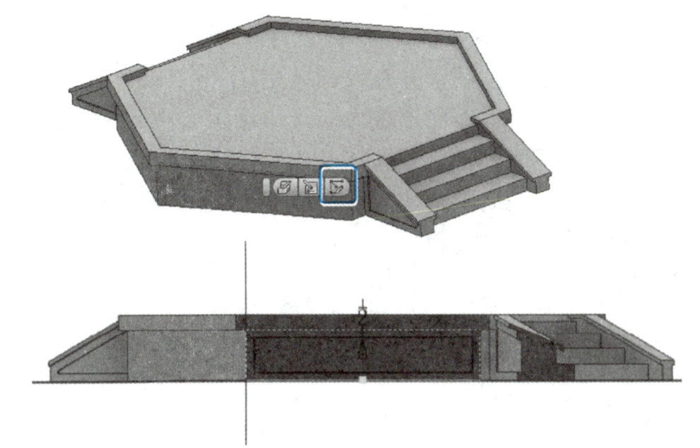
	单击工具面板中“三维模型”选项卡下“创建”面板中的“拉伸”按钮，在绘图区选取矩形草图为截面轮廓，设置拉伸方式为求差，设置深度为 0.5 mm	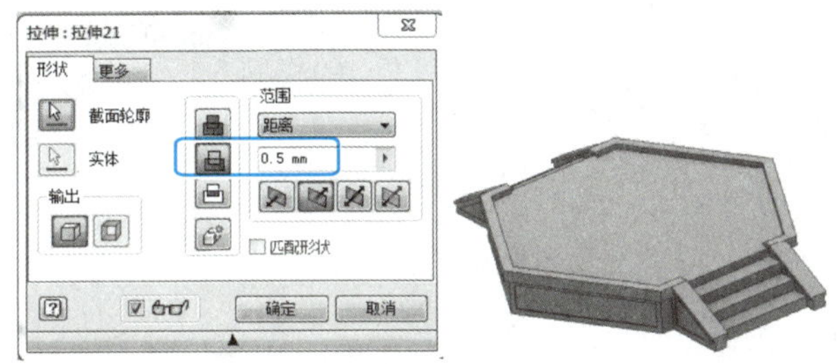
	单击工具面板中“三维模型”选项卡下“阵列”面板中的“镜像”按钮，依次选取需要镜像的特征和镜像平面。单击确定完成操作	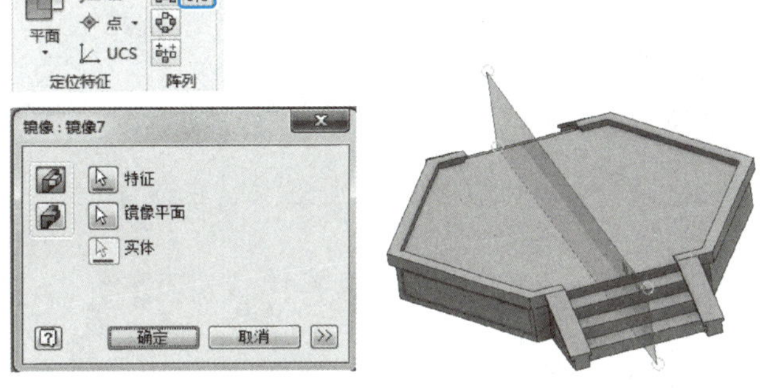
	同理，镜像得到其余两面的特征	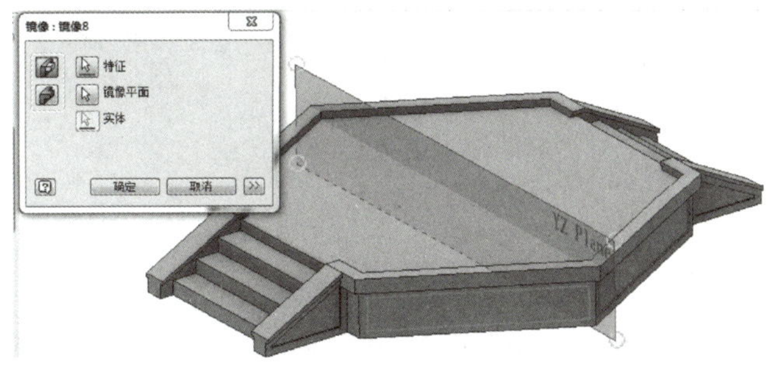

续表

<table>
<tr><th>序号</th><th>操作文字说明
快捷操作示意</th><th>操作演示图示</th></tr>
<tr><td rowspan="4">04</td><td>单击工具面板“开始创建二维草图”按钮，并在绘图区中选取已知实体表面，进入二维草图创建环境。在草图选项卡中单击“矩形”按钮绘制右图轮廓并对尺寸进行全约束</td><td>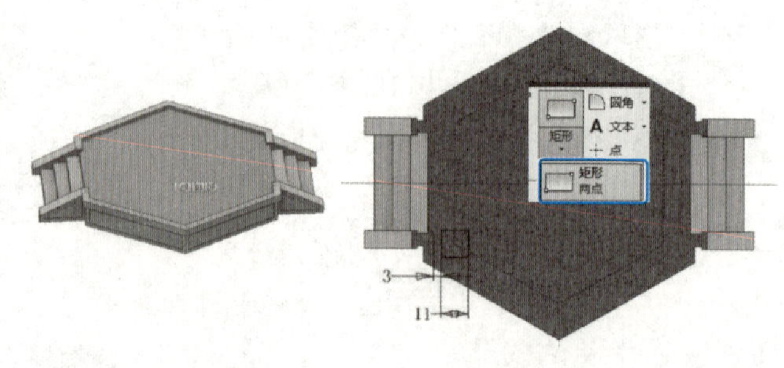</td></tr>
<tr><td>单击工具面板中“三维模型”选项卡下“创建”面板中的“拉伸”按钮，在绘图区选取矩形草图为截面轮廓，拉伸厚度为2 mm</td><td>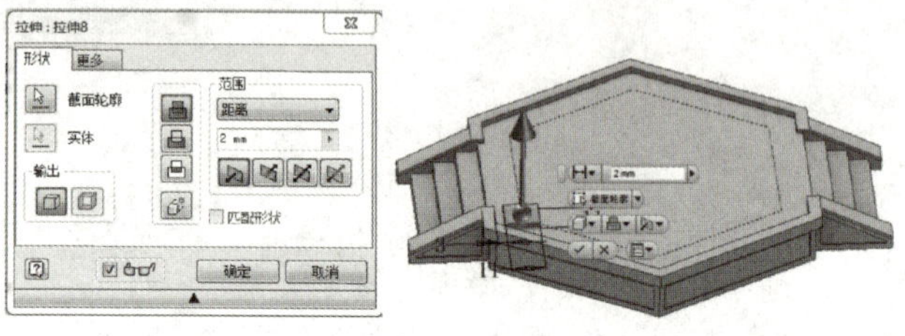</td></tr>
<tr><td>单击工具面板中“三维模型”选项卡下“阵列”面板中的“环形阵列”按钮，在绘图区选取方形拉伸特征为阵列特征。放置个数为6个，方向设定为“固定”模式</td><td>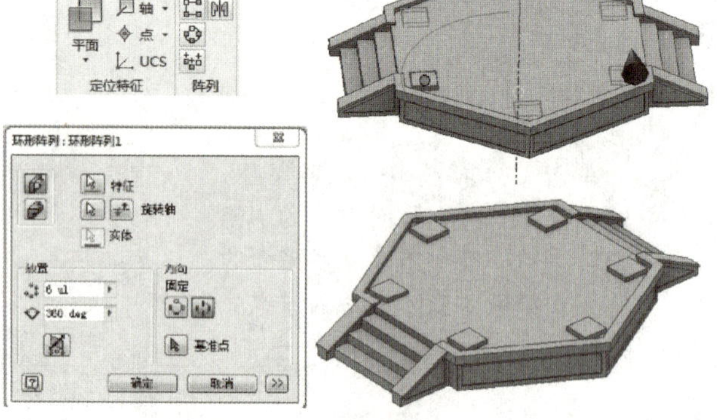</td></tr>
<tr><td>单击工具面板中“三维模型”选项卡下“定位特征”面板中的“平面”按钮，选择“两个平面之间的中间面”这一选项，分别选取方形凸起的第一个面和第二个面求取其中间平面</td><td>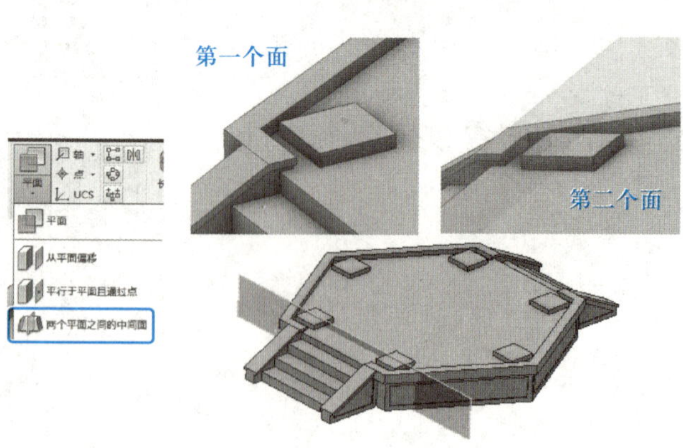</td></tr>
</table>

续表

序号	操作文字说明 快捷操作示意	操作演示图示
04	单击工具面板“开始创建二维草图”按钮，选取上一步创建好的平面作为草图绘制平面。进入二维草图创建环境。在草图选项卡中单击“直线”和“圆弧”按钮绘制右图轮廓并对尺寸进行全约束 单击工具面板中“三维模型”选项卡下“创建”面板中的“旋转”按钮，在绘图区选取矩形草图为截面轮廓，进行整体旋转 单击工具面板中“三维模型”选项卡下“阵列”面板中的“环形阵列”按钮，在绘图区选取需要阵列的特征。放置个数为6个 选取零件表面实体（如右图所示），进入草图绘制环境，利用“投影几何图元”命令投影两圆并将线型设置为构造线，在草图选项卡中单击“三点矩形”命令绘制如右图所示的轮廓	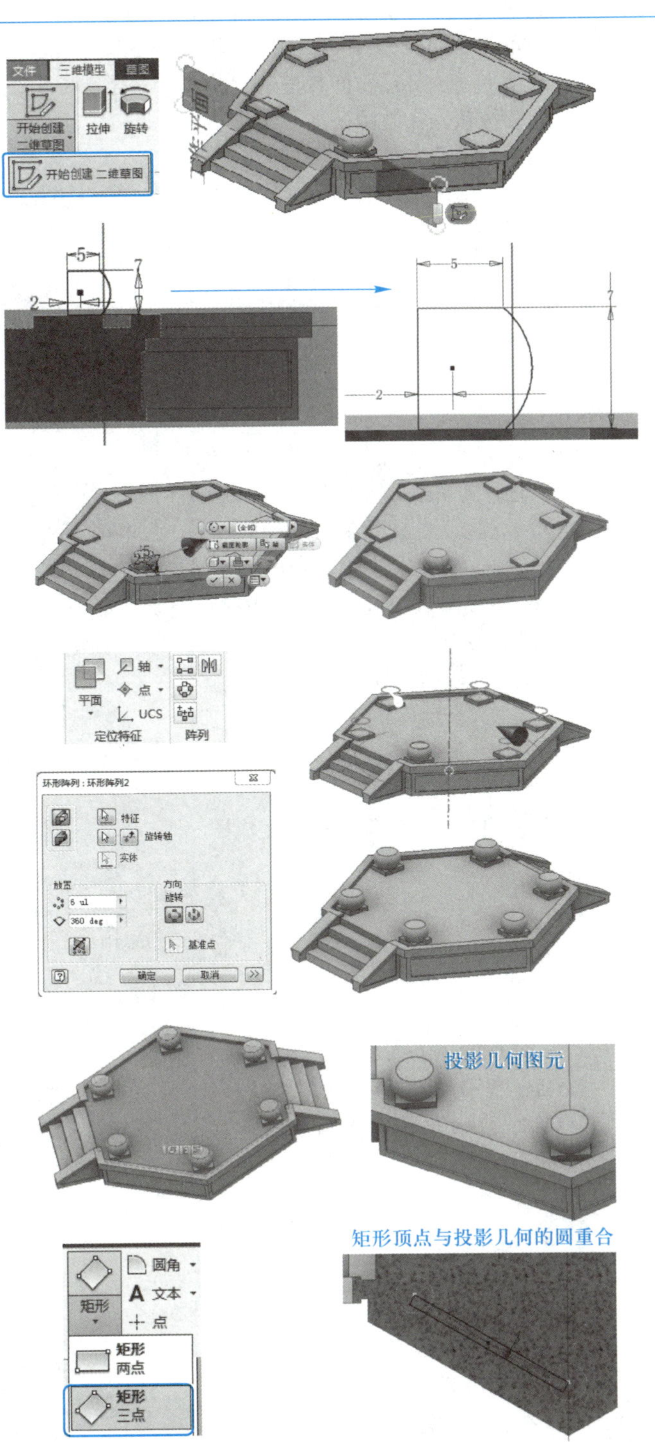

续表

<table>
<tr><th>序号</th><th>操作文字说明
快捷操作示意</th><th>操作演示图示</th></tr>
<tr><td>04</td><td>单击工具面板中“三维模型”选项卡下“创建”面板中的“拉伸”按钮，在绘图区选取矩形草图为截面轮廓拉伸至圆形凸起表面处，使用拉伸输出方式设置为“到”

选取零件表面实体（如右图所示），进入草图绘制环境，按下键盘F7键进入“切片观察”模式，在草图选项卡中单击“矩形”按钮绘制如右图所示的轮廓

使用两次“镜像”命令完成图示操作

选取实体表面作为草图绘制平面，利用草图工具“圆”绘制直径为8 mm的圆，该圆与已知圆同心

拉伸求差
环形阵列
完成底座建模</td><td>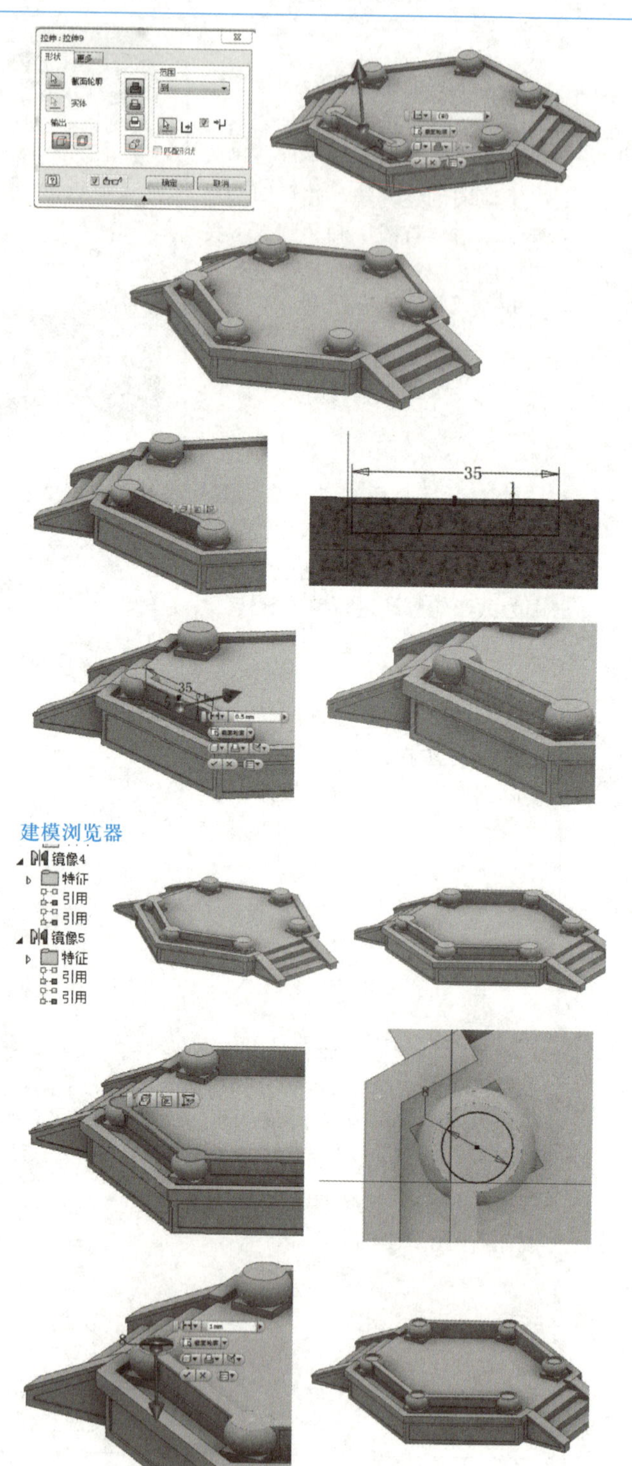
</td></tr>
</table>

续表

序号	操作文字说明 快捷操作示意	操作演示图示
04	**创建檐柱零件** ① 单击工具面板“开始创建二维草图”按钮，并在绘图区中选取已知实体表面，进入二维草图创建环境。在草图选项卡中单击“投影几何图元”命令绘制如右图所示的圆	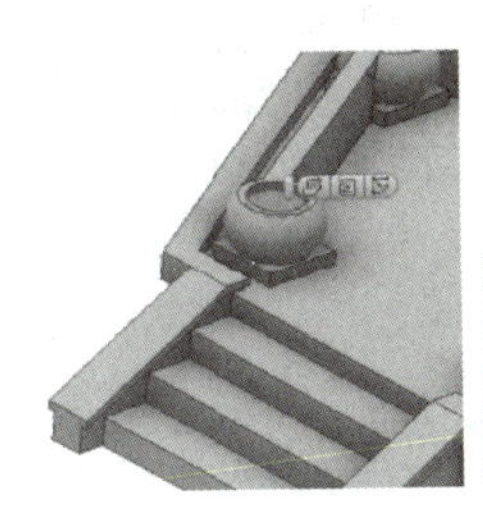 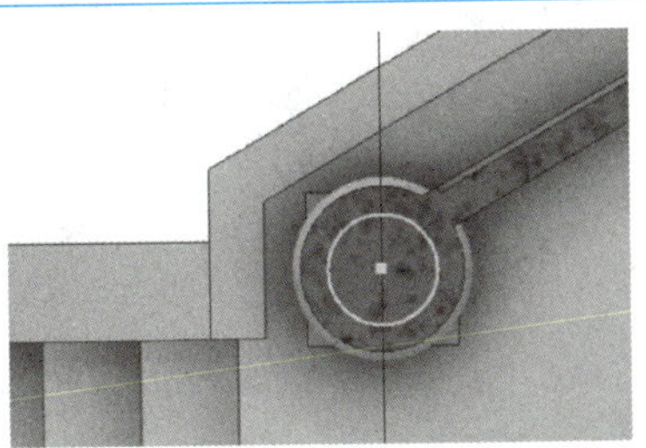
	② 单击工具面板中“三维模型”选项卡下“创建”面板中的“拉伸”按钮，在绘图区选取圆形草图为截面轮廓拉伸高度 61 mm。拉伸输出方式为“新建零件”	 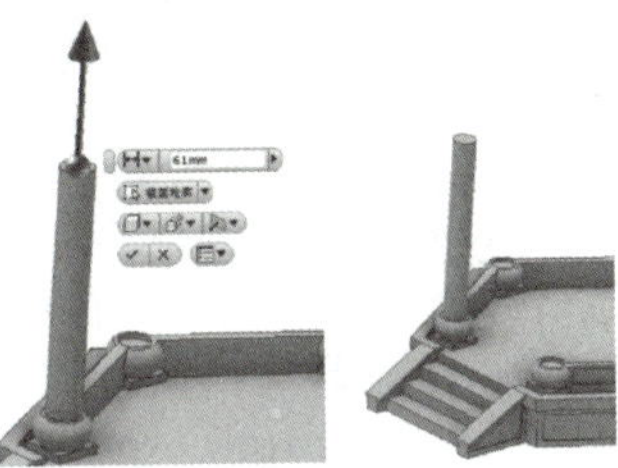
	③ 单击工具面板中“三维模型”选项卡下“阵列”面板中的“环形阵列”按钮。生成六根檐柱零件 参数设置如下： 陈列方式为“陈列实体” 输出方式为“新建零件” 旋转轴为“Z 轴”	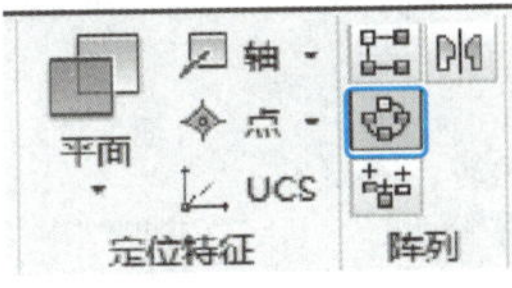 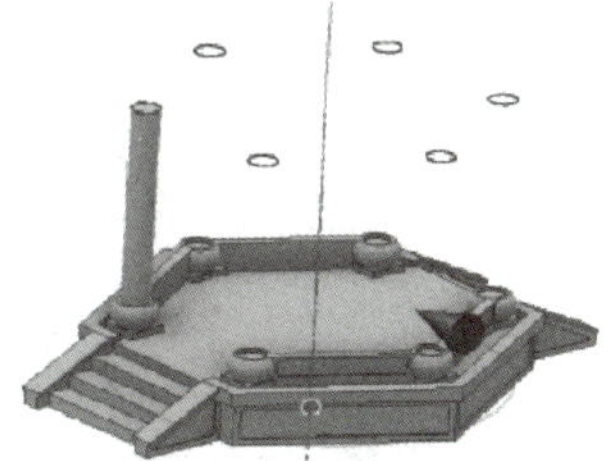 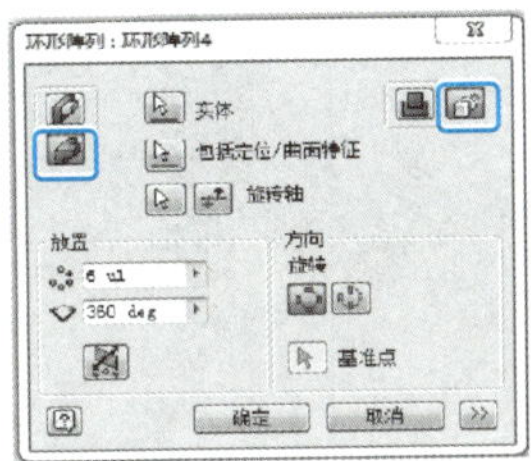 
	创建吊挂楣子零件 单击工具面板“开始创建二维草图”按钮，并在绘图区中选取已知实体表面，进入二维草图创建环境。在草图选项卡中单击“两点中心”按钮绘制如右图所示的草图，并将草图全约束	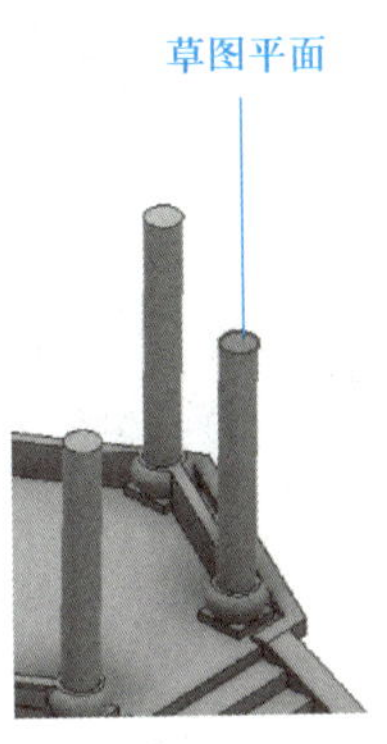 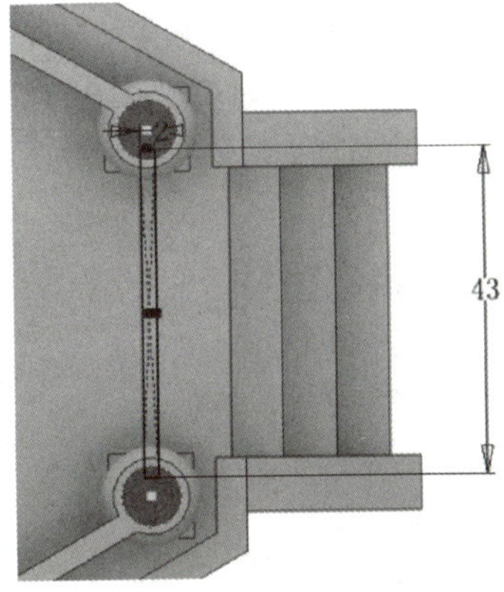

续表

序号	操作文字说明 快捷操作示意	操作演示图示
05	单击工具面板中“三维模型”选项卡下“创建”面板中的“拉伸”按钮，在绘图区选取矩形草图为截面轮廓，拉伸高度 15 mm，拉伸输出方式为“新建零件”	 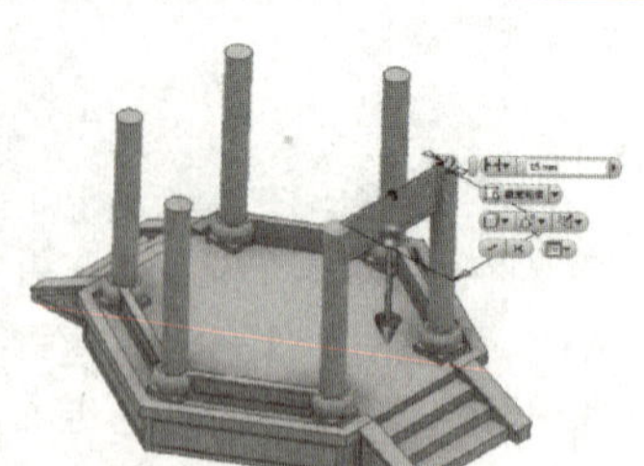
	选取实体表面作为草图绘制平面，在草图选项卡中单击“矩形”命令绘制如右图所示的草图，并将草图全约束	 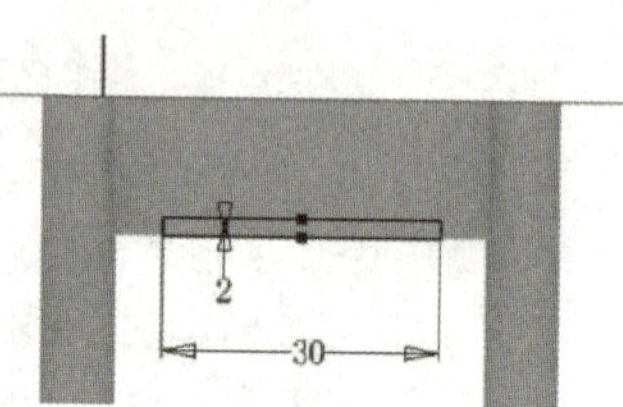
	单击工具面板中“三维模型”选项卡下“创建”面板中的“拉伸”按钮，在绘图区选取矩形草图为截面轮廓进行拉伸贯通设计	 
	选取实体表面作为草图绘制平面，在草图选项卡中单击“矩形”按钮绘制如右图所示的草图，并将草图全约束 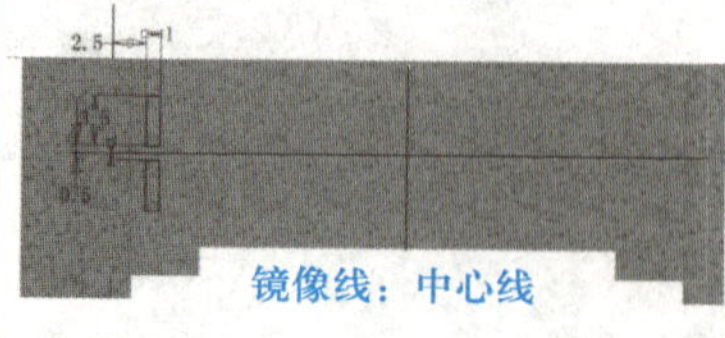	 草图设计要求： ①切口草图左右完全对称 ②矩形宽度均为1mm ③矩形与矩形之间相距均为1mm 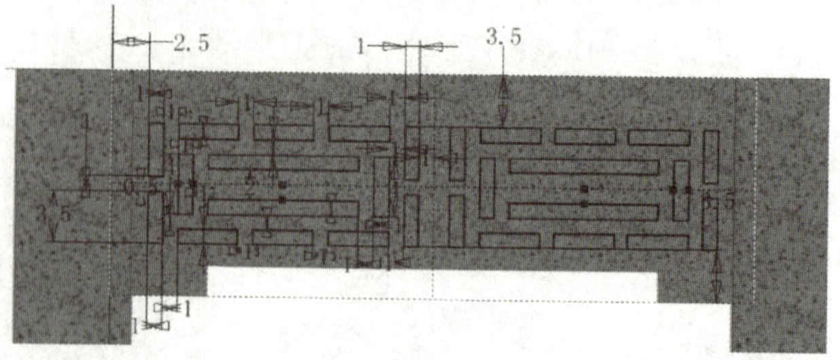

续表

序号	操作文字说明 快捷操作示意	操作演示图示
05	单击工具面板中“三维模型”选项卡下“创建”面板中的“拉伸”按钮，在绘图区选取矩形草图为截面轮廓拉伸切除 40 mm	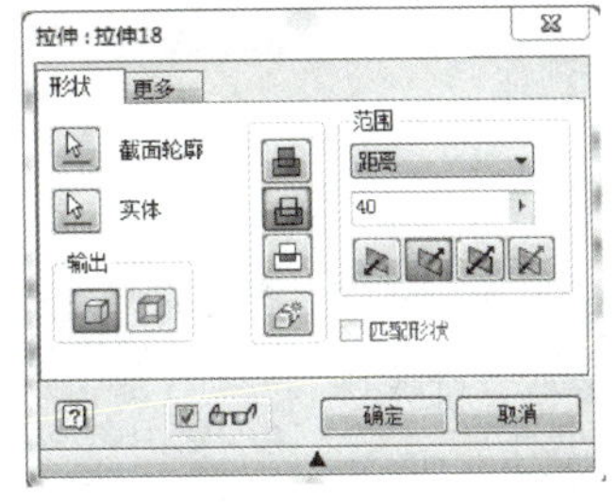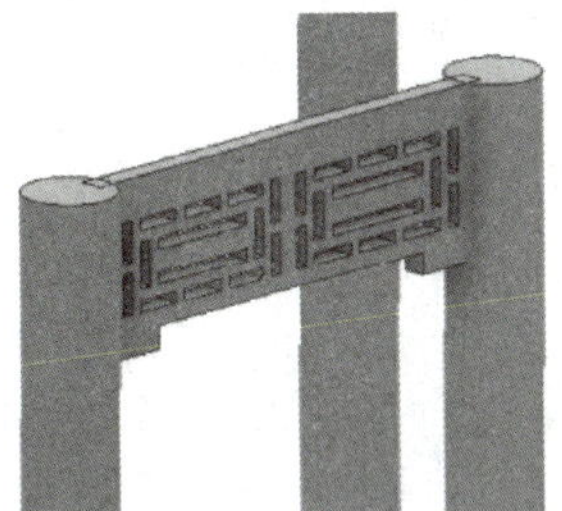
	选取实体表面作为草图绘制平面，在草图选项卡中单击“直线”和“圆弧”按钮绘制如右图所示的草图，并将草图全约束，草图创建过程如右图所示	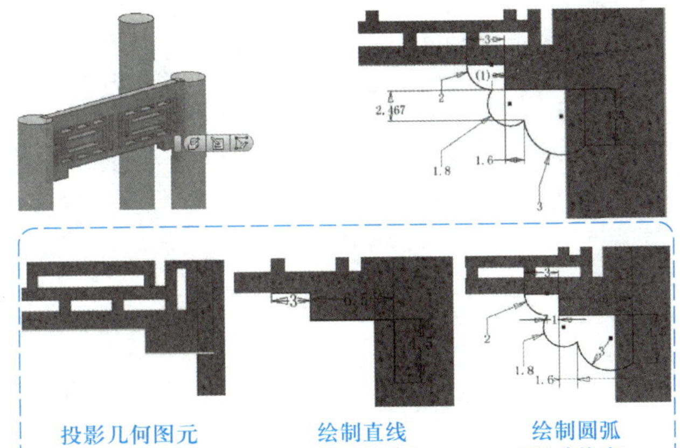
	单击工具面板中“三维模型”选项卡下“创建”面板中的“拉伸”按钮，在绘图区选取上步绘制的草图为截面轮廓拉伸 2 mm	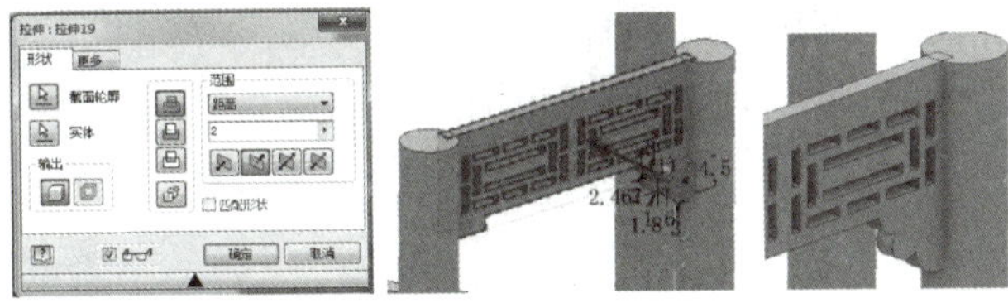
	使用镜像功能完成实体对称设计	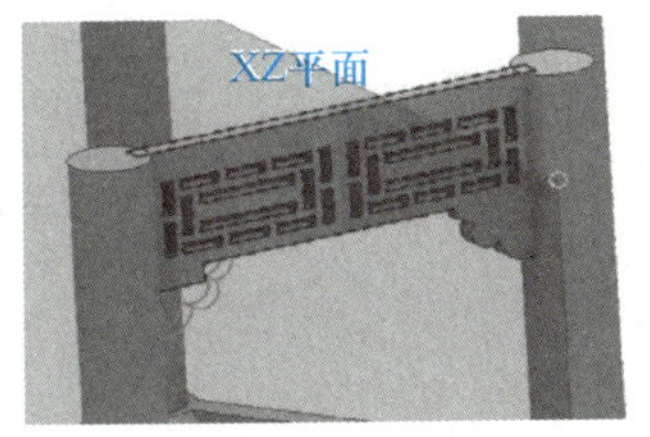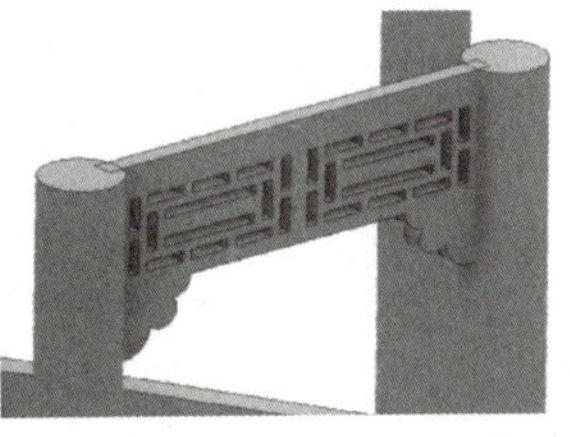

续表

序号	操作文字说明 快捷操作示意	操作演示图示
05	单击工具面板中“三维模型”选项卡下“修改”面板中的“合并”按钮，在绘图区选取基础视图—檐柱，工具体—吊挂楣子，输出方式—求差，勾选保留工具体选项，单击确定完成合并操作 同理，使用合并求差方式得到另一侧 单击工具面板中“三维模型”选项卡下“阵列”面板中的“环形阵列”按钮，生成六块吊挂楣子零件 参数设置如下： 阵列方式为“阵列实体” 输出方式为“新建零件” 旋转轴为“Z 轴”	工具体 基础视图

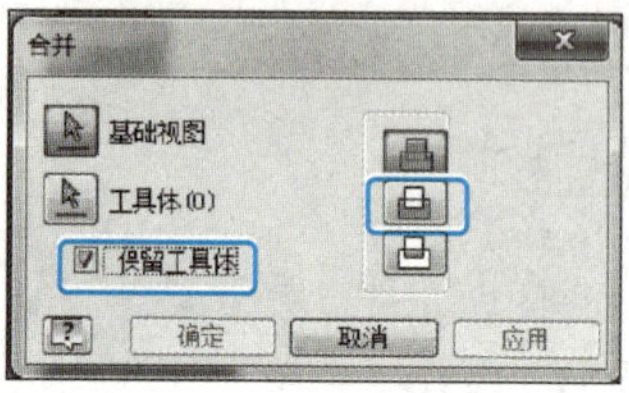

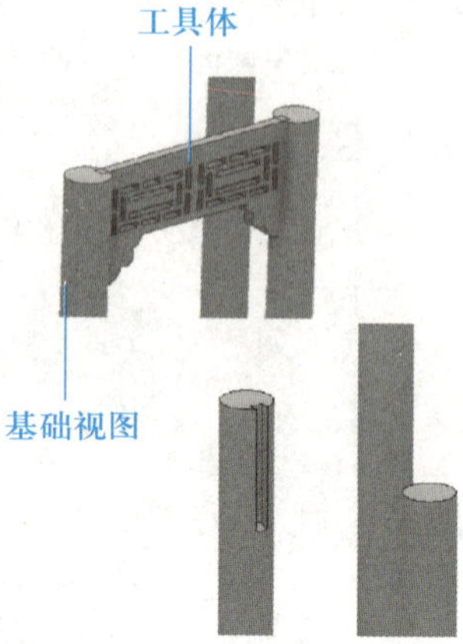

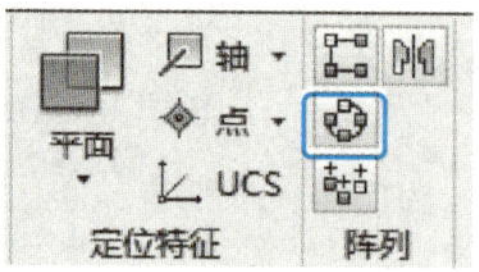

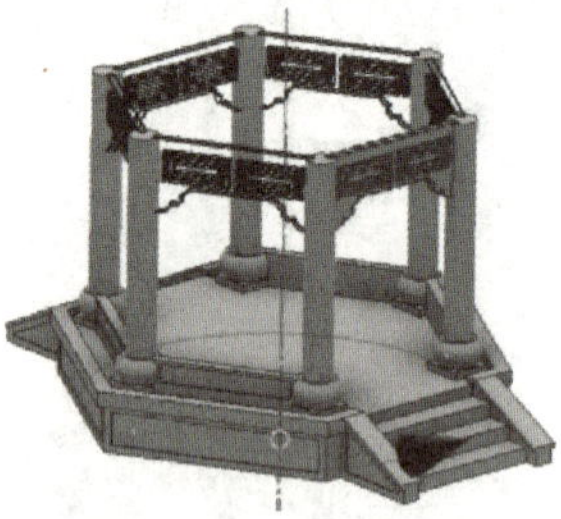

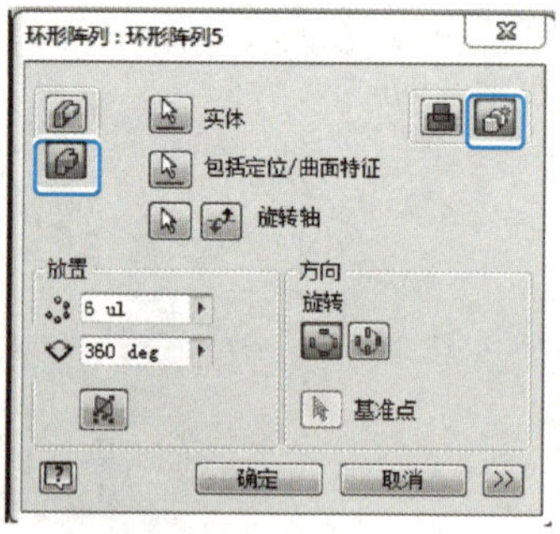

续表

序号	操作文字说明 快捷操作示意	操作演示图示
05	单击工具面板中“三维模型”选项卡下“修改”面板中的“合并”按钮，在绘图区选取基础视图—檐柱，工具体—吊挂楣子，输出方式—求差，勾选保留工具体选项，合并求差操作连续使用10次即可完成每个檐柱与吊挂楣子的正确装配关系	浏览器：合并5、合并6、合并7、合并8、合并9、合并10、合并11、合并12、合并13、合并14；合并完成；吊挂楣子；檐柱；底座
06	**创建顶部与雷公柱零件** 选取檐柱实体表面作为草图平面，在草图选项卡中单击“矩形”下拉菜单下的“多边形”按钮绘制如右图所示的正六边形草图，并将草图全约束 单击工具面板中“三维模型”选项卡下“创建”面板中的“拉伸”按钮，在绘图区选取上步绘制的六边形草图为截面轮廓拉伸2 mm。输出方式为“新建零件”	草图平面 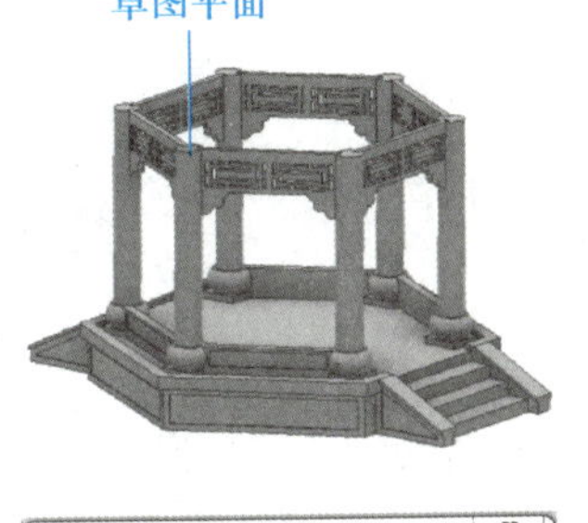 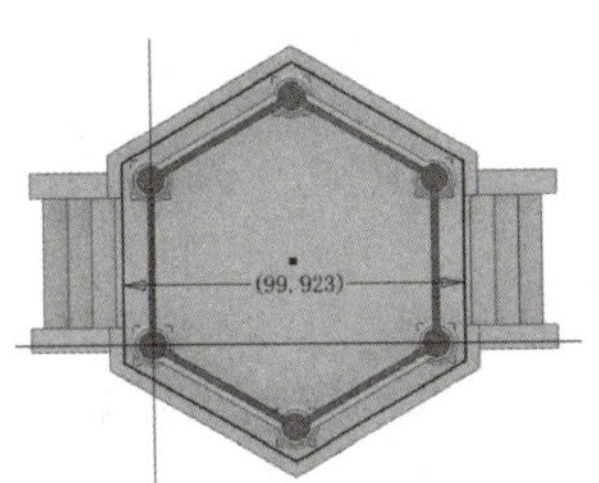 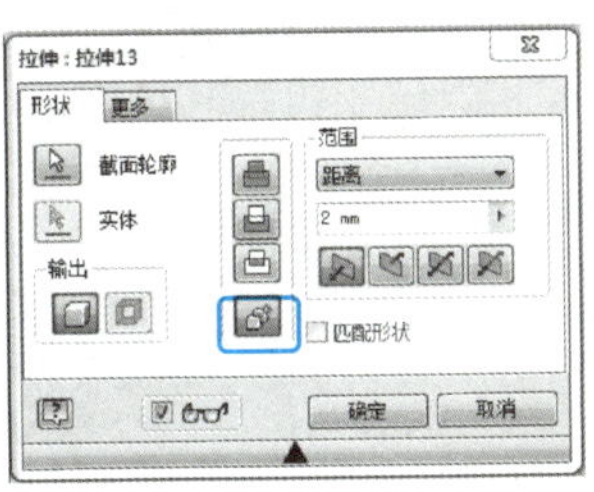 

续表

序号	操作文字说明 快捷操作示意	操作演示图示
	在原始坐标系中选取YZ平面作为草图绘制平面，进入草图绘制环境后，在草图选项卡中单击“直线”和“圆弧”按钮，绘制如右图所示的草图，并将草图全约束	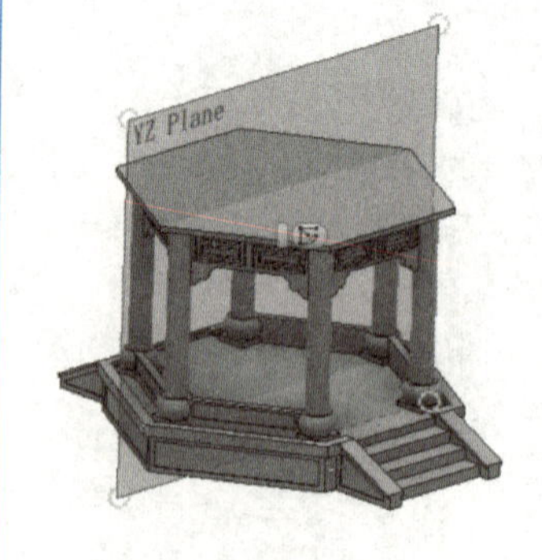 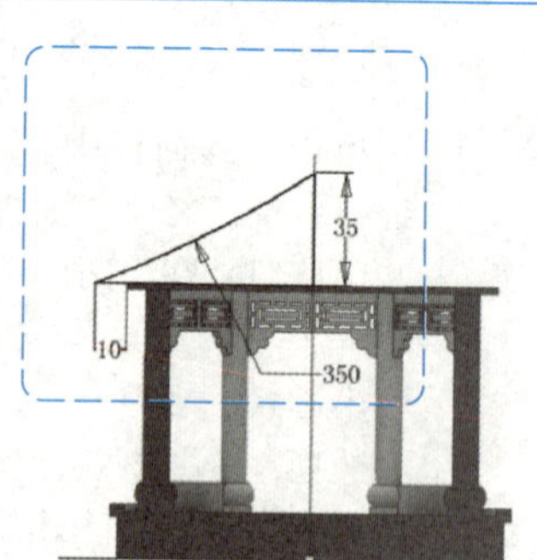
06	单击工具面板中“三维模型”选项卡下“曲面”面板中的“面片”按钮，在弹出的边界嵌片对话框中勾选“自动链选边”之后在绘图区选择上一步绘制的草图轮廓，就实现了从封闭线条轮廓到曲面的创建	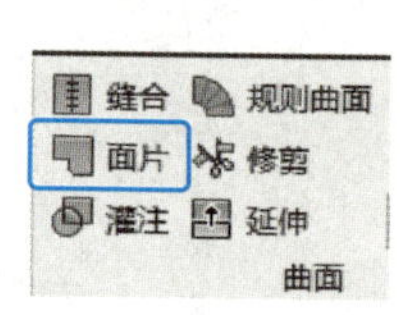  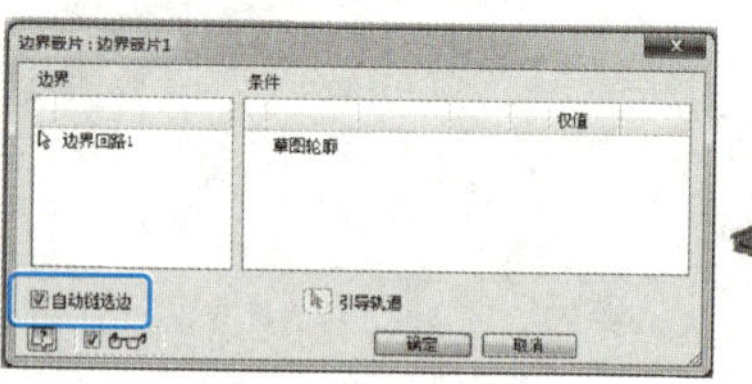 
	单击工具面板中“三维模型”选项卡下“阵列”面板中的“环形阵列”按钮，在弹出的环形阵列对话框中选取绘图区曲面作为阵列对象，选取原始坐标系中的Z轴作为旋转轴，尤其注意放置区的设置，具体参数如下： 个数为“2” 角度范围为“60”	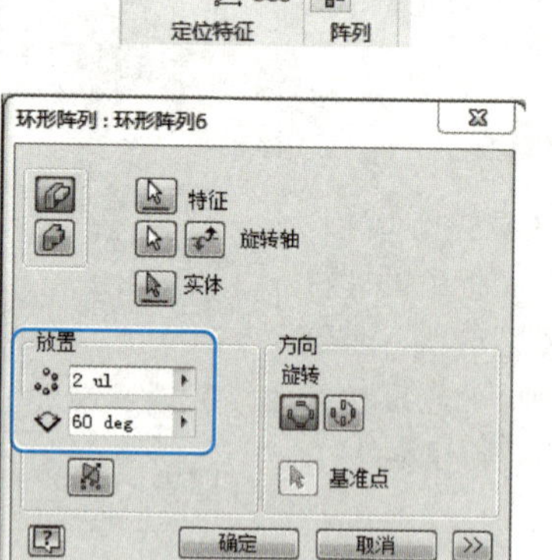 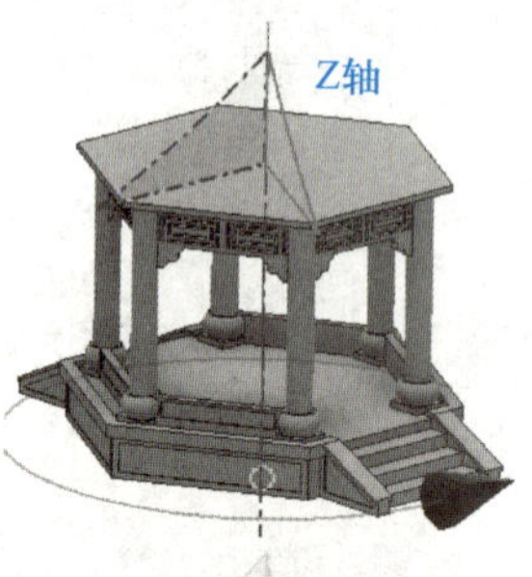 

续表

<table>
<tr><th>序号</th><th>操作文字说明
快捷操作示意</th><th>操作演示图示</th></tr>
<tr><td rowspan="3">06</td><td>单击“开始创建三维草图”按钮，进入三维草图绘制环境后，单击“直线”按钮，分别选取端点1和端点2绘制一条三维直线</td><td>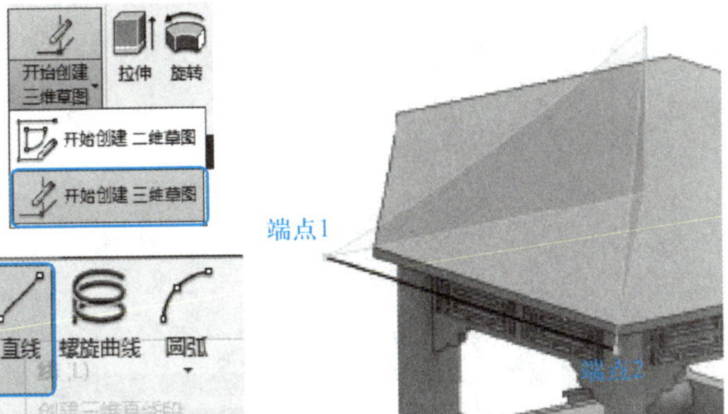</td></tr>
<tr><td>单击工具面板中“三维模型”选项卡下“曲面”面板中的“面片”按钮，在绘图区选择直线1、2、3生成一张边界嵌片曲面。同理，使用“面片”按钮，在绘图区选择两条弧线4、5和直线2生成一张边界嵌片曲面</td><td>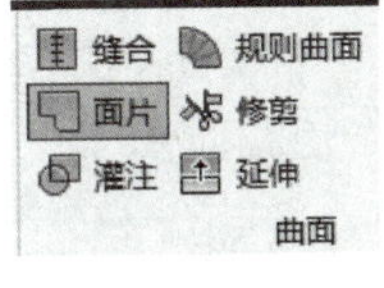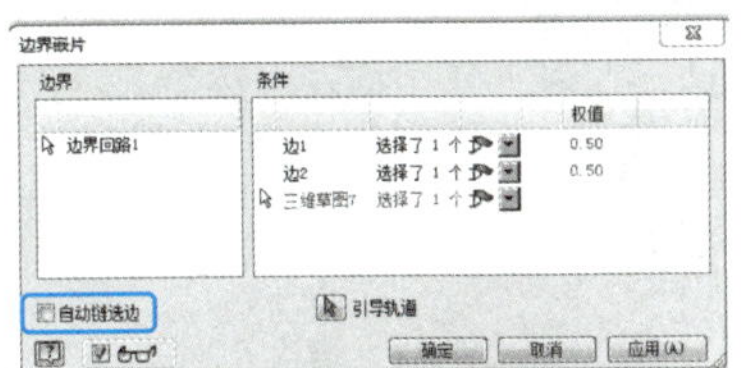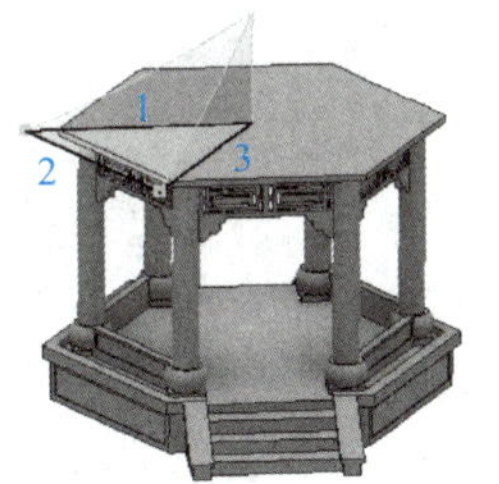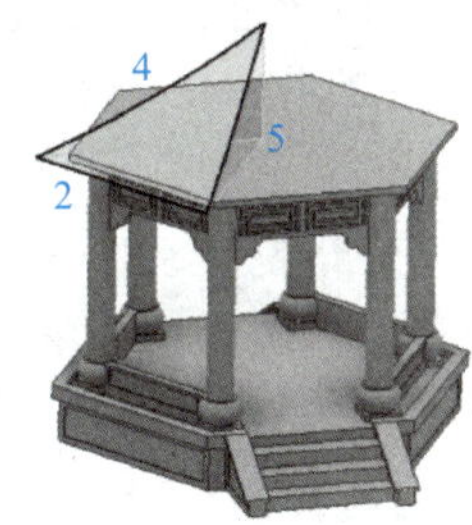</td></tr>
<tr><td>单击工具面板中“三维模型”选项卡下“曲面”面板中的“缝合”按钮，在绘图区框选所有曲面，单击“应用”后自动生成实体零件</td><td>曲面缝合后生成实体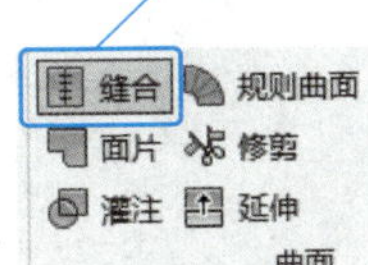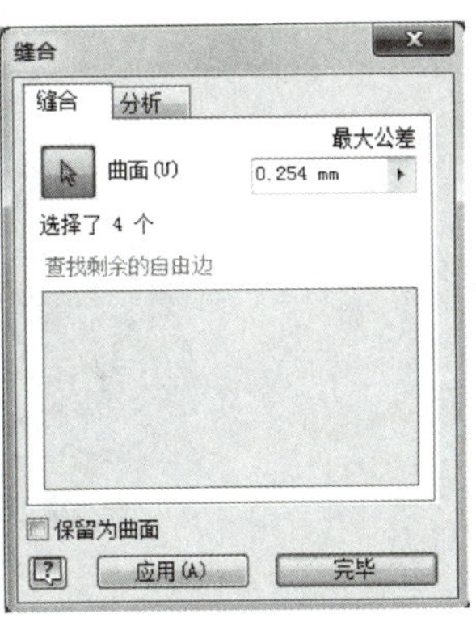</td></tr>
</table>

续表

序号	操作文字说明 快捷操作示意	操作演示图示
	单击工具面板中“三维模型”选项卡下“阵列”面板中的“环形阵列”按钮 参数设置如下： 阵列对象为“阵列实体” 个数为“6” 角度范围为“360” 输出方式为“求和”	
06	单击工具面板中“三维模型”选项卡下“修改”面板中的“合并”按钮。在绘图区选取实体 1 和实体 2，将两者进行求和操作	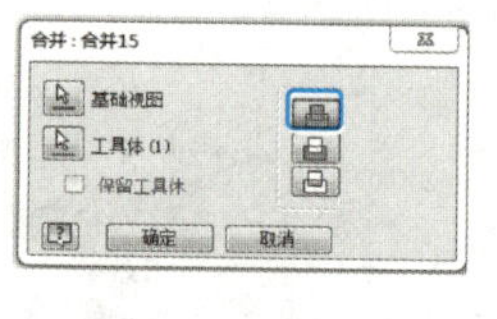 
	单击工具面板中“三维模型”选项卡下“定位特征”面板中的“平面”按钮。在绘图区依次选择点 1、点 2、点 3 自动生成一张平面	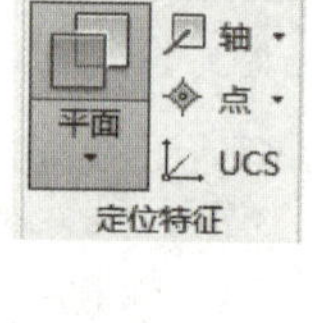 
	单击工具面板“开始创建二维草图”按钮，并在绘图区中选择上一步创建的辅助平面，进入二维草图创建环境。使用“投影几何图元”命令绘制正六边形	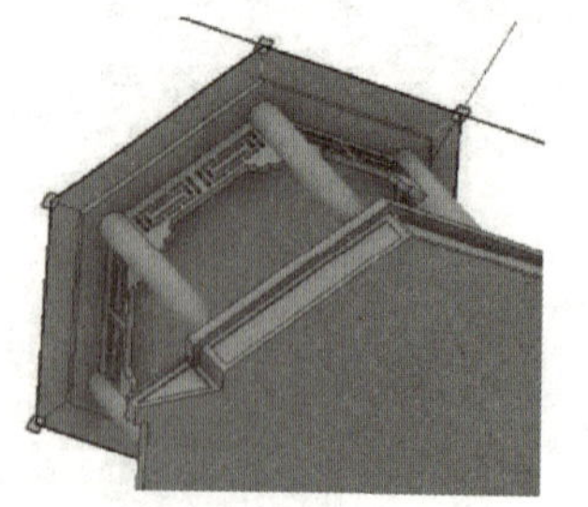 

续表

<table>
<tr><th>序号</th><th>操作文字说明
快捷操作示意</th><th>操作演示图示</th></tr>
<tr><td rowspan="4">06</td><td>单击工具面板中“三维模型”选项卡下“创建”面板中的“拉伸”按钮，将正六边形拉伸 0.5 mm</td><td rowspan="4">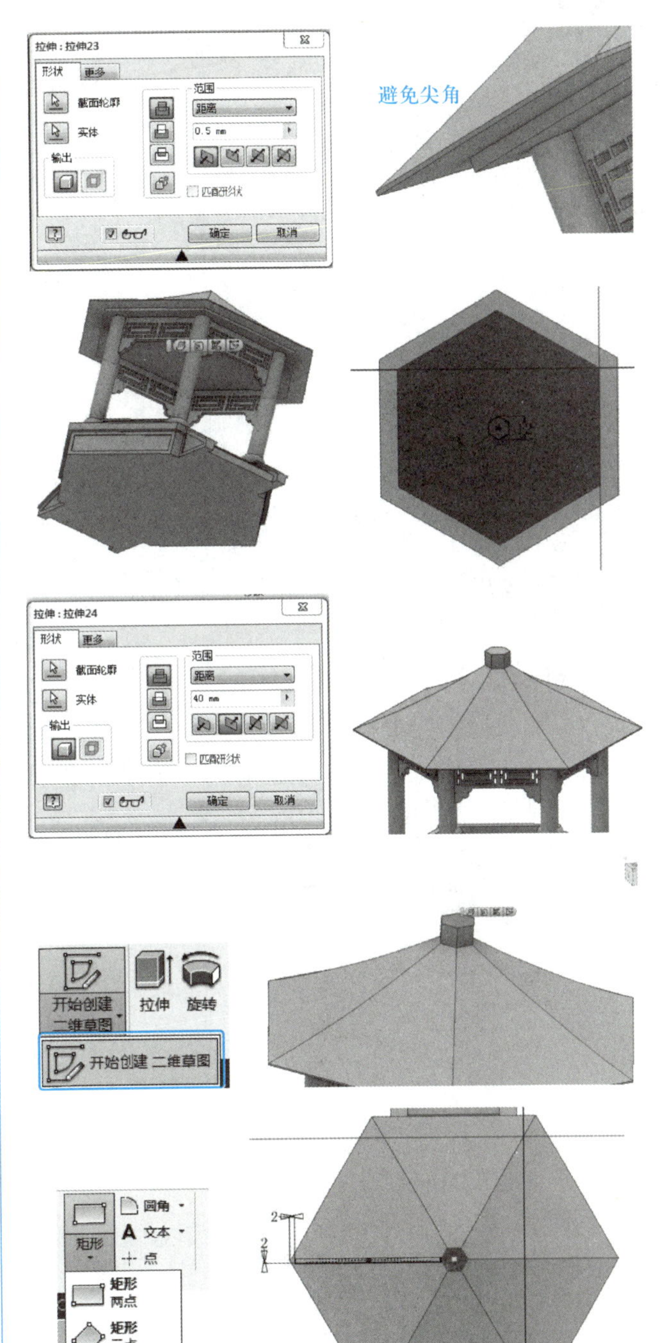
</td></tr>
<tr><td>选取顶部零件底面作为草图绘制平面，在草图选项卡中单击“多边形”命令，以原始原点为多边形中心绘制一个边长为 6 mm 的正六边形</td></tr>
<tr><td>单击工具面板中“三维模型”选项卡下“创建”面板中的“拉伸”按钮，将正六边形拉伸 40 mm</td></tr>
<tr><td>单击工具面板“开始创建二维草图”按钮，并在绘图区中选择实体表面，进入二维草图创建环境

在草图选项卡中单击“两点矩形”按钮，绘制如右图所示的草图轮廓并进行草图全约束</td></tr>
</table>

续表

序号	操作文字说明 快捷操作示意	操作演示图示
06	单击工具面板中“三维模型”选项卡下“创建”面板中的“拉伸”按钮，选取矩形草图并将拉伸方式设定为“到”，如右图所示	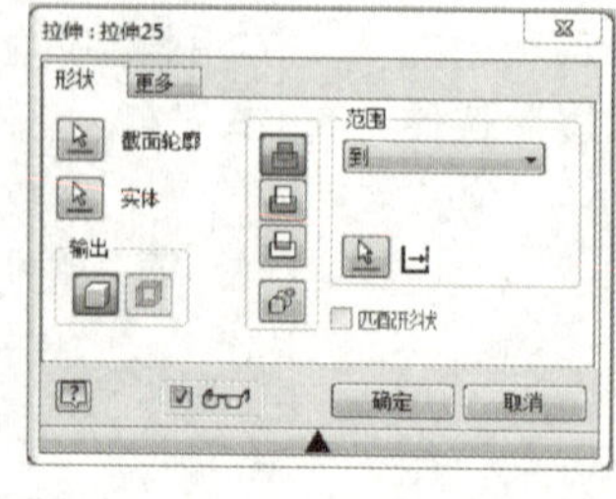 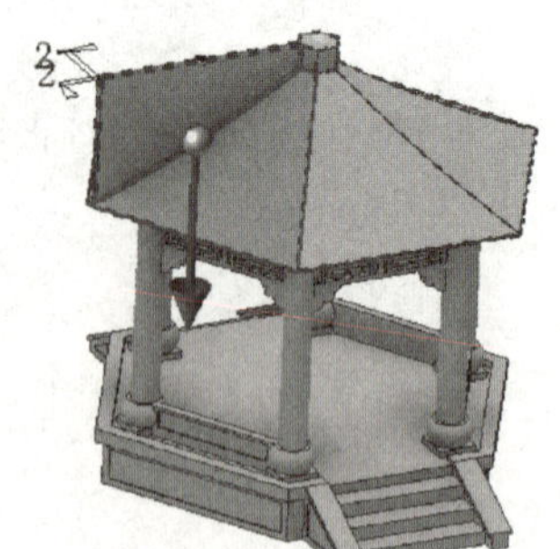
	单击工具面板“开始创建二维草图”按钮，并在绘图区中选择实体表面，进入二维草图创建环境。使用“直线”和“圆弧”绘制如右图所示的草图轮廓。注意尺寸的约束和定位	 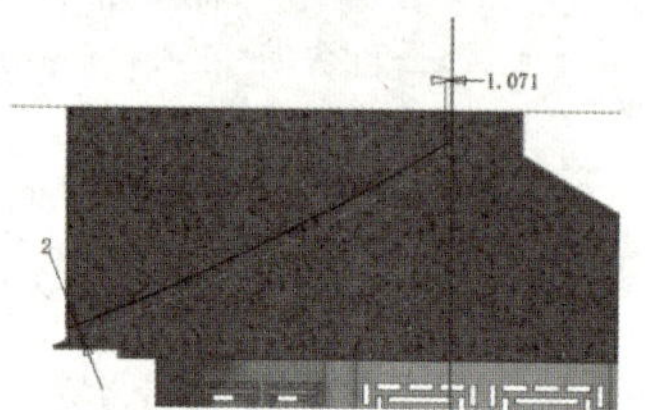
	单击工具面板中“三维模型”选项卡下“创建”面板中的“拉伸”按钮，选取草图拉伸，距离设定为 80 mm，进行求差操作	 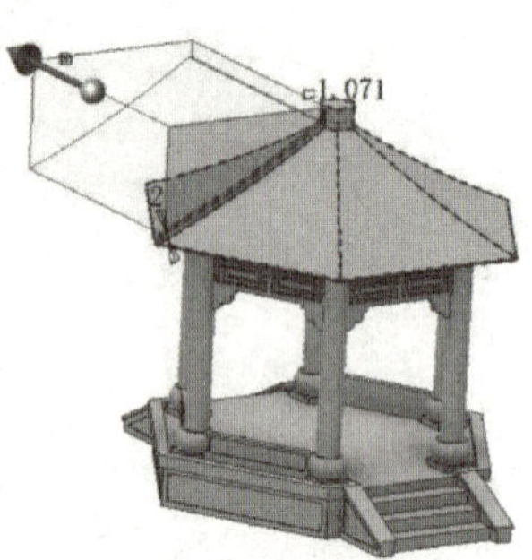
	单击工具面板“开始创建二维草图”按钮，并在绘图区中选择实体表面，进入二维草图创建环境。使用“圆”命令绘制一个直径为 3 mm 的圆，圆心在直线的中点处	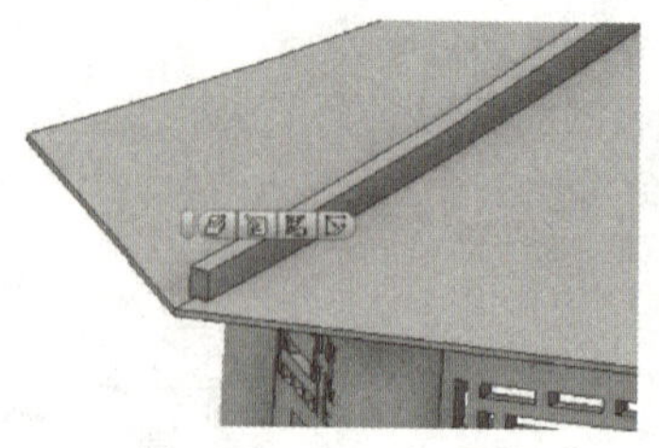 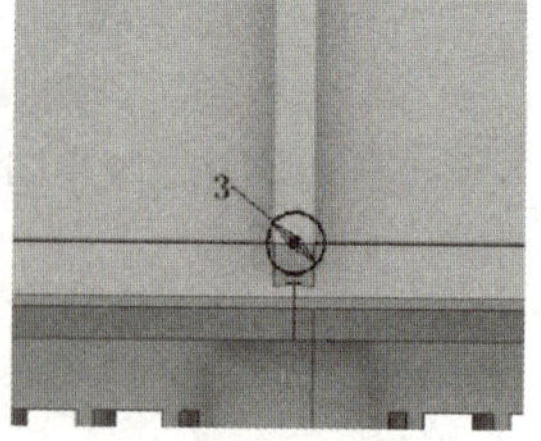

续表

序号	操作文字说明 快捷操作示意	操作演示图示
06	单击工具面板中“三维模型”选项卡下“创建”面板中的“扫掠”按钮，截面轮廓选择直径为3 mm的圆，路径选择实体表面的弧线。单击确定完成扫掠设计	  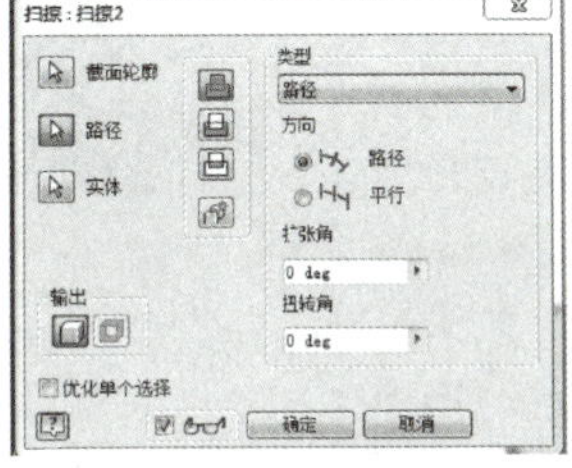 
	使用拉伸命令设计镂空部分的实体	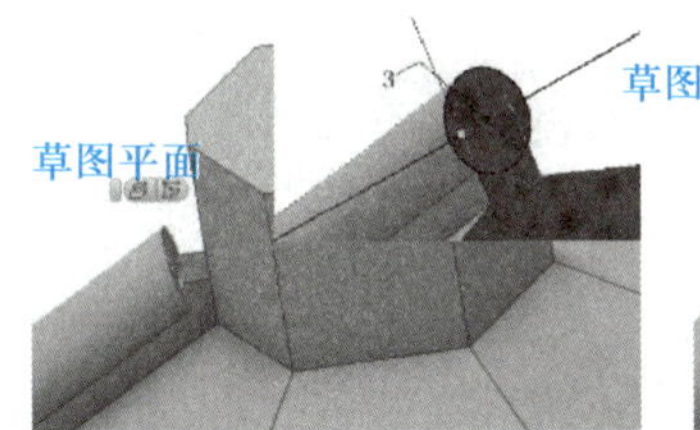 
	使用拉伸命令设计凸檐部分的实体	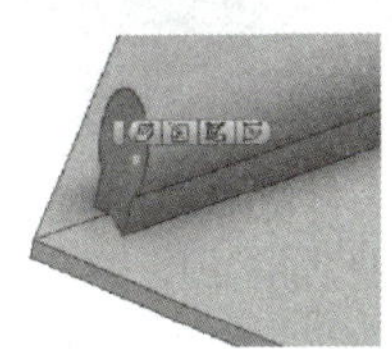 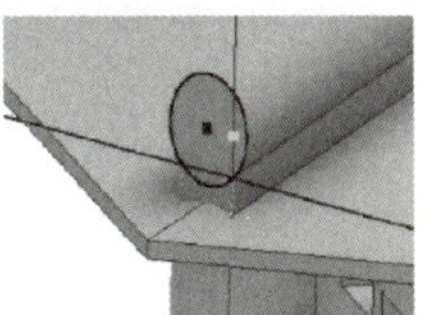 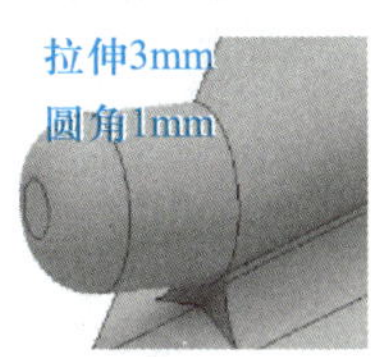
	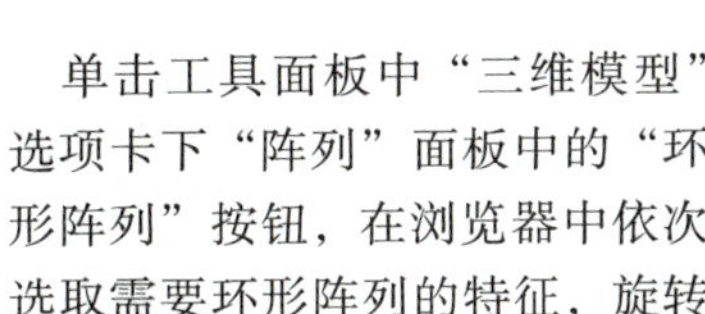 单击工具面板中“三维模型”选项卡下“阵列”面板中的“环形阵列”按钮，在浏览器中依次选取需要环形阵列的特征，旋转轴设定为Z轴，阵列个数为6个	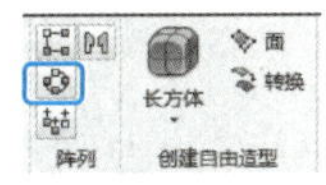 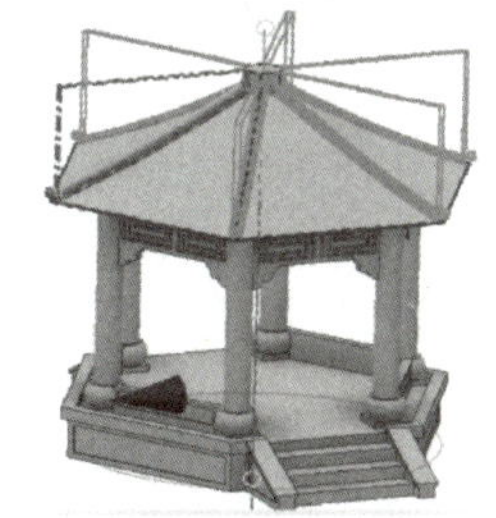 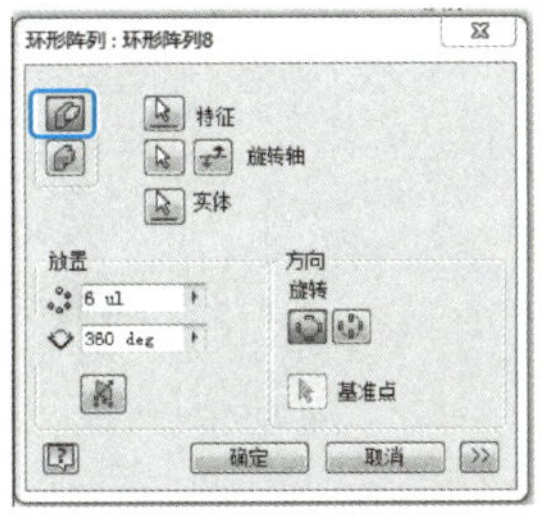 

续表

序号	操作文字说明 快捷操作示意	操作演示图示
06	选取顶部零件实体表面作为草图绘制平面，在草图选项卡中单击“多边形”按钮，以原始原点为多边形中心绘制一个对边距离为5 mm的正六边形，并将该草图拉伸4 mm 单击“平面”按钮，将右图实体表面平面向下偏移2 mm。在创建的辅助工作平面上绘制直径为15 mm的圆，并对该圆拉伸5 mm 单击工具面板中“修改”选项卡下“阵列”面板中的“合并”按钮，依右图提示进行合并求差的操作。最终使得基础视图的实体和工具体实体进行有效配合 选择原始坐标系中的XZ平面作为草图绘制平面，在草图选项卡中单击“直线”按钮，依次按照草图轮廓绘制提示完成如右图所示的草图的绘制	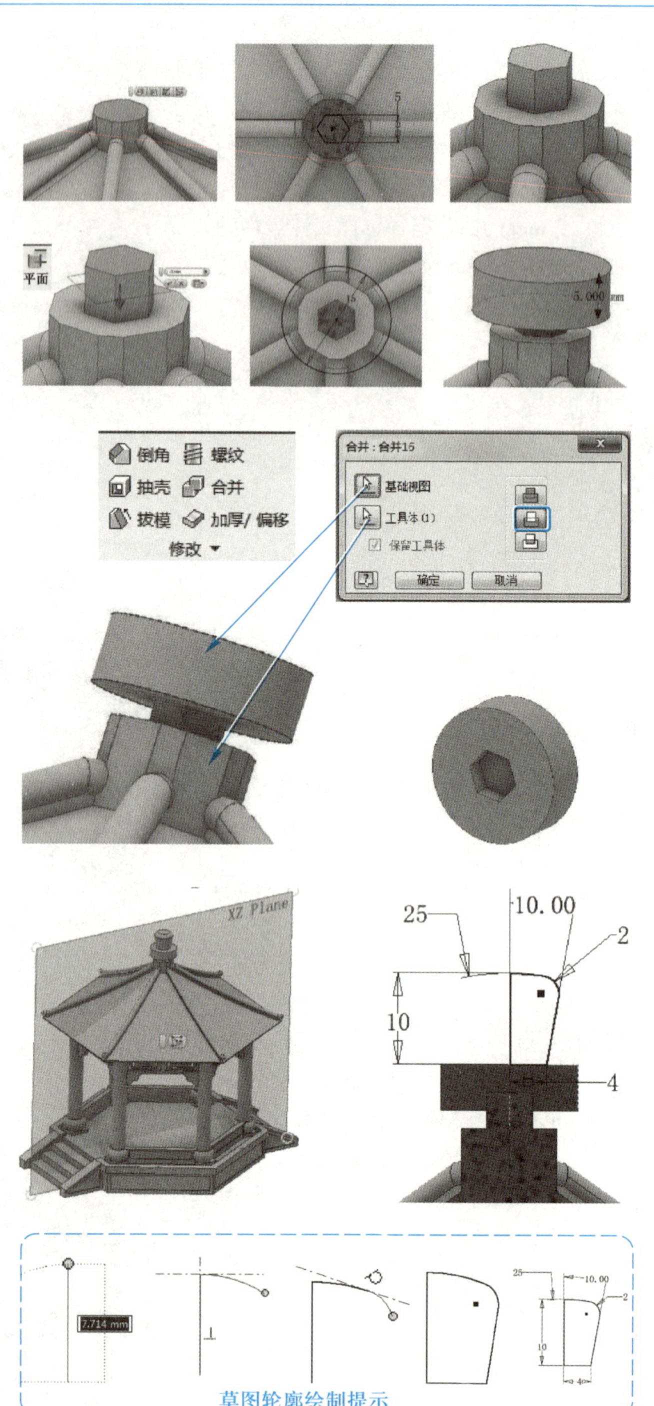 草图轮廓绘制提示

续表

序号	操作文字说明 快捷操作示意	操作演示图示
06	单击工具面板中“三维模型”选项卡下“创建”面板中的“旋转”按钮，选中绘图区的草图，进行旋转一周的操作	 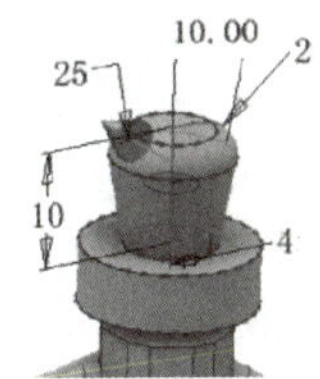 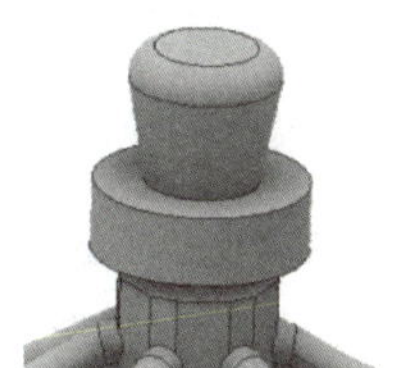
	选择雷公柱实体表面作为草图绘制平面，使用“圆”命令绘制直径为 2 mm 的圆	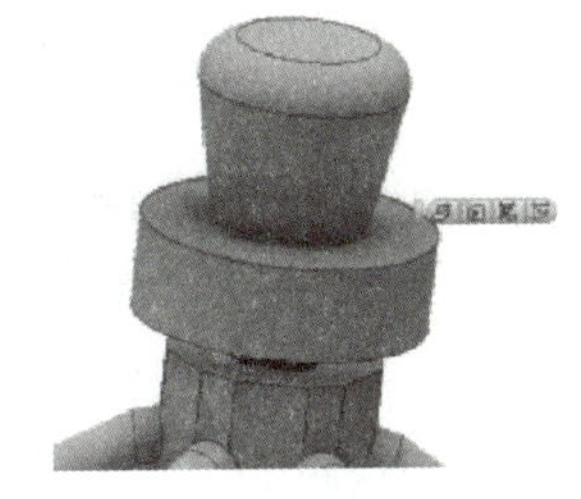 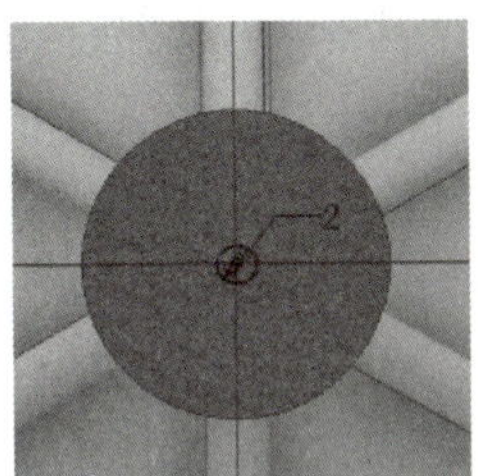
	单击工具面板中“三维模型”选项卡下“创建”面板中的“拉伸”按钮，将直径为 2 mm 的圆拉伸 30 mm，并对头部倒圆角 1 mm，如右图所示	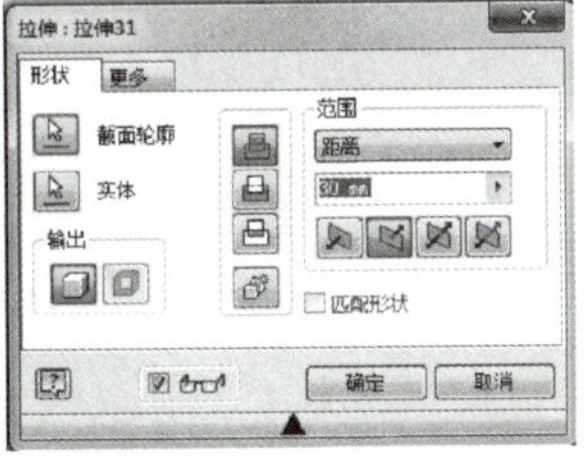 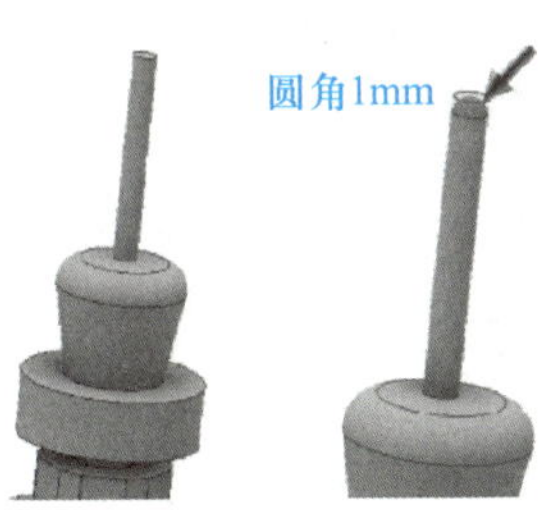
	对圆柱体上下边都进行圆角 2.5 mm 的设计	 

续表

序号	操作文字说明 快捷操作示意	操作演示图示
	单击工具面板中“三维模型”选项卡下“修改”面板中的“加厚/偏移”按钮，在弹出的对话框中，选取绘图区顶部外表面，设置偏移距离为 2 mm，生成一张距离原始曲面为 2 mm 的新曲面，如右图所示。这种方法在工业产品设计中常常被使用	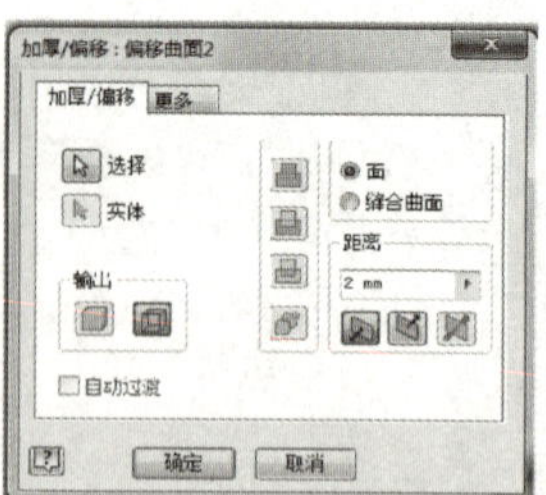
06	选取绘图区实体表面作为草图绘制平面，在草图选项卡中单击“两点矩形”按钮绘制草图轮廓如右图所示	草图尺寸如下 矩形宽度：2mm 距离左端面：2mm 两矩形相距：5mm 角度大小：29.5mm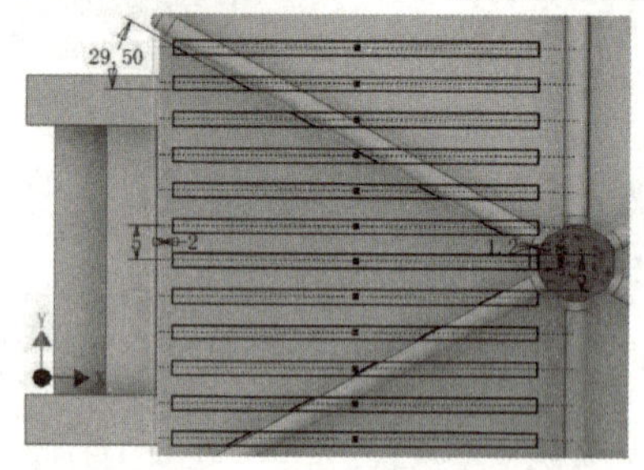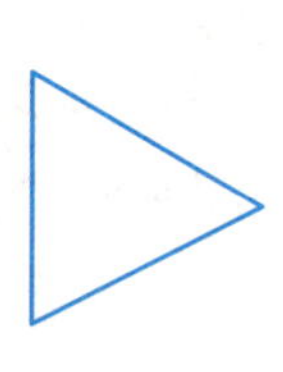草图类似轮廓
	单击工具面板中“三维模型”选项卡下“创建”面板中的“拉伸”按钮，在弹出的拉伸对话框中选取绘图区的草图作为截面轮廓，范围设置为“介于两面之间”，如右图所示	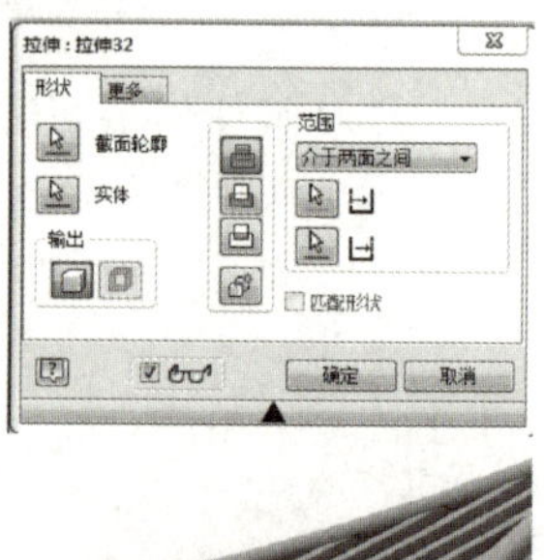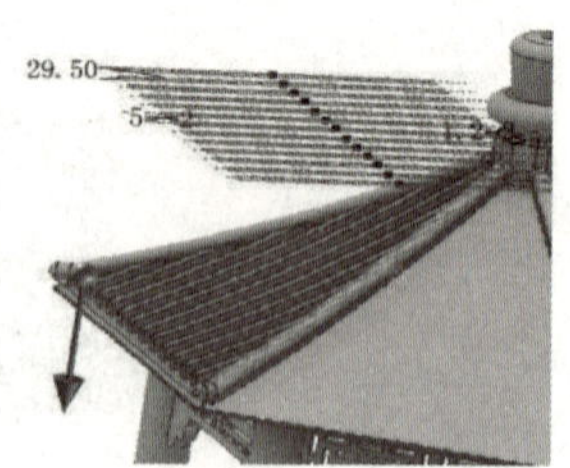

续表

序号	操作文字说明 快捷操作示意	操作演示图示
06	单击工具面板中“三维模型”选项卡下“修改”面板中的“圆角”按钮，在弹出的对话框中单击“全圆角”设置，依次单击侧面集1、中心面集和侧面集2。依据这个方法依次进行全圆角设计 单击工具面板中“三维模型”选项卡下“阵列”面板中的“环形阵列”按钮，依次选取浏览器中的拉伸和所有圆角作为环形阵列对象，旋转轴为Z轴，阵列个数为6个，单击确定完成操作 顶部和雷公柱的所有特征均设计完成	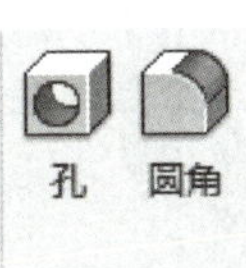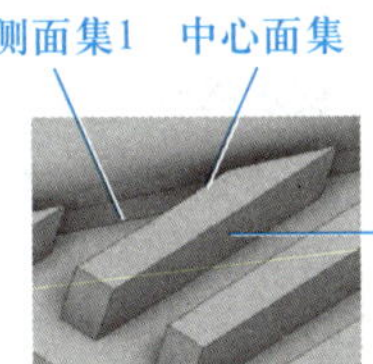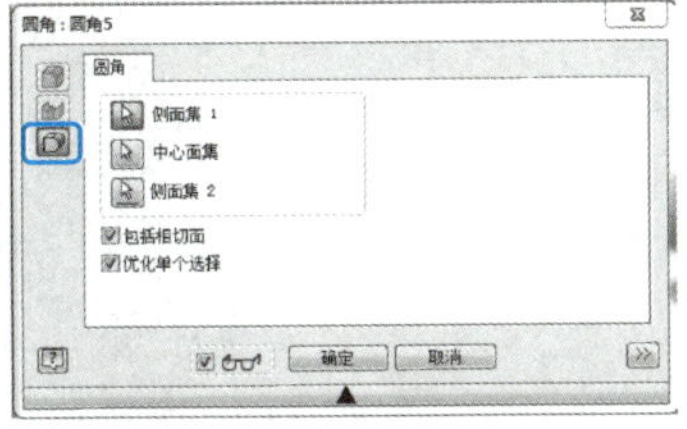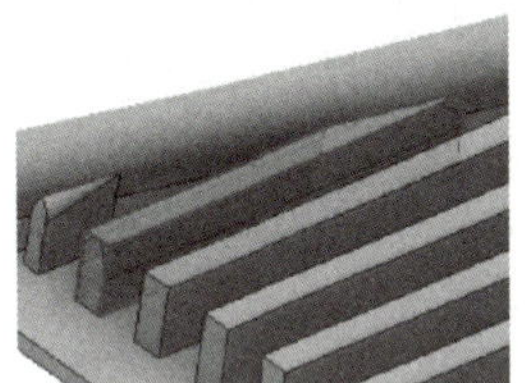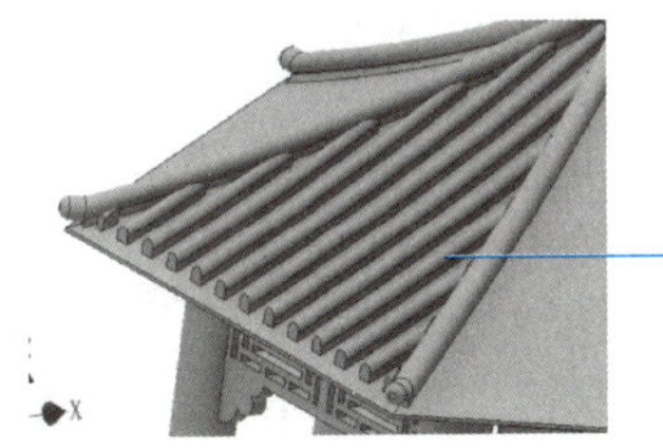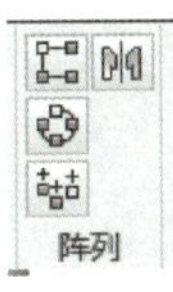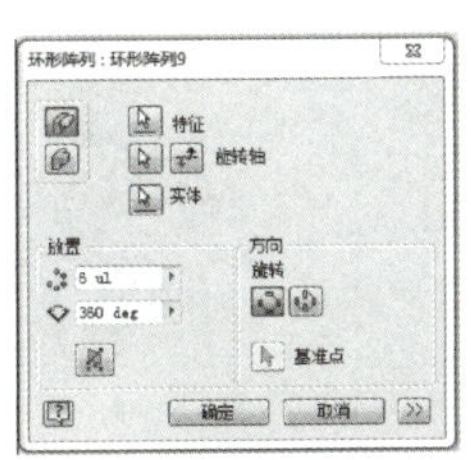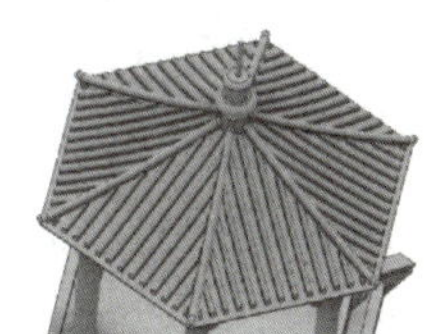

续表

<table>
<tr><th>序号</th><th>操作文字说明
快捷操作示意</th><th>操作演示图示</th></tr>
<tr><td></td><td>创建凳子零件
选择右图零件实体表面，
在弹出的快捷菜单中单击 进入草图绘制环境，在草图选项卡中单击“矩形”按钮绘制如右图所示的草图轮廓</td><td>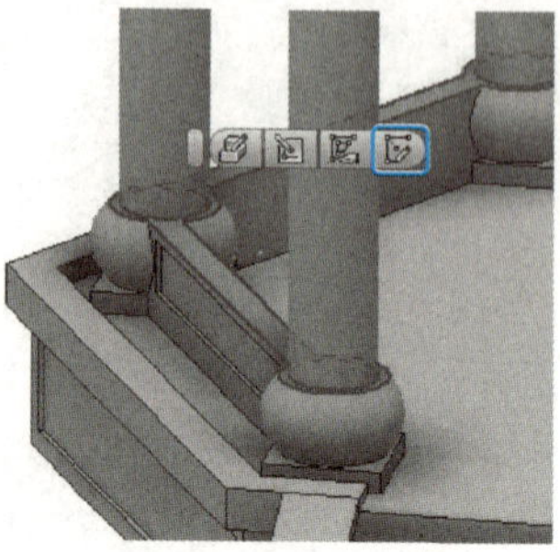 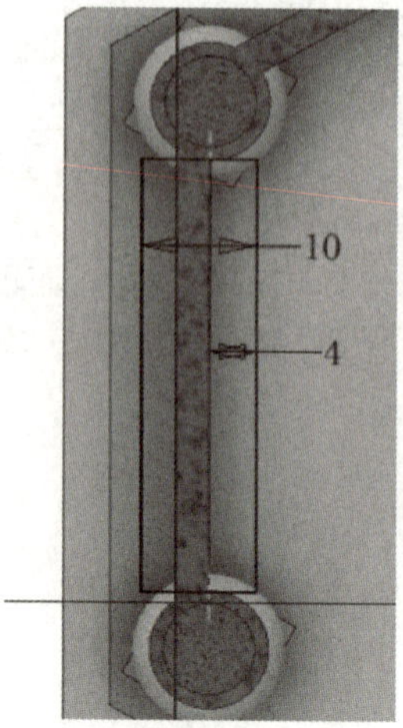
</td></tr>
<tr><td>07</td><td>单击工具面板中“三维模型”选项卡下“创建”面板中的“拉伸”按钮，对矩形草图进行新建实体的拉伸操作，距离为 0.8 mm</td><td>
 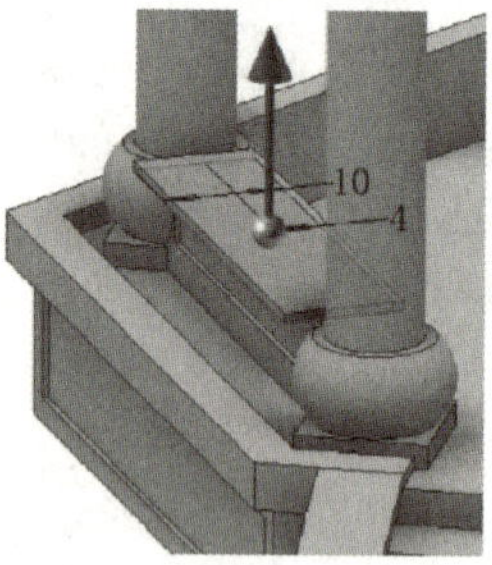
</td></tr>
<tr><td></td><td>单击工具面板中“三维模型”选项卡下“定位特征”面板中的“平面”按钮，单击已知实体表面，拖动至 6 mm 处释放，由此新建一张辅助工作平面</td><td>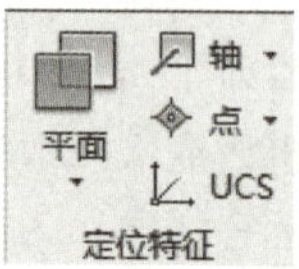
 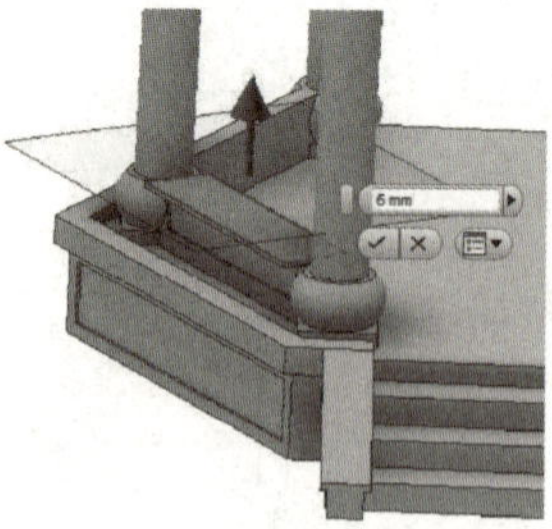
 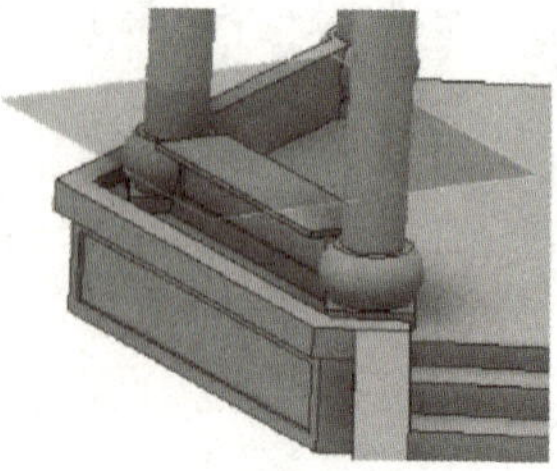</td></tr>
</table>

续表

<table>
<tr><th>序号</th><th>操作文字说明
快捷操作示意</th><th>操作演示图示</th></tr>
<tr><td rowspan="3">07</td><td>选取新建的工作平面进入草图绘制环境，在草图选项卡中单击“矩形”命令绘制如右图所示的轮廓并进行全约束

单击工具面板中“三维模型”选项卡下“创建”面板中的“旋转”按钮，在弹出的旋转对话框中选取矩形草图作为截面轮廓，矩形的一条边作为旋转轴，单击确定完成旋转实体创建</td><td>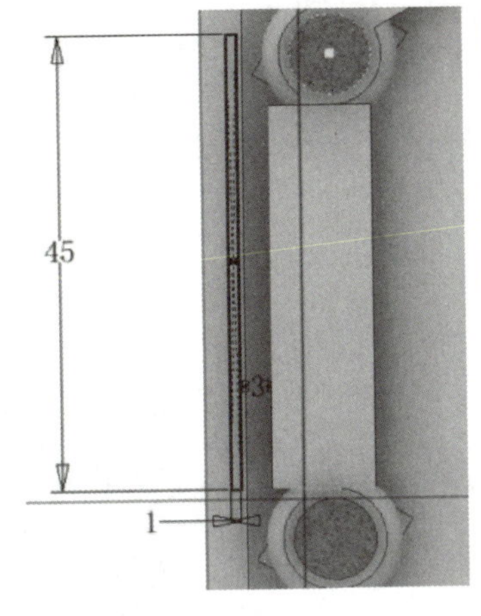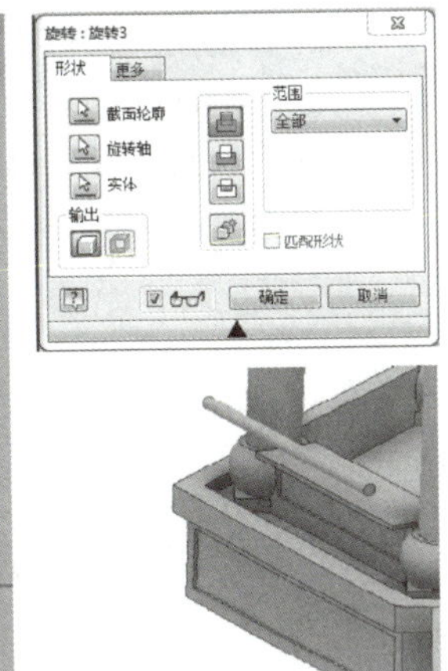</td></tr>
<tr><td>选取实体表面作为草图绘制平面，在草图选项卡中，单击“圆”按钮绘制两个直径为1mm的整圆。特别注意两个圆的布局方式</td><td>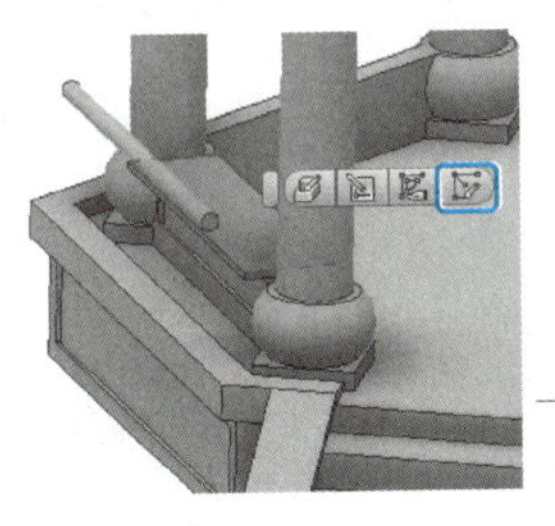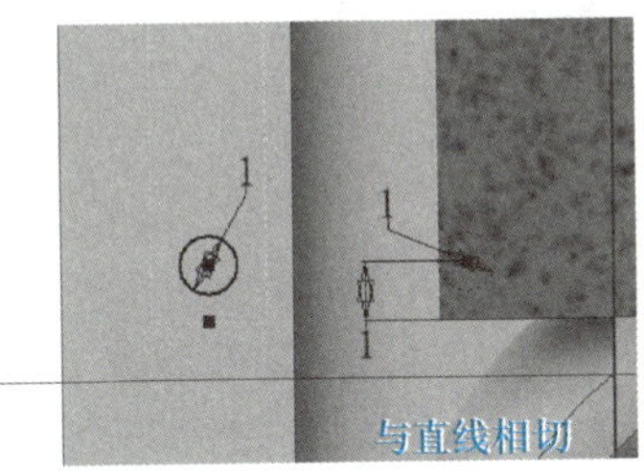</td></tr>
<tr><td>单击“三维模型”菜单下“开始创建三维草图”按钮，进入三维草图绘制环境，单击“投影到曲面”按钮，在弹出的对话框中依次设置投影面和曲线，单击确定完成三维草图的创建</td><td>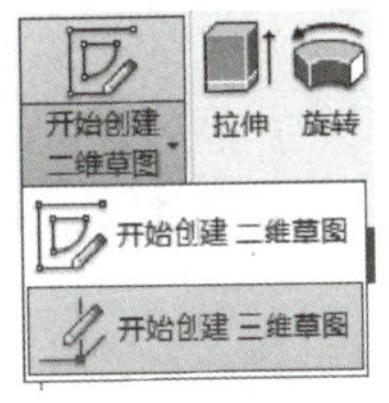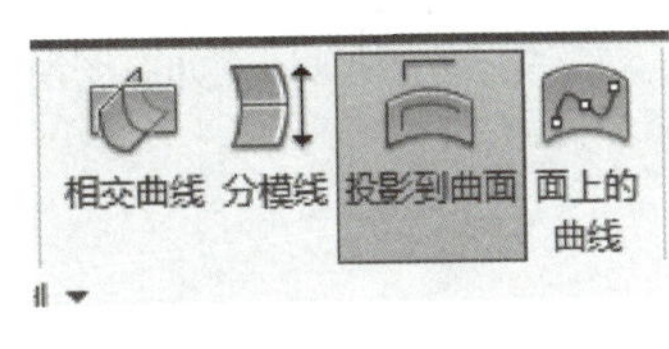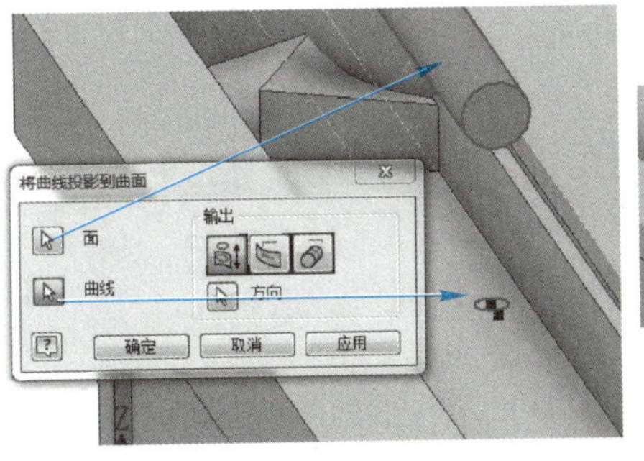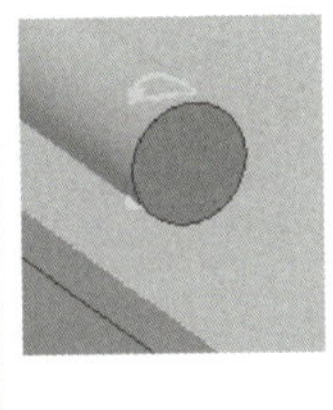</td></tr>
</table>

续表

序号	操作文字说明 快捷操作示意	操作演示图示
07	单击工具面板中“三维模型”选项卡下“创建”面板中的“放样”按钮，依次选取两个截面，单击确定完成放样操作 单击工具面板中“三维模型”选项卡下“阵列”面板中的“矩形阵列”按钮，在弹出的矩形阵列对话框中依次设置个数和间距，完成阵列设计，如右图所示	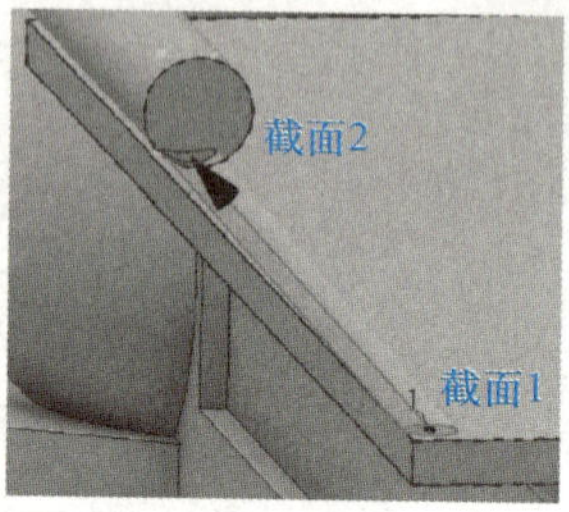 截面2 截面1 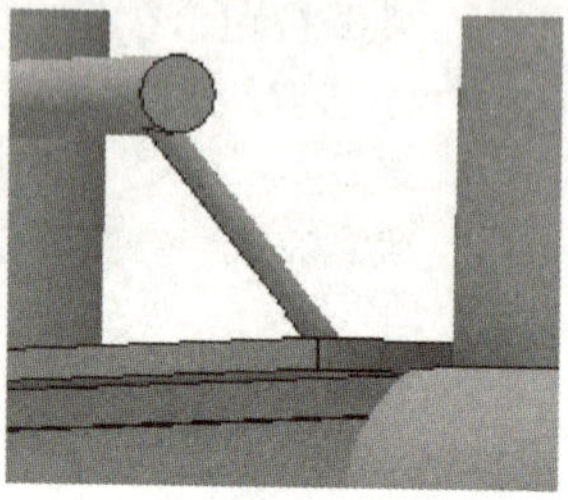 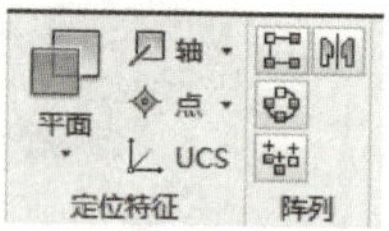 圆角0.8mm 圆角0.8mm

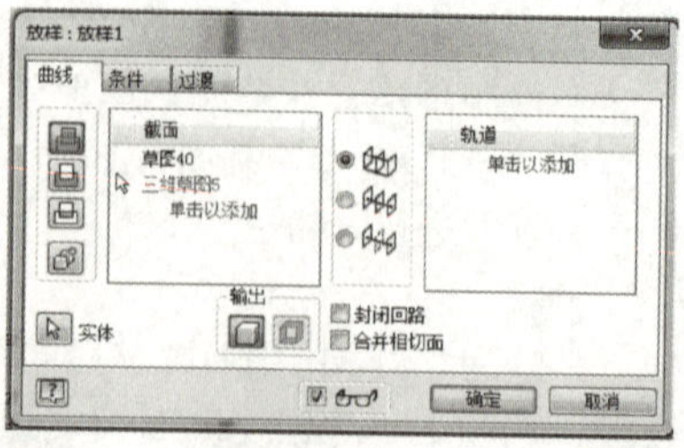

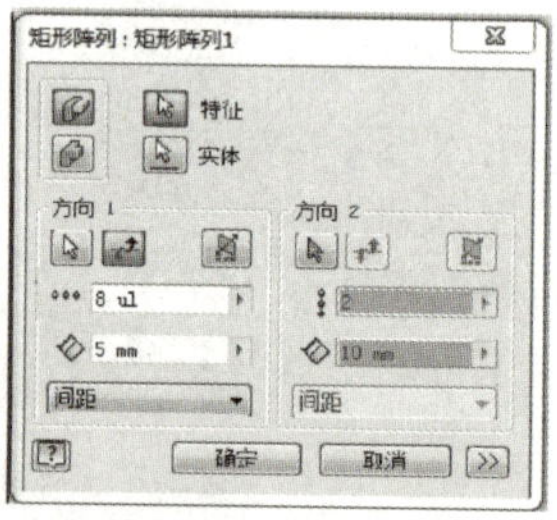

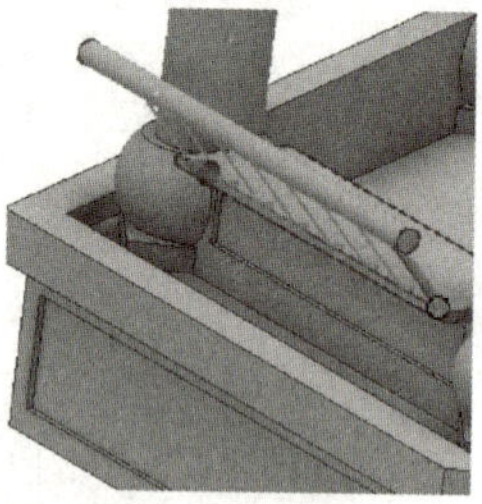

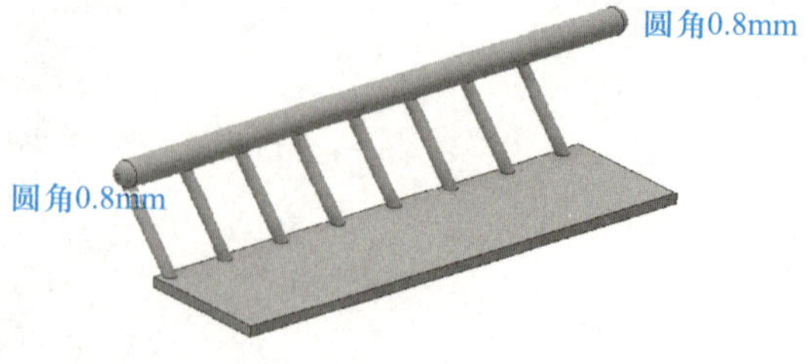

续表

序号	操作文字说明 快捷操作示意	操作演示图示
07	单击工具面板中“三维模型”选项卡下“阵列”面板中的“镜像”按钮，依次完成凳子的对称创建 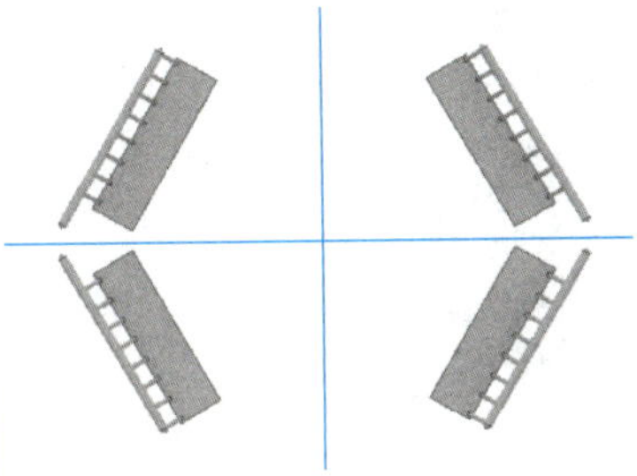	 镜像平面:YZ平面 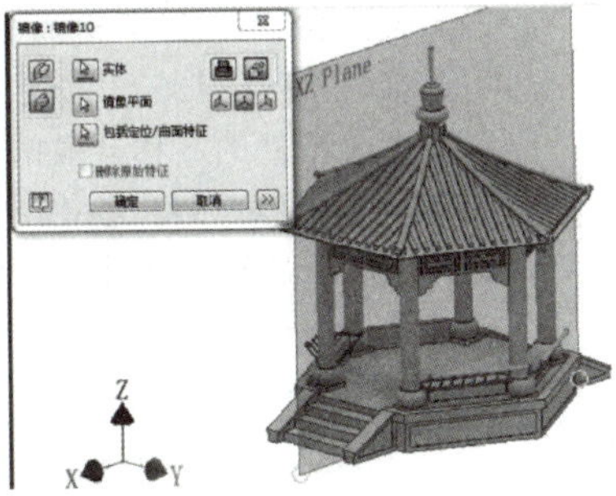 镜像平面:XZ平面 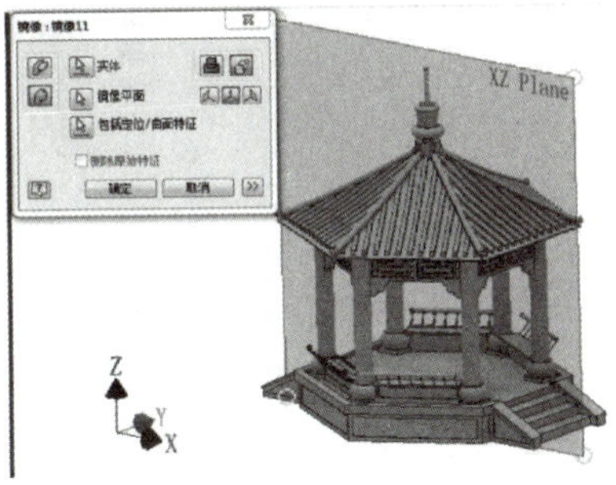 镜像平面:XZ平面

续表

序号	操作文字说明 快捷操作示意	操作演示图示
08	**零件命名** 作者查阅资料得出古代六角凉亭各个部件的名称，根据本节讲述内容的实际情况将“雷公柱”“吊挂楣子”“檐柱”引入。在建模浏览器中依次单击修改其名称	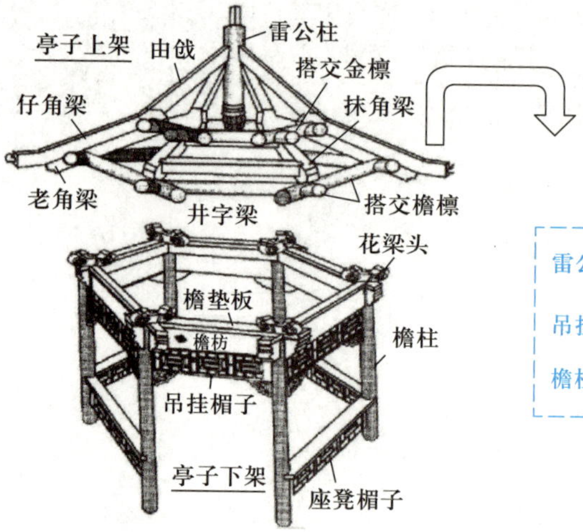 亭子上架 由戗 雷公柱 搭交金檩 仔角梁 抹角梁 老角梁 井字梁 搭交檐檩 花梁头 檐垫板 檐枋 檐柱 吊挂楣子 亭子下架 座凳楣子 雷公柱 吊挂楣子 檐柱 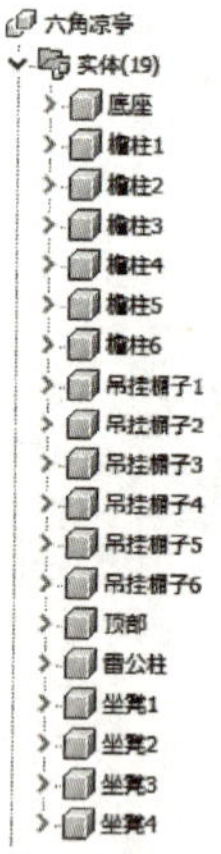  六角凉亭 实体(19) 底座 檐柱1 檐柱2 檐柱3 檐柱4 檐柱5 檐柱6 吊挂楣子1 吊挂楣子2 吊挂楣子3 吊挂楣子4 吊挂楣子5 吊挂楣子6 顶部 雷公柱 坐凳1 坐凳2 坐凳3 坐凳4

续表

序号	操作文字说明 快捷操作示意	操作演示图示
09	**对零件和实体进行升级操作** ① 将工具面板切换到“管理”选项卡，单击“布局”区域中的“生成零部件”按钮，打开“生成零部件”对话框。在建模浏览器中选中所有实体，点击下一步 ② 在弹出的对话框中单击“确定”按钮 ③ 软件直接进入部件装配环境，此时，原先的多实体零件“六角凉亭”升级为部件，而多实体零件中的各个实体升级为零件 ④ 保存	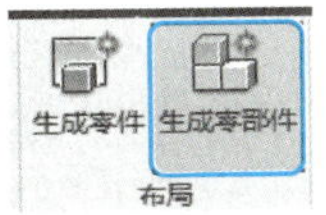 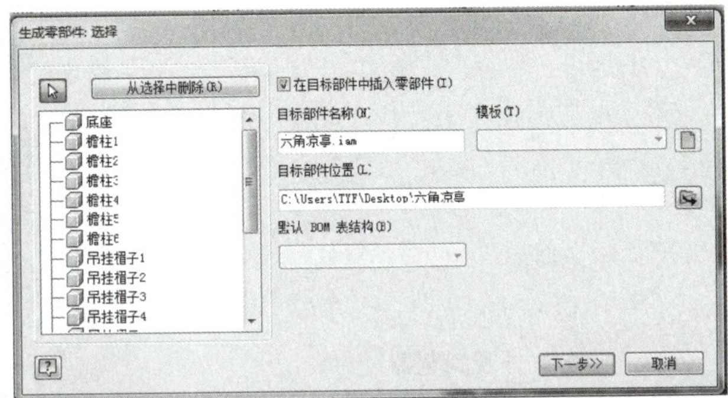
	生成零部件对话框中单击“确定”，软件随即跳转至装配环境，此时单击“保存”按钮，在创建的“六角凉亭”文件夹中依次出现单个零件实体模型，如右图所示	 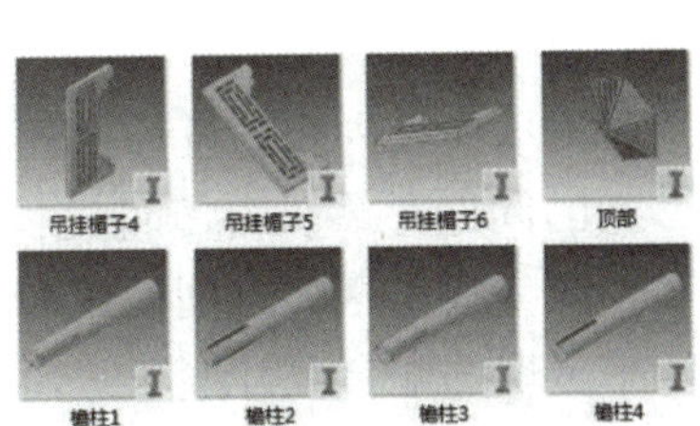

续表

序号	操作文字说明 快捷操作示意	操作演示图示
10	**修改外观颜色** 根据生活中遇见的凉亭真实的色彩修改模型颜色 单击"外观浏览器"，在弹出的"外观浏览器"对话框中依次修改凉亭的各部分颜色。配色方案如右侧所列，也可以自定义	参考图 配色方案 外观浏览器 文档外观 橙色 胶合...风化 默认 木材...白色 平滑 - 黑色 平滑 - 红色 顶部：橙色 雷公柱：橙色 吊挂楣子：平滑-黑色 檐柱：平滑-红色 凳子：橙色 底座：木材-白色

任务拓展

（1）本项目内容的设计过程是从无到有的过程，在没有设计图的情况下，一个设计者首先要考虑的问题是零件与零件之间的配合关系，在六角凉亭的设计中，本项目采用了大量"合并"功能完成了零件之间的配合约束关系并保证了设计的合理性和3D打印的可行性。请总结设计中出现的配合设计方法并简要说明。

（2）六角凉亭建模过程中，你遇到最大的困难是什么？

自我评价

自主完成的步骤	合作讨论下完成的步骤	未完成的步骤

作业

根据独轮车（图 11-6）的外形思考各零件之间的配合关系，并完成一款独轮车的模型创建。

图 11-6 独轮车

项目十二　设计立铣刀

项目介绍

在机电类专业的课程安排中，数控铣床的实训必不可少。在其他课程中，我们已经了解了数控铣床的构造和铣刀（图 12–1）类型的知识。今天，我们再认识一种刀具类型，在数控铣加工中使用广泛，它的学名是“立铣刀”。

图 12–1　铣刀

立铣刀的主切削刃位于圆柱面上，端面上的切削刃是副切削刃。没有中心刃的立铣刀工作时不能沿着铣刀的轴向做进给运动。

数控铣床立铣刀大多采用弹簧夹套装夹方式，使用时处于悬臂状态。本项目将对立铣刀建模，立铣刀六视图如图 12–2 所示，立铣刀轴测图如图 12–3 所示。

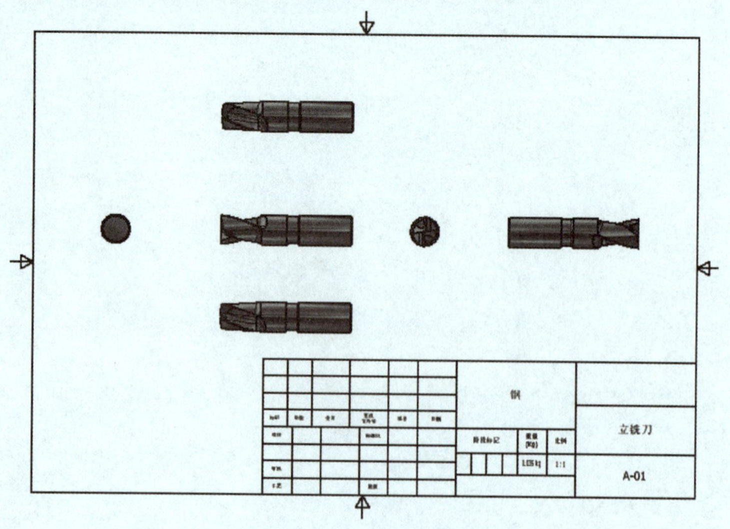

图 12–2　立铣刀六视图

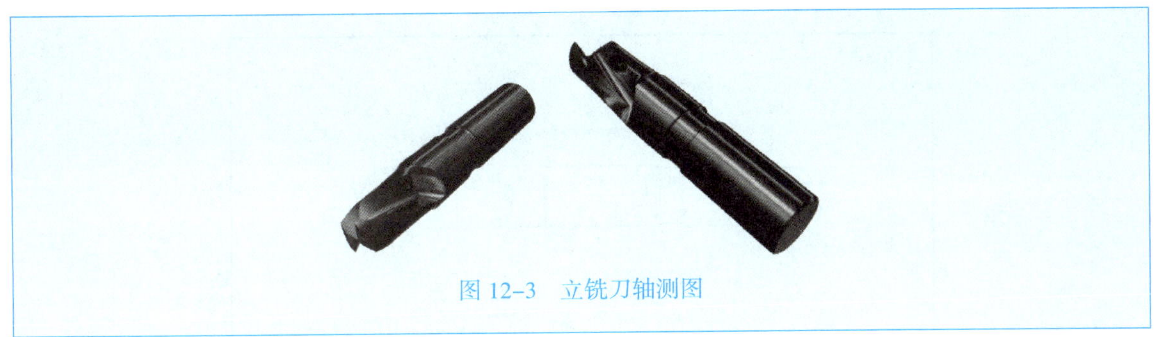

图 12-3 立铣刀轴测图

项目知识与技能

※ 草图拉伸、旋转
※ 螺旋扫掠（重点、难点）
※ 特征环形阵列
※ 利用已知元素创建辅助工作平面
※ 材质设定

建模方法与工具

在立铣刀的建模过程中，除了拉伸和旋转之外，正确、合理地使用螺旋扫掠命令是建模的关键所在，图 12-4 所示是螺旋扫掠命令使用示例。

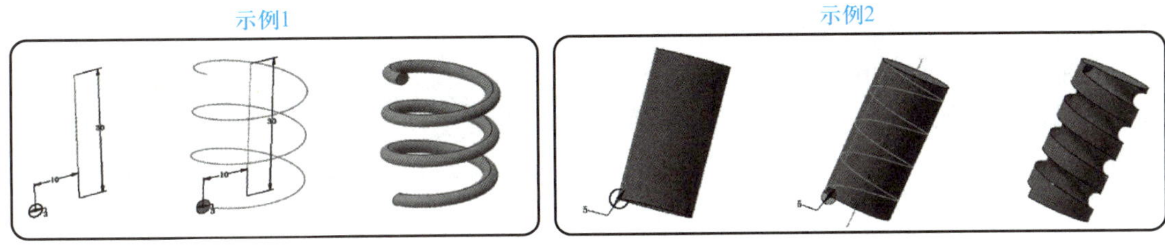

图 12-4 螺旋扫掠命令使用示例

在螺旋扫掠命令参数设定中，螺旋的圈数可以根据用户需要进行修改。如图 12-4 所示，示例 1 中圈数为 3，示例 2 中圈数为 4。圈数的设定是螺旋扫掠命令使用中的关键点。

项目建模步骤

Inventor 软件生成的立铣刀零件图如图 12-5 所示。刀柄直径为 12 mm，总长为 55 mm，刀头部分依据特定布置进行创建。

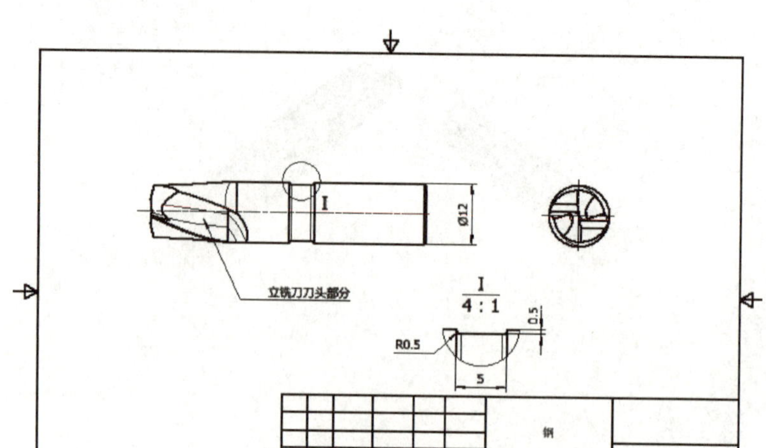

图 12-5　立铣刀零件图

立铣刀模型创建过程见表 12-1。

表 12-1　立铣刀模型创建过程

序号	操作文字说明 快捷操作示意	操作演示图示
01	在软件初始界面中，使用起始界面的快速新建区域中的“零件”按钮进行新建零件	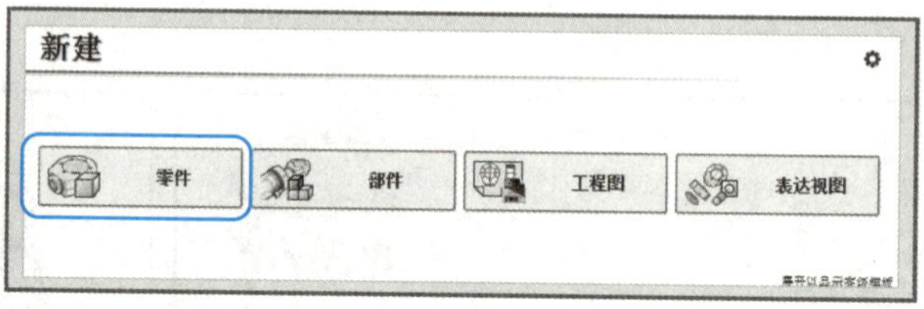
02	单击工具面板“开始创建二维草图”按钮，并在绘图区中选择 XY 平面，进入二维草图创建环境	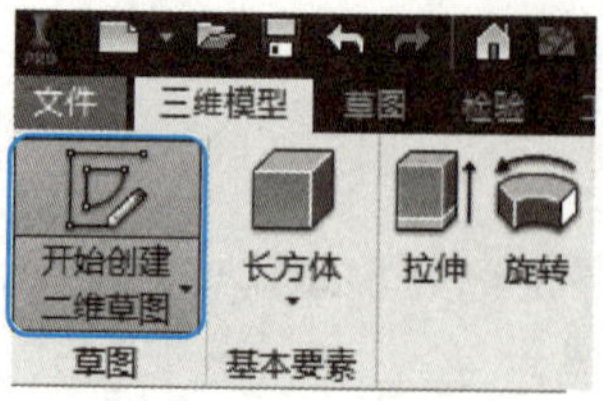 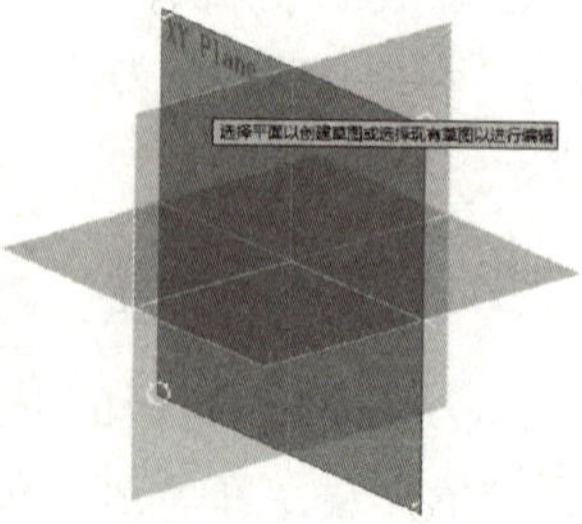

续表

序号	操作文字说明 快捷操作示意	操作演示图示
03	单击工具面板“草图”选项卡“直线”命令，以原始坐标原点为起点，依次绘制如右图所示的草图轮廓	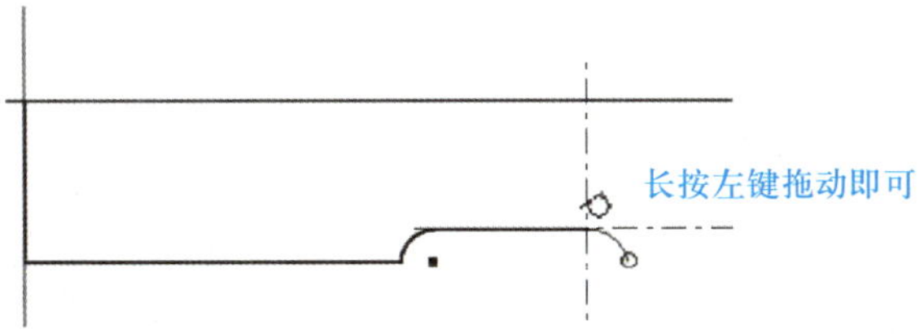 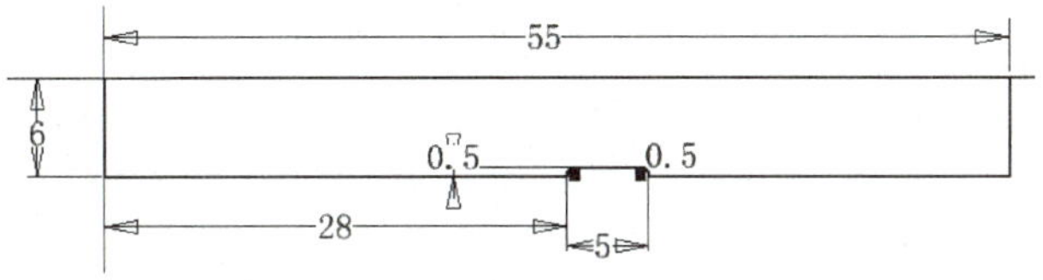 长按左键拖动即可 55 6 0.5 0.5 28 5
04	在绘图区选取立铣刀轮廓的轴线，单击草图工具面板“格式”区域的“中心线”按钮，更改直线特性为中心线。单击“完成草图”按钮退出草图创建环境	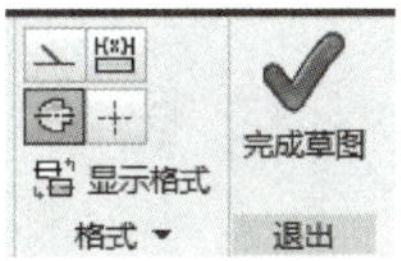 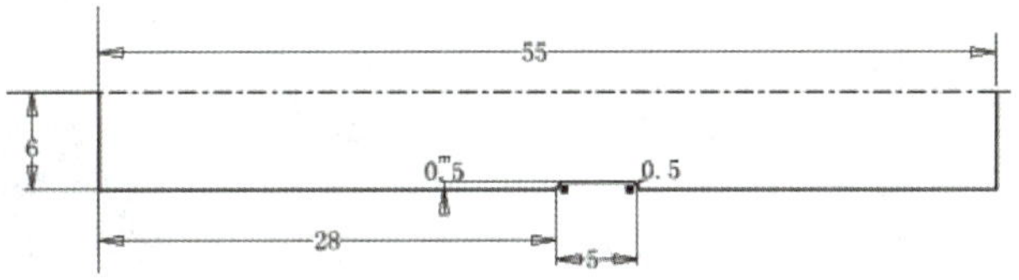 显示格式 格式 完成草图 退出 55 6 0.5 0.5 28 5
05	单击工具面板“三维模型”选项卡中“创建”区域中的“旋转”按钮，为创建的草图添加旋转特征，并使用“倒角”命令对旋转轴的一端进行倒角修饰	 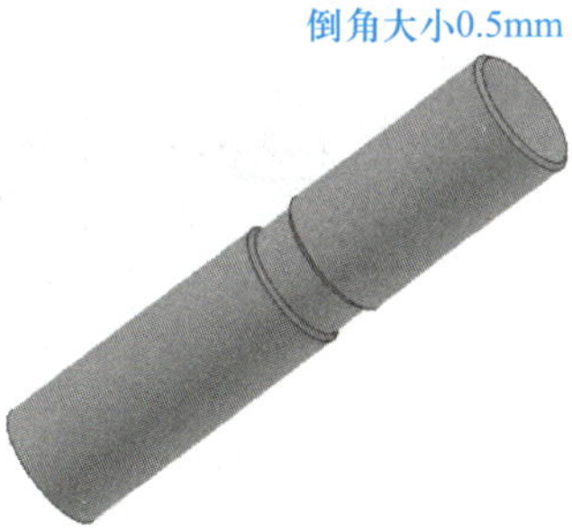 拉伸 旋转 扫掠 放样 螺旋扫掠 创建 倒角大小0.5mm
06	选取轴端平面为草图绘制平面，依据右图绘制草图轮廓，并对草图进行全约束	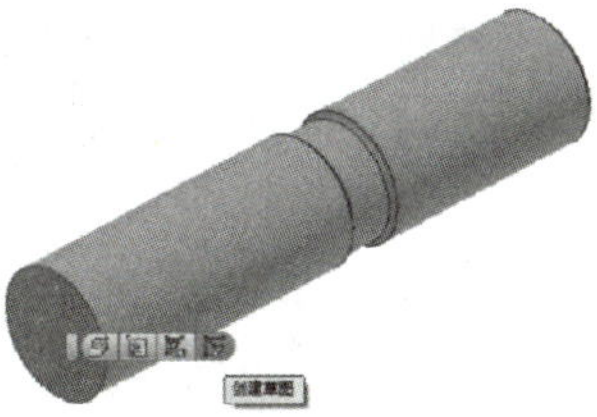 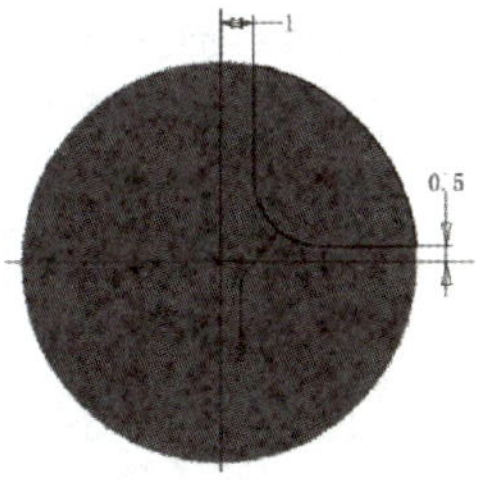 1 0.5

续表

序号	操作文字说明 快捷操作示意	操作演示图示
07	**创建螺旋扫掠** 单击工具面板“三维模型”选项卡中“创建”区域中的“螺旋扫掠”按钮，为创建的草图添加螺旋扫掠特征	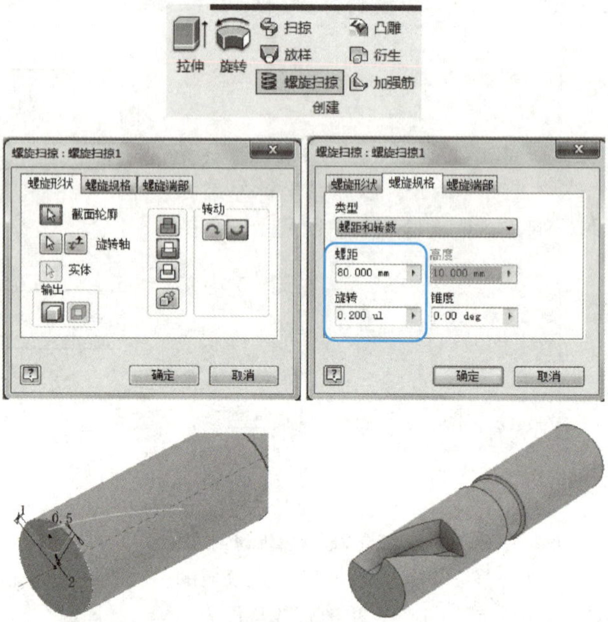
08	单击工具面板“三维模型”选项卡中“定位特征”区域中的“平面”按钮，创建自定义工作平面。创建平面的依据是已知模型的边和已知模型的面。参数设定如右图所示 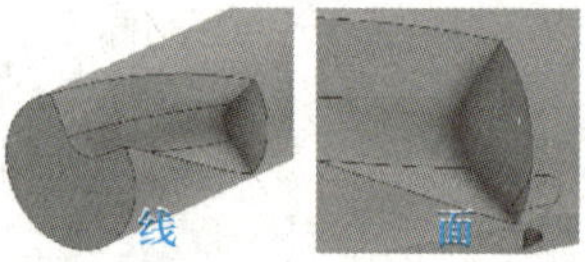 线 面	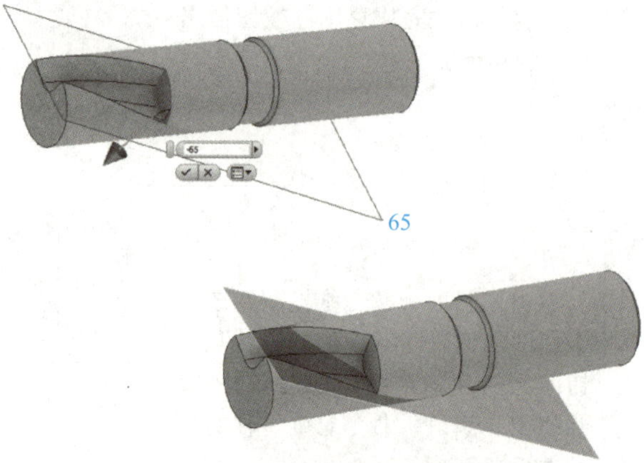 65
09	**创建扫掠特征** ① 创建扫掠轨道：选取上一步自定义的工作平面，进入草图绘制环境，在键盘上按下F7键，进入切片观察草图绘制模式，依据右图创建$R10$ mm圆弧	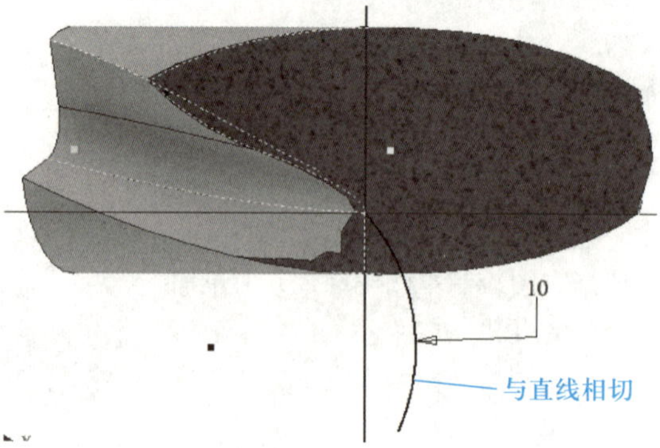 10 与直线相切

续表

序号	操作文字说明 快捷操作示意	操作演示图示
09	② 创建扫掠截面：选取已知模型平面为草图绘制平面，进入草图绘制环境后，使用投影几何图元命令投影该平面轮廓，将投影后的大圆弧设置为构造线并使用直线命令将如右图所示的草图绘制完整，保证轮廓封闭	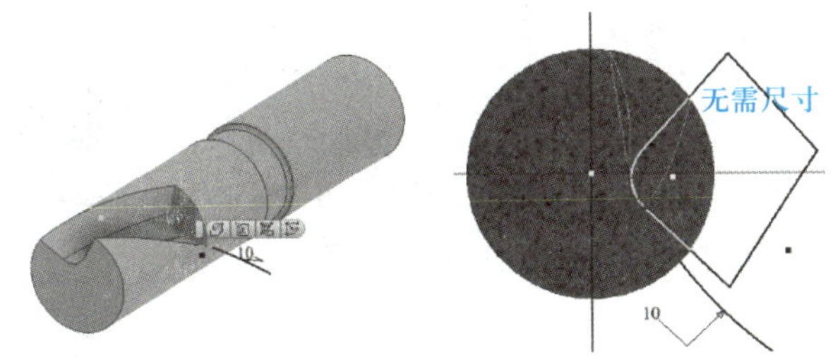
	③ 创建扫掠特征：单击工具面板“三维模型”选项卡中“创建”区域中的“扫掠”按钮，为上两步创建的草图添加扫掠求差操作	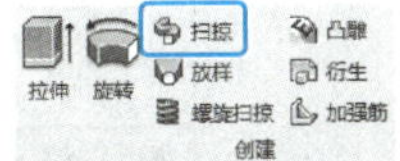 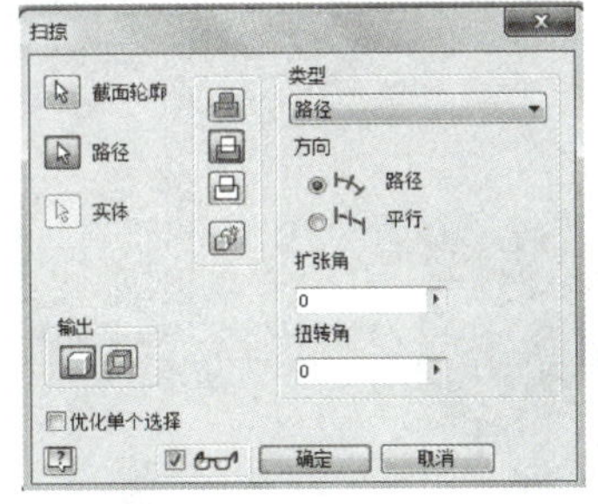 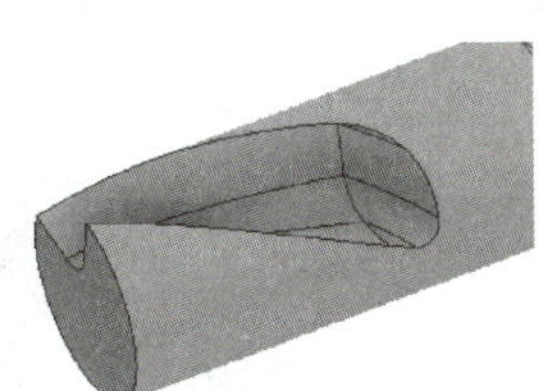
	④ 单击工具面板“三维模型”选项卡中“阵列”区域中的“环形”按钮，依次设置环形阵列参数	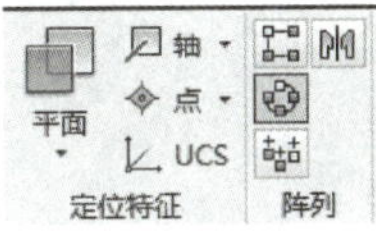 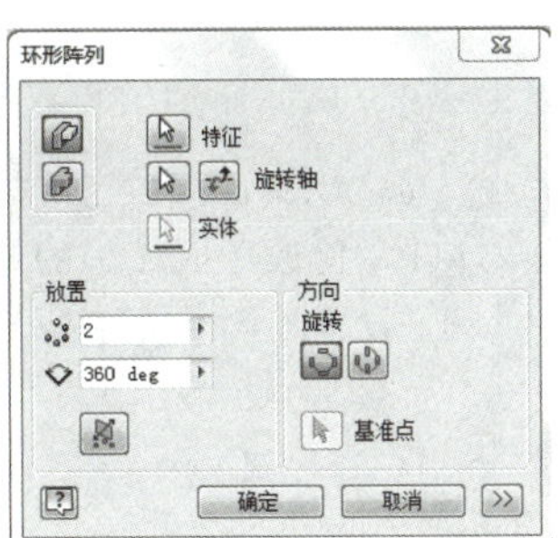 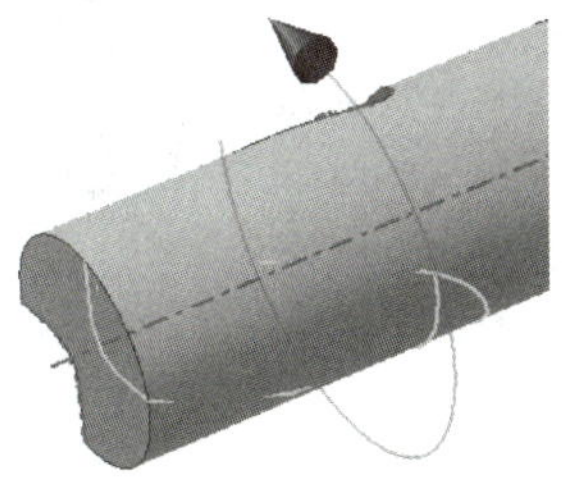 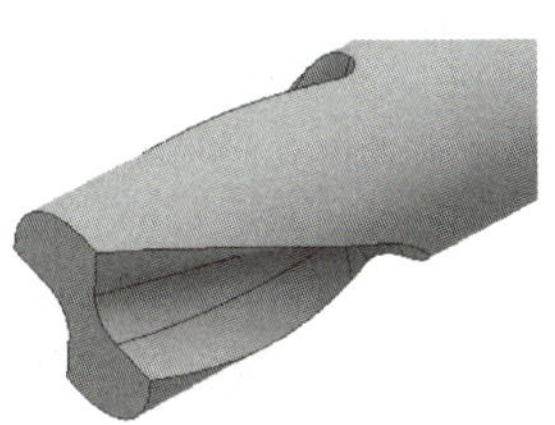

续表

序号	操作文字说明 快捷操作示意	操作演示图示
10	选取模型已知平面作为草图绘制平面，进入草图环境，依次使用直线和圆弧命令绘制如右图所示的草图 单击工具面板“三维模型”选项卡中“创建”区域中的“螺旋扫掠”按钮为创建的草图添加螺旋扫掠特征。接着使用环形阵列命令对刚才创建的螺旋扫掠环形阵列 2 个，操作方法参考第 09 步④。 单击工具面板“三维模型”选项卡中“修改”区域中的“圆角”按钮，设置圆角半径为 3 mm	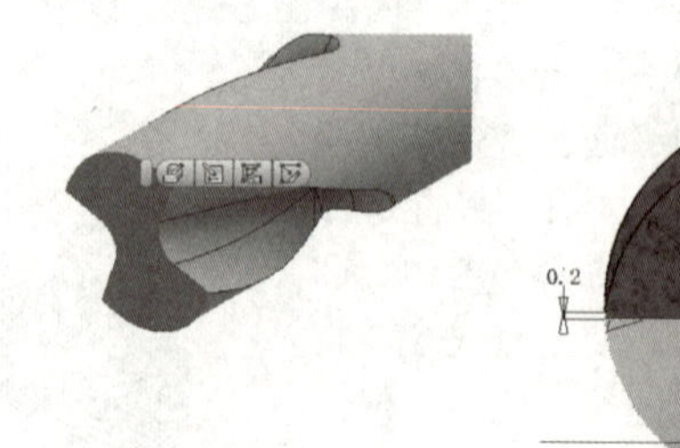 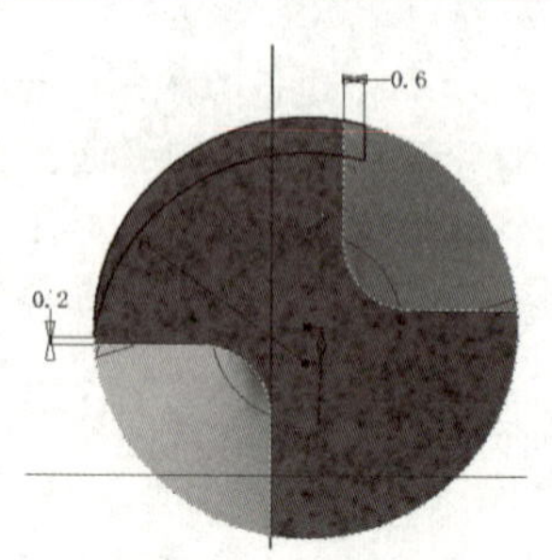 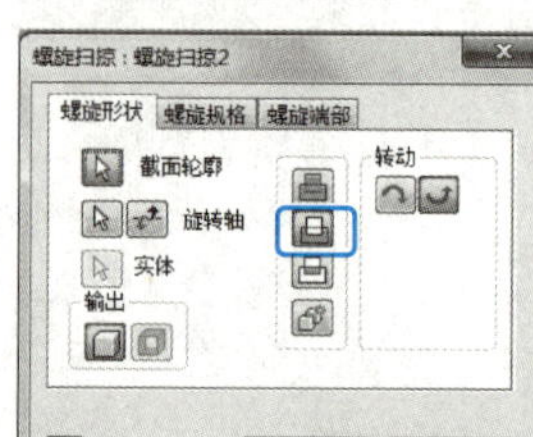 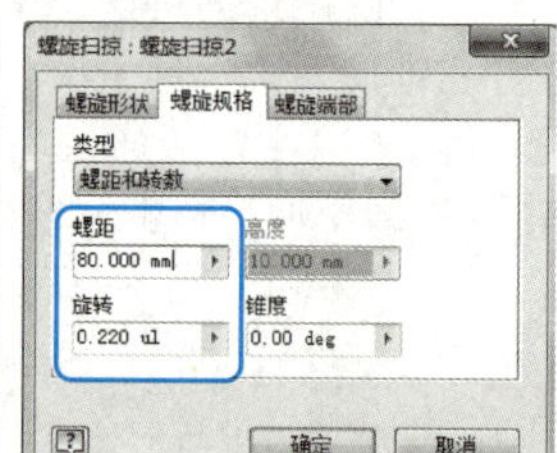 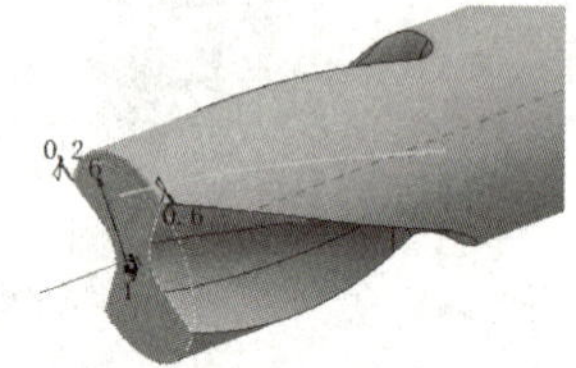 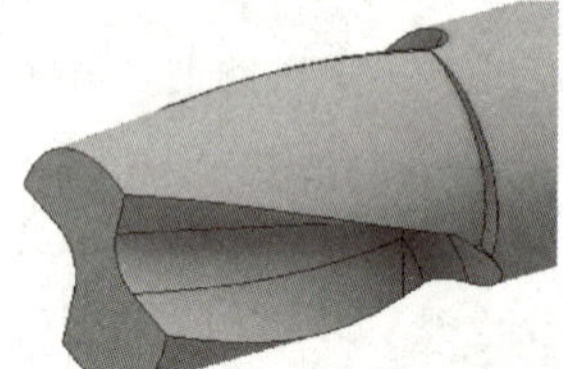 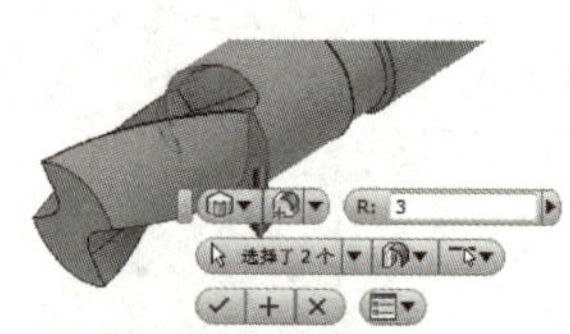 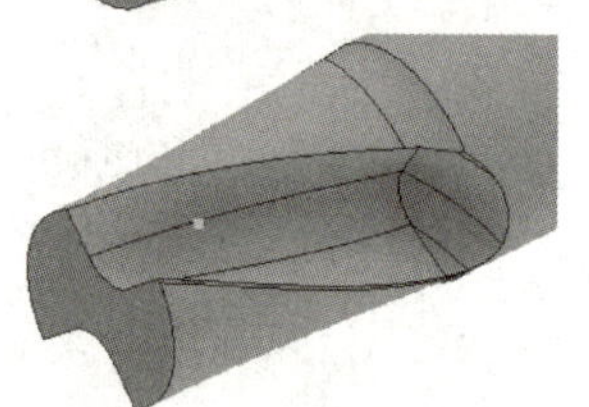
11	**创建工作轴** 单击工具面板“三维模型”选项卡中“定位特征”区域中的“工作轴”按钮，依次拾取切削刃处 1 点和 2 点自动创建工作轴	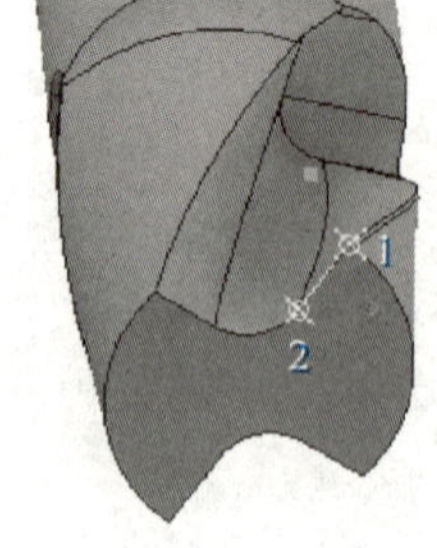 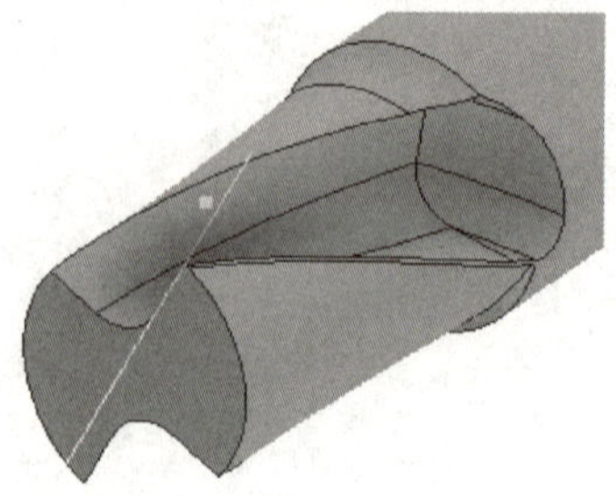

续表

序号	操作文字说明 快捷操作示意	操作演示图示
12	**创建辅助工作平面** 单击工具面板“三维模型”选项卡中“定位特征”区域中的“平面”按钮，依次选取绘图区的工作轴和浏览器的XY平面，设置旋转角度为15°，并将该平面向右偏移0.1 mm，如右图所示	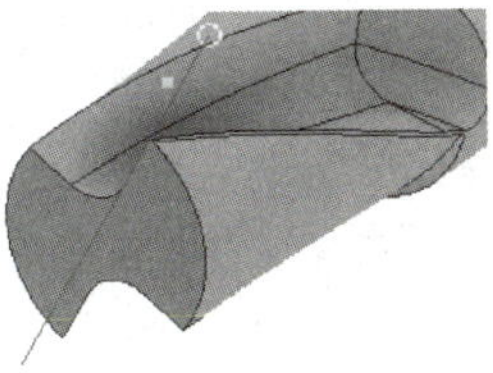 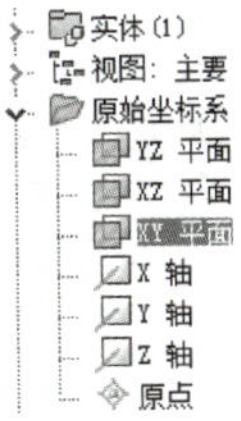 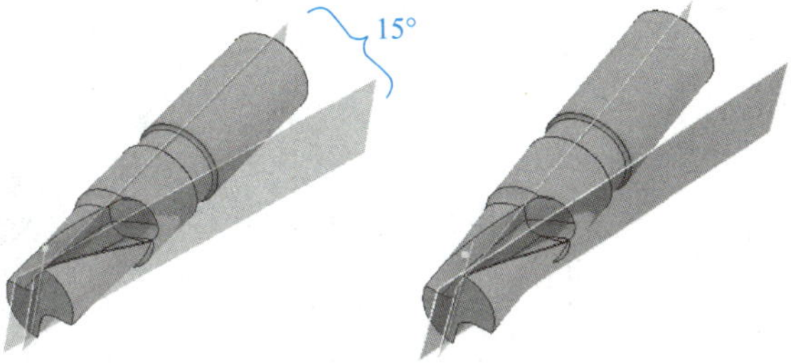
13	① 单击上一步新建的辅助工作平面并在弹出的快捷按钮中单击“创建草图”进入草图创建环境，依据右图依次创建草图轮廓 ② 单击工具面板“三维模型”选项卡中“创建”区域中的“拉伸”按钮，为该草图轮廓创建拉伸求差操作	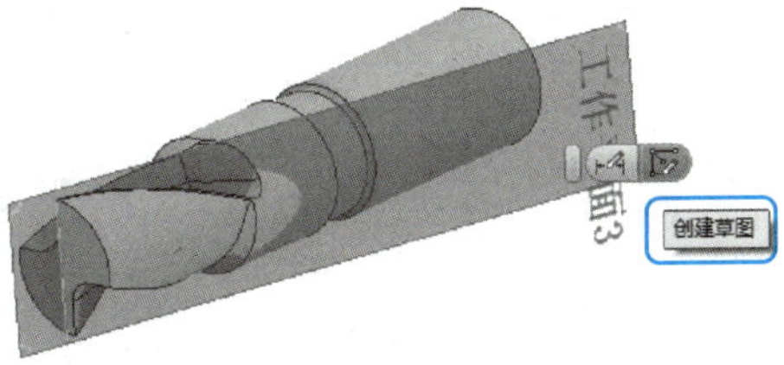 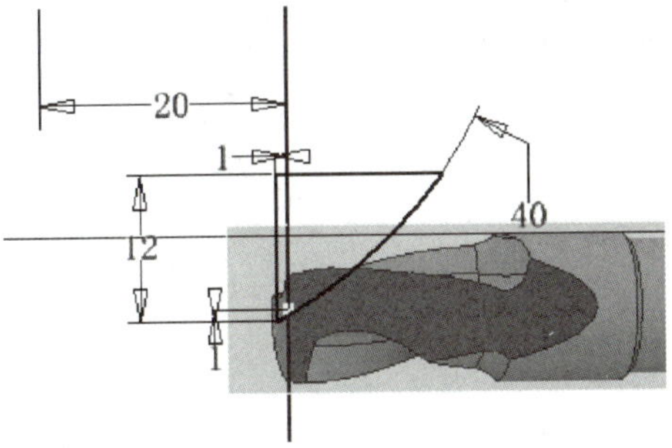 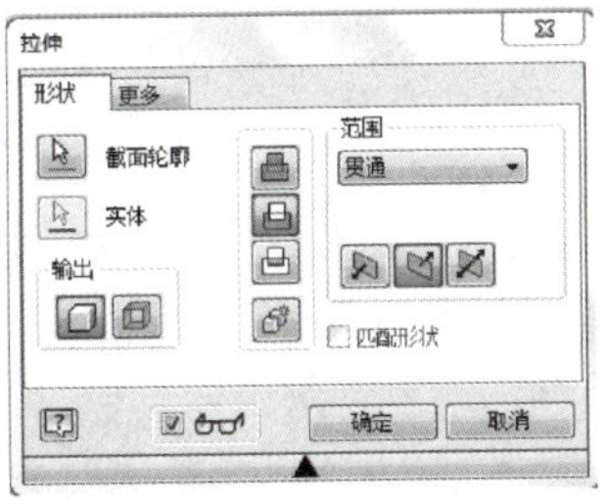 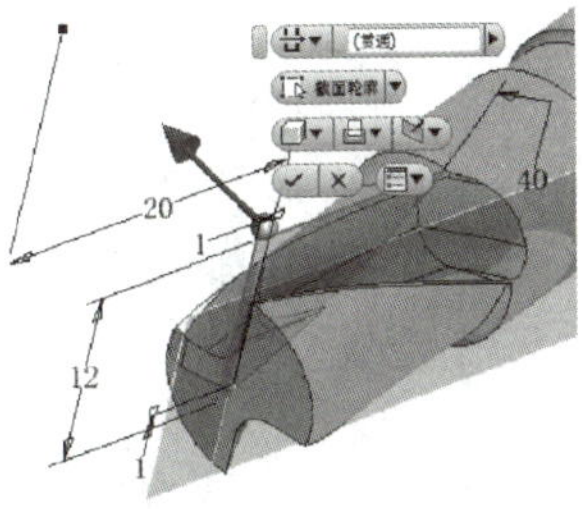

续表

序号	操作文字说明 快捷操作示意	操作演示图示
13	③ 单击工具面板“三维模型”选项卡中“阵列”区域中的“环形”按钮，依次设置环形阵列参数 ④添加圆角特征，圆角半径为 0.5 mm	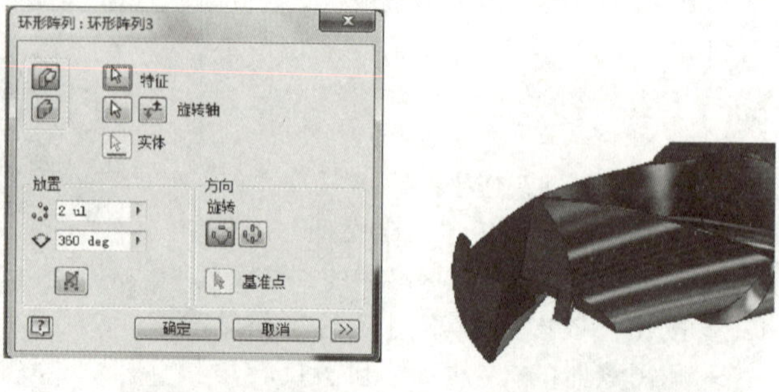 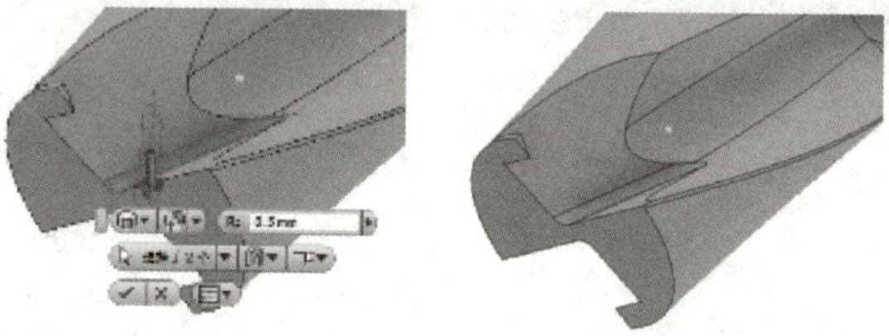
14	在浏览器中选取 XZ 平面为草图创建平面，根据右图创建草图轮廓，并对其添加拉伸求差操作	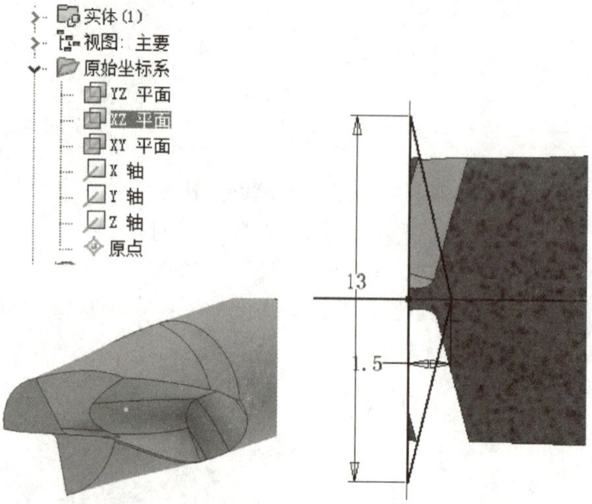
15	在浏览器中选取 XZ 平面为草图创建平面，根据右图创建草图轮廓，并对其添加拉伸求差操作	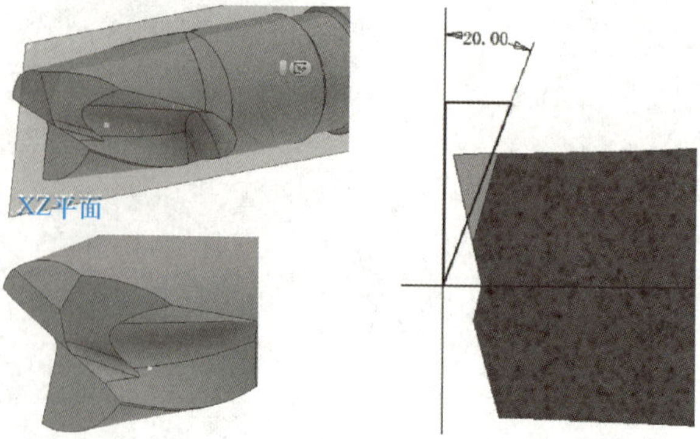

续表

序号	操作文字说明 快捷操作示意	操作演示图示
16	单击工具面板“三维模型”选项卡中“阵列”区域中的“环形”按钮，依次设置环形阵列参数	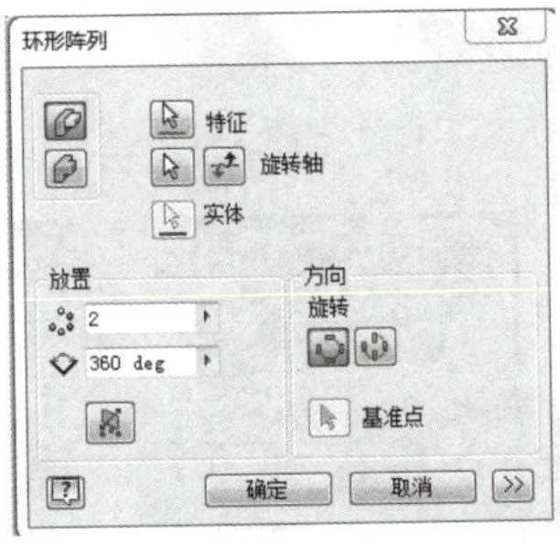 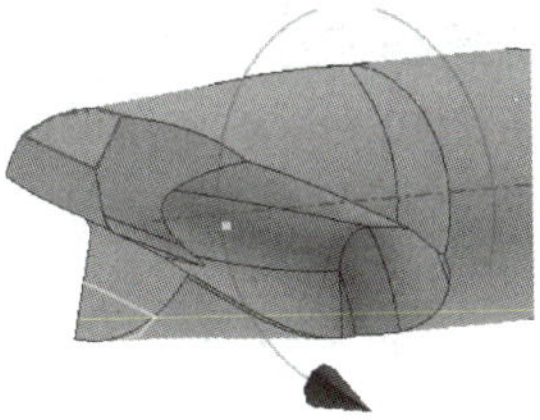 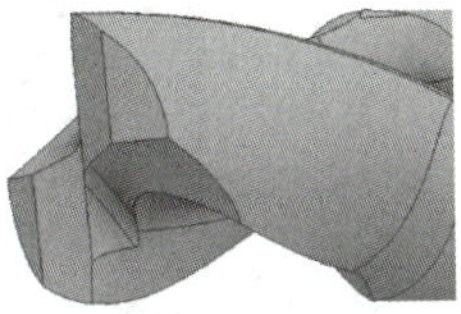
17	给创建完成的立铣刀设置材料和外观样式 外观样式：“钢—抛光” 材料：“钢”	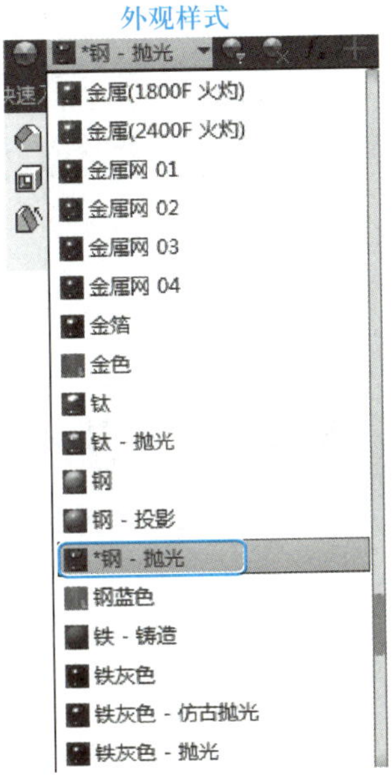 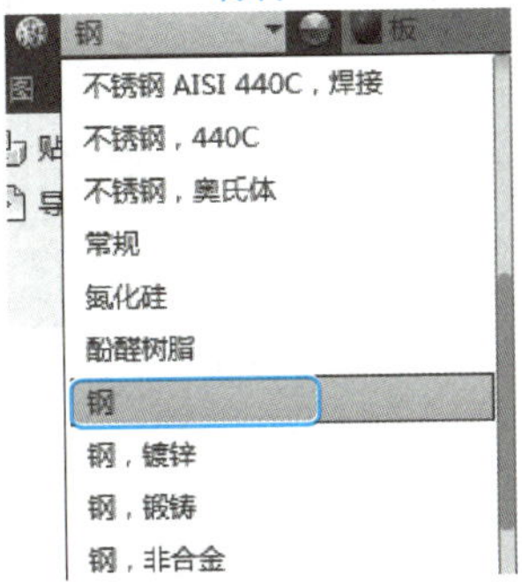 

任务拓展

（1）在创建立铣刀模型的过程中，建模的难点是“螺旋扫掠”命令的使用，这个命令在机械零件建模过程中使用率较高。请总结一下螺旋扫掠命令使用过程中参数设置的关键是什么？在螺旋扫掠对话框“螺旋端部”选项卡（图12-6）中有起始位置和终止位置这两个选项，请根据所学知识分析其命令特点。

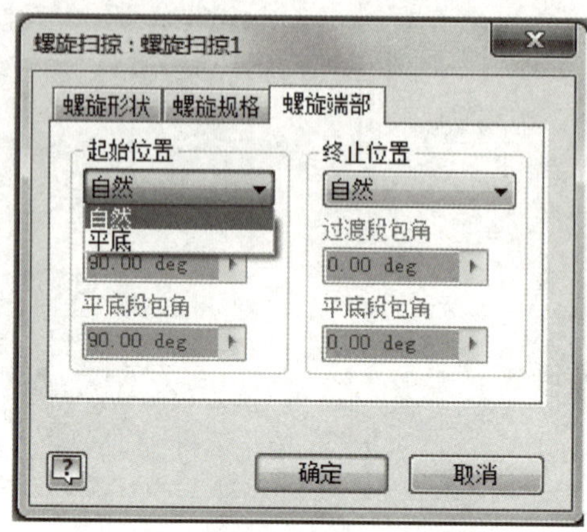

图12-6 “螺旋端部”选项卡

（2）立铣刀建模过程中，你遇到最大的困难是什么？如何解决的？

自我评价

自主完成的步骤	合作讨论下完成的步骤	未完成的步骤

作业

使用螺旋扫掠命令绘制图 12–7 所示的螺旋零件，尺寸自定义即可。

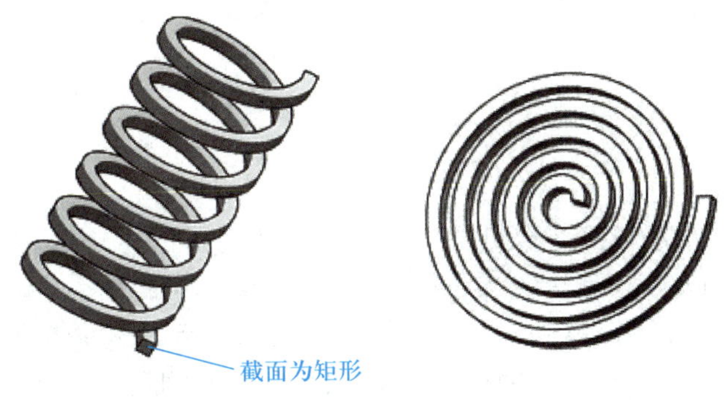

图 12–7 螺旋零件

项目十三　设计木螺钉

项目介绍

木螺钉（图 13–1）是和机器螺钉相似，但螺纹为专用的木螺钉用螺纹，可以直接旋入木质构件（或零件）中，用于把一个带通孔的金属（或非金属）零件与一个木质构件紧固连接在一起。这种连接属于可以拆卸连接。木螺钉进入木头后，会非常牢固地嵌入其中，如果木头没有朽坏，是很难拔出来的，强行拔出会把附近的木头损坏。

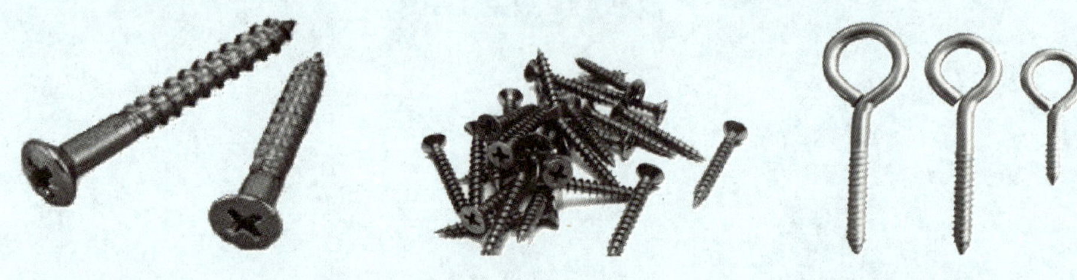

图 13–1　木螺钉

木螺钉常见的有铁制及铜制，种类随钉头不同有圆头型、平头型、椭圆头型等，依据钉头上槽的不同又分为一字槽螺钉及十字槽螺钉。

本项目使用 Inventor 软件为木螺钉（图 13–2、图 13–3）建模。

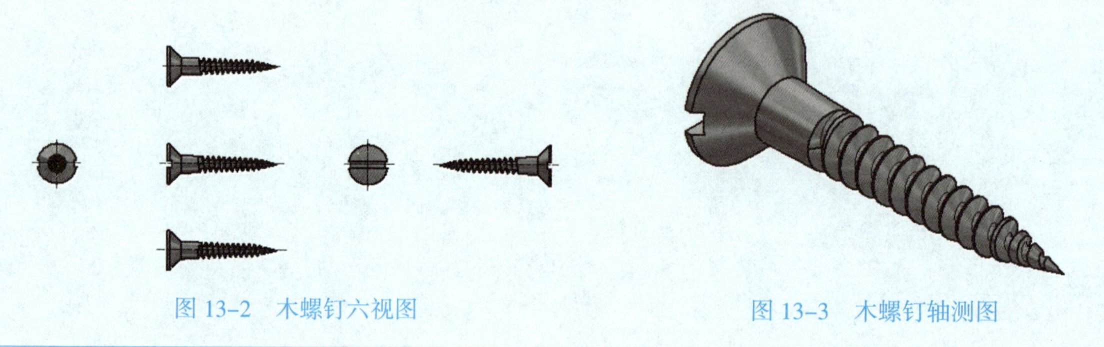

图 13–2　木螺钉六视图

图 13–3　木螺钉轴测图

项目知识与技能

※ 二维草图：草图全约束和布局

※ 特征建模：拉伸、旋转、螺旋扫掠

※ 辅助工作轴和辅助工作面的创建

※ 材料修改及外观颜色修改

建模方法与工具

我们将木螺钉的建模划分为三个主要阶段（图 13–4），三个阶段的设计过程中分别重点使用旋转、螺旋扫掠、拉伸三个命令进行操作。

图 13–4　木螺钉建模的三个主要阶段

项目建模步骤

图 13–5 所示为木螺钉的零件图，运用 Inventor 2018 根据给定的零件图创建该零件模型。

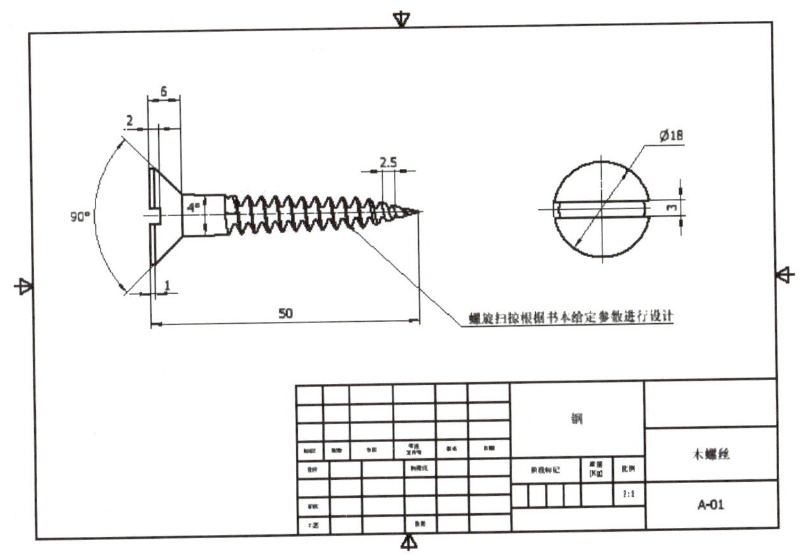

图 13–5　木螺钉的零件图

续表

木螺钉模型创建过程见表 13-1。

表 13-1　木螺钉模型创建过程

序号	操作文字说明 快捷操作示意	操作演示图示
01	双击桌面图标启动软件，选择标准零件模板“Standard.ipt”创建零件文件	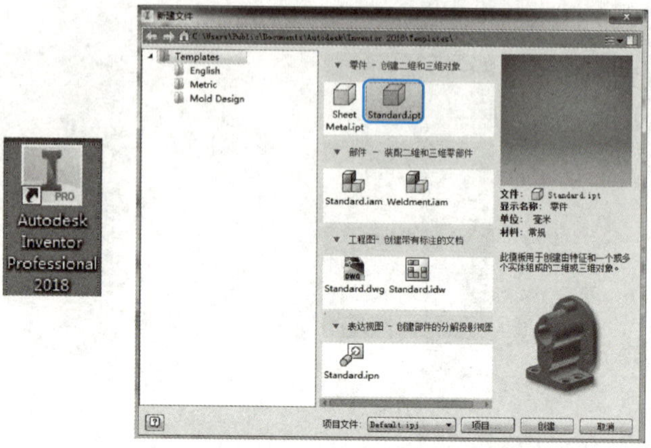
02	单击工具面板“开始创建二维草图”按钮，并在绘图区中选择 XY 平面，进入二维草图创建环境	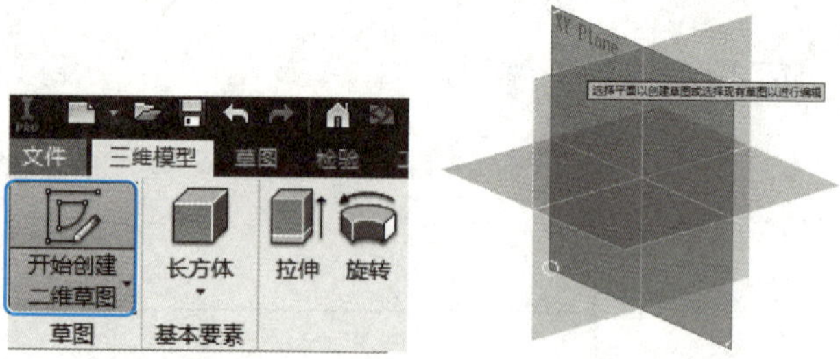
03	单击工具面板“草图”选项卡直线命令，以原始坐标原点为起点，依次绘制如右图所示的草图轮廓	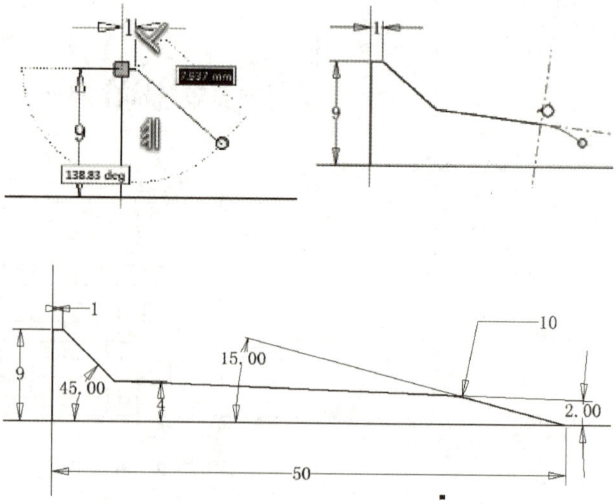

续表

序号	操作文字说明 快捷操作示意	操作演示图示
04	单击工具面板“三维模型”选项卡中“创建”区域中的“旋转”按钮，为创建的草图添加旋转特征	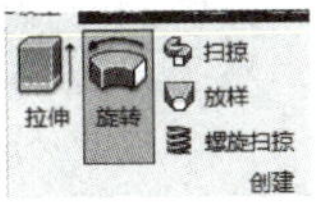  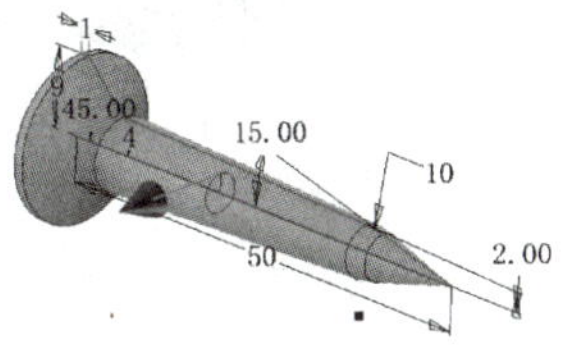 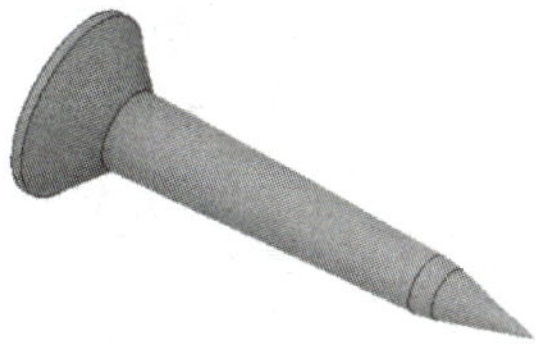
05	在浏览器原始坐标系中选取XZ平面作为草图绘制平面，按下键盘的F7键使模型进入切片观察模式；接着使用“投影几何图元”命令拾取实体表面的轮廓线，并将投影的轮廓线设置为“构造线”；最后依据右图提示进行草图的绘制	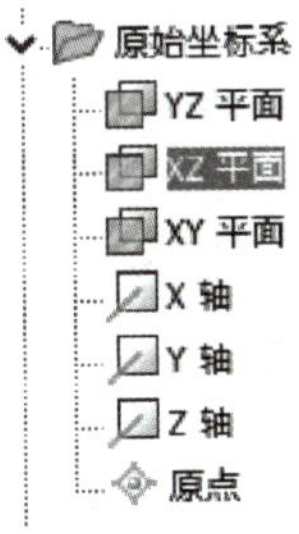 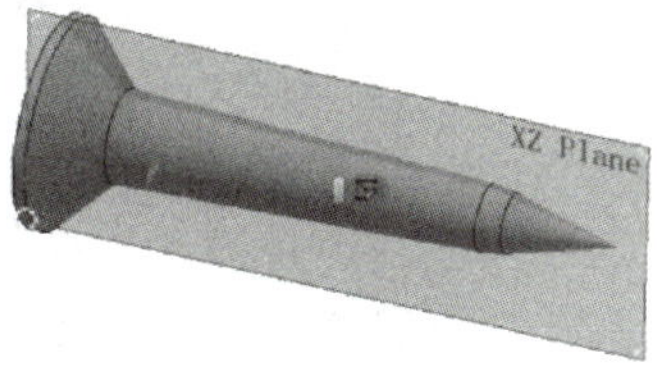 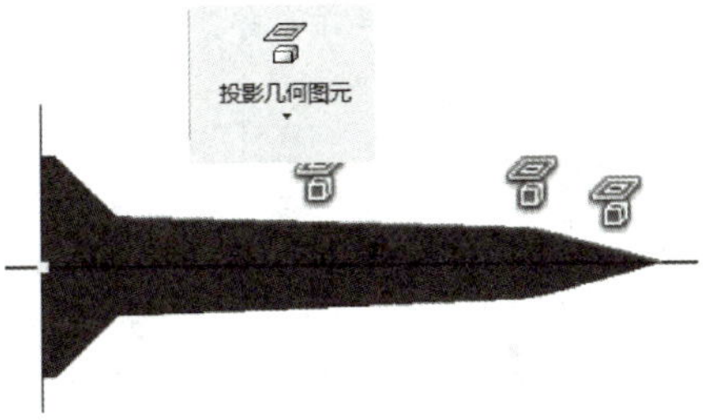

续表

序号	操作文字说明 快捷操作示意	操作演示图示
06	在草图选项卡中使用“直线”先连续绘制出大致轮廓，再使用尺寸定位和约束定位两者相结合对草图进行全约束操作	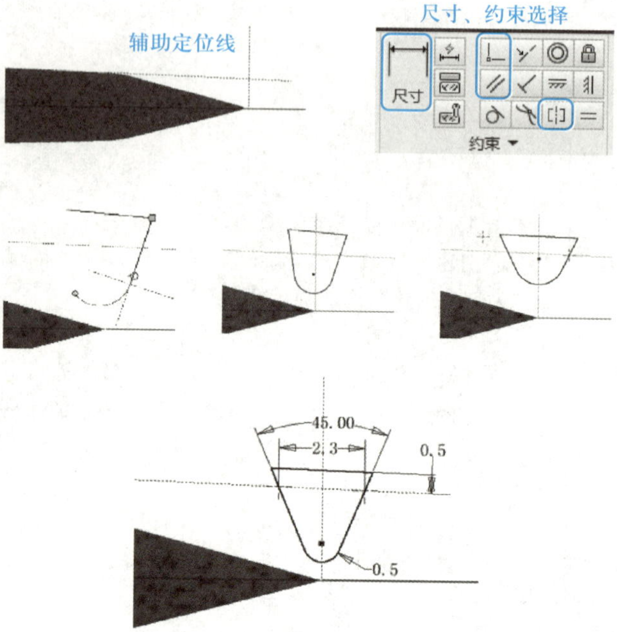 辅助定位线 尺寸、约束选择 尺寸 约束 45.00 2.3 0.5 0.5
07	单击工具面板“三维模型”选项卡中“创建”区域中的“螺旋扫掠”按钮，螺旋扫掠参数设置如下： 截面轮廓：上一步草图轮廓 旋转轴：X轴 输出方式：切除材料 类型：螺距和高度 起始位置：自然 终止位置：自然	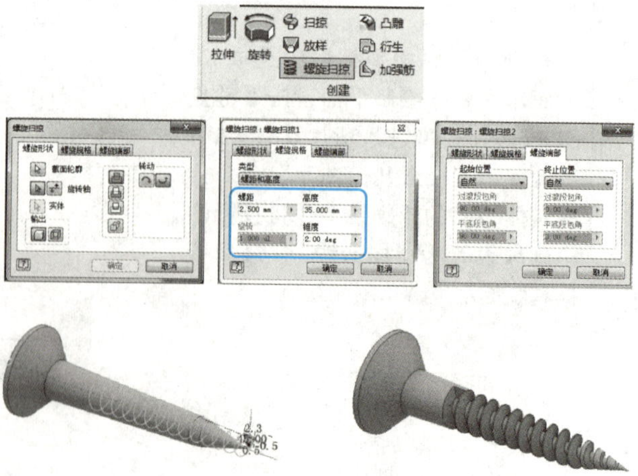 拉伸 旋转 扫掠 放样 螺旋扫掠 凸雕 衍生 加强筋 创建

续表

序号	操作文字说明 快捷操作示意	操作演示图示
08	选取零件实体表面作为草图绘制平面，进入草图绘制环境后使用“投影几何图元”绘制草图轮廓 在浏览器中的原始坐标系中选取XY平面作为草图绘制平面，使用“直线”绘制如右图所示的草图轮廓	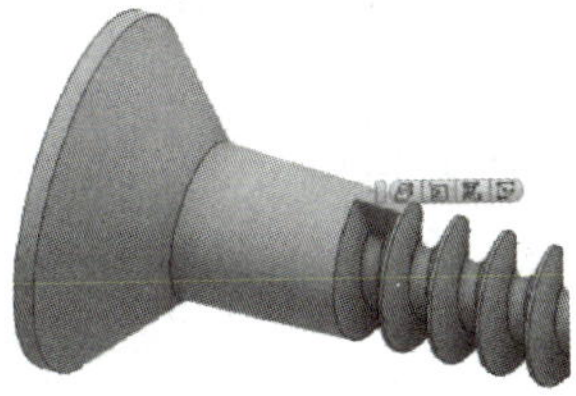 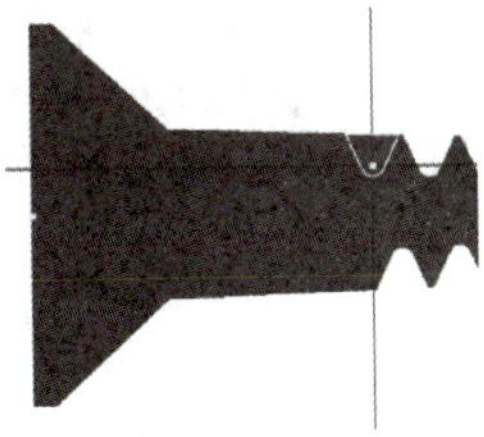 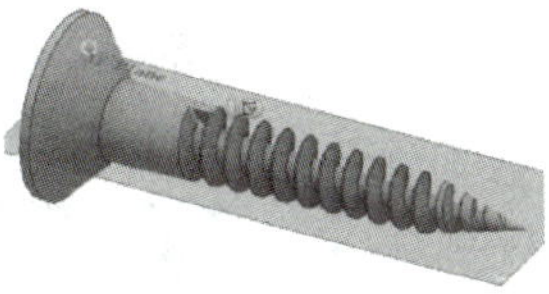 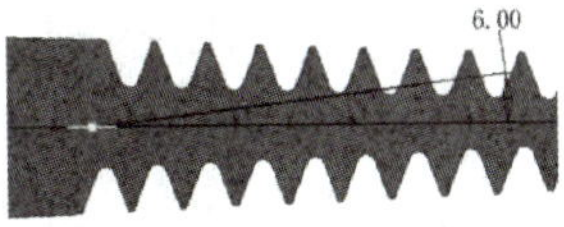
09	**螺旋收尾设计** 单击工具面板“三维模型”选项卡中“创建”区域中的“螺旋扫掠”按钮，在弹出的螺旋扫掠对话框中设置扫掠类型为“平面螺旋”，螺距为6 mm，旋转角度为0.5°。单击确定完成螺旋收尾操作	 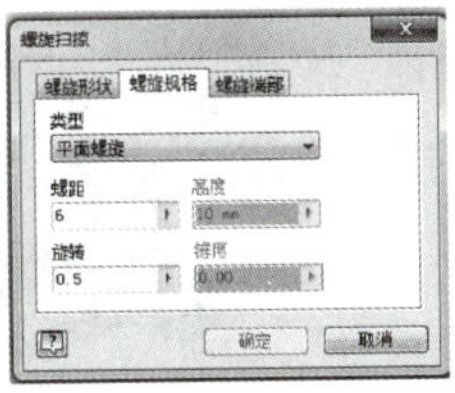 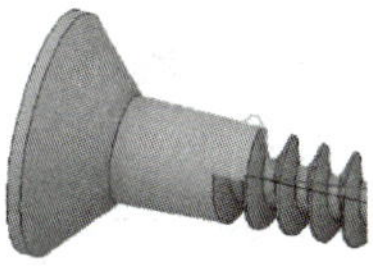 
10	选取实体表面作为草图绘制平面，在草图绘制选项卡中单击“两点矩形”按钮，绘制宽度为3 mm的矩形草图轮廓	 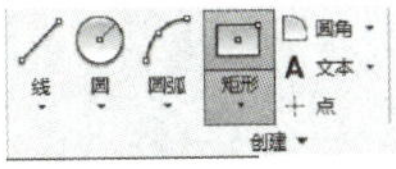 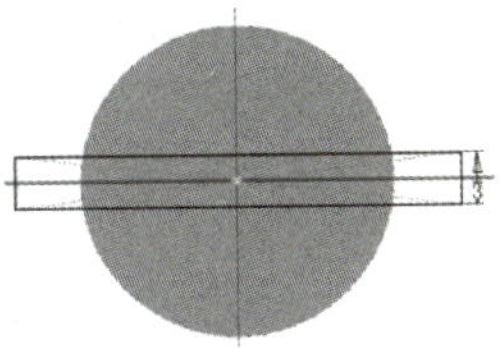 

续表

序号	操作文字说明 快捷操作示意	操作演示图示
10	单击工具面板“三维模型”选项卡中“创建”区域中的“拉伸”按钮，为创建的草图添加拉伸求差特征	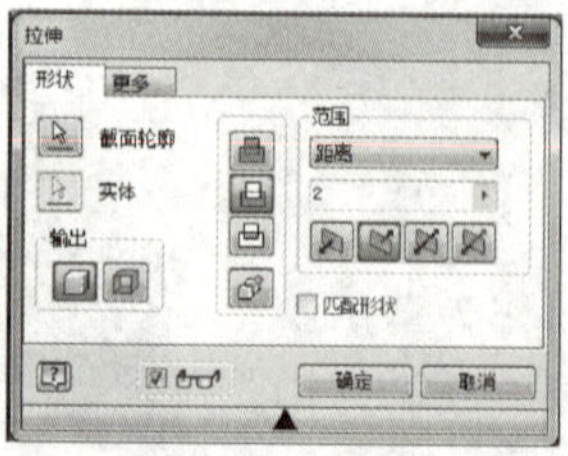 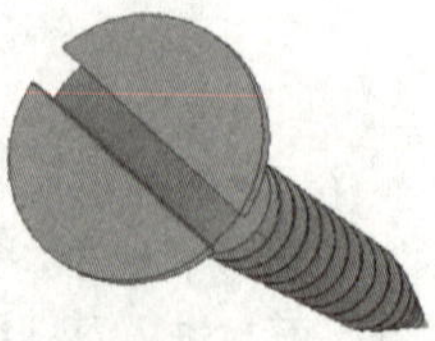
11	通过顶部下拉菜单设定木螺钉的材料和外观颜色 材料：钢 外观：金属（1 600 F 火灼）	材料　外观 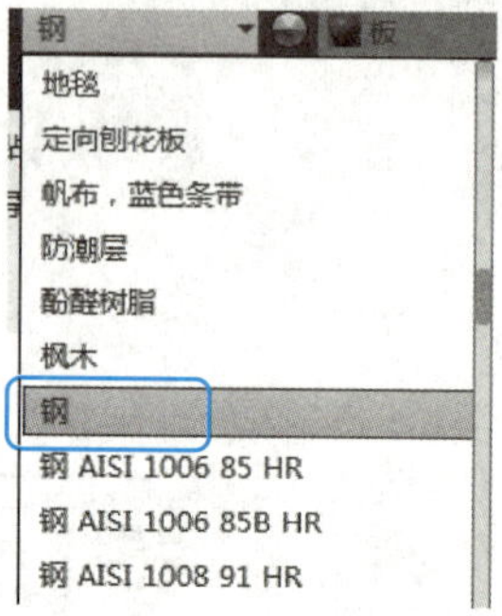 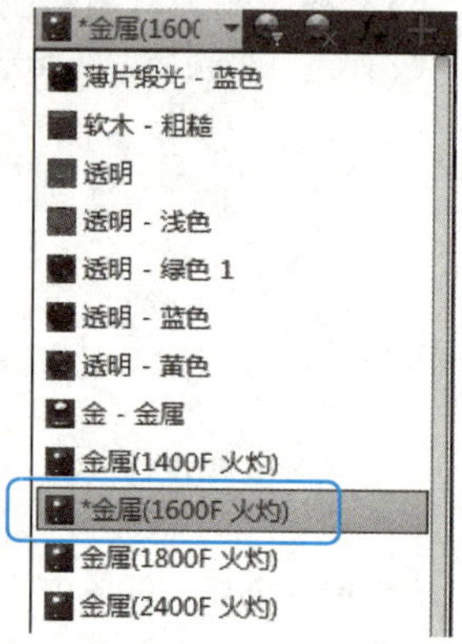 
12	单击“文件”，在下拉菜单中选择“保存”，输入文件名称“木螺钉”，单击保存	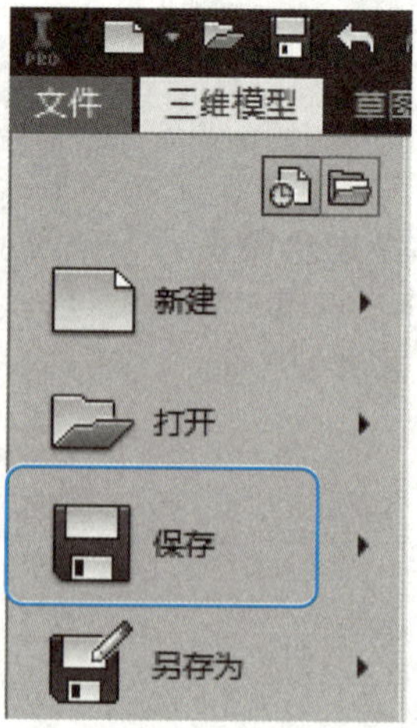 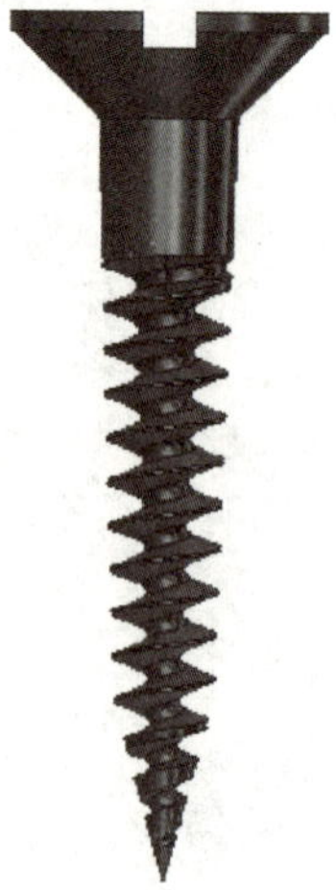

任务拓展

（1）木螺钉的设计重点是“螺旋扫掠”命令的使用，在螺旋收尾的设计中，请思考为什么旋转轴与水平线角度为 6°？

（2）木螺钉建模过程中，你遇到最大的困难是什么？

自我评价

自主完成的步骤	合作讨论下完成的步骤	未完成的步骤

作业

完成图 13-6 所示螺旋扫掠特征零件的建模，参数可自行设定。

图 13-6　螺旋扫掠特征零件

项目十四　设计智能手环

项目介绍

智能手环（图 14–1）是一种穿戴式智能设备。通过智能手环，用户可以记录日常生活中的锻炼、睡眠等实时数据，并将这些数据与手机等设备同步，起到通过数据指导健康生活的作用。

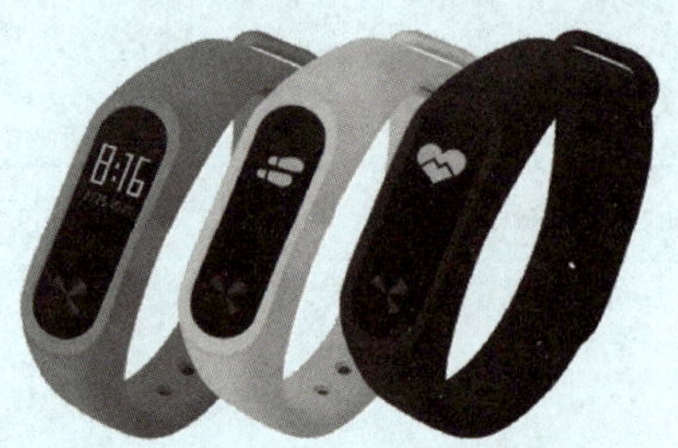

图 14–1　智能手环

智能手环作为目前备受用户关注的科技产品，拥有强大的功能，正悄无声息地渗透并改变着人们的生活。

本项目将使用 Inventor 2018 软件设计智能手环的模型（图 14–2、图 14–3）。

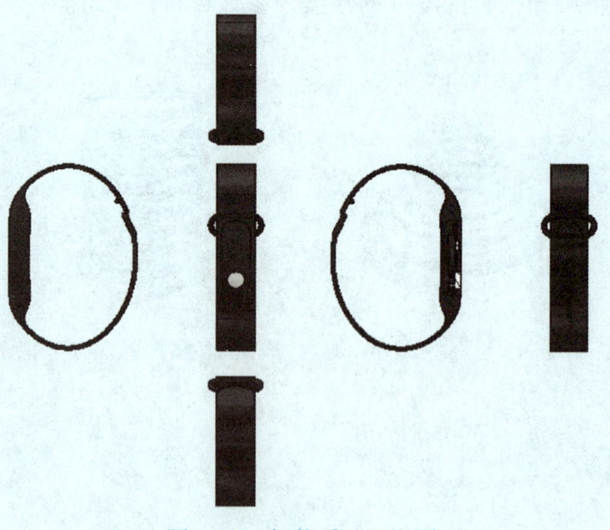

图 14–2　智能手环六视图

图 14-3　智能手环轴测图

项目知识与技能

※ 草图的拉伸、旋转、扫掠
※ 多实体建模
※ 实体加厚、抽壳、直接编辑、分割、镜像、凸雕
※ 创建辅助工作平面，如使用拉伸曲面创建草图平面的方法
※ Autodesk 外观库的使用——金属漆

建模方法与工具

智能手环的设计使用“自上而下”的方法进行，从产品核心件出发开始建模直至完成表带的创建。多实体的建模方式既加快了设计的效果又保证了产品的整体性。建模方法见表 14-1 所示。

表 14-1　建 模 方 法

零件图示	操作命令	基本使用方法示例	
	分割		
	直接编辑		

续表

零件图示	操作命令	基本使用方法示例	
	扫掠		
	合并		
	拉伸曲面		

图 14-4 所示为智能手环爆炸图，同时给定了该产品的所有零件图（图 14-5），运用 Inventor 2018 软件根据给定的工程图创建这款产品。

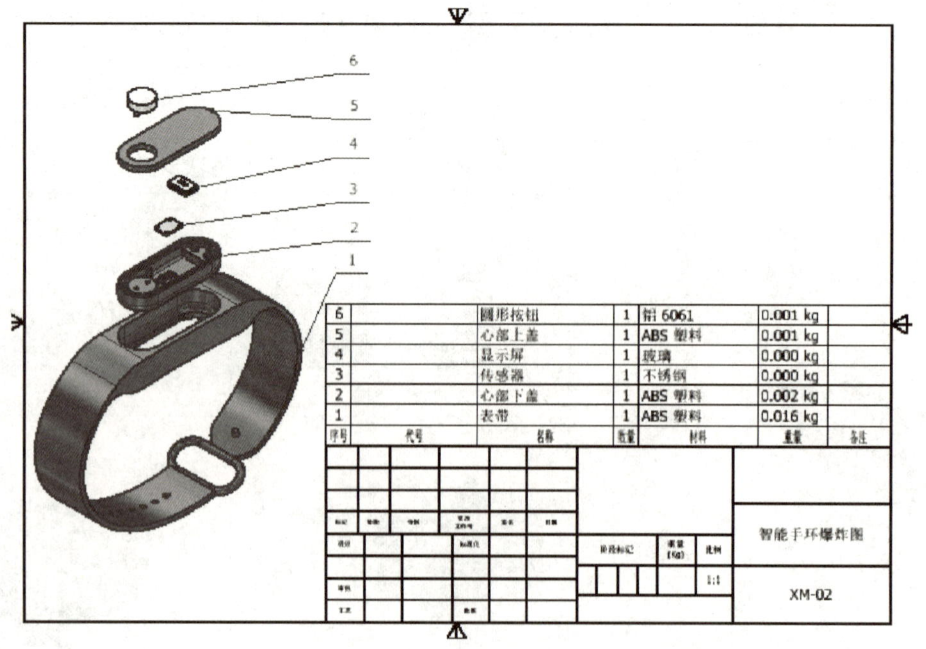

图 14-4 智能手环爆炸图

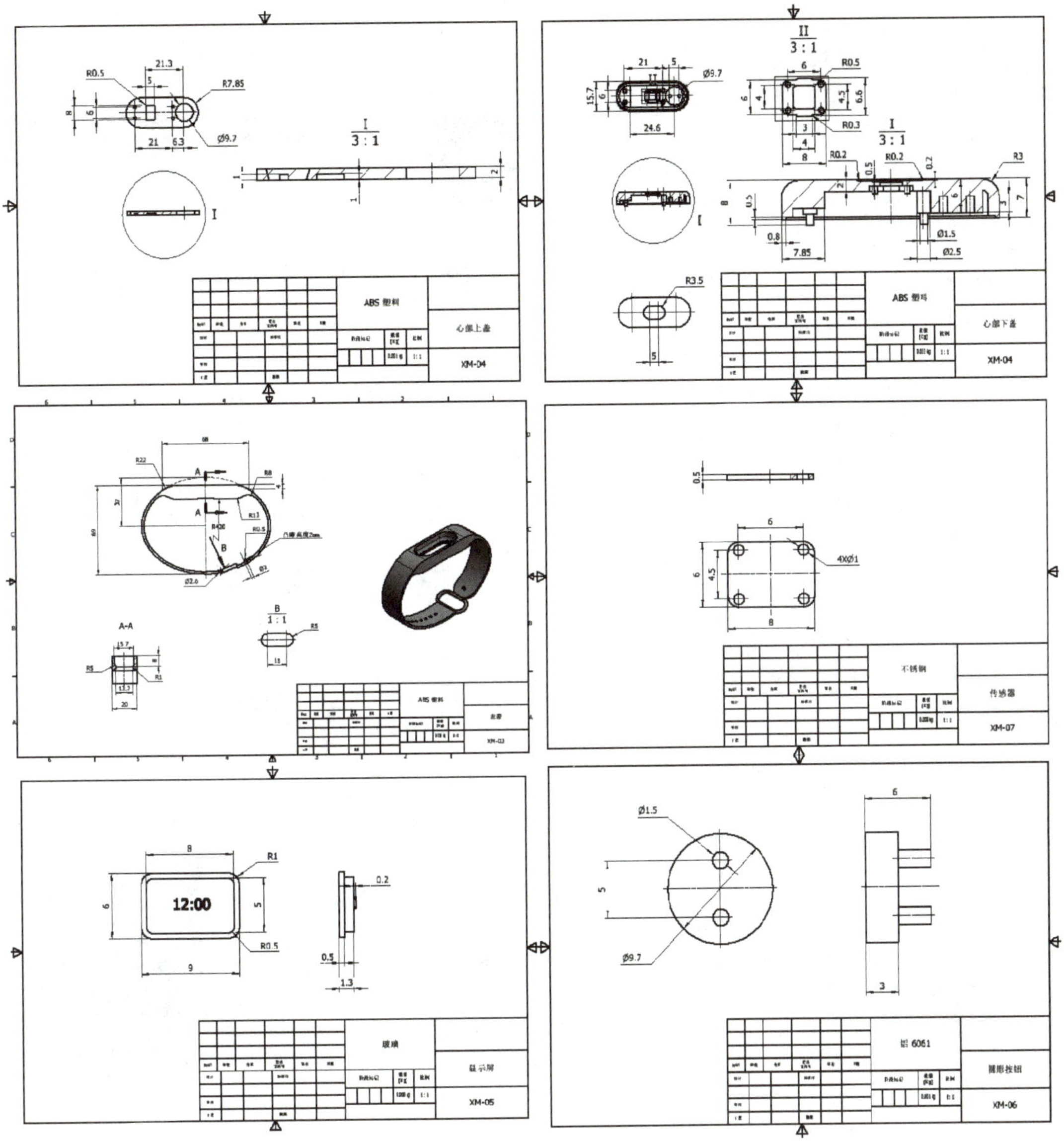

图 14-5 零件图

项目建模步骤

智能手环模型创建过程见表 14-2。

表 14-2 智能手环模型创建过程

序号	操作文字说明 快捷操作示意	操作演示图示
01	在桌面新建一个文件夹，命名为“智能手环”。启动 Inventor 2018 软件，在“快速入门”菜单中选择“项目”，在弹出的对话框中单击新建按钮，选取项目的类型为“新建单用户项目”，随即单击“下一步”，在弹出的“Inventor 项目向导”对话框中设定项目所建的文件夹地址以及项目的名称。设置完成后，单击“完成”按钮。创建项目文件的目的是有效地管理设计数据	 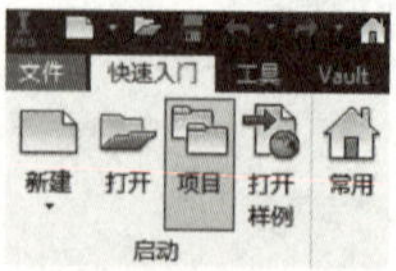 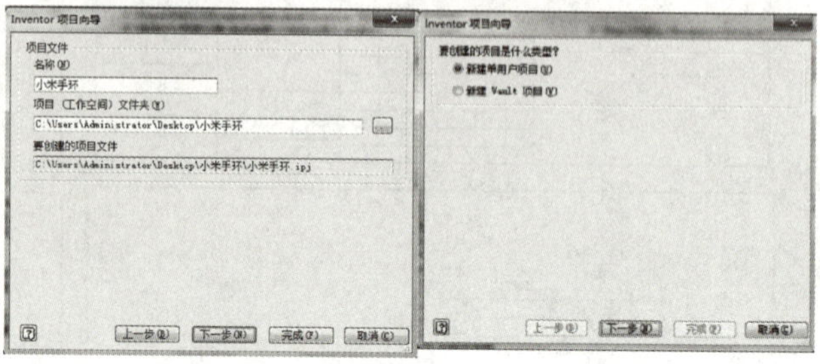
02	在软件初始界面中，使用起始界面的快速新建区域中的“零件”按钮新建零件	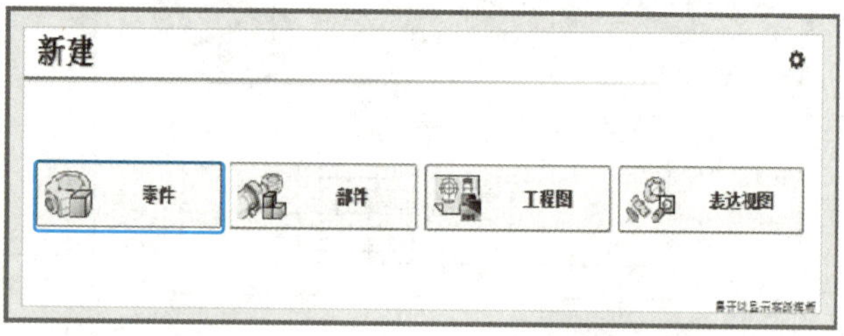
03	单击工具面板“开始创建二维草图”按钮，并在绘图区中选择 XY 平面，进入二维草图创建环境	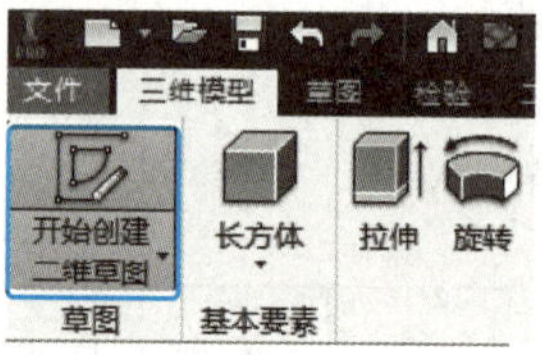 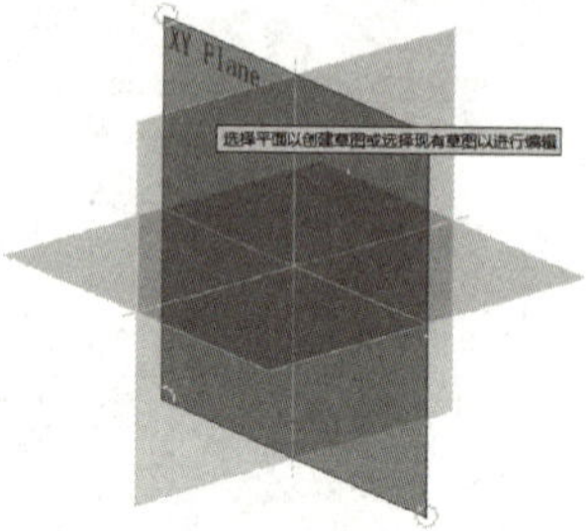
04	**创建手环心部零件** 进入草图绘制环境后，单击中心点槽命令绘制如右图所示的轮廓并将草图全约束	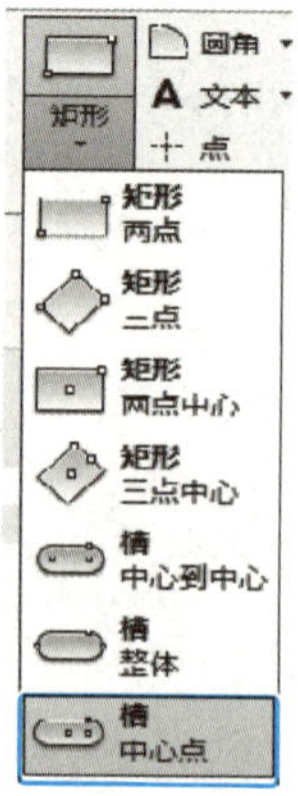 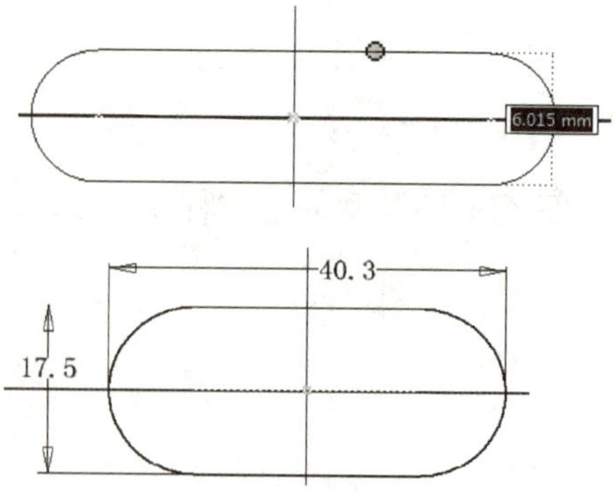

续表

序号	操作文字说明 快捷操作示意	操作演示图示
04	单击工具面板中“三维模型”选项卡下“创建”面板中的“拉伸”按钮，将该草图拉伸 9 mm	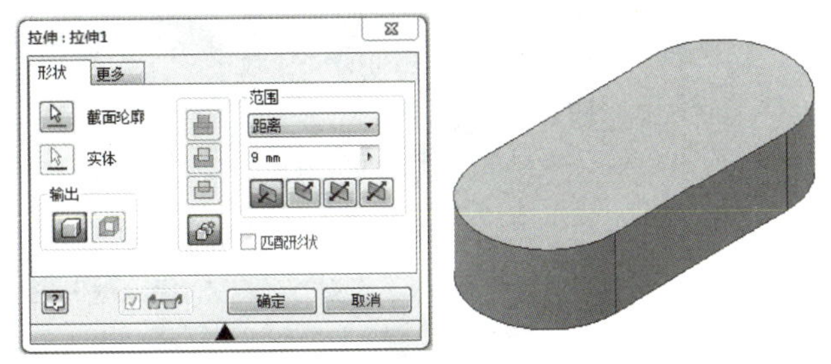
	单击工具面板中“三维模型”选项卡下“修改”面板中的“圆角”按钮，对拉伸实体的底边倒圆角 3 mm	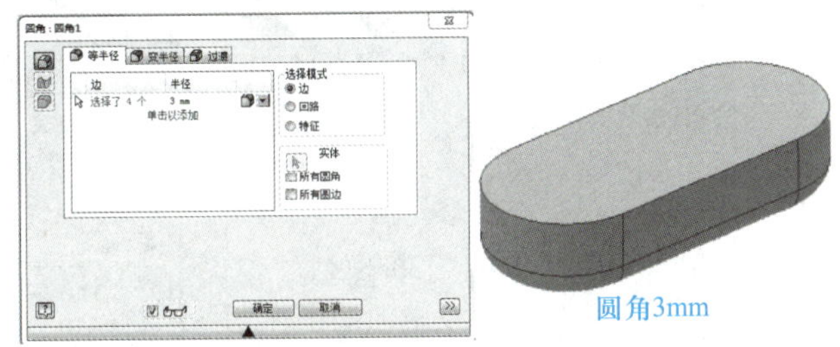 圆角3mm
	单击工具面板中“三维模型”选项卡下“定位特征”面板中的“平面”按钮，将实体上表面向下偏移 2 mm 建立辅助工作平面	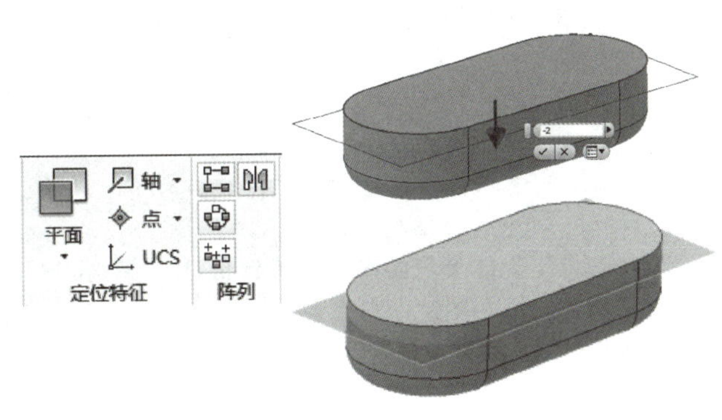
	单击工具面板中“三维模型”选项卡下“修改”面板中的“分割”按钮，以偏移的平面位分割工具将实体分割成两个部分	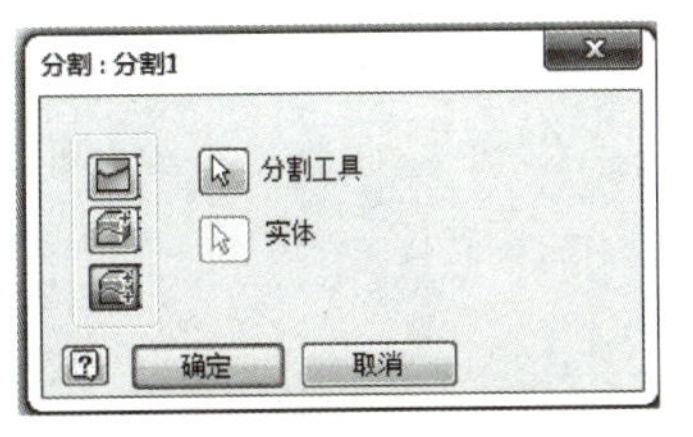 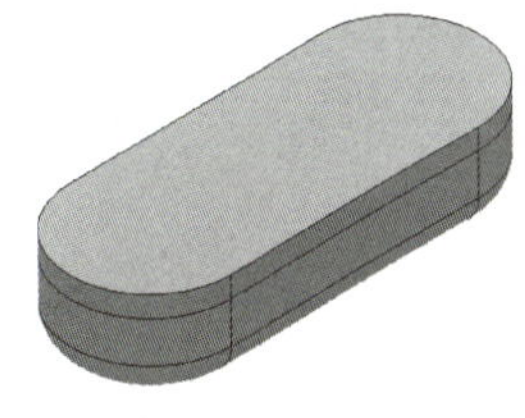

续表

序号	操作文字说明 快捷操作示意	操作演示图示
	单击工具面板中“三维模型”选项卡下“修改”面板中的“抽壳”按钮，对心部下壳体进行抽壳操作	
	选取下壳体上表面作为草图绘制平面，依据右图草图轮廓绘制草图。草图绘制的方法：投影几何图元并将投影的轮廓偏移 1.2 mm，得到一个封闭的草图轮廓	
04	单击工具面板中“三维模型”选项卡下“创建”面板中的“拉伸”按钮，对草图轮廓进行拉伸求差操作，拉伸深度为 0.5 mm	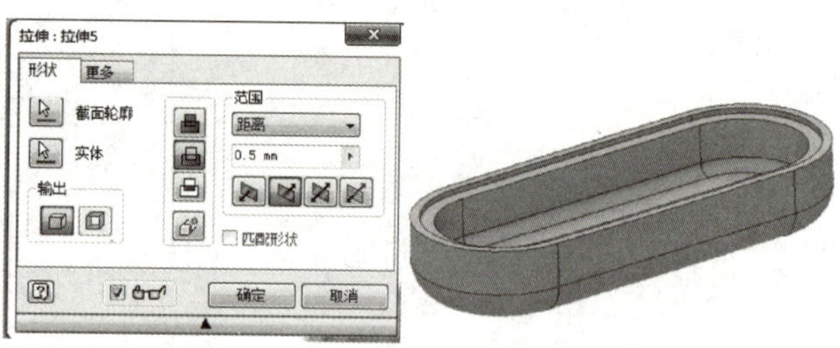
	选取下壳体上表面作为草图绘制平面，依据右图绘制草图轮廓，并进行草图全约束	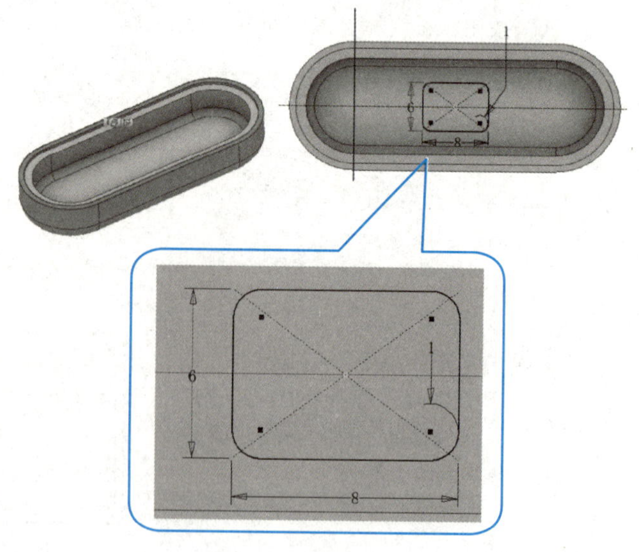

续表

序号	操作文字说明 快捷操作示意	操作演示图示
	单击工具面板中“三维模型”选项卡下“创建”面板中的“凸雕”按钮，向下凸雕深度为 1 mm	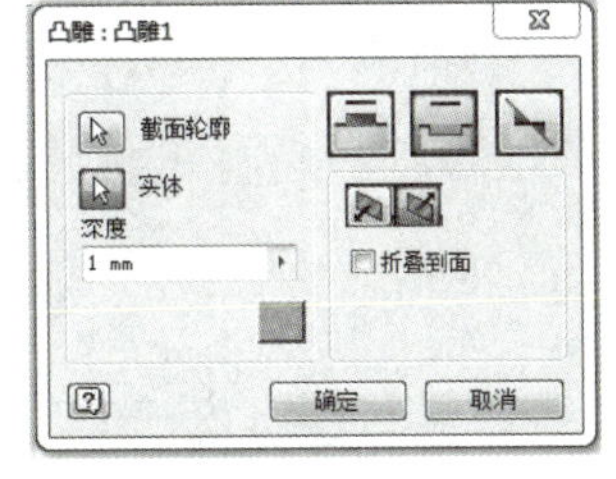 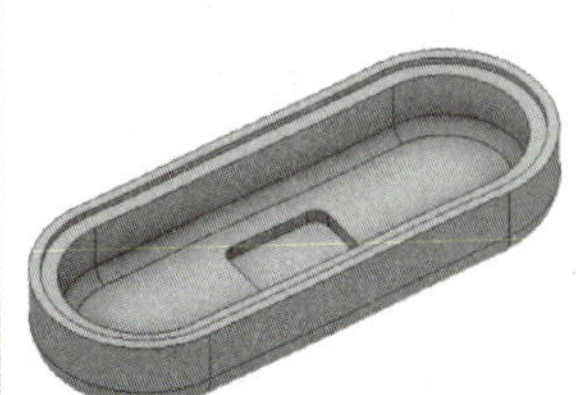
	选取心部壳体内表面作为草图绘制平面，依据右图绘制矩形草图轮廓	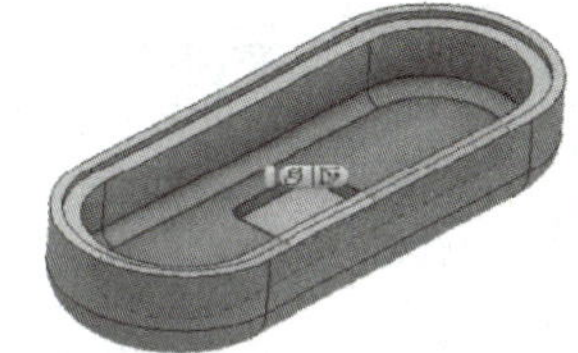 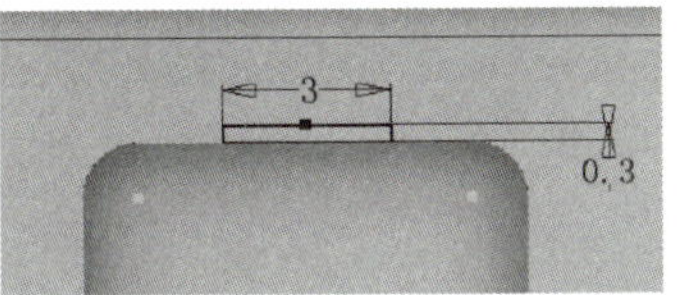
04	单击工具面板中“三维模型”选项卡下“创建”面板中的“拉伸”按钮，使用草图对实体进行拉伸求差操作，并对边进行圆角设计	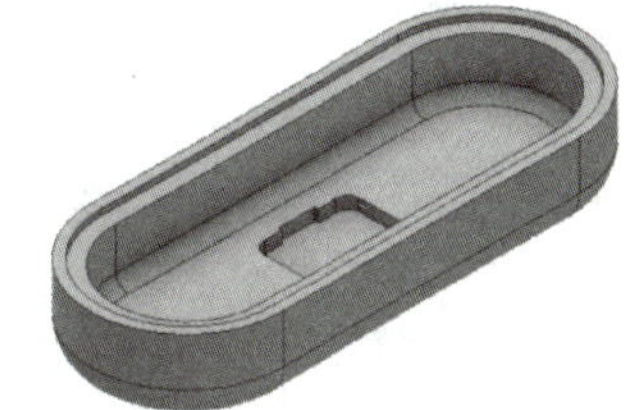 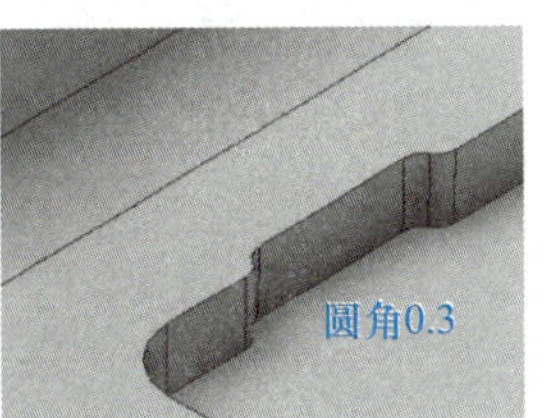
	单击工具面板中“三维模型”选项卡下“阵列”面板中的“镜像”按钮，将拉伸和圆角特征镜像操作	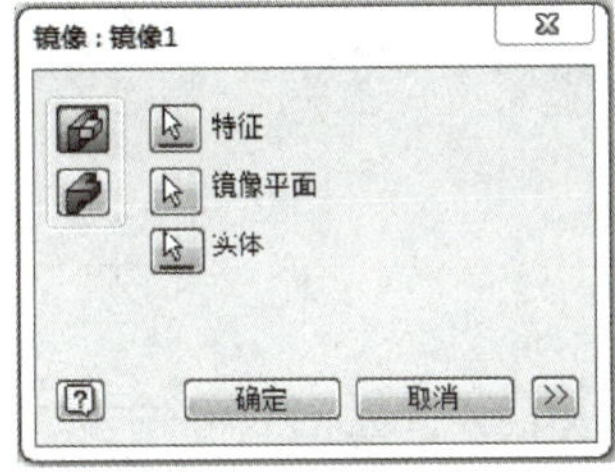 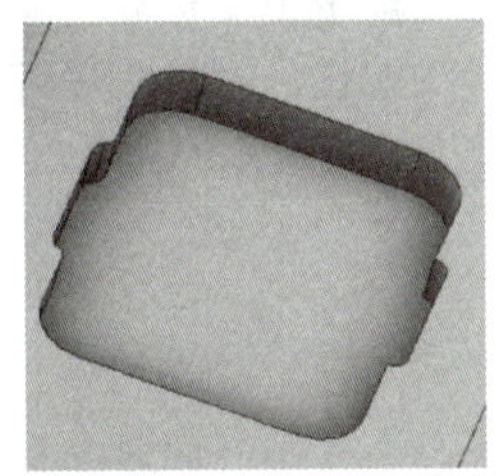
	选取心部实体上表面作为草图绘制平面，依据右图绘制矩形草图轮廓	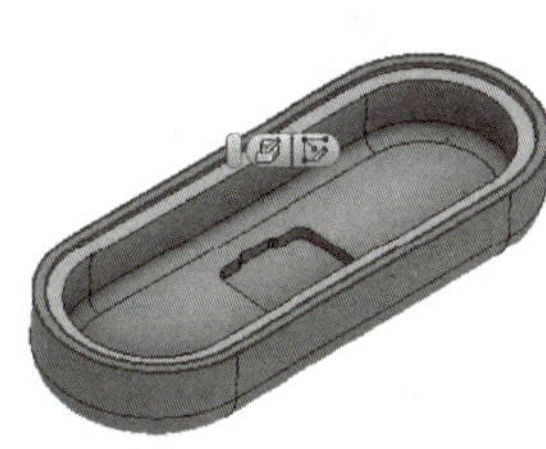 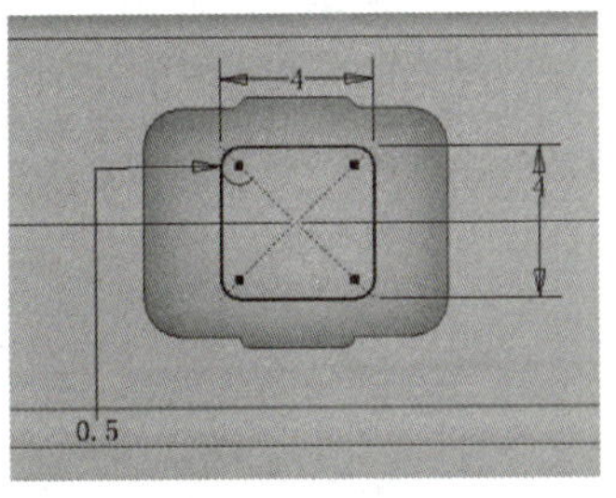

续表

序号	操作文字说明 快捷操作示意	操作演示图示
04	单击工具面板中“三维模型”选项卡下“创建”面板中的“凸雕”按钮，向下凸雕深度为 0.5 mm	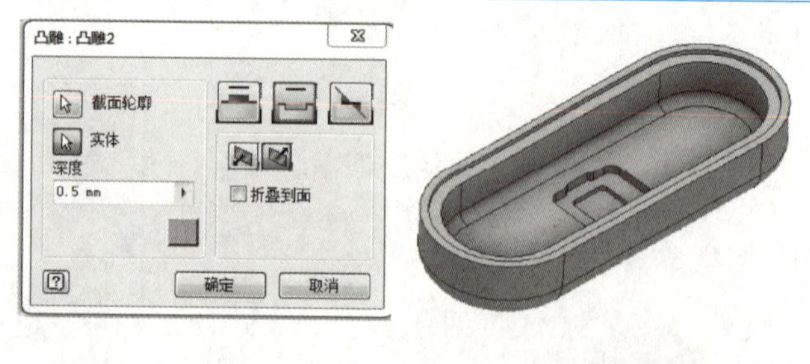
	单击工具面板中“三维模型”选项卡下“定位特征”面板中的“平面”按钮，将右图实体表面向下偏移 10 mm	
	在新建的平面上绘制草图，该草图的绘制可使用“中心点槽”命令，草图如右图所示	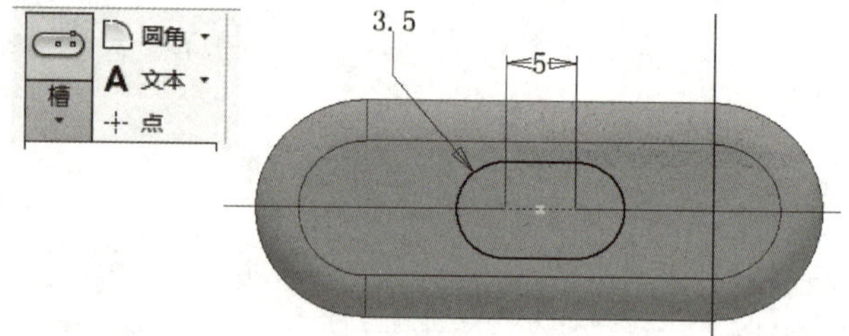
	单击工具面板中“三维模型”选项卡下“创建”面板中的“凸雕”按钮，对草图进行凸雕操作，设置深度为 0.2 mm	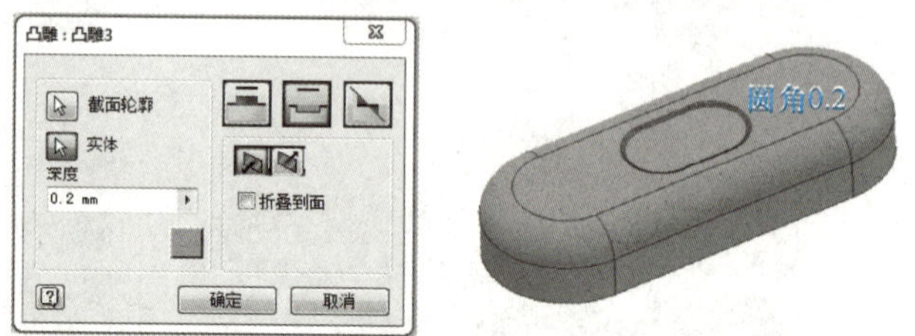
	使用平面命令将右图所示的台阶平面向下平移 1.5 mm，新建工作平面。使用直线和圆命令绘制如右图所示的草图轮廓	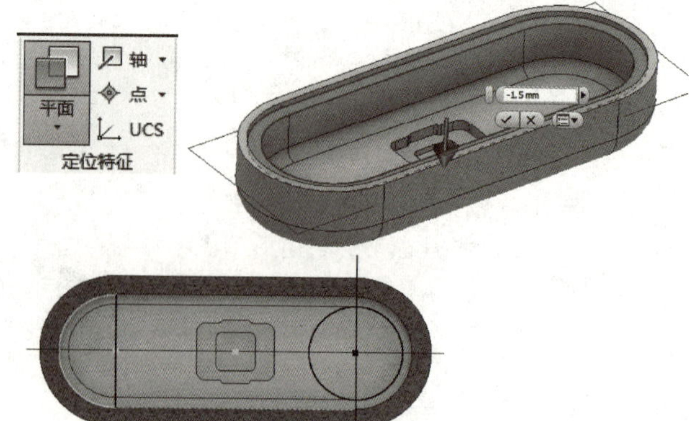

续表

序号	操作文字说明 快捷操作示意	操作演示图示
04	单击工具面板中“三维模型”选项卡下“创建”面板中的“拉伸”按钮，对草图进行拉伸操作	 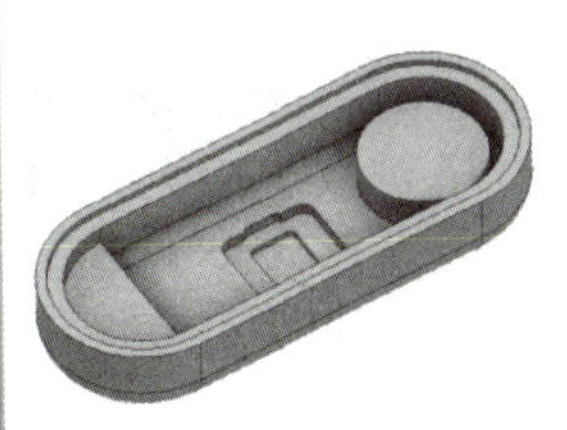
	使用平面命令将右图所示的台阶平面向上平移 1 mm，新建工作平面。使用圆命令绘制如右图所示的草图轮廓。注意编辑尺寸约束	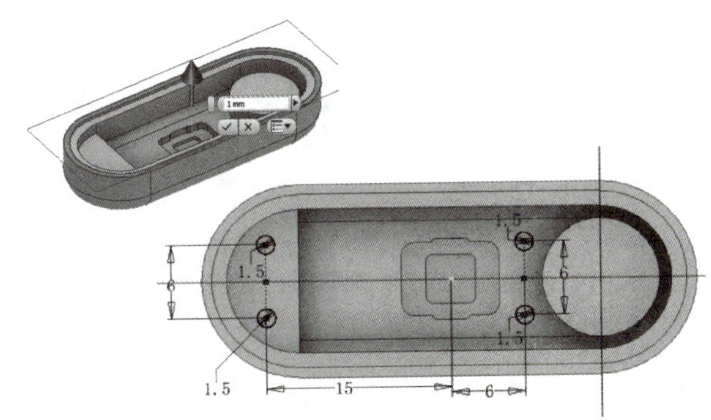
	单击工具面板中“三维模型”选项卡下“创建”面板中的“拉伸”按钮，对草图进行拉伸操作	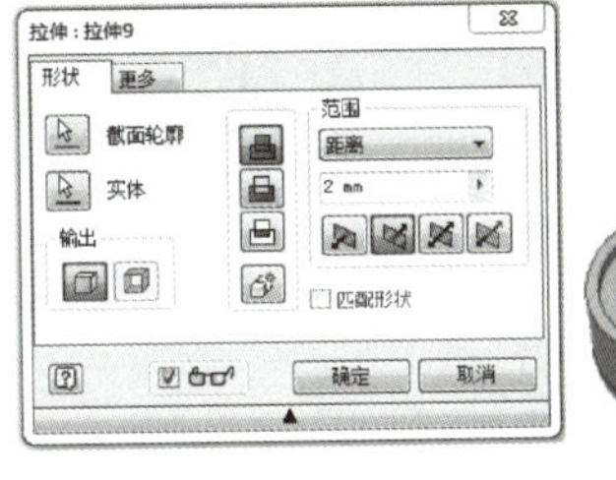 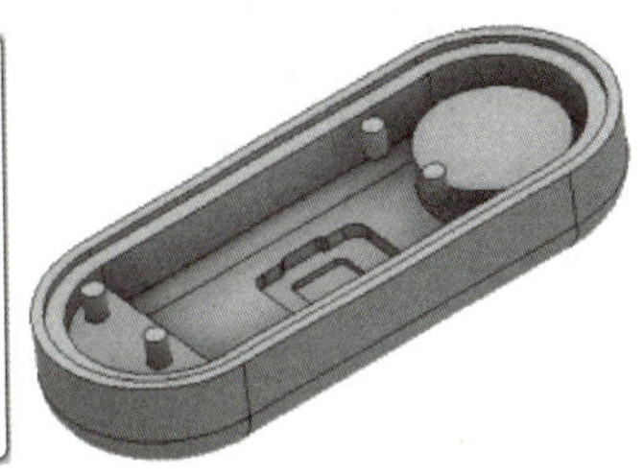
	选取新建圆柱的底面为草图绘制平面，使用“圆”绘制 4 个直径为 2.5 mm 的圆	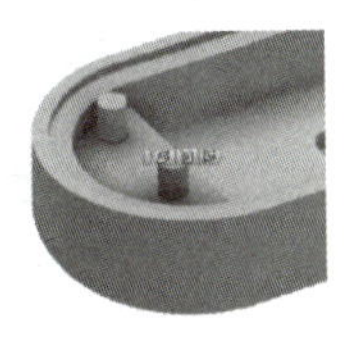 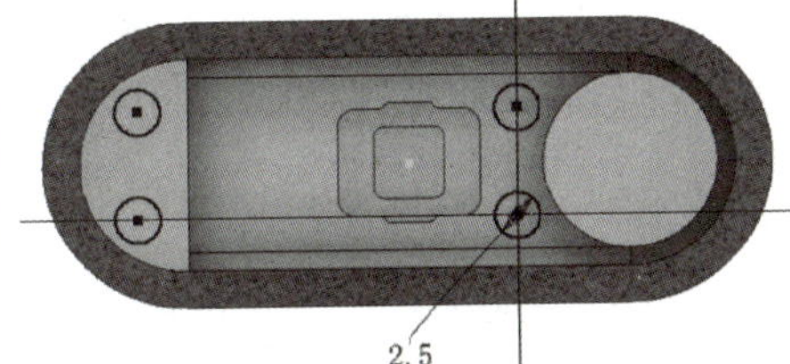

续表

序号	操作文字说明 快捷操作示意	操作演示图示
04	单击工具面板中“三维模型”选项卡下“创建”面板中的“拉伸”按钮，对草图进行拉伸操作	 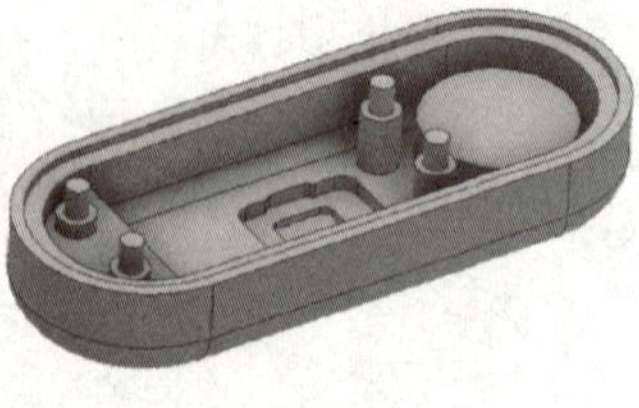
	选取右图实体表面为草图绘制平面，依据右图绘制草图轮廓	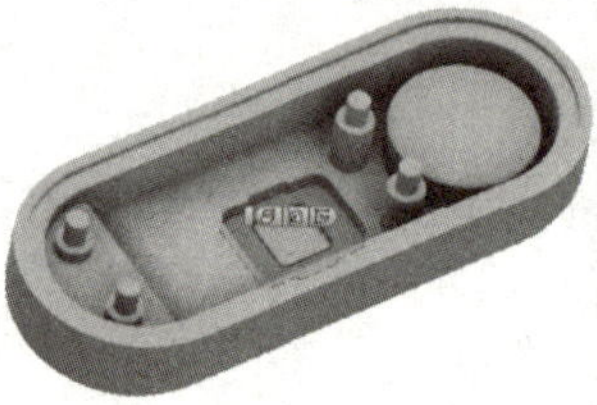 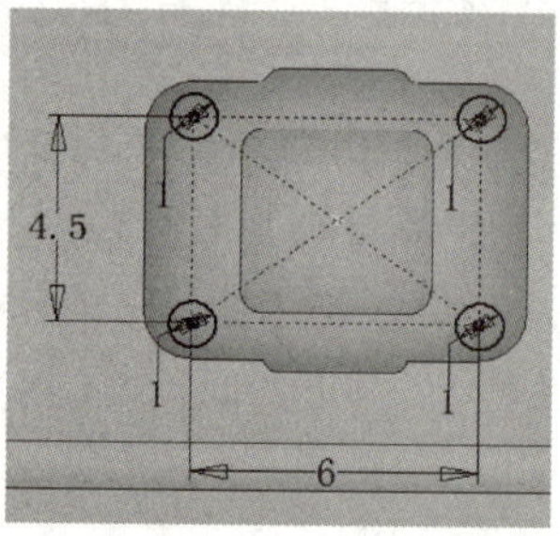
	单击工具面板中“三维模型”选项卡下“创建”面板中的“拉伸”按钮，对草图进行拉伸操作	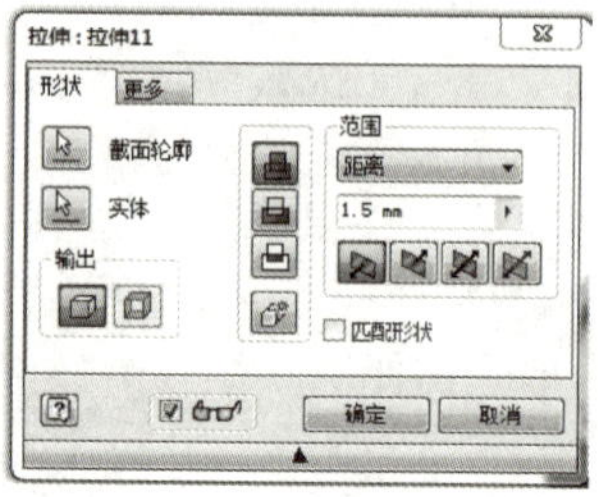 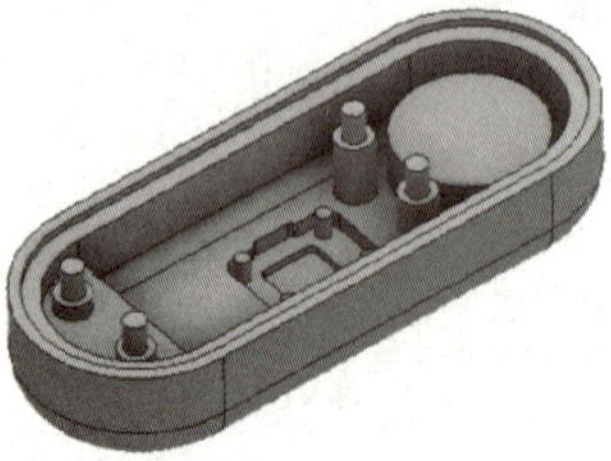
05	**创建传感器零件** 选取右图实体表面作为草图平面，草图的创建使用“投影几何图元”命令进行，如右图所示，投影几何图元的草图线为黄色	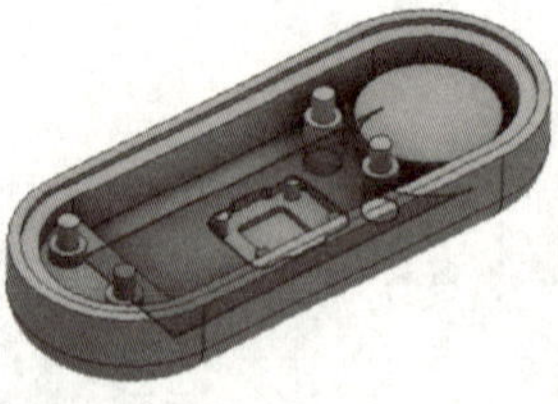 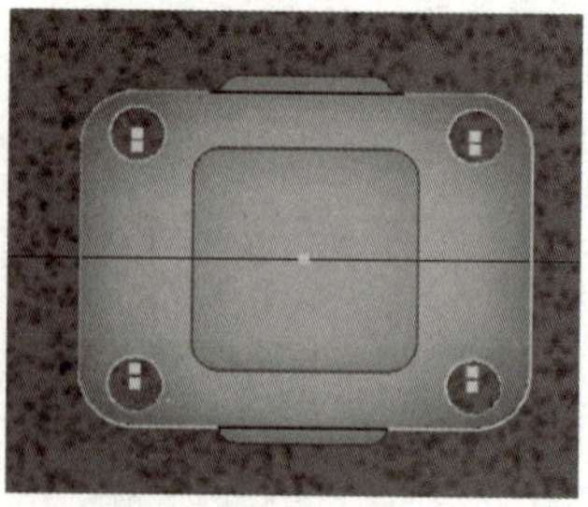

续表

序号	操作文字说明 快捷操作示意	操作演示图示
05	单击工具面板中“三维模型”选项卡下“创建”面板中的“拉伸”按钮，对草图进行拉伸操作	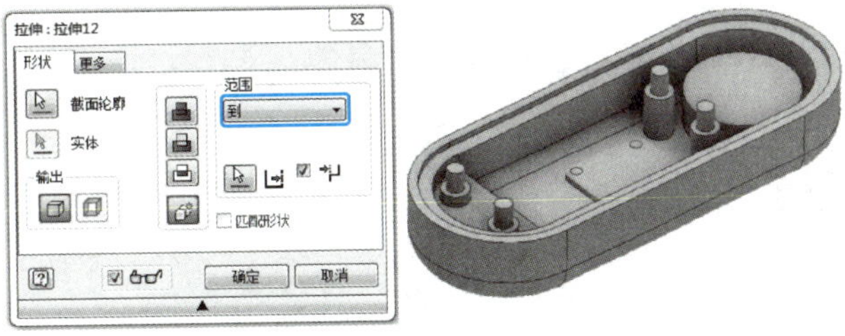
06	将未完成的心部上壳零件进行显示，选取实体表面作为草图绘制平面，草图的创建使用“投影几何图元”命令，拾取心部下壳中，圆柱凸起的横截面作为草图轮廓	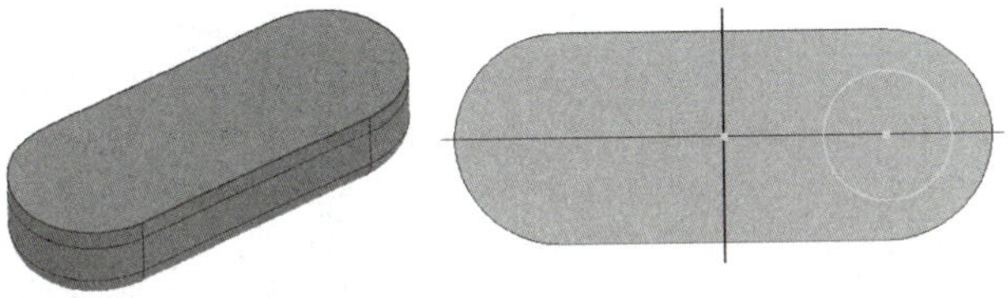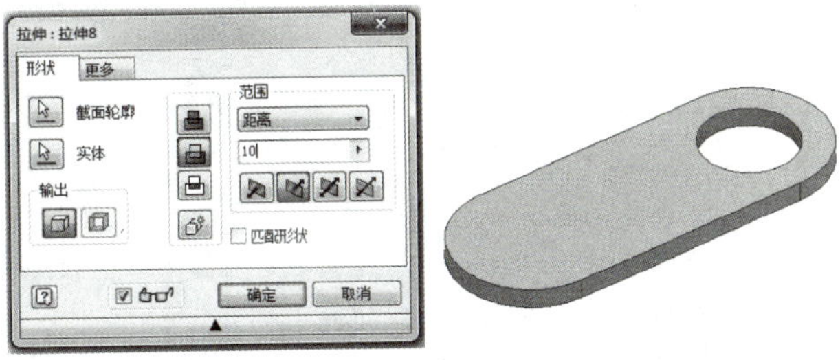
	选取心部上壳下表面作为草图绘制平面，草图的创建使用“投影几何图元”命令，拾取心部下壳中的四个凸柱的横截面作为草图轮廓	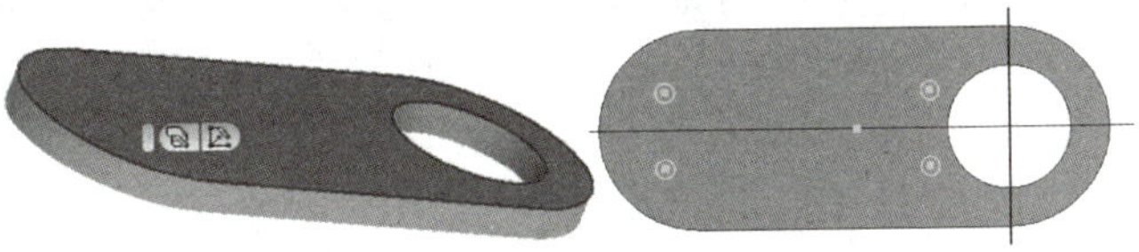
	单击工具面板中“三维模型”选项卡下“创建”面板中的“拉伸”按钮，对草图进行拉伸求差操作，拉伸深度为 1 mm	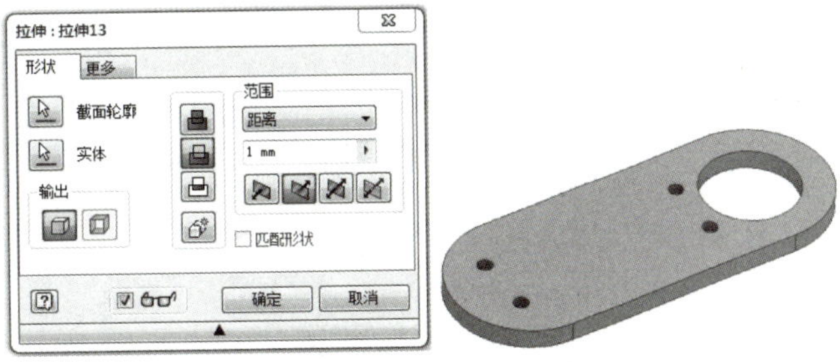

续表

序号	操作文字说明 快捷操作示意	操作演示图示
06	将心部上壳零件隐藏，显示心部下壳	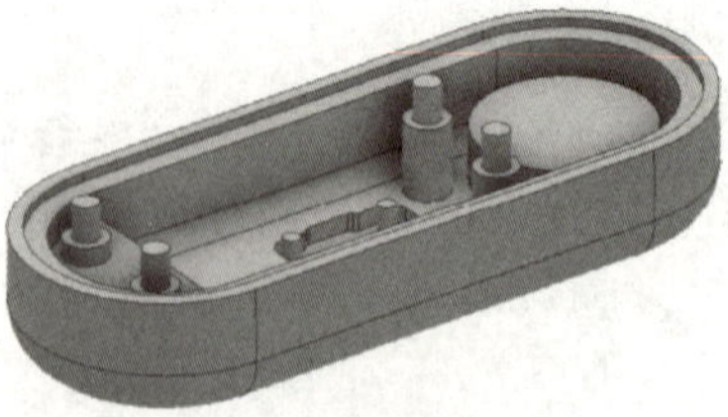 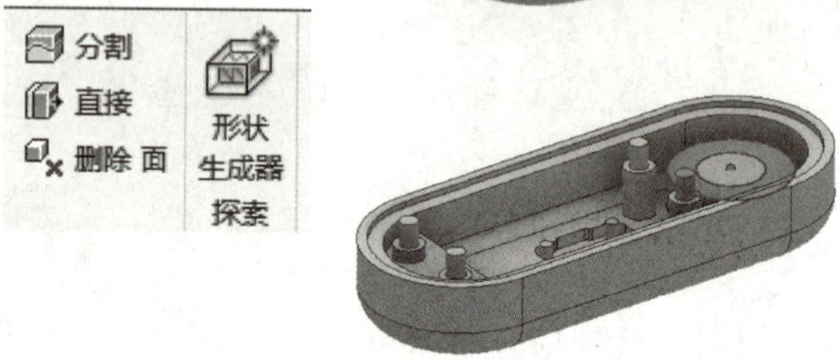
	单击工具面板中“三维模型”选项卡下“修改”面板中的“直接”按钮，单击拾取圆柱的圆心，向上拖动上箭头至1 mm处，选中的部分会等直径增高1 mm	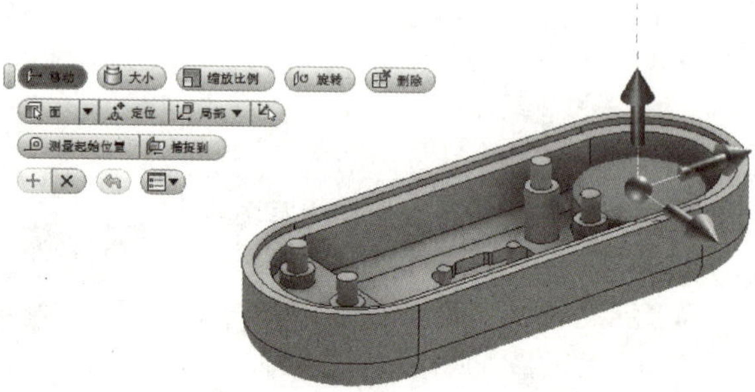 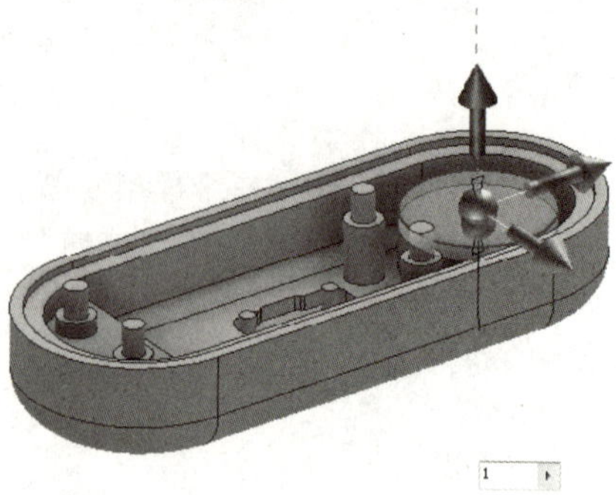

续表

序号	操作文字说明 快捷操作示意	操作演示图示
	创建圆形按钮零件 将心部上壳零件显示 拾取心部上壳实体表面作为草图绘制平面，草图的创建使用“投影几何图元”命令	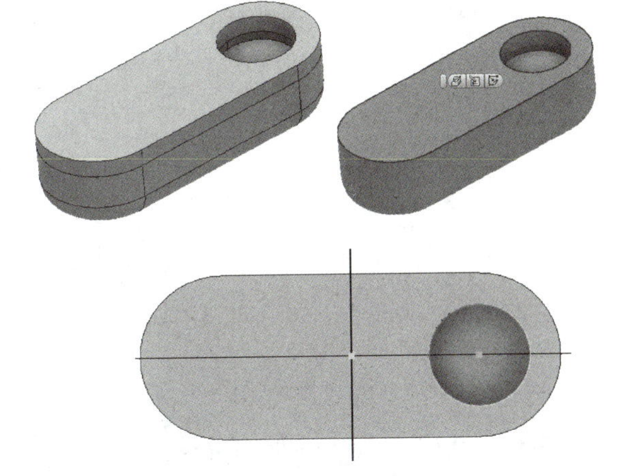
07	单击工具面板中“三维模型”选项卡下“创建”面板中的“拉伸”按钮，对草图进行拉伸操作。拉伸参数如下： 拉伸范围：到心部下壳圆柱凸台表面 输出方式：新建实体	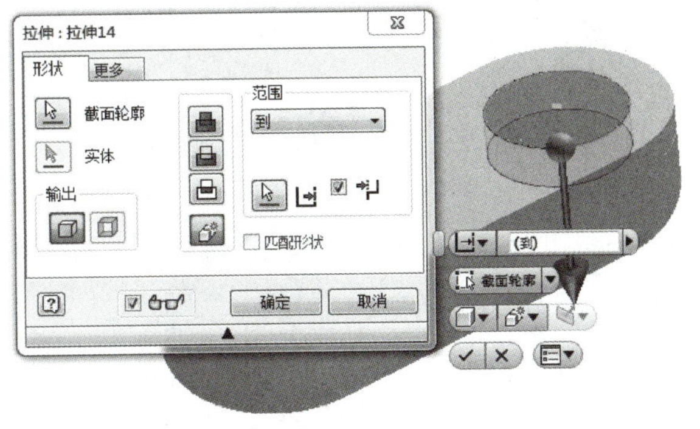
	隐藏心部下壳零件，并选取圆形按钮实体表面作为草图绘制平面，依据右图绘制两个直径为 1.5 mm 的圆	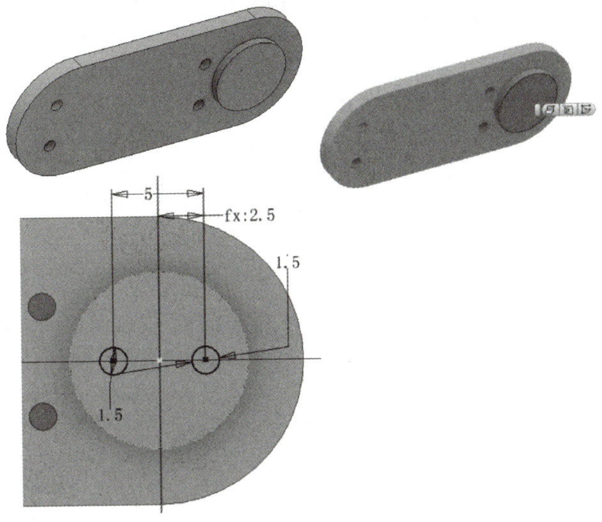

续表

序号	操作文字说明 快捷操作示意	操作演示图示
07	单击工具面板中“三维模型”选项卡下“创建”面板中的“拉伸”按钮，对草图拉伸 3 mm 如右图所示，根据测量工具测得心部下壳圆柱凸台处被切除的两个小圆柱孔的深度为 3.5 mm。 该圆柱孔是和圆形按钮配做得到的	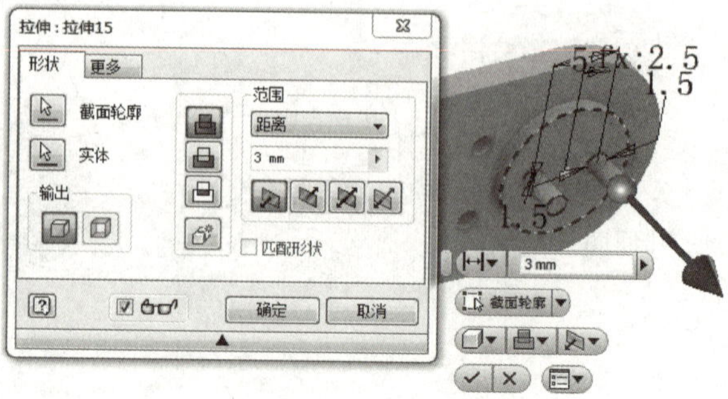 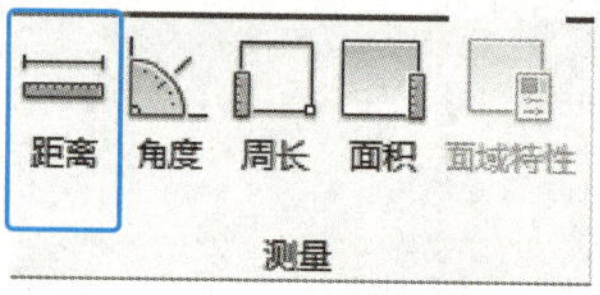 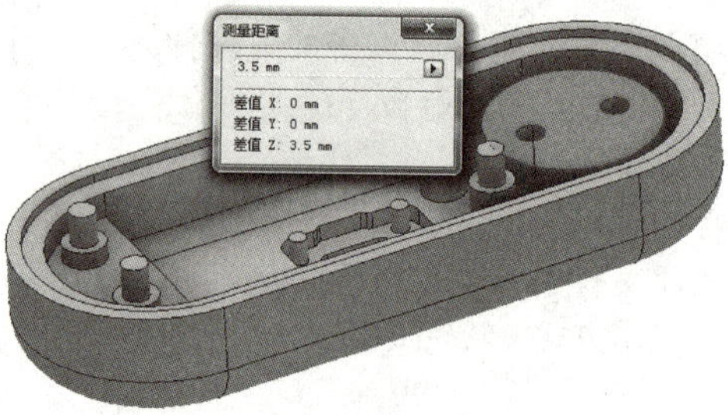
08	**创建表带零件** 在原始坐标系中选取 YZ 平面作为草图绘制平面 根据右图绘制草图轮廓并标注尺寸	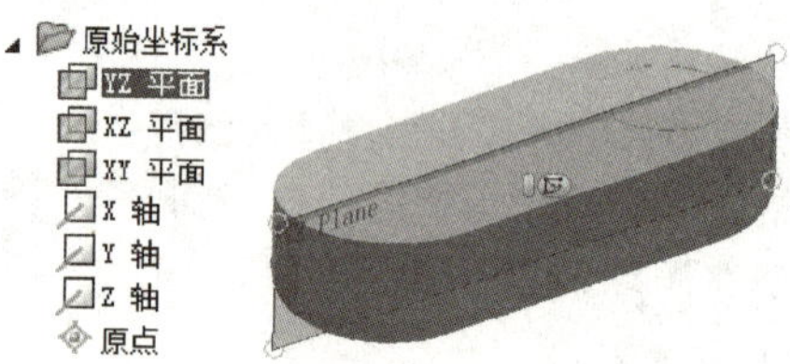 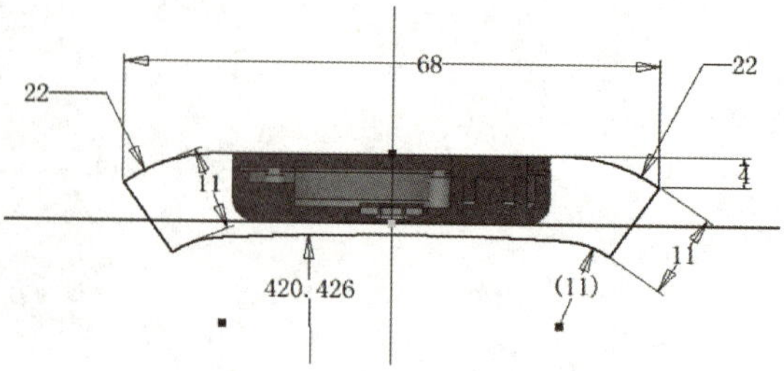

续表

序号	操作文字说明 快捷操作示意	操作演示图示
08	单击工具面板中“三维模型”选项卡下“创建”面板中的“拉伸”按钮，对草图双向拉伸 20 mm，输出方式为新建实体	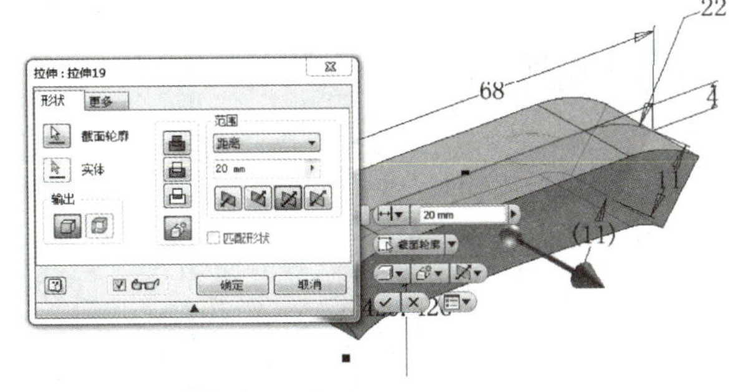
	选取如右图所示的实体表面作为草图绘制轮廓，投影心部外轮廓为草图轮廓	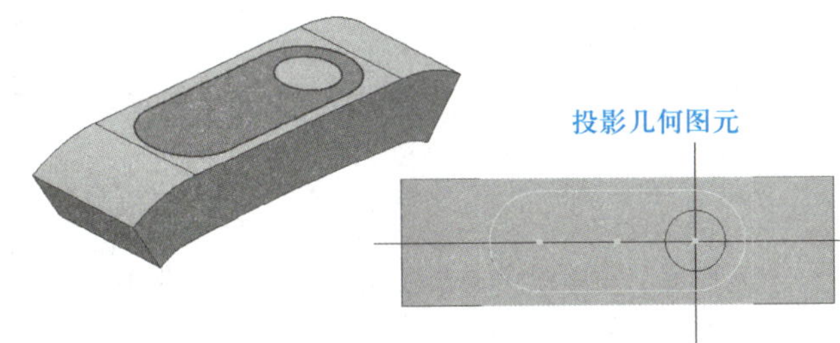
	单击工具面板中“三维模型”选项卡下“创建”面板中的“拉伸”按钮，对草图进行拉伸切除贯通操作	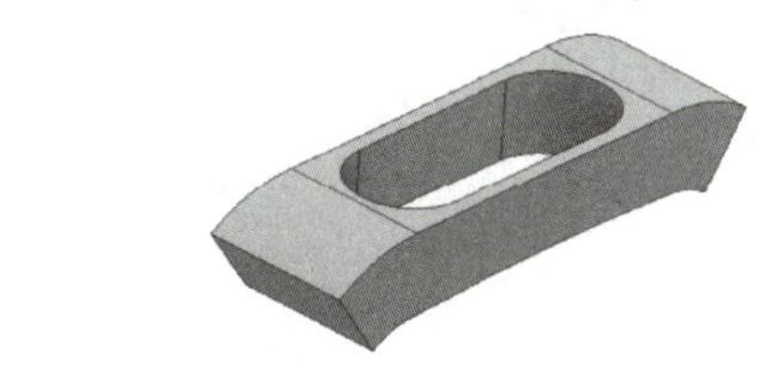
	单击工具面板中“三维模型”选项卡下“修改”面板中的“加厚”按钮，依次选取右图实体表面对选中区域加厚 1 mm	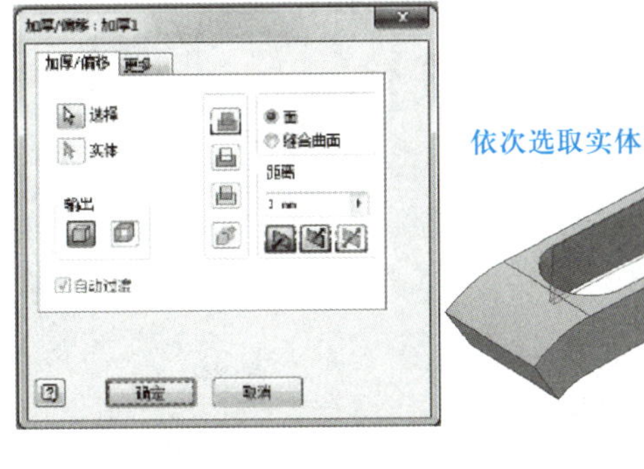

续表

序号	操作文字说明 快捷操作示意	操作演示图示
08	在原始坐标系中选取 XZ 平面作为草图绘制平面 使用直线和圆弧指令依据右图给定草图进行草图的绘制	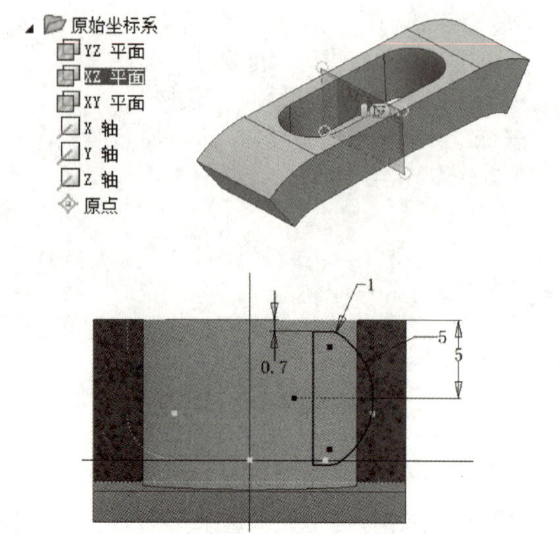
	单击工具面板中“三维模型”选项卡下“创建”面板中的“扫掠”按钮，截面轮廓选取上一步创建的草图，路径选取右图提示部分	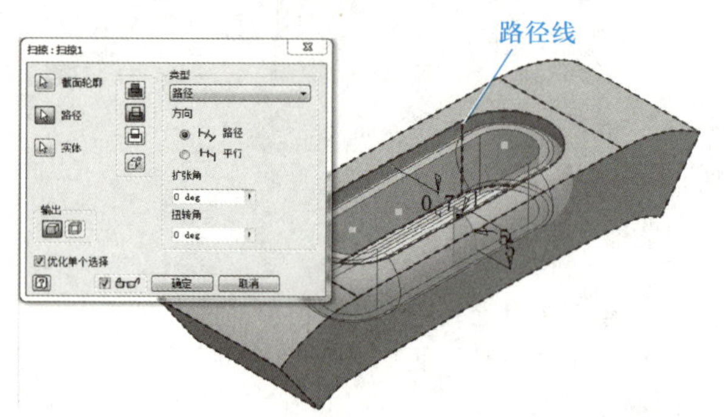
	单击工具面板中“三维模型”选项卡下“修改”面板中的“加厚”按钮，依次选取右图实体表面，对选中区域反向加厚 1 mm	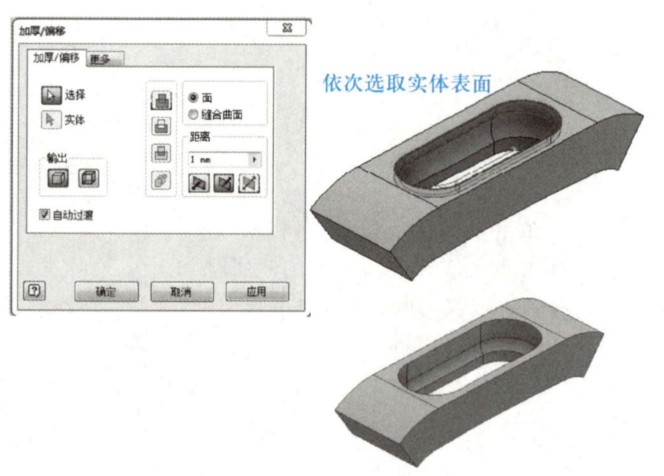

续表

序号	操作文字说明 快捷操作示意	操作演示图示
08	单击工具面板中“三维模型”选项卡下“修改”面板中的“圆角”按钮，根据右图所指之处进行圆角特征操作	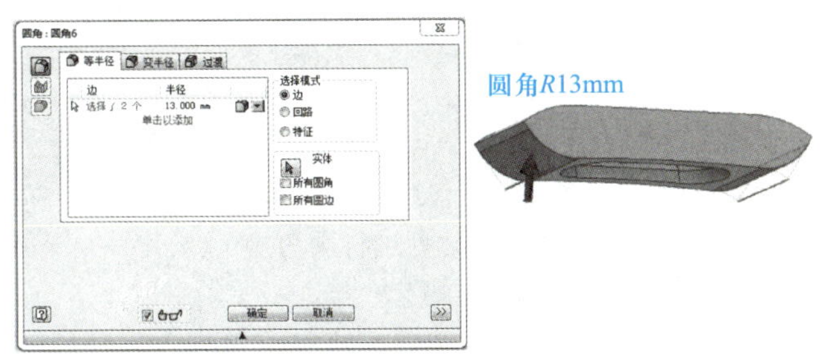
	选取原始坐标系中的YZ平面作为草图绘制平面，进入草图绘制环境后，使用键盘F7键进行草图切片观察。使用草图椭圆指令绘制如右图所示的草图轮廓	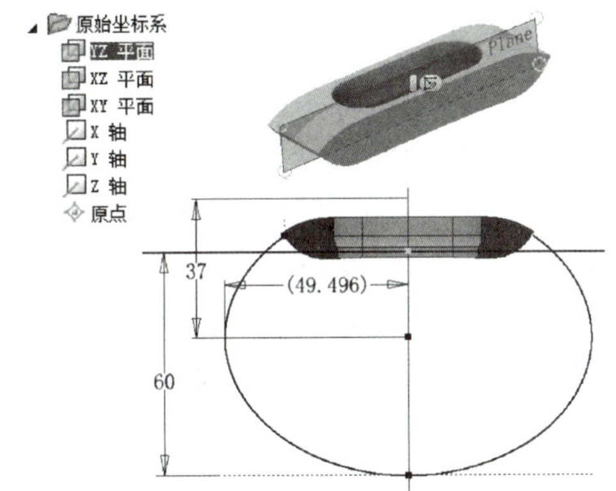
	单击选取已知实体表面作为草图绘制平面，进入草图绘制环境后，使用投影几何图元命令绘制草图轮廓	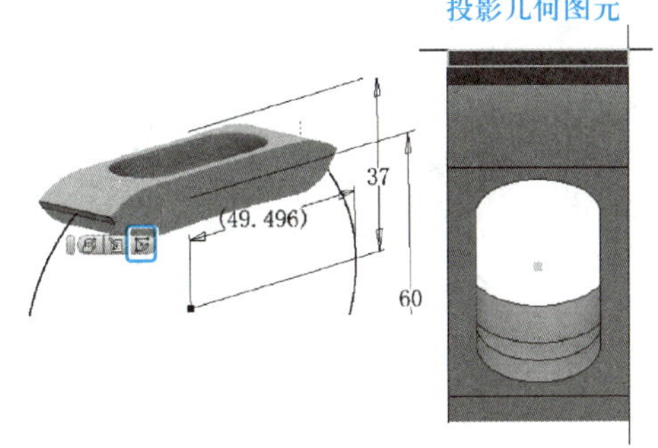
	单击工具面板中“三维模型”选项卡下“创建”面板中的“扫掠”按钮，扫掠参数如下： 截面轮廓：投影几何图元 路径：椭圆轮廓	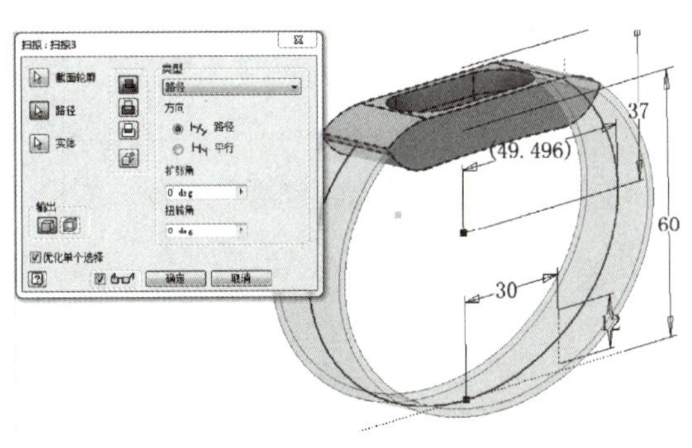

续表

序号	操作文字说明 快捷操作示意	操作演示图示
08	单击工具面板中“三维模型”选项卡下“修改”面板中的“圆角”按钮，对右图所指之处进行圆角操作，圆角半径 8 mm	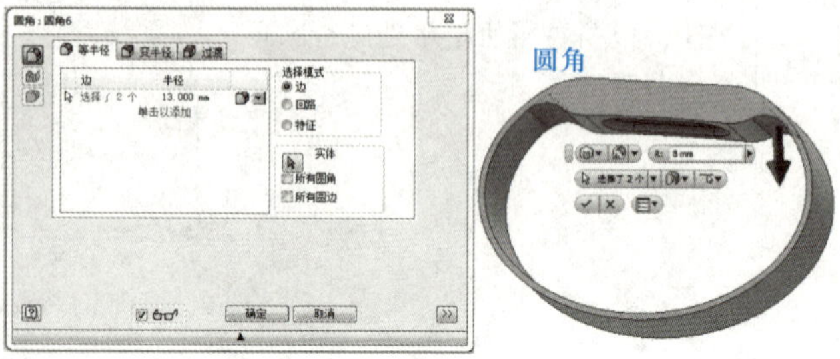
	选取原始坐标系中的 YZ 平面作为草图绘制平面，进入草图绘制环境，依据给定草图绘制草图轮廓	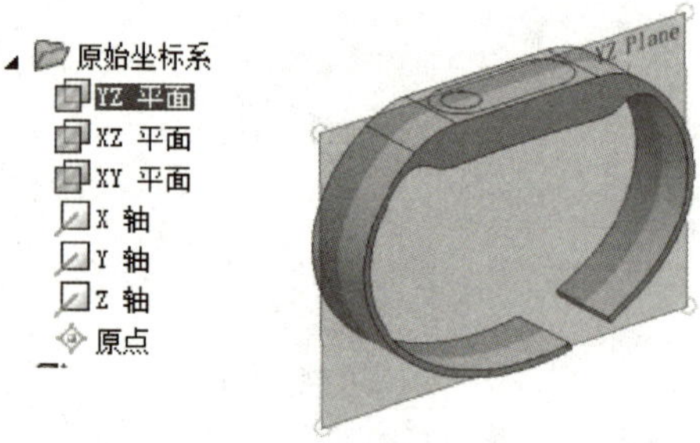
	如右图所示的矩形草图的绘制使用的指令是矩形下拉列表框中的“矩形三点”命令	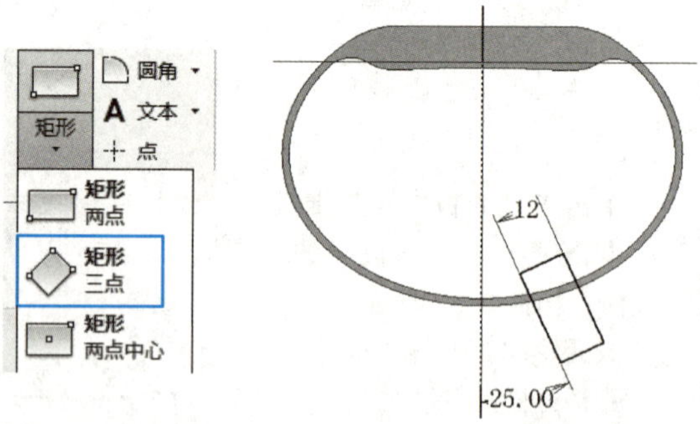

续表

<table>
<tr><th>序号</th><th>操作文字说明
快捷操作示意</th><th>操作演示图示</th></tr>
<tr><td>08</td><td>单击工具面板中“三维模型”选项卡下“创建”面板中的“拉伸”按钮，对实体进行拉伸求差操作，并对一端进行全圆角设计

单击选取右图实体表面作为草图绘制平面，使用椭圆和直线绘制如右图所示的草图轮廓
椭圆设置线型：构造线

单击工具面板中“三维模型”选项卡下“创建”面板中的“拉伸”按钮，截面轮廓为上一步创建的直线，拉伸输出方式为曲面。创建该曲面等同于创建一张工作平面，为进一步创建草图做准备</td><td>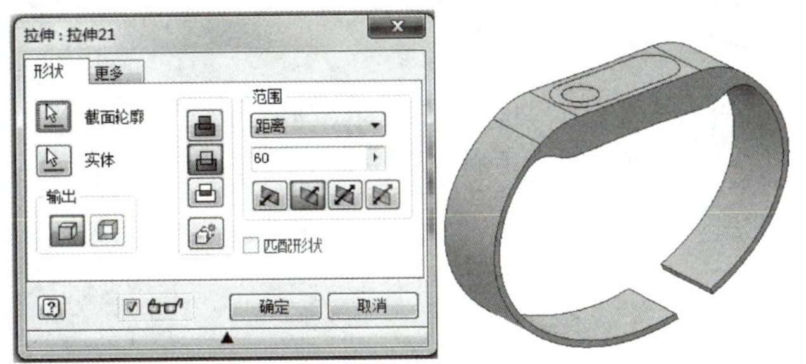

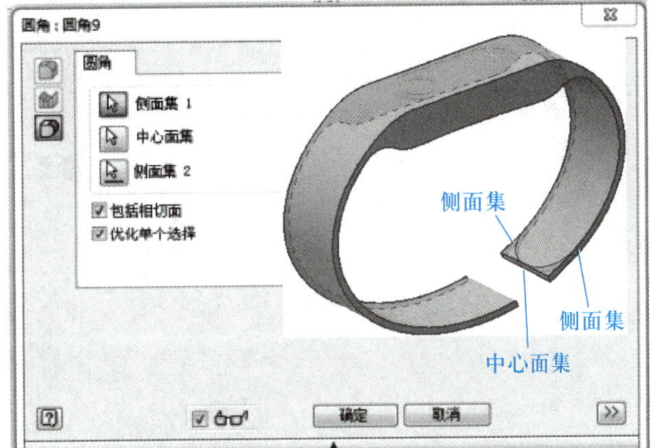

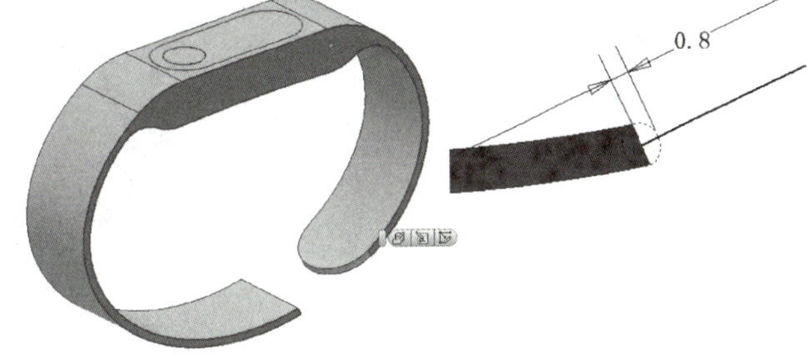

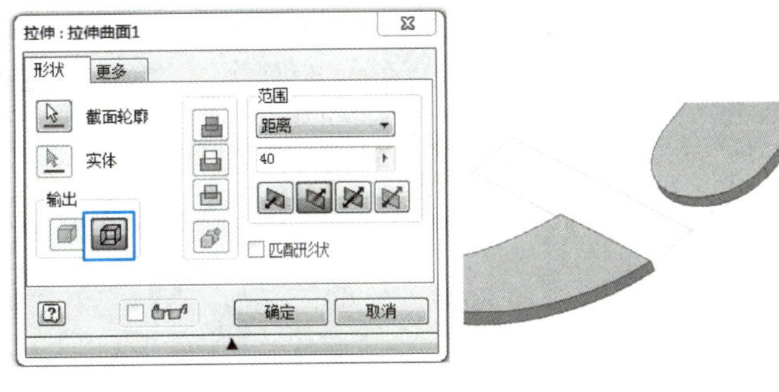
</td></tr>
</table>

续表

序号	操作文字说明 快捷操作示意	操作演示图示
08	单击选取如右图所示的拉伸曲面作为草图绘制平面	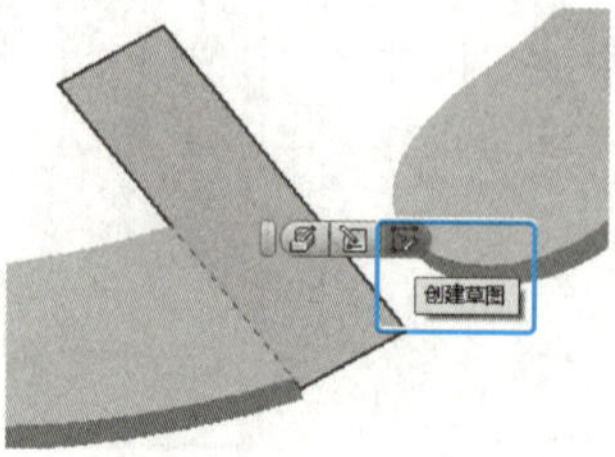 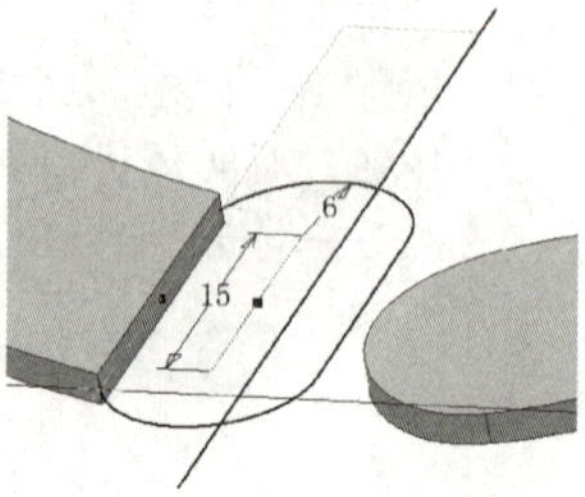
	单击矩形下拉框中的“槽—中心到中心”按钮绘制如右图所示的草图轮廓	 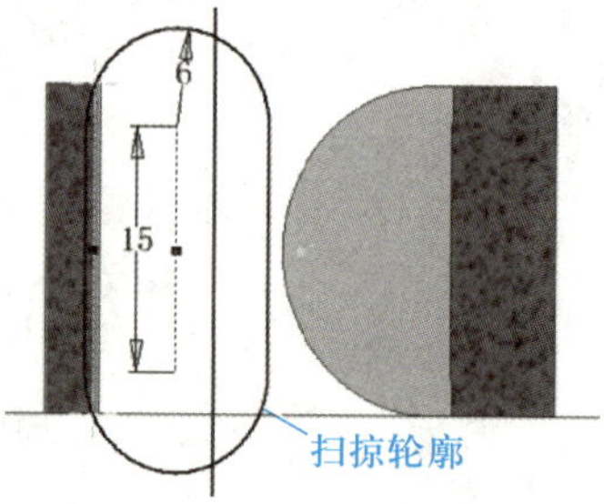 扫掠轮廓
	单击选取右图实体表面作为草图绘制平面，使用圆命令绘制如右图所示的草图轮廓	 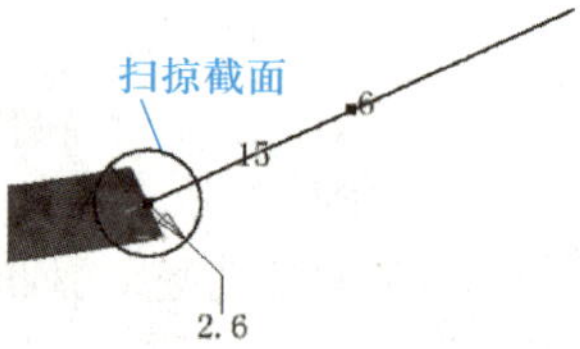 扫掠截面
	单击工具面板中“三维模型”选项卡下“创建”面板中的“扫掠”按钮，创建表带上的表带扣特征	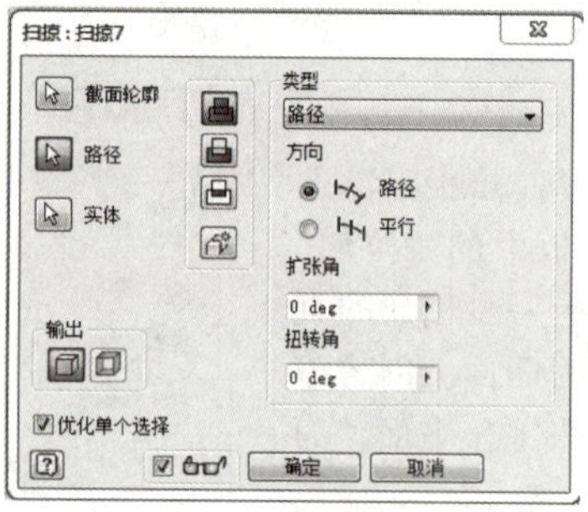 

续表

序号	操作文字说明 快捷操作示意	操作演示图示
08	选取原始坐标系中的 YZ 平面作为草图绘制平面，进入草图绘制环境，依据给定草图绘制草图轮廓。在该草图的绘制过程中运用矩形阵列命令进行绘制	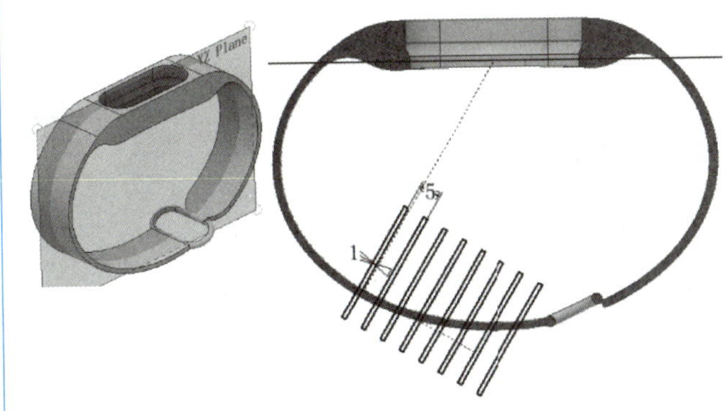
	单击工具面板中“三维模型”选项卡下“创建”面板中的“旋转”按钮	
	选取原始坐标系中的 YZ 平面作为草图绘制平面，进入草图绘制环境，依据给定草图绘制草图轮廓	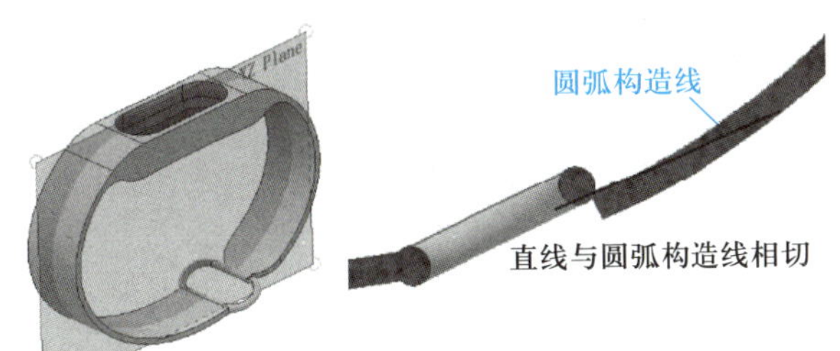
	单击工具面板中“三维模型”选项卡下“创建”面板中的“拉伸”按钮，对草图直线进行曲面拉伸生成一张草图绘制平面	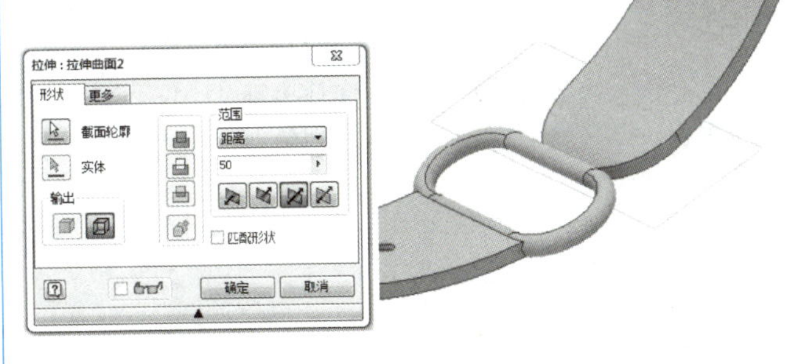

续表

序号	操作文字说明 快捷操作示意	操作演示图示
08	单击工具面板中“三维模型”选项卡下“定位特征”面板中的“平面”按钮，将上一步创建的辅助曲面向上平移4.5 mm并在平移的平面上绘制一个直径为2 mm的圆 单击工具面板中“三维模型”选项卡下“创建”面板中的“凸雕”按钮，凸雕2 mm并倒圆角$R0.5$ mm	圆角$R0.5$mm
09	使用可见性命令在绘图区只显示心部上壳零件，选取零件实体表面作为草图绘制平面，根据右图绘制草图轮廓	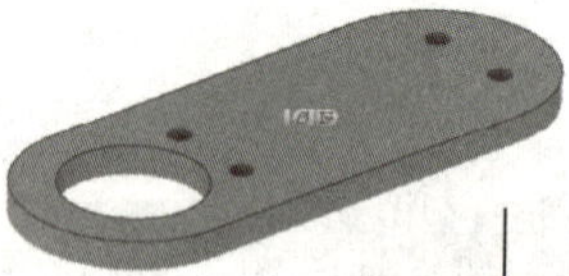 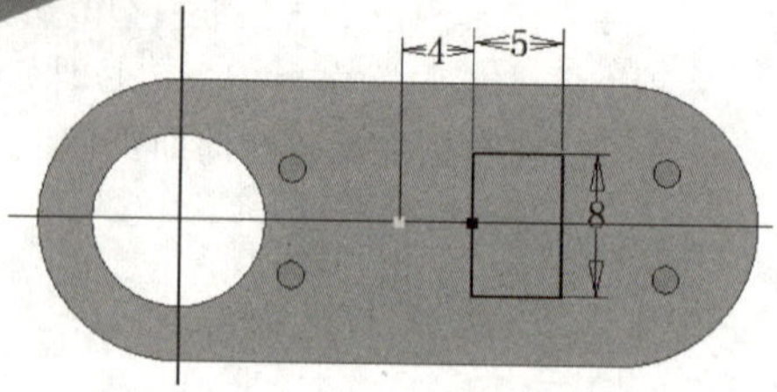

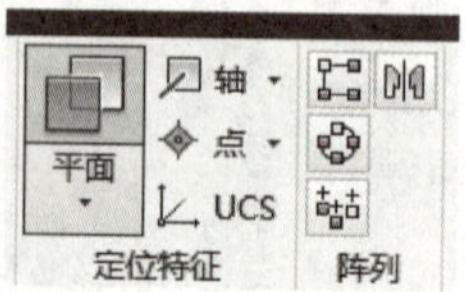

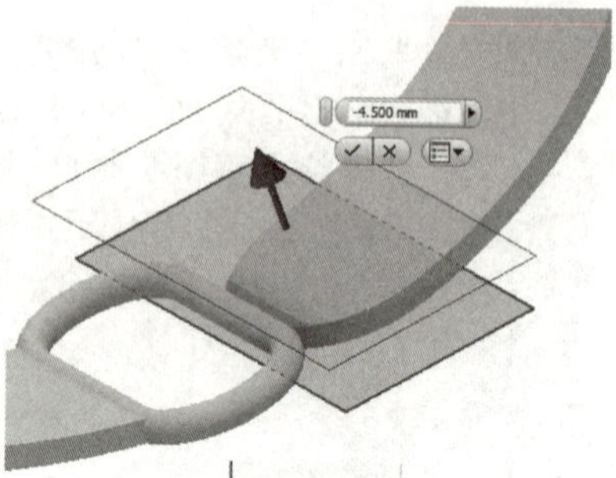

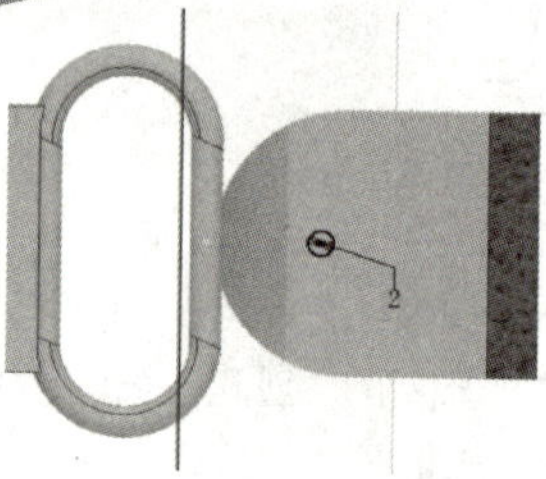

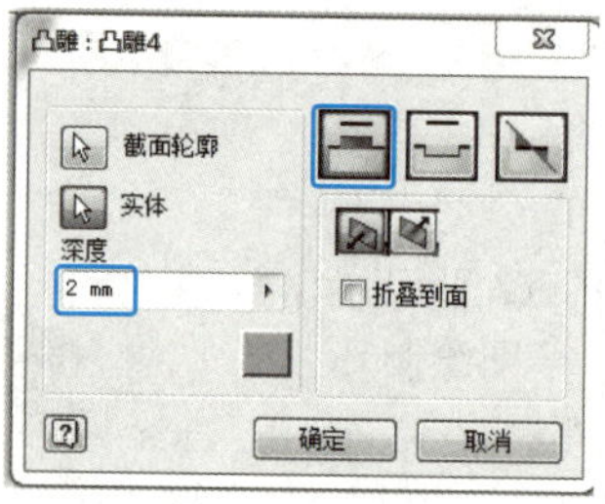

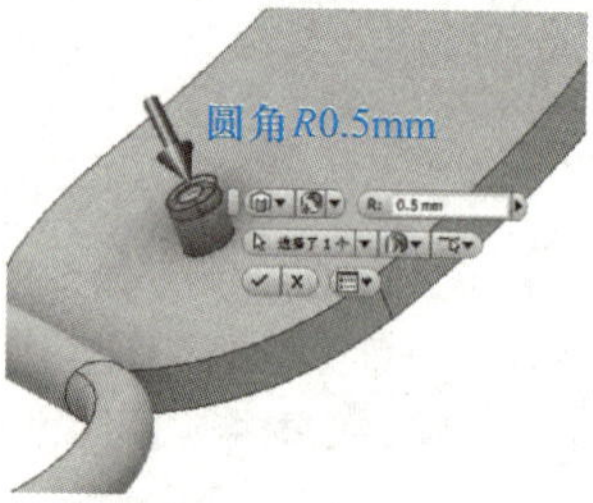

续表

<table>
<tr><th>序号</th><th>操作文字说明
快捷操作示意</th><th>操作演示图示</th></tr>
<tr><td rowspan="4">09</td><td>单击工具面板中“三维模型”选项卡下“创建”面板中的“拉伸”按钮，对心部上壳进行拉伸求差操作</td><td>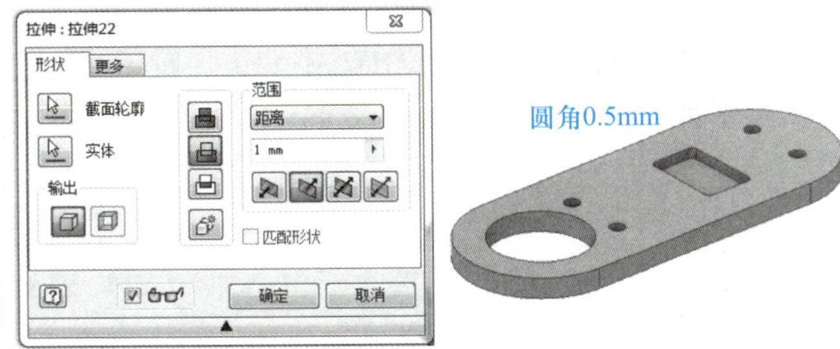
</td></tr>
<tr><td>选取心部上壳实体表面作为草图绘制平面，使用投影几何图元命令绘制草图</td><td>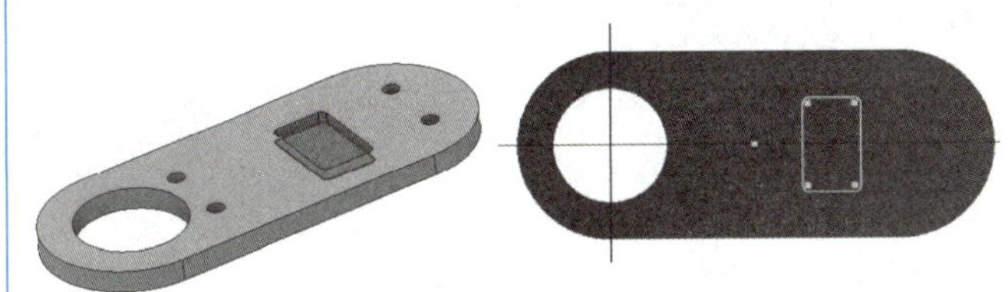</td></tr>
<tr><td>单击工具面板中“三维模型”选项卡下“创建”面板中的“拉伸”按钮，对投影的草图轮廓进行拉伸</td><td>

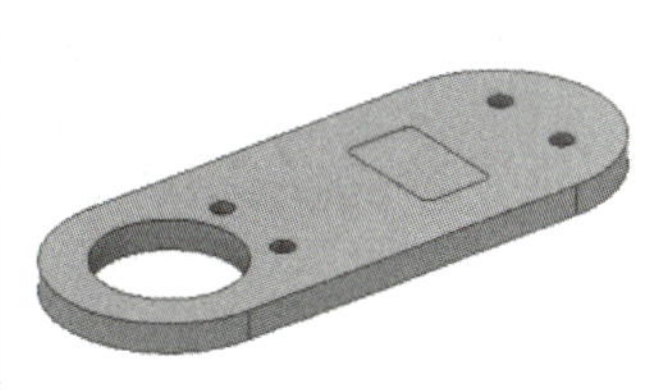</td></tr>
<tr><td>选取如右图所示的实体表面作为草图绘制平面，使用偏移指令绘制如右图所示的草图轮廓</td><td>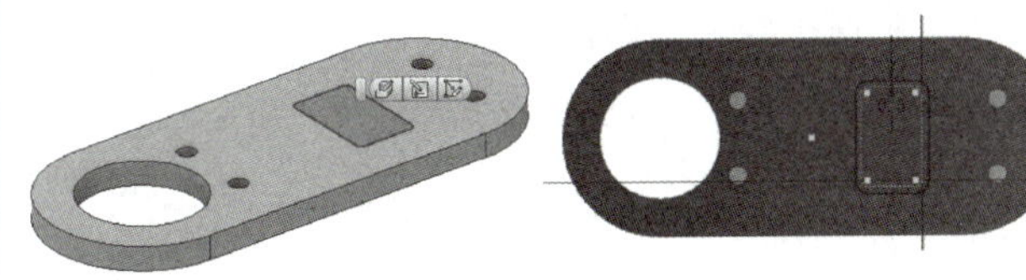</td></tr>
</table>

续表

<table>
<tr><th>序号</th><th>操作文字说明
快捷操作示意</th><th>操作演示图示</th></tr>
<tr><td rowspan="3">09</td><td>使用可见性命令使绘图区零件只显示显示屏零件</td><td>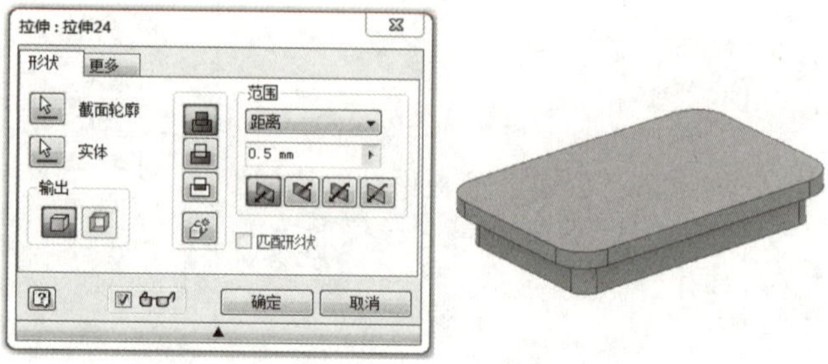
</td></tr>
<tr><td>将零件实体表面的平面向上偏移 2 mm，使用草图文字指令书写“12:00”字样</td><td>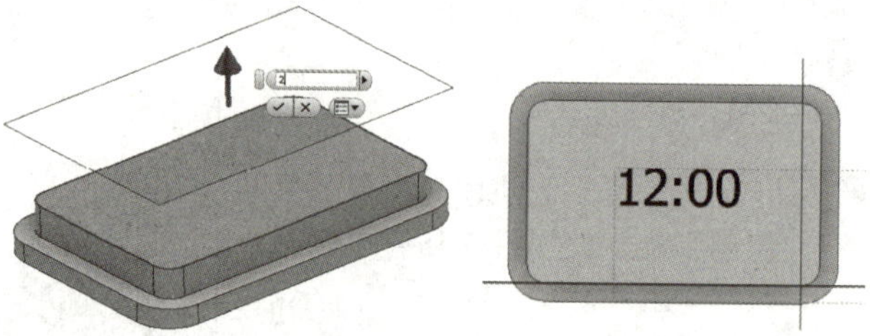
</td></tr>
<tr><td>单击工具面板中“三维模型”选项卡下“创建”面板中的“凸雕”按钮，对文字进行凸雕操作</td><td>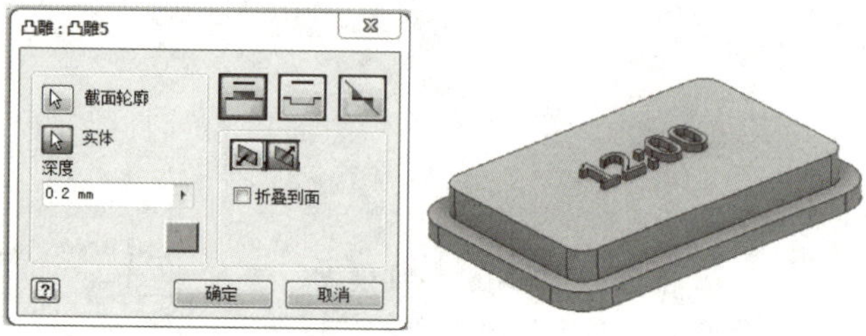
</td></tr>
<tr><td>10</td><td>零件命名
根据智能手环爆炸图中明细栏给定的零件名称，在建模浏览器中依次单击修改其名称</td><td>
</td></tr>
</table>

续表

序号	操作文字说明 快捷操作示意	操作演示图示
11	**对零件和实体进行升级操作** ① 将工具面板切换到“管理”选项卡，单击“布局”区域中的“生成零部件”按钮，打开“生成零部件”对话框，在建模浏览器中选中所有实体，单击“下一步” ② 在弹出的对话框中单击确定 ③ 软件直接进入部件装配环境，此时，原先的多实体零件“智能手环”升级为部件，而多实体零件中的各个实体升级为零件 ④ 保存	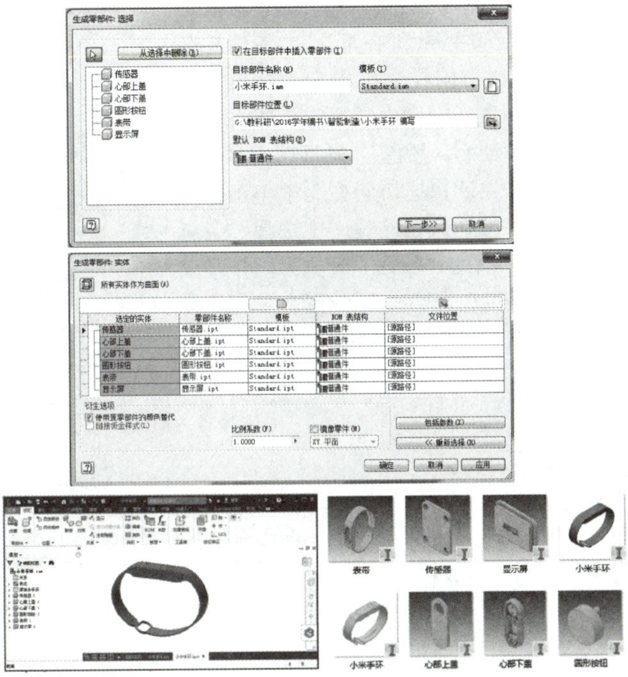
12	**修改“材料”和“外观颜色”** 可以参考一下方案进行操作 ① 材料修改：在绘图区框选所有零件，在“快速访问栏”中点击“材料”按钮，选取“ABS 塑料”	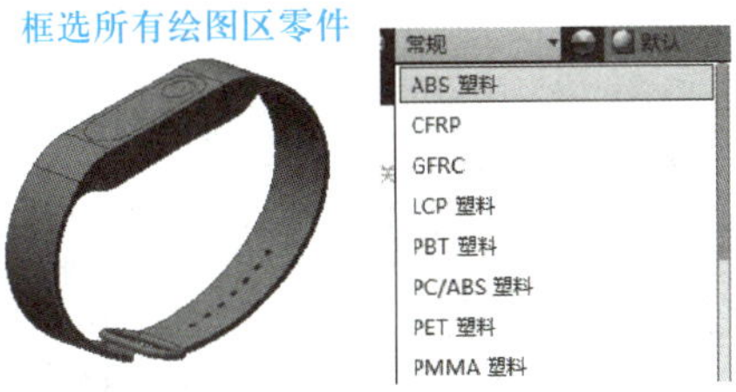 框选所有绘图区零件

续表

序号	操作文字说明 快捷操作示意	操作演示图示
12	② 外观颜色修改：在绘图区选中心部上壳和心部下壳零件，在“快速访问栏”中单击“外观”按钮，在外观库中选择“金属漆”中的“釉面 – 黑色”。随即选中表带零件，在“快速访问栏”中单击“外观”按钮，在外观库中选择“金属漆”中的“釉面 – 耐火”，并修改釉面的色彩为“粉红色”。依据这个方法，将色彩搭配合适	心部零件颜色 表带颜色
	③ 单击保存，完成“智能手环”的创建	

任务拓展

（1）本项目在设计之前给出了全套设计图，学生首要工作是读懂给定的各张零件图，根据零件图信息建模一款智能手环。在看图设计中，使用率最多的指令是拉伸。我们会发现，大部分草图的创建都只是依据了原有实体的轮廓信息，如大量使用了投影几何图元这一命令。在接下来训练过程中应注意“直接编辑”这一快速建模方法。本项目鼓励自主设计，如表带的带扣、显示屏等零件均可自由发挥进行设计。

（2）智能手环的建模过程中，遇到最大的困难是什么？如何解决的？

自我评价

自主完成的步骤	合作讨论下完成的步骤	未完成的步骤

作业

优盘的设计

产品描述

优盘（图 14–6）又称 U 盘，是以快速存储器作为存储技术，使用 USB 接口的移动存储设备，可以通过 USB 接口与电脑连接，实现资料信息的交换。请设计一款优盘，具体要求如下。

图 14–6　优盘

（1）尺寸要求：74 mm × 29 mm × 10 mm < 整体尺寸 < 110 mm × 35 mm × 20 mm

（2）产品需有上壳、下壳，并考虑上下壳之间的正确连接关系。

（3）在未使用优盘的情况下，考虑对 USB 接口的保护，请设计保护壳。

（4）考虑产品的美观性，可将优盘设计成钥匙链、挂件等造型。

文件提交要求见表 14–3：

表 14–3　文件提交要求

<table>
<tr><th colspan="2">内容</th><th>要求提供的文件</th><th>文件命名方式</th></tr>
<tr><td colspan="2">项目</td><td>项目文件</td><td>优盘 .ipj</td></tr>
<tr><td rowspan="6">零件</td><td>上壳</td><td rowspan="6">实体模型</td><td>上壳 .ipt</td></tr>
<tr><td>下壳</td><td>下壳 .ipt</td></tr>
<tr><td>自定义</td><td></td></tr>
<tr><td>自定义</td><td></td></tr>
<tr><td>自定义</td><td></td></tr>
<tr><td>自定义</td><td></td></tr>
<tr><td colspan="2">部件相关</td><td>部件文件</td><td>优盘 .iam</td></tr>
</table>

项目十五　设计太空人音箱

项目介绍

时尚而又实用的音箱（图 15-1）往往受到学生一族的喜爱，特别是智能化产品更加容易得到追捧。本项目介绍的产品相信很多同学都购买过。本项目设计的太空人音箱（图 15-2、图 15-3）是电商平台销量非常高的一款产品。

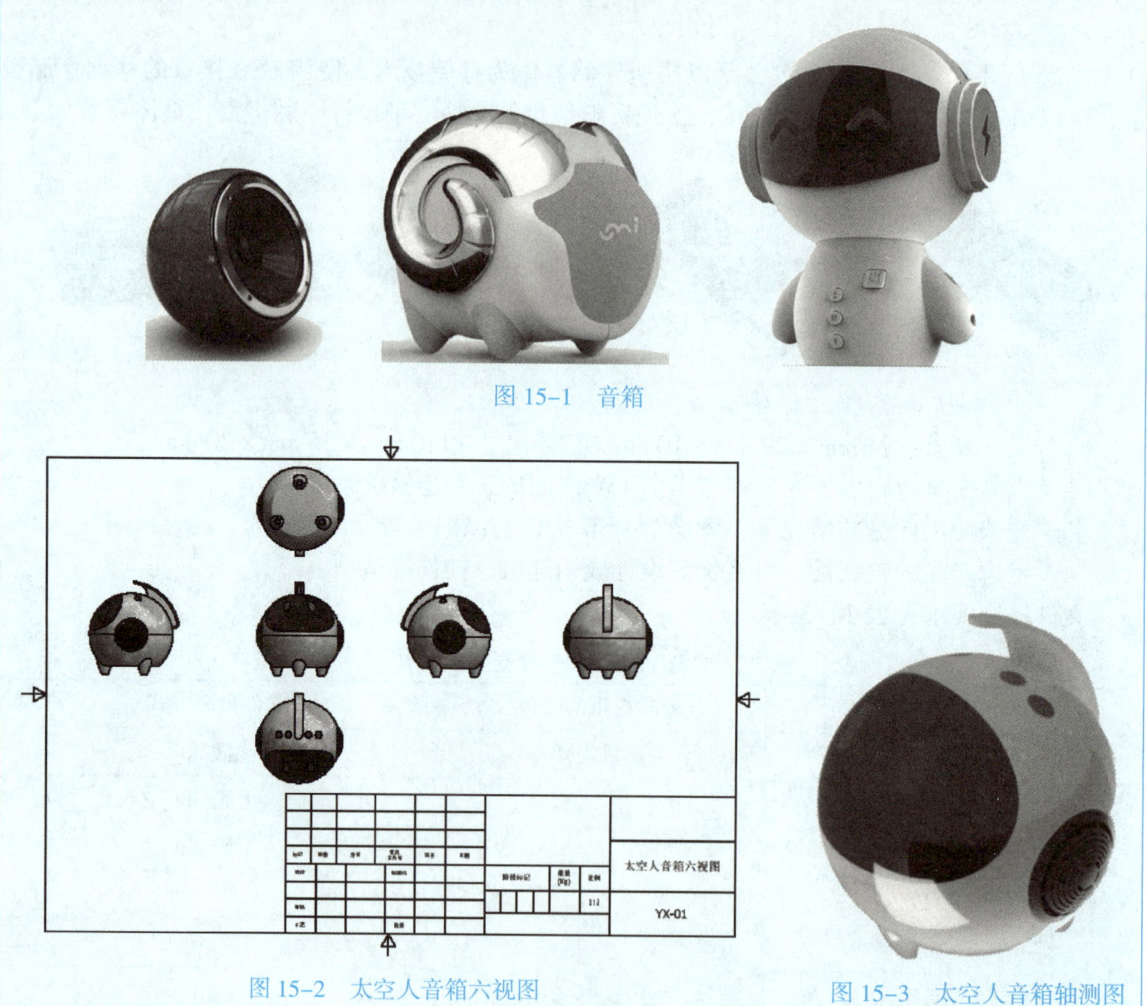

图 15-1　音箱

图 15-2　太空人音箱六视图

图 15-3　太空人音箱轴测图

如果你确定购买一款产品，那么这款产品肯定是你需要的，除此之外，外观时尚、功能齐全、操作方便等也都是购买之前的考虑因素，这些都是工业产品设计者需要考虑的。

项目知识与技能

※ 草图拉伸、旋转、放样
※ 多实体设计
※ 实体抽壳、分割、镜像、凸雕、环形阵列
※ 创建辅助工作平面，如使用拉伸曲面方法
※ 塑料工具：栅格孔、止口
※ Autodesk 外观库的使用——金属漆

建模方法与工具

学习者在使用 Inventor 2018 进行模型的创建时，通常使用“自上而下”的设计方法（图 15-4）进行设计。那么什么是“自上而下”的设计方法呢？它是设计者从产品整体开始，在同一环境中完成产品各部分零件的设计与模型的建立，由整体模型直接生成产品全部零部件模型的设计方法。使用该设计方法最大的优点在于设计产品整体性好，并且设计过程中零件之间便于相互依据和参照。在新产品的开发和创新设计中往往使用这种设计方法。

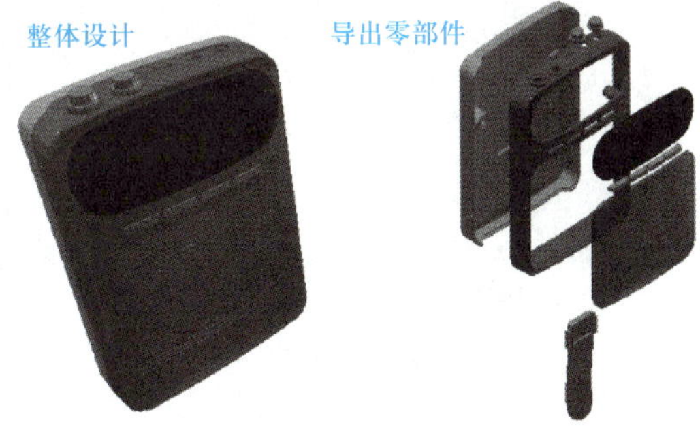

图 15-4　“自上而下”的设计方法

图 15-5 所示为太空人音箱零件分类。明确了设计思路之后，我们来分析各个零件主要使用的建模工具及工具的使用方法，见表 15-1。

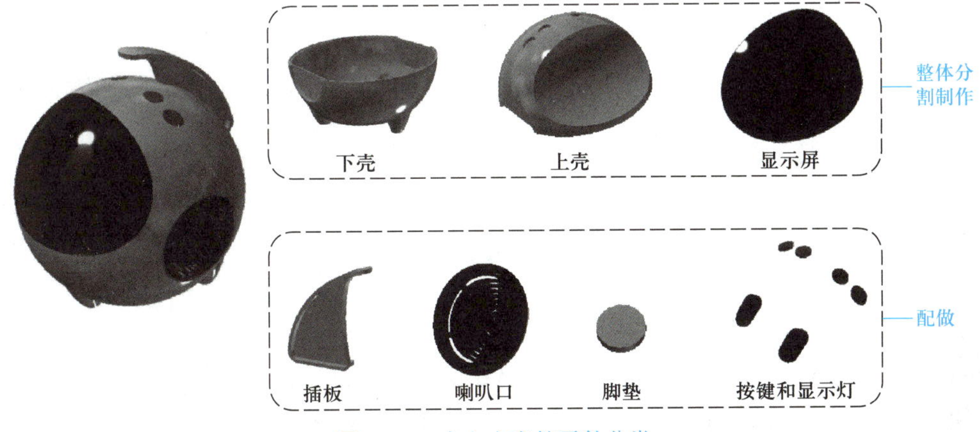

图 15-5　太空人音箱零件分类

表 15-1 建模工具及使用方法

零件名称	操作命令	基本使用方法示例	
上壳、下壳、显示屏	分割		
	止口		
	放样		
插板、喇叭口、脚垫、按键和显示灯	栅格孔		
	拉伸曲面		

项目建模步骤

图 15-6 所示为太空人音箱爆炸图，由 Inventor 2018 生成的该产品的所有零件图如图 15-7 所示，运用 Inventor 2018 创建这款时尚的产品。

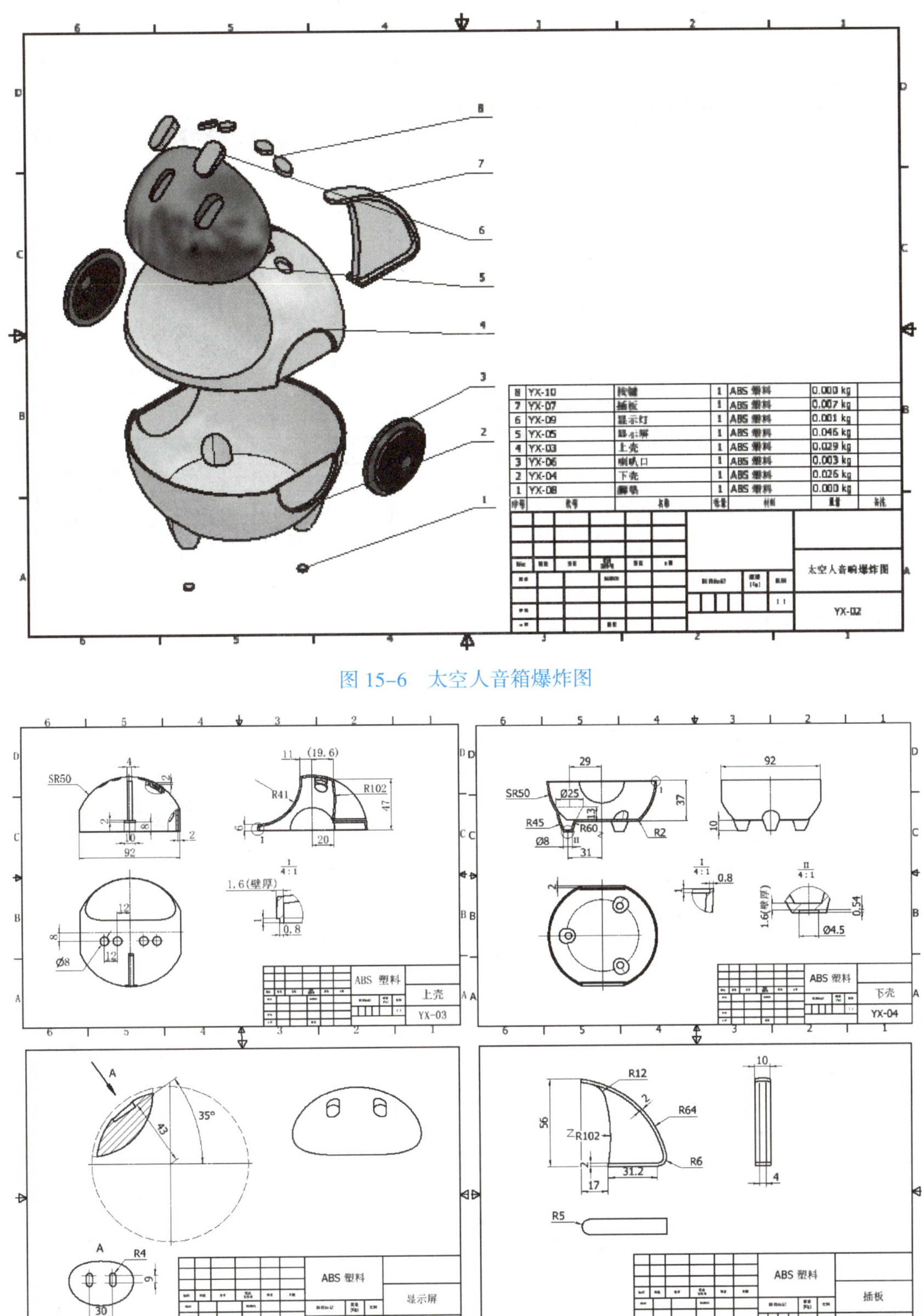

图 15-6　太空人音箱爆炸图

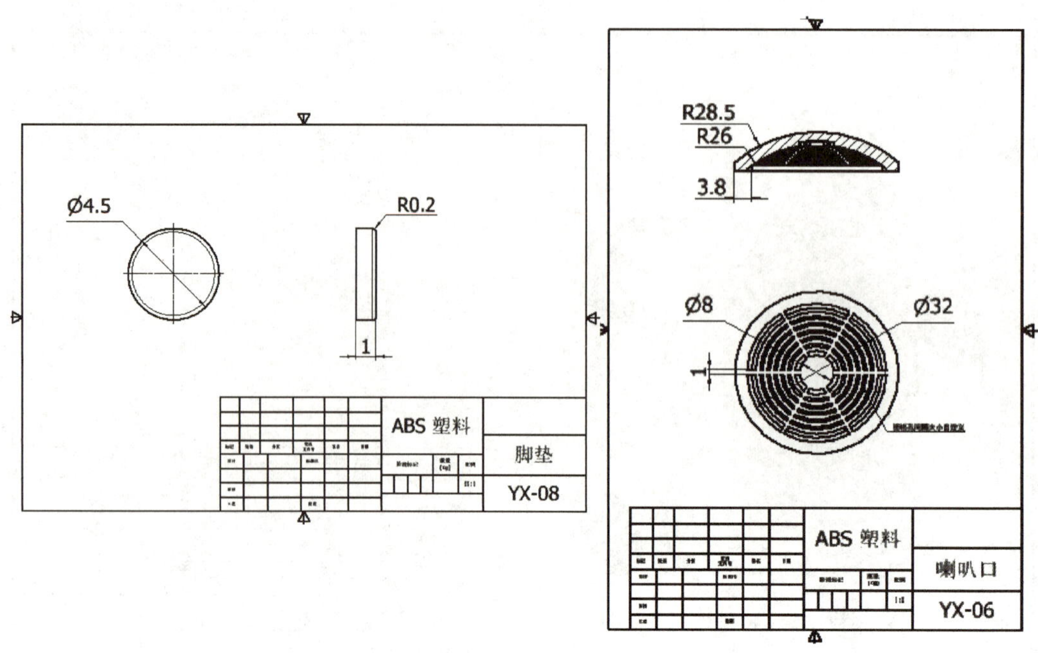

图 15-7　零件图

太空人音箱创建过程见表 15-2。

表 15-2　太空人音箱创建过程

序号	操作文字说明 快捷操作示意	操作演示图示
01	在桌面新建一个文件夹，命名为“太空人音箱”。启动 Inventor 2018 软件，在“快速入门”菜单中选择“项目”，在弹出的项目对话框中单击“新建”按钮，选取项目的类型为“新建单用户项目”，点击下一步，在弹出的“Inventor 项目向导”对话框中设定项目所见的文件夹地址，以及项目的名称。设置完成后，单击“完成”按钮。创建项目文件目的是有效地管理设计数据	
02	在打开的软件初始界面中，使用快速新建区域中的创建零件按钮新建零件	

续表

序号	操作文字说明 快捷操作示意	操作演示图示
03	单击工具面板“开始创建二维草图”按钮，并在绘图区中选择XY平面，进入二维草图创建环境	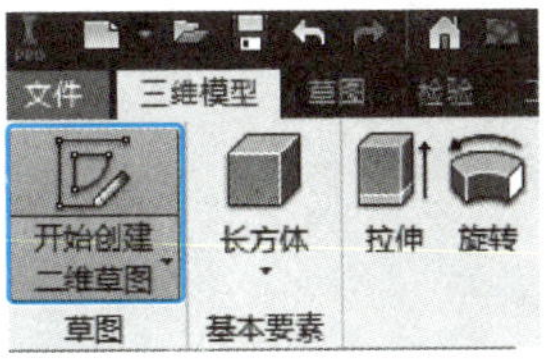 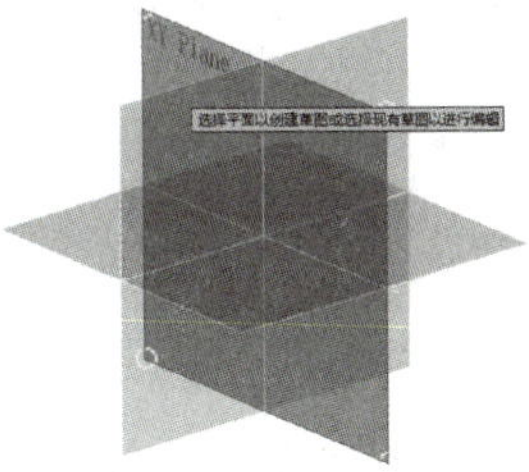
04	**创建上下壳体整体模型** ① 在草图选项卡中单击“圆心圆”命令，以原始原点为圆心绘制直径为100 mm的圆，使用草图修剪等功能将直径为100 mm的整圆修剪为一个封闭的半圆轮廓 ② 单击工具面板中“三维模型”选项卡下“创建”面板中的“旋转”按钮为草图轮廓添加旋转特征	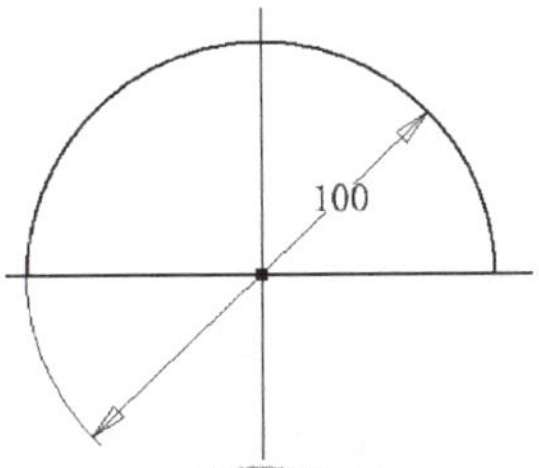
05	**创建“喇叭口”安装槽** ① 在原始坐标系中选取XY平面作为草图平面并进入草图绘制环境，在草图选项卡中单击“矩形”按钮，绘制如右图所示的草图 ② 单击工具面板中“三维模型”选项卡下“创建”面板中的“拉伸”按钮，为草图轮廓添加拉伸求差操作	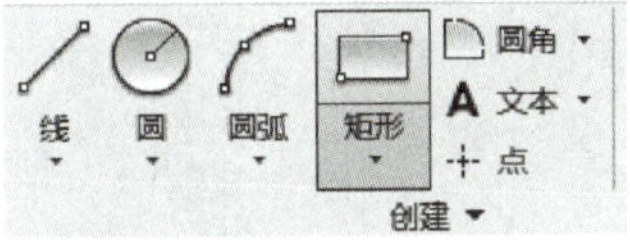 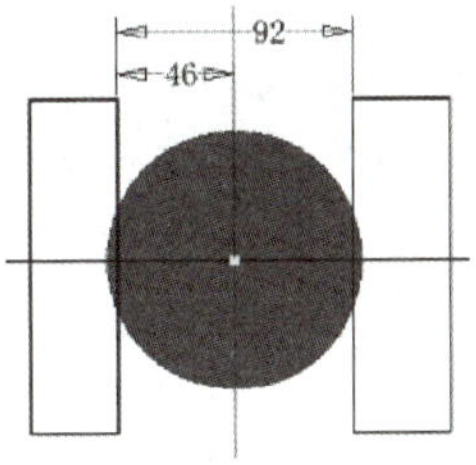  

续表

序号	操作文字说明 快捷操作示意	操作演示图示
05	③ 选取右图表面为草图平面，进入草图绘制环境，使用圆命令绘制如右图所示的圆 ④ 单击工具面板中“三维模型”选项卡下“创建”面板中的“拉伸”按钮，为草图轮廓添加拉伸求差操作 ⑤ 单击工具面板中“三维模型”选项卡下“阵列”面板中的“镜像”按钮，在弹出的镜像对话框中设定镜像特征和镜像平面，为刚才拉伸求差进行对称镜像操作	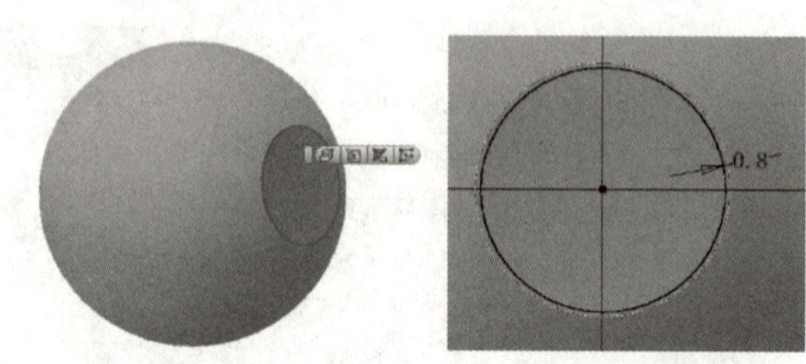 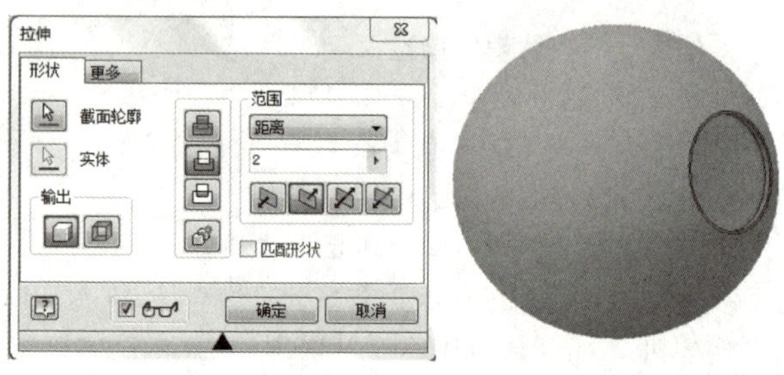 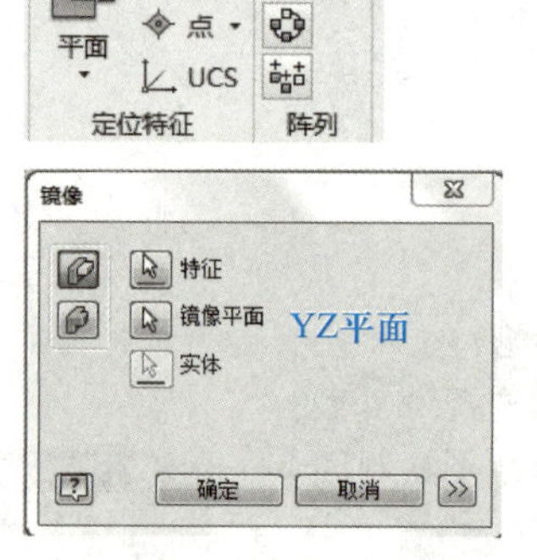 
06	**分割显示屏** ① 选取原始坐标系中的YZ平面作为草图绘制平面，进入草图绘制环境后，按下键盘F7键进入切片观察模式。依据给定零件图绘制圆弧轮廓	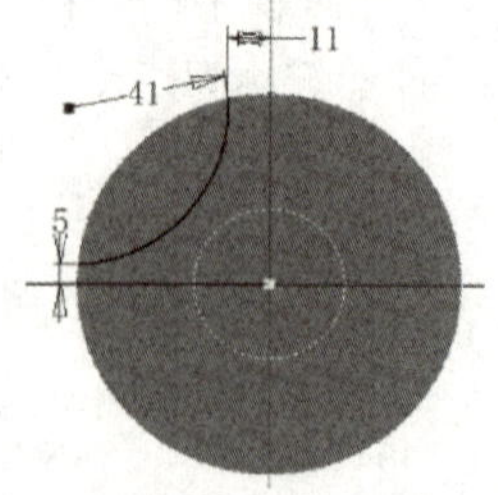

续表

<table>
<tr><th>序号</th><th>操作文字说明
快捷操作示意</th><th>操作演示图示</th></tr>
<tr><td>06</td><td>② 单击工具面板中“三维模型”选项卡下“修改”面板中的“分割”按钮，在弹出的对话框中，选取分割工具为刚绘制的圆弧轮廓，分割方式点击“分割实体”选项，单击确定完成对实体的分割</td><td>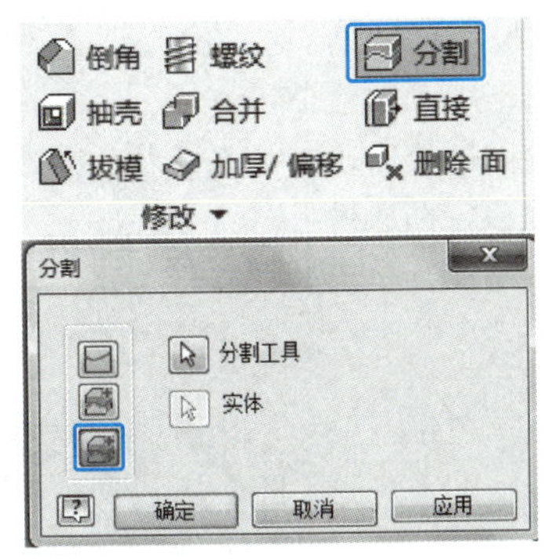 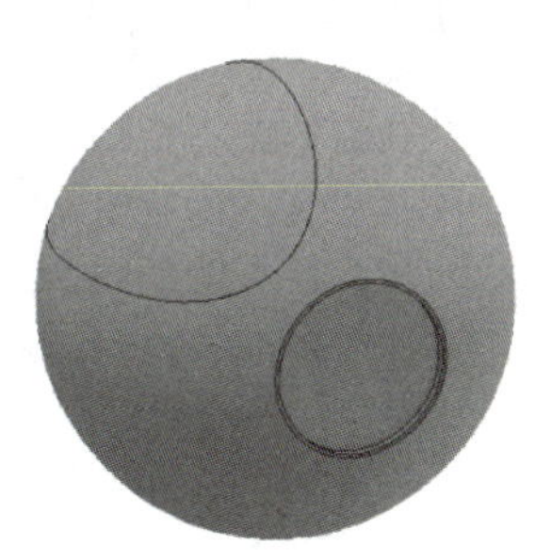</td></tr>
<tr><td>07</td><td>创建按键零件
① 单击工具面板上“平面”按钮，选取 YZ 平面，按住左键将平面向上拖动至 70 mm 处

② 在创建的辅助平面上绘制如右图所示的草图轮廓

③ 单击工具面板中“三维模型”选项卡下“修改”面板中的“加厚/偏移”按钮，在弹出的对话框中选取球体外表面，切换输出方式为“曲面”，修改距离为 0 mm，单击确定完成获取球体曲面</td><td>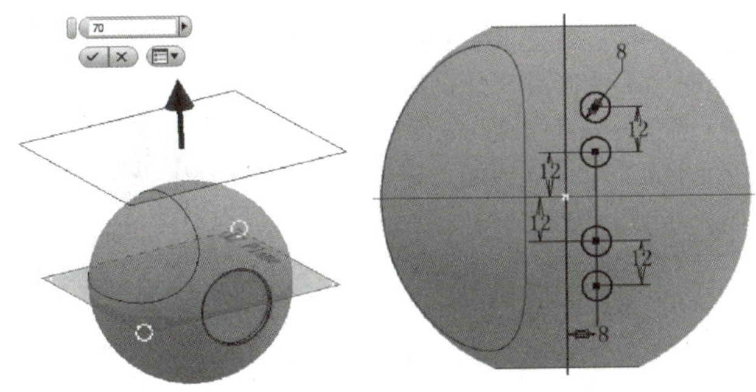
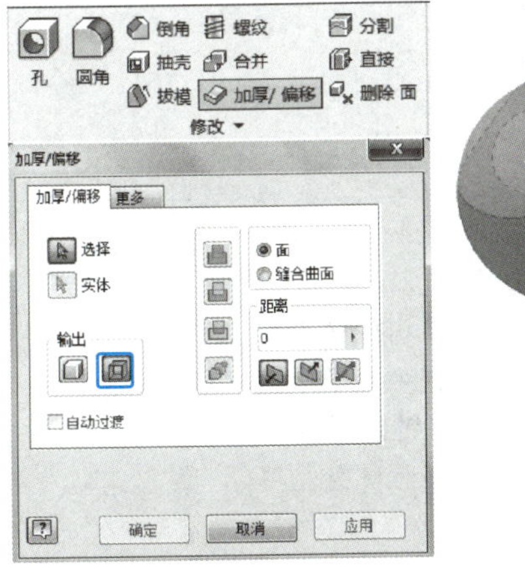 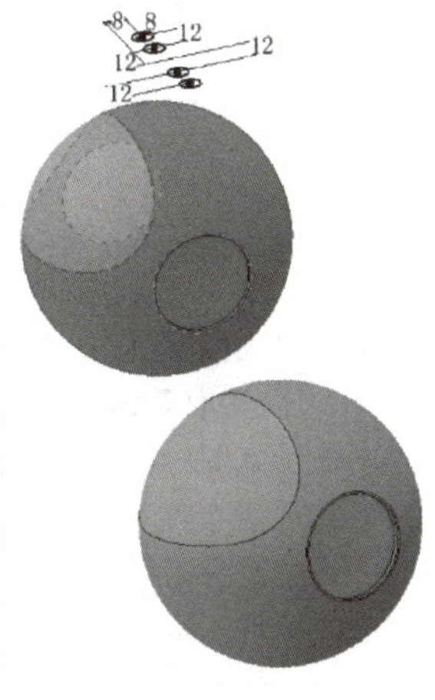</td></tr>
</table>

续表

序号	操作文字说明 快捷操作示意	操作演示图示
07	④ 单击工具面板中“三维模型”选项卡下“创建”面板中的“凸雕”按钮，在弹出的对话框中选取截面轮廓选项卡，在绘图区拾取步骤② 完成的草图，依次设定凸雕模式、深度和需要凸雕的实体，单击确定完成凸雕操作 ⑤ 将步骤② 创建的草图“可见性”打开，单击工具面板中“三维模型”选项卡下“创建”面板中的“拉伸”按钮，在拉伸对话框中设定拉伸参数，在绘图区选取 4 个直径为 8 mm 的圆作为截面轮廓，范围设定“介于两面之间”依次拾取步骤③ 创建的偏移曲面（曲面 1）和凸雕深度为 2 mm 的底部曲面（曲面 2），创建方式为“新建实体”，单击确定完成按键零件创建	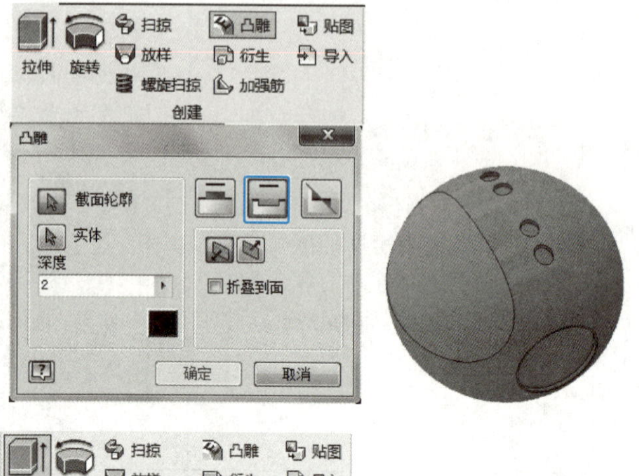 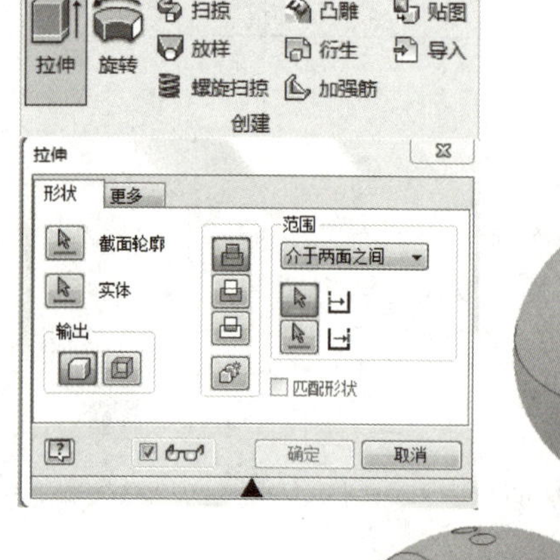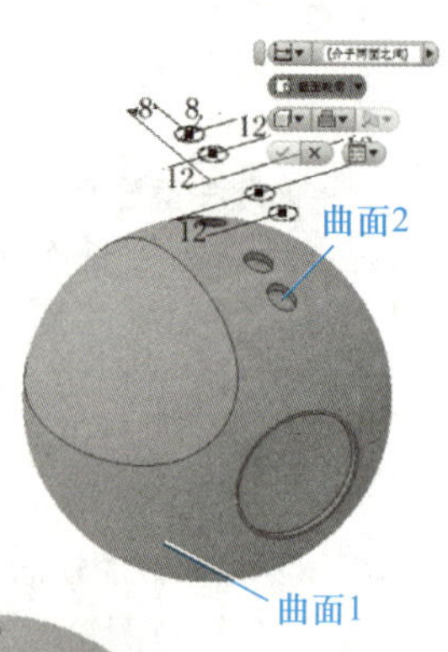 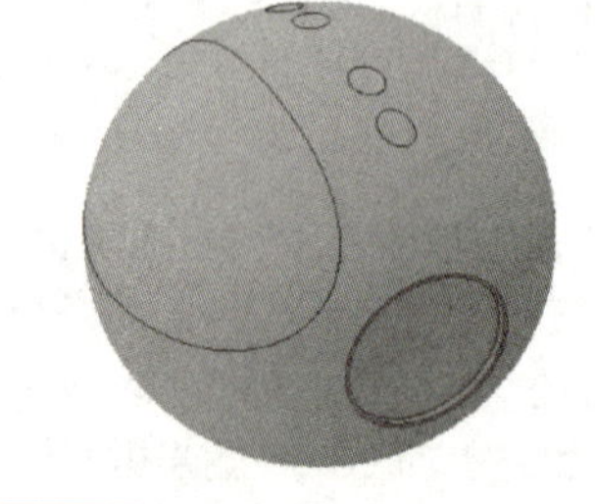
08	**创建插板槽口** ① 选取原始坐标系中的 YZ 平面作为草图绘制平面，进入草图绘制环境后，按下键盘 F7 键进入切片观察模式。依据给定工程图绘制草图轮廓，如右图所示	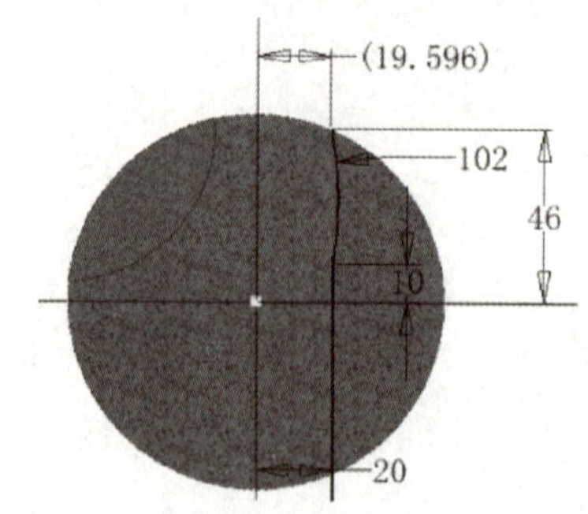

续表

序号	操作文字说明 快捷操作示意	操作演示图示
08	② 单击工具面板中“三维模型”选项卡下“创建”面板中的“拉伸”按钮，在弹出的拉伸对话框中选取截面轮廓为步骤① 草图，设定输出方式为“曲面”，拉伸距离为160 mm，拉伸方式为“双向”，单击确定完成拉伸曲面的创建	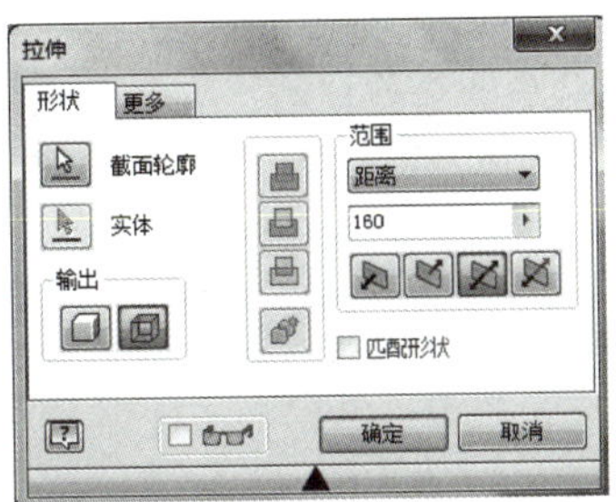 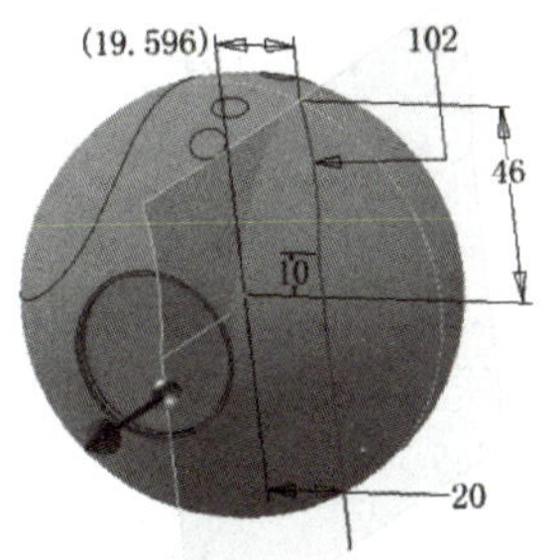
	③ 单击工具面板上的“平面”按钮，选取XY平面，按住左键将平面向负方向拖动60 mm。在该平面上依据给定零件图创建草图，如右图所示	
	④ 单击工具面板中“三维模型”选项卡下“创建”面板中的“拉伸”按钮，在弹出的拉伸对话框中设定拉伸参数 范围：到表面或平面 方式：求差 实体：主体	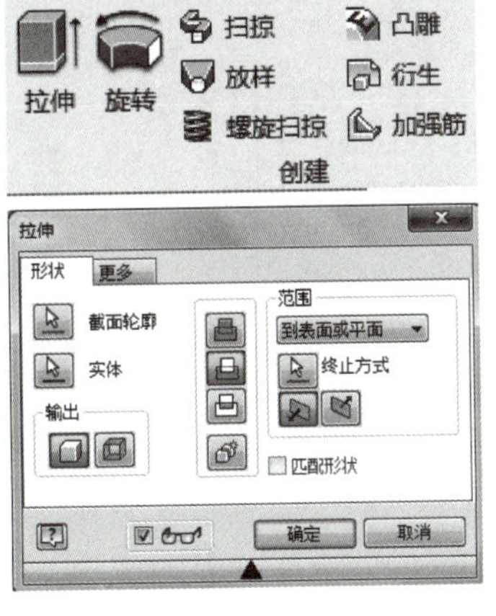 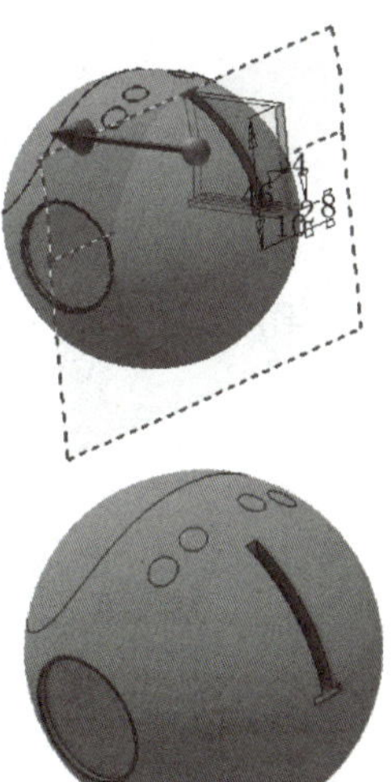

续表

序号	操作文字说明 快捷操作示意	操作演示图示
09	① 单击工具面板上“平面”按钮，选取XY平面，按住左键将平面向下拖动37 mm ② 单击工具面板中“三维模型”选项卡下“修改”面板中的“分割”按钮，在弹出的对话框中设定分割参数 分割工具：偏移平面 分割方式：修剪实体 修剪方向：向下	37mm 倒角 螺纹 分割 抽壳 合并 直接 拔模 加厚/偏移 删除 面 修改 分割 分割工具 实体 删除 确定 取消 应用 箭头方向是被修剪的实体 底部圆角2mm
10	**创建音箱腿部特征** ① 单击工具面板上的“平面”按钮，选取底部平面，按住左键将平面向上拖动13 mm ② 选择新建的工作平面为草图绘制平面，依据零件图绘制直径为25 mm的圆	29 25

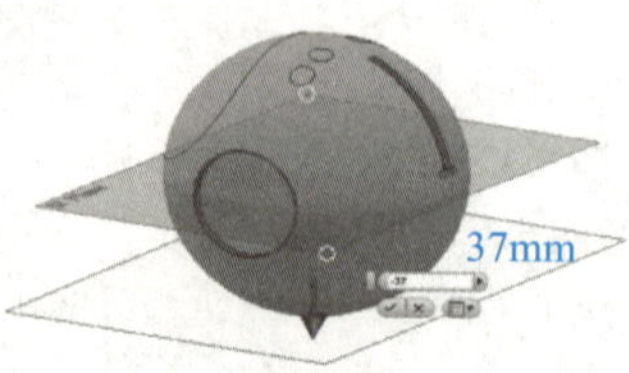

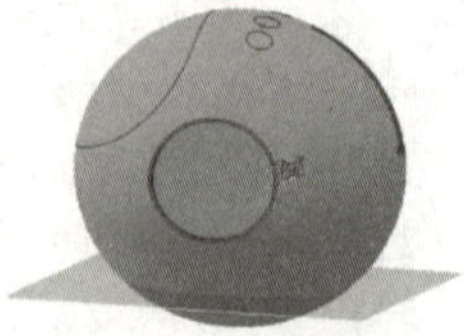

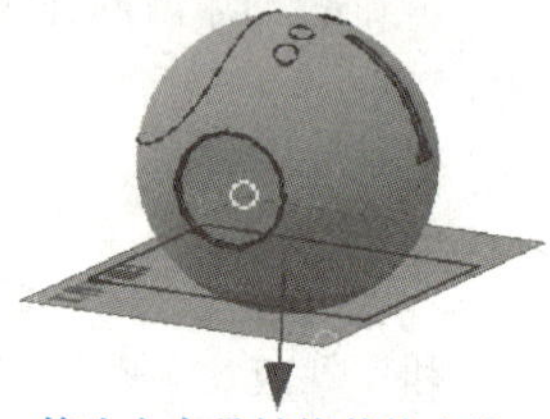

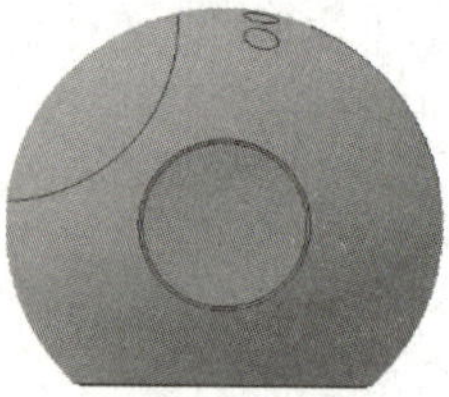

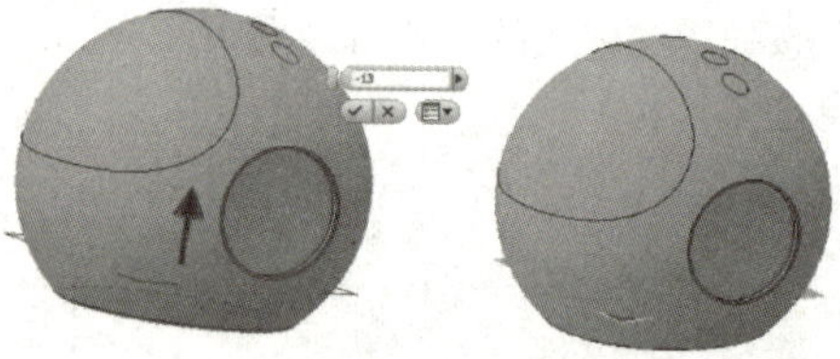

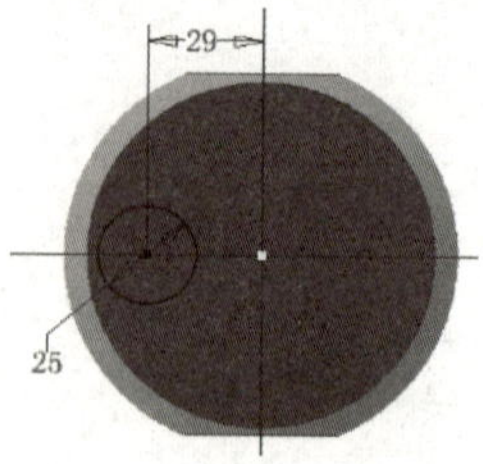

续表

序号	操作文字说明 快捷操作示意	操作演示图示
10	③ 单击工具面板上“平面”按钮，选取底部平面按住左键将平面向下拖动 10 mm ④ 选择新建的工作平面为草图绘制平面，依据零件图绘制直径为 8 mm 的圆 ⑤ 选取原始坐标系中的 YZ 平面作为草图绘制平面，进入草图绘制环境后，按下键盘 F7 键进入切片观察模式。单击草图选项卡中的投影几何图元命令，投影出上两步绘制的两个圆形轮廓，并修改线型为“构造线”，依据给定零件图绘制草图轮廓，如右图所示 ⑥ 单击工具面板中“三维模型”选项卡下“创建”面板中的“放样”按钮，在弹出的对话框中设定分割参数 截面：直径 25 mm 直径 8 mm 轨道：半径 45 mm 半径 60 mm	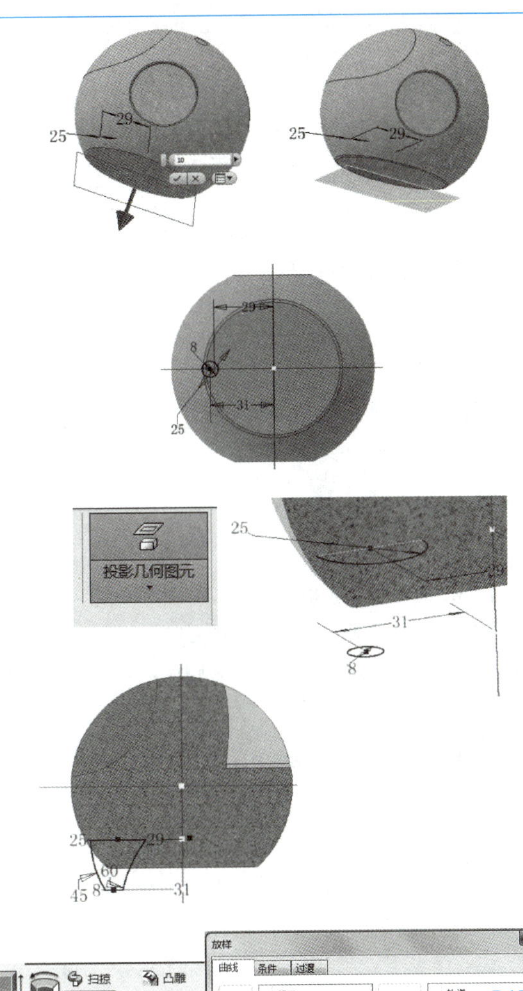 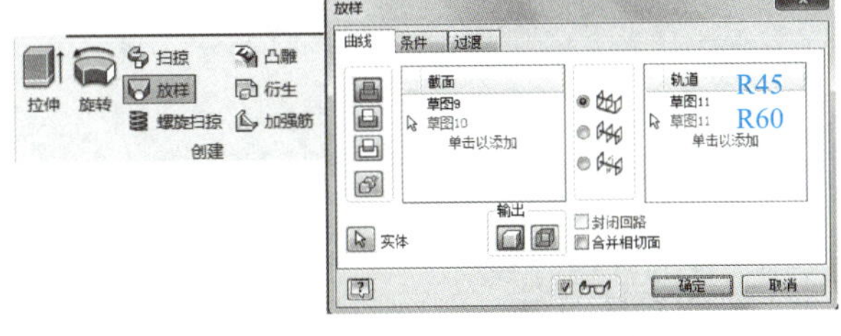 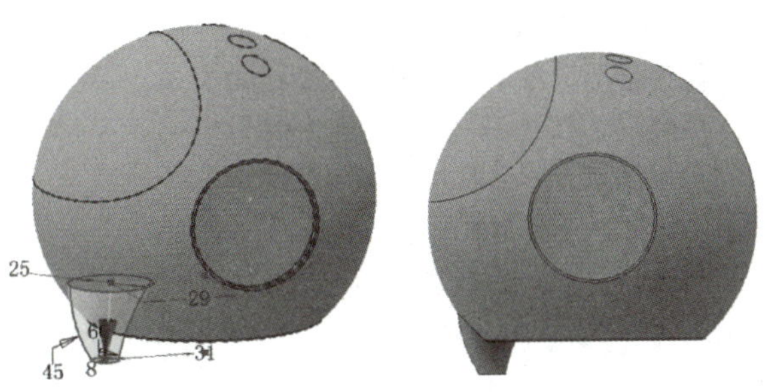

续表

<table>
<tr><th>序号</th><th>操作文字说明
快捷操作示意</th><th>操作演示图示</th></tr>
<tr><td rowspan="2">10</td><td>⑦ 单击工具面板中“三维模型”选项卡下“创建”面板中的“放样”按钮，在弹出的对话框中设定分割参数

放置：同心
孔底：平底
终止方式：距离
直径：4.5 mm
同心参考：直径 8 mm 的圆周</td><td>
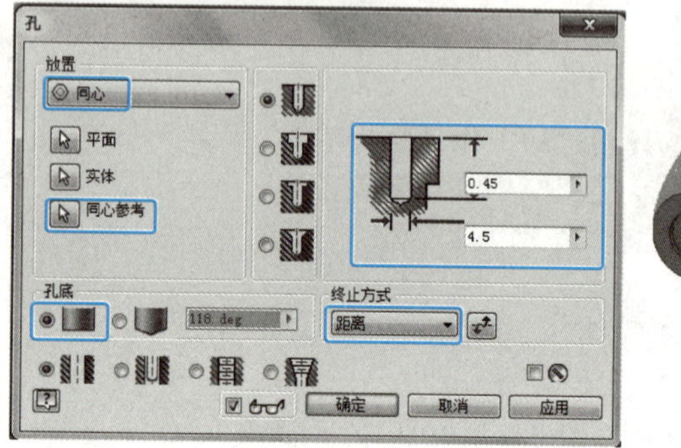</td></tr>
<tr><td>⑧ 单击工具面板中“三维模型”“阵列”面板中的“环形阵列”按钮，在弹出的对话框中设定环形阵列参数

阵列特征：放样和孔
旋转轴：Y 轴
个数：3</td><td>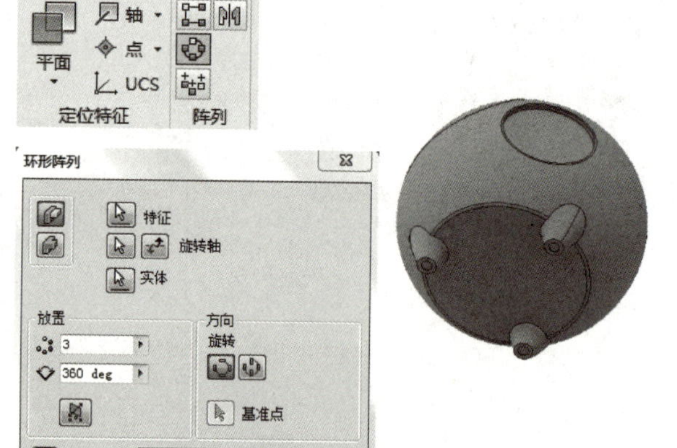</td></tr>
<tr><td>11</td><td>创建显示灯零件
① 选取原始坐标系中的 YZ 平面作为草图绘制平面，进入草图绘制环境后，按下键盘 F7 键进入切片观察模式。依据给定零件图绘制草图轮廓，如右图所示</td><td>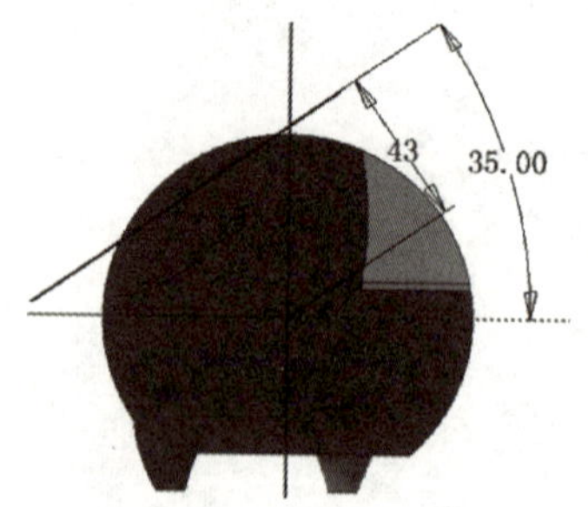
</td></tr>
</table>

续表

<table>
<tr><th>序号</th><th>操作文字说明
快捷操作示意</th><th>操作演示图示</th></tr>
<tr><td rowspan="4">11</td><td>② 单击工具面板中“三维模型”选项卡下“创建”面板中的“拉伸”按钮，在弹出的拉伸对话框中选取截面轮廓为步骤① 草图，设定输出方式为“曲面”模式，拉伸距离为 300 mm，拉伸方式为“双向”，单击确定完成拉伸曲面</td><td>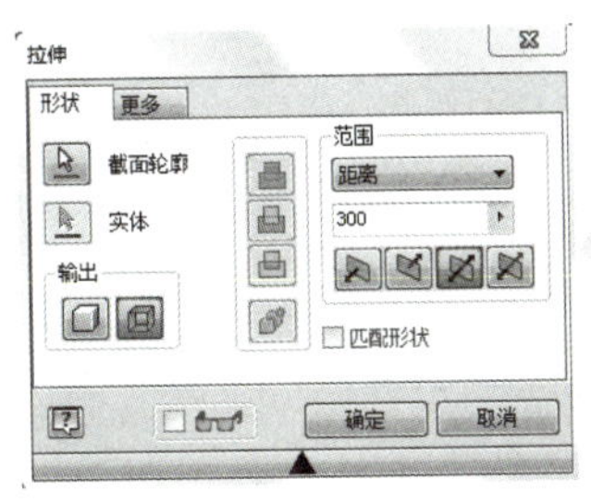</td></tr>
<tr><td>③ 单击工具面板中“三维模型”选项卡下“修改”面板中的“加厚/偏移”按钮，在弹出的对话框中，选取显示屏外表面，切换输出方式为“曲面”，修改距离为 0 mm，单击确定完成获取曲面操作</td><td>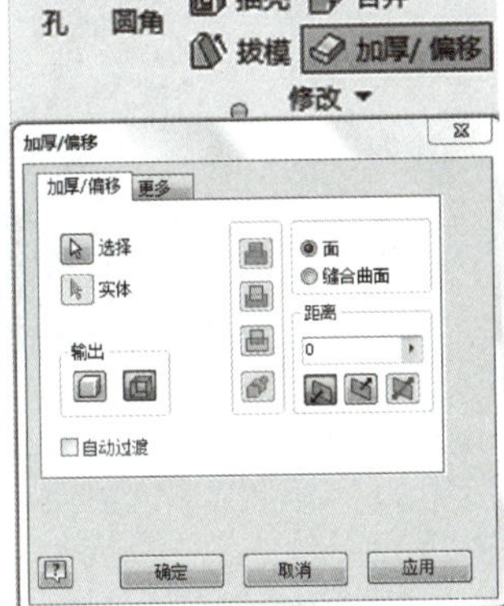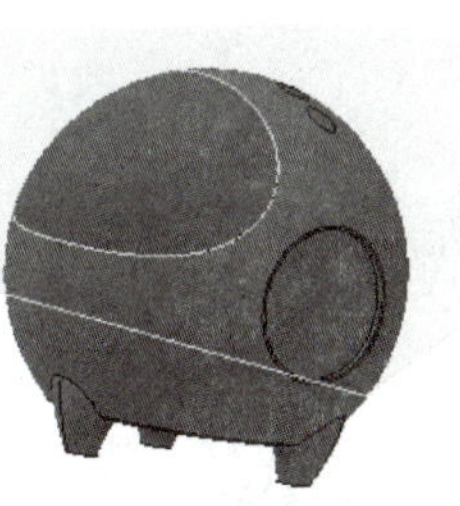</td></tr>
<tr><td>④ 选取拉伸曲面作为草图绘制平面，进入草图绘制环境后，按下键盘 F7 键进入切片观察模式。依据给定零件图绘制草图轮廓，如右图所示</td><td>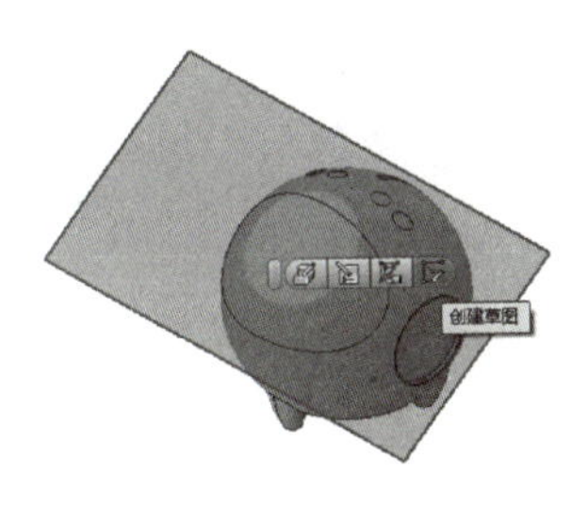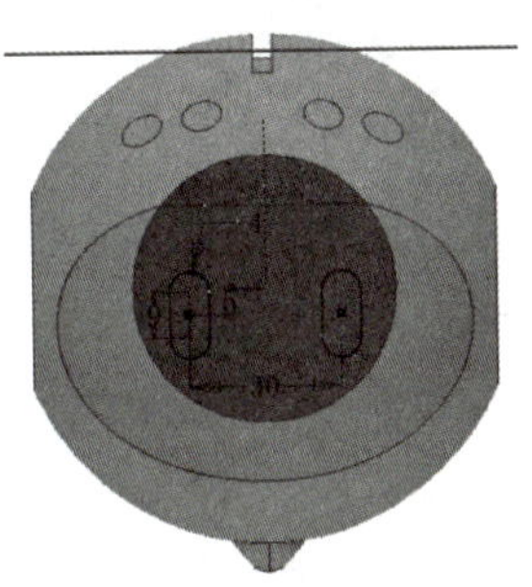</td></tr>
<tr><td>⑤ 单击工具面板中“三维模型”选项卡下“创建”面板中的“拉伸”按钮，设定拉伸参数
实体：显示屏
范围：贯通</td><td>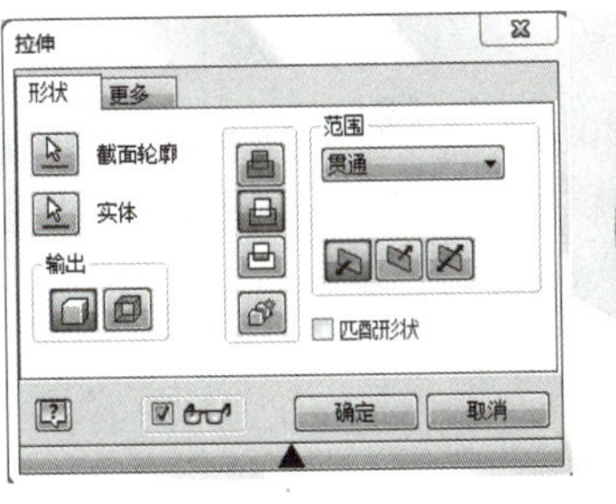</td></tr>
</table>

续表

序号	操作文字说明 快捷操作示意	操作演示图示
11	⑥将浏览器中草图可见性打开，单击拉伸命令，设定拉伸参数 输出方式：新建实体 范围：介于两面之间（两面是指缺口底面及偏移曲面）	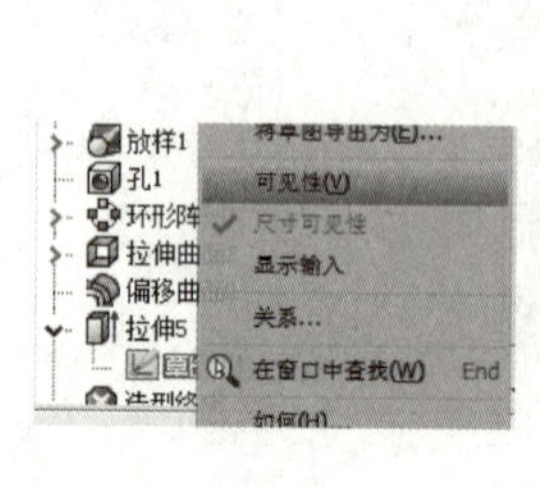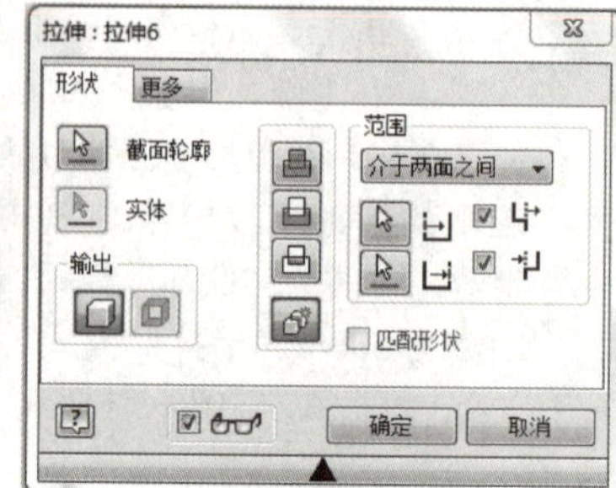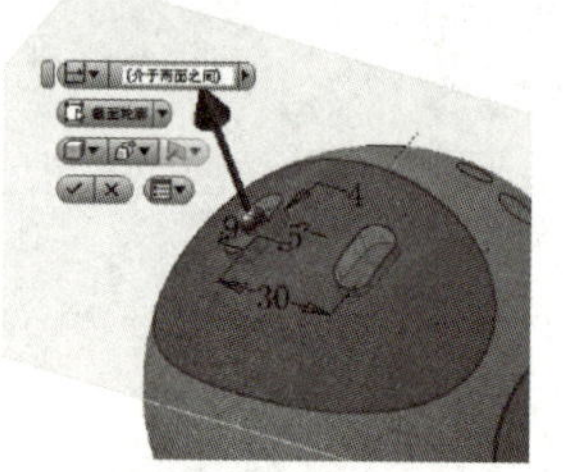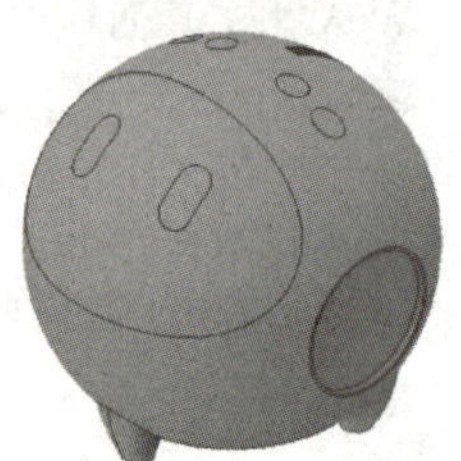
12	**创建插板零件** 选取原始坐标系中的YZ平面作为草图绘制平面，进入草图绘制环境后，按下键盘F7键进入切面观察模式。依据给定工程图绘制草图轮廓，如右图所示 单击工具面板中“三维模型”选项卡下“创建”面板中的“拉伸”按钮，设定拉伸参数 范围：距离为10 mm 拉伸方式：双向 输出方式：新建实体	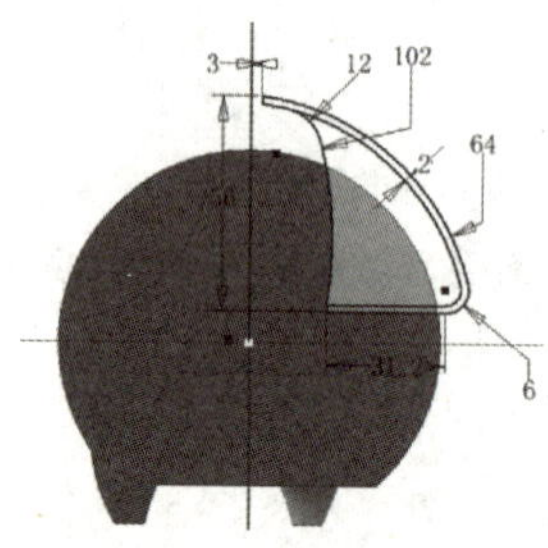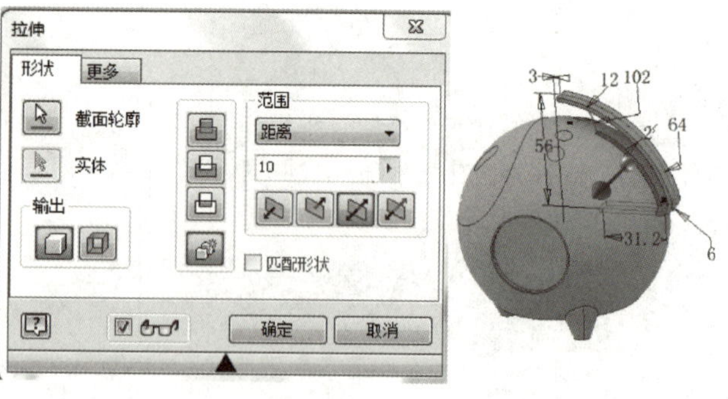

续表

<table>
<tr><th>序号</th><th>操作文字说明
快捷操作示意</th><th>操作演示图示</th></tr>
<tr><td rowspan="2">12</td><td>重新显示该草图轮廓，再次使用拉伸命令进行插板的创建，设定拉伸参数

范围：距离为 4 mm
拉伸方式：双向
输出方式：求和
实体：上一步拉伸实体</td><td>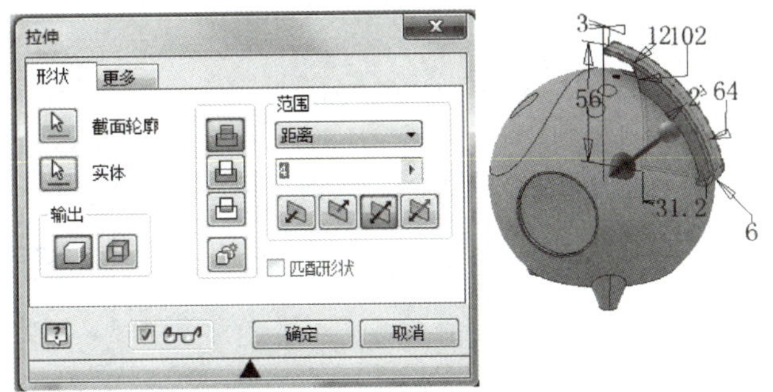</td></tr>
<tr><td>对插板头部添加圆角操作，左键单击工具面板中“三维模型”选项卡下“修改”面板中的“圆角”按钮，设定拉伸参数

模式：全圆角
侧面集 1、中心面集、侧面集 2 如图所示</td><td>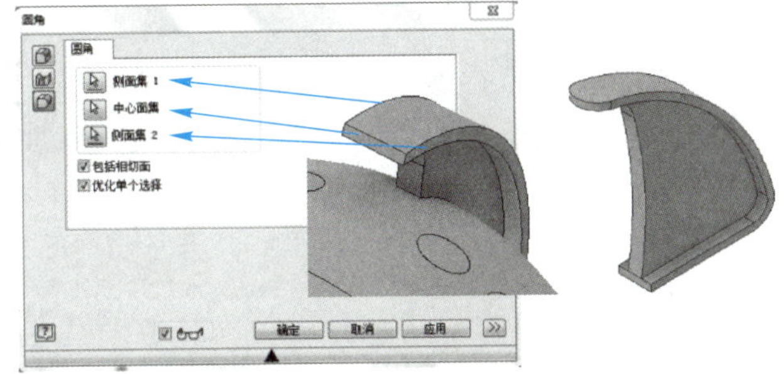</td></tr>
<tr><td>13</td><td>创建喇叭口零件
① 选取原始坐标系中的 XZ 平面作为草图绘制平面，进入草图绘制环境后，按下键盘 F7 键进入切片观察模式。依据给定零件图绘制草图轮廓，如右图所示。并给该草图以生成新建实体的方式添加旋转特征

② 单击工具面板上“平面”按钮，选取原始坐标系中的 YZ 平面将该平面向右拖动 60 mm。在该平面上绘制如右图所示的草图</td><td>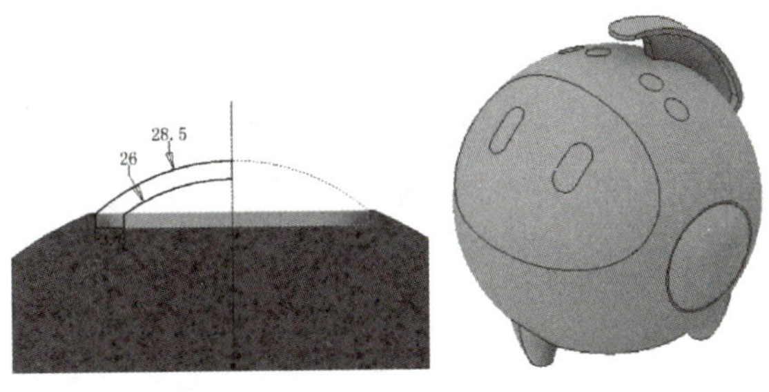
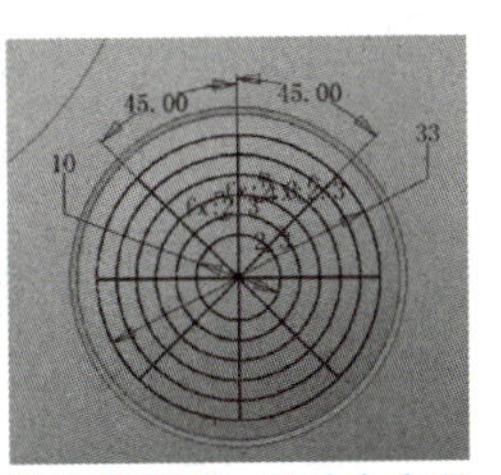
栅格孔草图：尺寸自定义</td></tr>
</table>

续表

序号	操作文字说明 快捷操作示意	操作演示图示
13	③ 单击工具面板中“三维模型”选项卡下“塑料零件”面板中的“栅格孔”按钮，依次设定栅格孔各项参数。 栅格孔操作草图选取示例如下 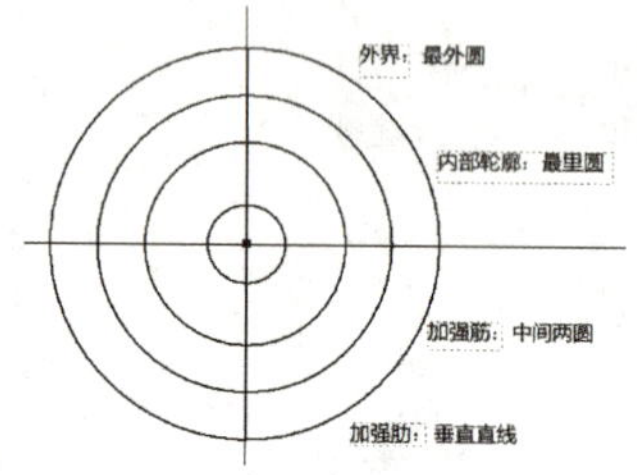	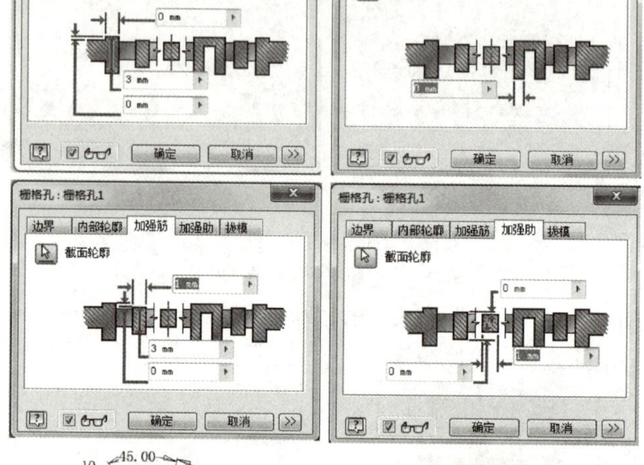
	④ 单击工具面板中“三维模型”选项卡下“阵列”面板中的“镜像”按钮，对喇叭口进行新建实体镜像	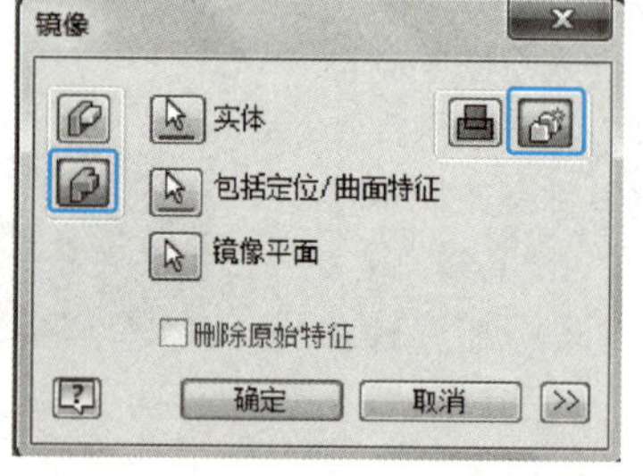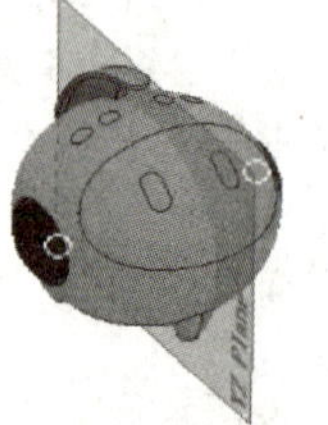

续表

<table>
<tr><th>序号</th><th>操作文字说明
快捷操作示意</th><th>操作演示图示</th></tr>
<tr><td>14</td><td>创建脚垫零件
选取如右图所示的平面为草图绘制平面，进入草图绘制环境后使用投影几何图元命令，完成草图的创建，并对该草图进行生成单独实体的拉伸操作。使用环形阵列命令阵列其余两个脚垫零件</td><td>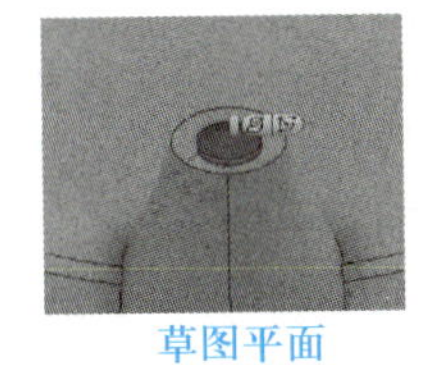
草图平面
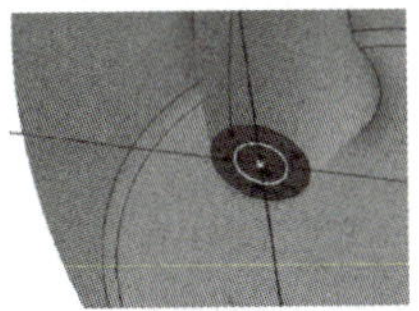
投影几何图元
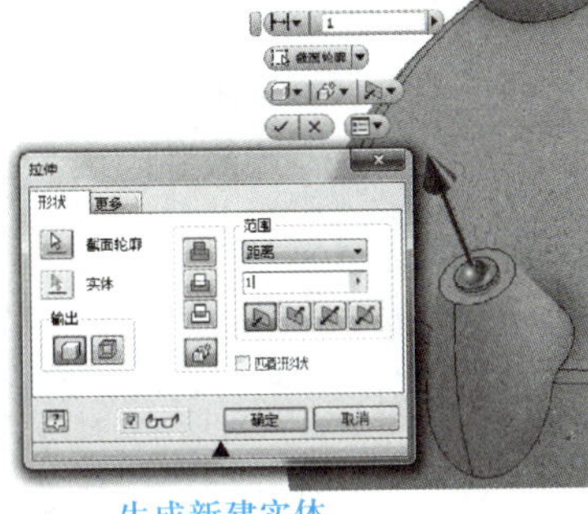
生成新建实体
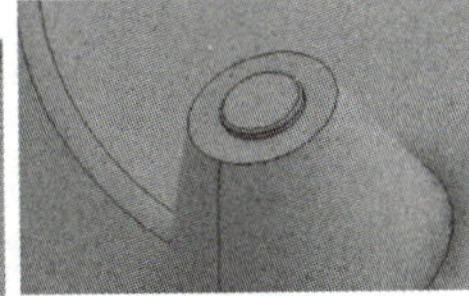
圆角修饰
环形阵列</td></tr>
<tr><td>15</td><td>创建上、下壳零件
① 选取原始坐标系中的 XZ 平面，将其可见性打开

② 单击工具面板中“三维模型”选项卡下“修改”面板中的“抽壳”按钮，对球体进行整体抽壳操作
注意：此次抽壳操作之前，绘图区保留对球体的可见，其余零件必须隐藏</td><td>

XZ 平面
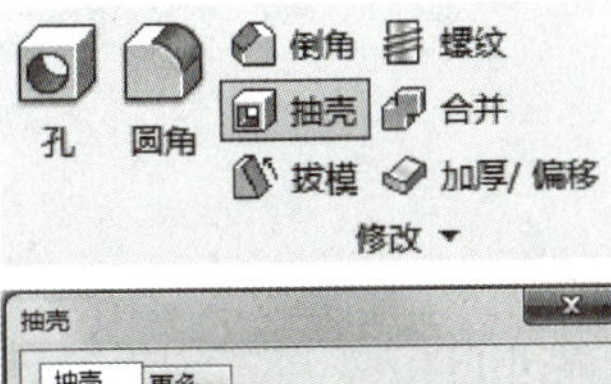

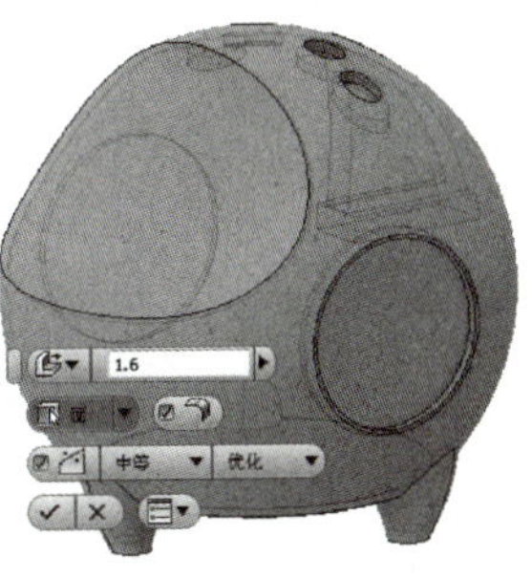</td></tr>
</table>

续表

序号	操作文字说明 快捷操作示意	操作演示图示
	③ 单击工具面板中“三维模型”选项卡下“修改”面板中的“分割”按钮，依据右图操作完成对球体的分割	
	④ 先隐藏上壳，单击工具面板中“三维模型”选项卡下“塑料零件”面板中的“止口”按钮	路径边：壁厚内边 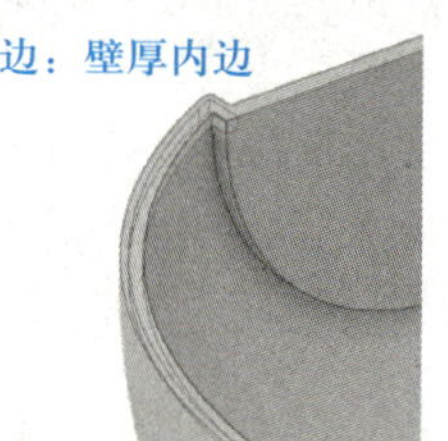
15	对太空人音箱下壳零件进行“止口”——槽的创建	 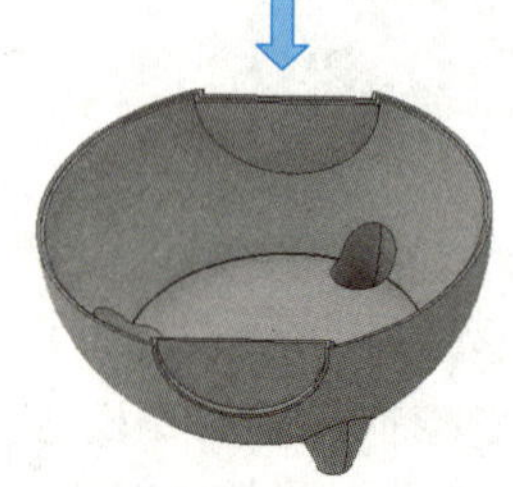
	根据同样的方法创建上壳止口	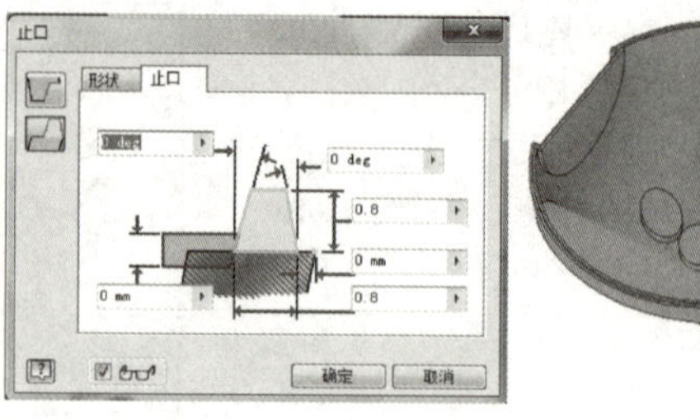

续表

序号	操作文字说明 快捷操作示意	操作演示图示
15	**零件命名** 根据太空人音箱爆炸图中明细栏给定的零件名称，在建模浏览器中依次单击修改其名称	太空人音箱 实体(11) 显示屏 按键 显示灯 插板 喇叭口1 喇叭口2 脚垫1 脚垫2 脚垫3 上壳 下壳
16	**对零件和实体进行升级操作** ① 将工具面板切换到“管理”选项卡，单击“布局”区域中的“生成零部件”按钮，打开“生成零部件”对话框。在建模浏览器中选中所有实体，单击下一步 ② 在弹出的对话框中单击确定 ③ 软件进入部件装配环境，此时，原先的多实体零件“太空人音箱”升级为部件，而多实体零件中的各个实体升级为零件 ④ 保存	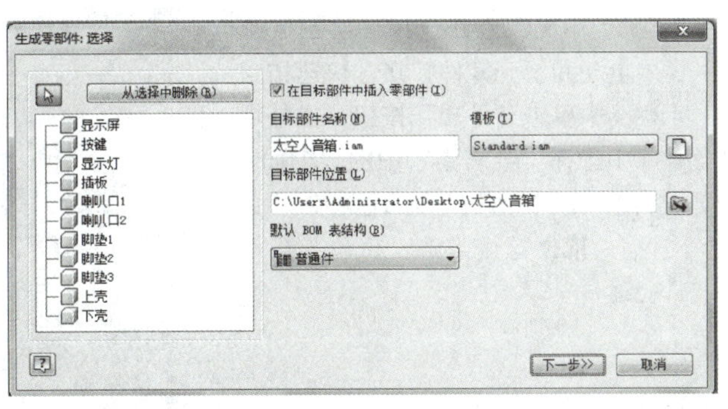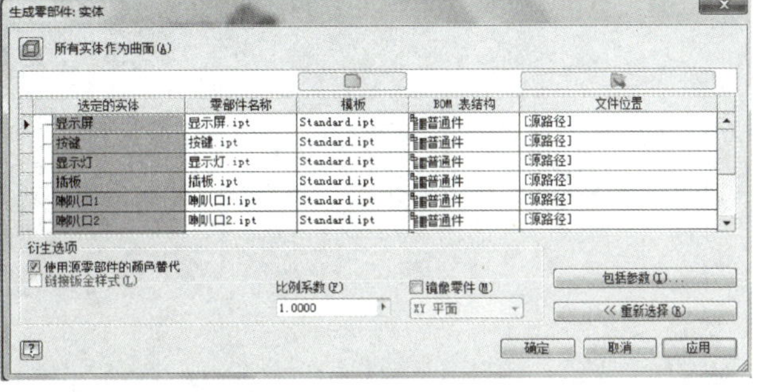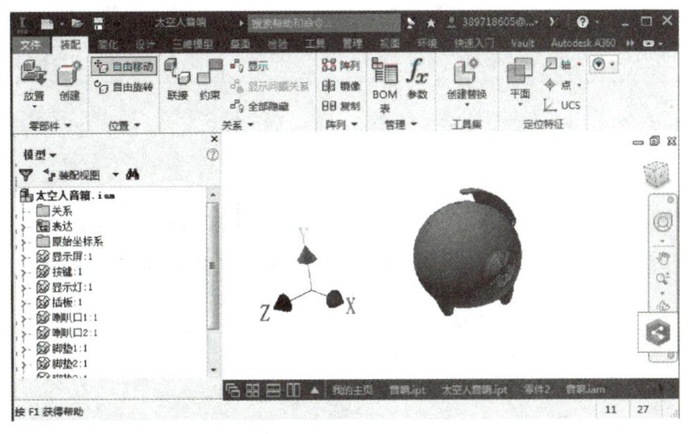

续表

序号	操作文字说明 快捷操作示意	操作演示图示
17	**修改“材料”和“外观颜色”** 可以参考以下方案进行操作 ① 材料修改：在绘图区框选所有零件，在“快速访问栏”中单击“材料”按钮，选取“ABS塑料” ② 外观颜色修改：在绘图区选中上壳和下壳零件，在“快速访问栏”中单击“外观”按钮，在外观库中选择“金属漆”中的“釉面－黑色”，并修改釉面的色彩为“黄色”。依据这个方法，将色彩搭配合适 ③ 单击保存，完成“太空人音箱”的创建	常规 默认 ABS 塑料 CFRP GFRC LCP 塑料 PBT 塑料 PC/ABS 塑料 PET 塑料 PMMA 塑料 

任务拓展

（1）在创建太空人音箱的过程中，整体的建模过程中，“分割”方法运用很多，较拉伸求差方法速度快了很多。请总结一下，分割工具有哪几种？分割方式有哪两种类型？

（2）完成太空人音箱建模过程中，你遇到最大的困难是什么？如何解决的？

自我评价

自主完成的步骤	合作讨论下完成的步骤	未完成的步骤

作业

根据图 15-8 所示绘制吹风机进风口零件。

作业指导

给定的零件图纸是一款吹风机上的进风口，请运用本项目所学的栅格孔命令进行绘制。

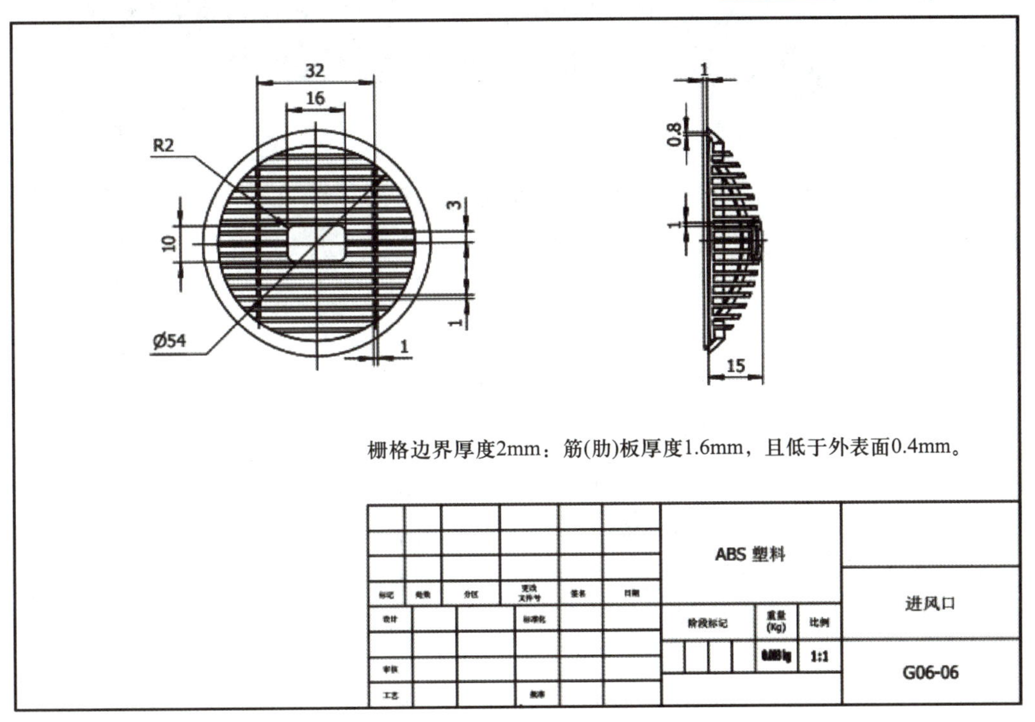

图 15-8 吹风机进风口零件

项目十六　设计百度机器人

项目介绍

智能机器人（图 16–1）像一个能进行自我控制的“活物”。其实，这个自控“活物”的主要器官并没有像真正的人那样微妙而复杂。智能机器人具备形形色色的内部信息传感器和外部信息传感器，如视觉传感器、声音传感器等。除传感器外，它还有效应器，作为作用于周围环境的手段，这就是筋肉，它们使机器人的手、脚等动起来。智能机器人至少要具备三个要素：感觉要素，运动要素和思考要素。智能机器人是多种高新技术的集成体，它融合了机械、电子、传感器、计算机、人工智能等许多学科的知识，涉及当今许多前沿领域的技术。

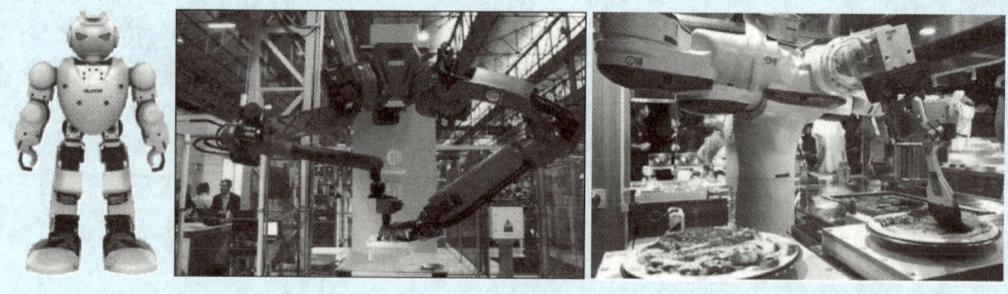

图 16–1　智能机器人欣赏

本项目中，我们将使用 Inventor 2018 软件绘制这款时尚的百度机器人。百度机器人六视图如图 16–2 所示，百度机器人效果图如图 16–3 所示。

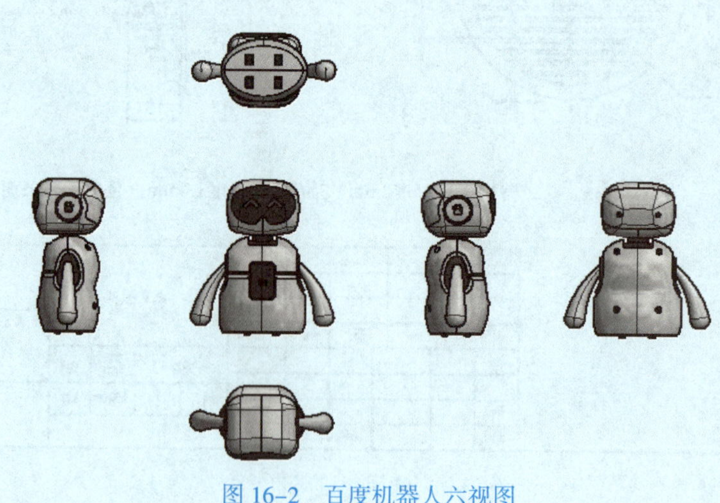

图 16–2　百度机器人六视图

图 16-3 百度机器人效果图

项目知识与技能

※ 曲面工具：边界嵌片、偏移曲面、放样曲面、缝合曲面
※ 辅助工具：工作点、工作轴、辅助平面
※ 创建工作：拉伸、旋转、扫掠、实体分割、面分割等
※ 修饰工具：凸雕、变圆角、倒角、抽壳等
※ 塑料工具：栅格孔、止口、凸柱
※ Autodesk 材质修改和外观库的合理使用

建模方法与工具

这款百度机器人的创建过程，大体可以分为头部、身体和手臂三个部分进行，如图 16-4 所示。接下来，我们重点围绕这三个部分的建模方法和建模工具进行分析，主要建模工具及使用方法见表 16-1。

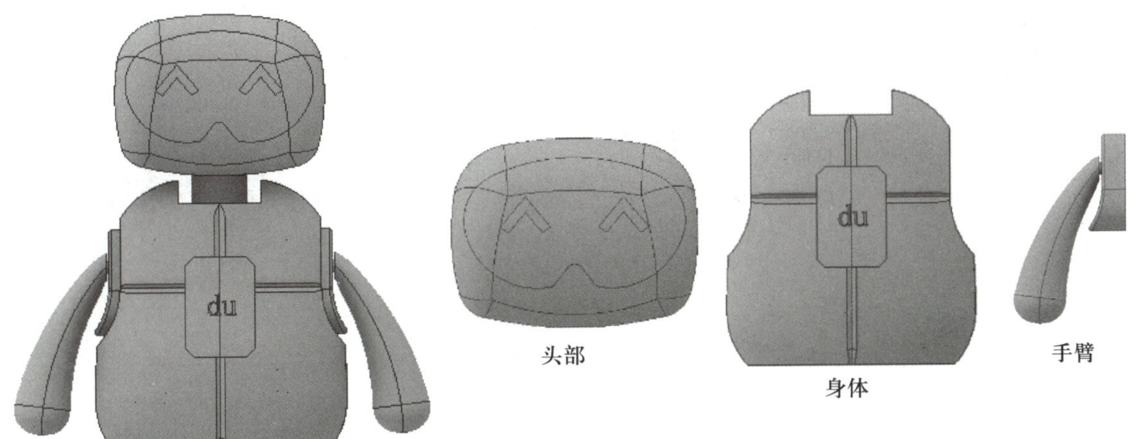

图 16-4 产品零件

表 16–1 主要建模工具及使用方法

零件名称	操作命令	基本使用方法示例	
头部	分割	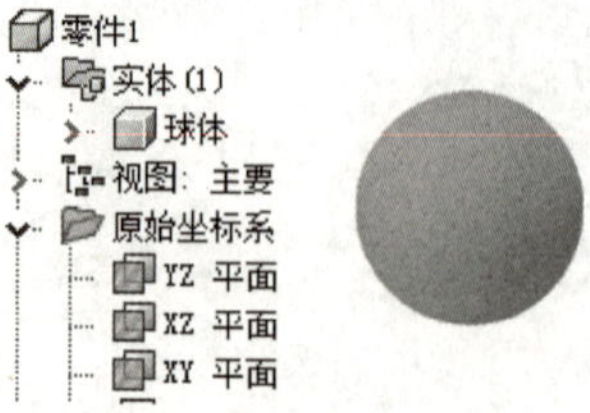	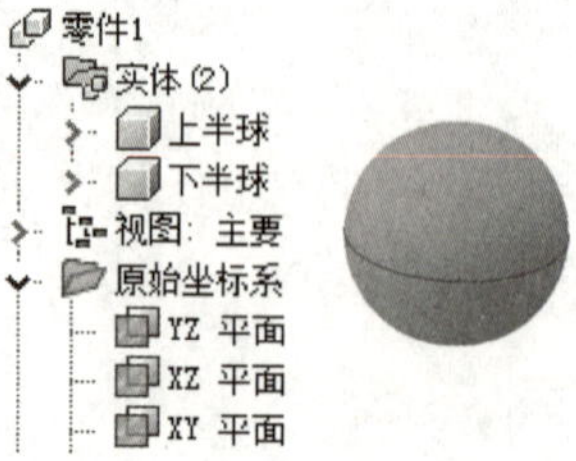
	变圆角		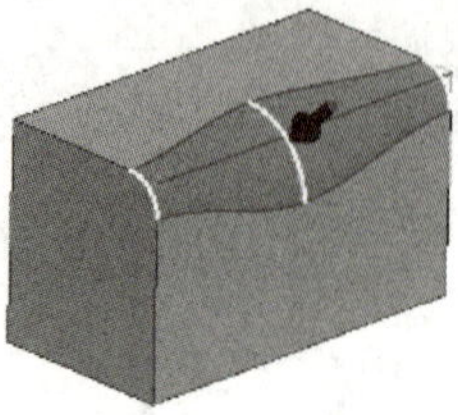
身体	工作点	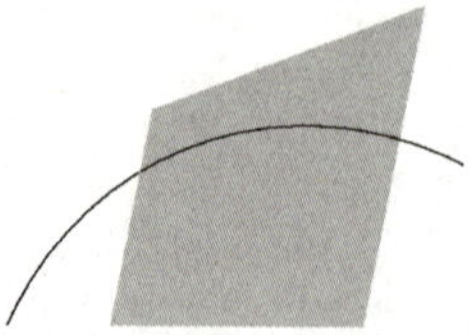	求平面与线的公共点 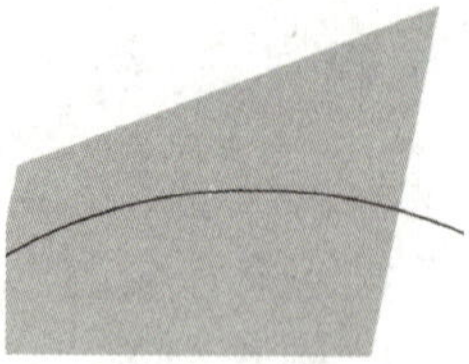
	拉伸（介于两面之间）	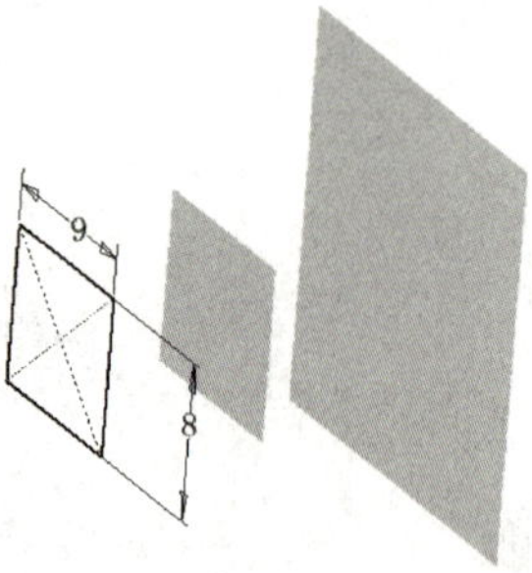	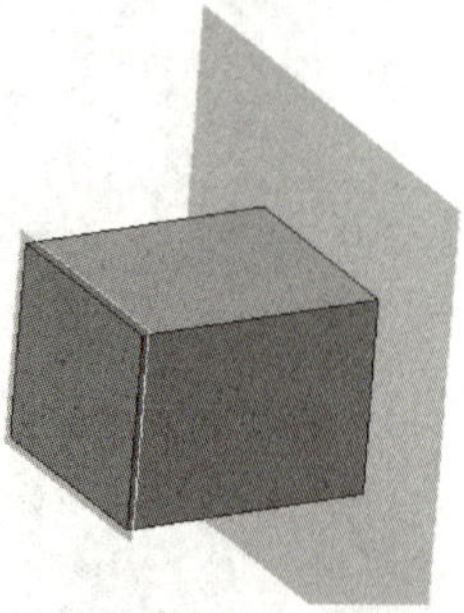
	放样（点到轮廓到点，通过曲线）	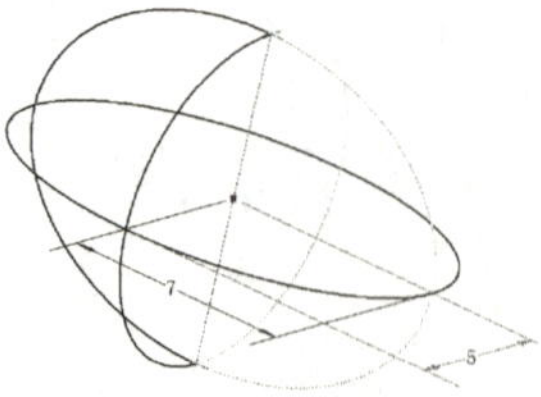	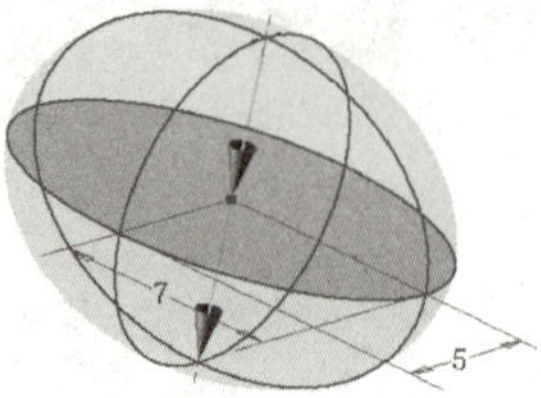

续表

零件名称	操作命令	基本使用方法示例	
手臂	放样 （通过中心线）	4 5 8 15	

项目建模步骤

图 16-5 所示为百度机器人部分工程图，其他详见建模过程。

百度机器人是本书最后一个综合项目，通过前文的学习，我们已经具备了扎实的草图创建能力和较强的多实体建模能力。本项目的建模过程对于细节的草图创建过程将不再作过多介绍，重点介绍设计中的关键要点和实际设计中的操作技巧。

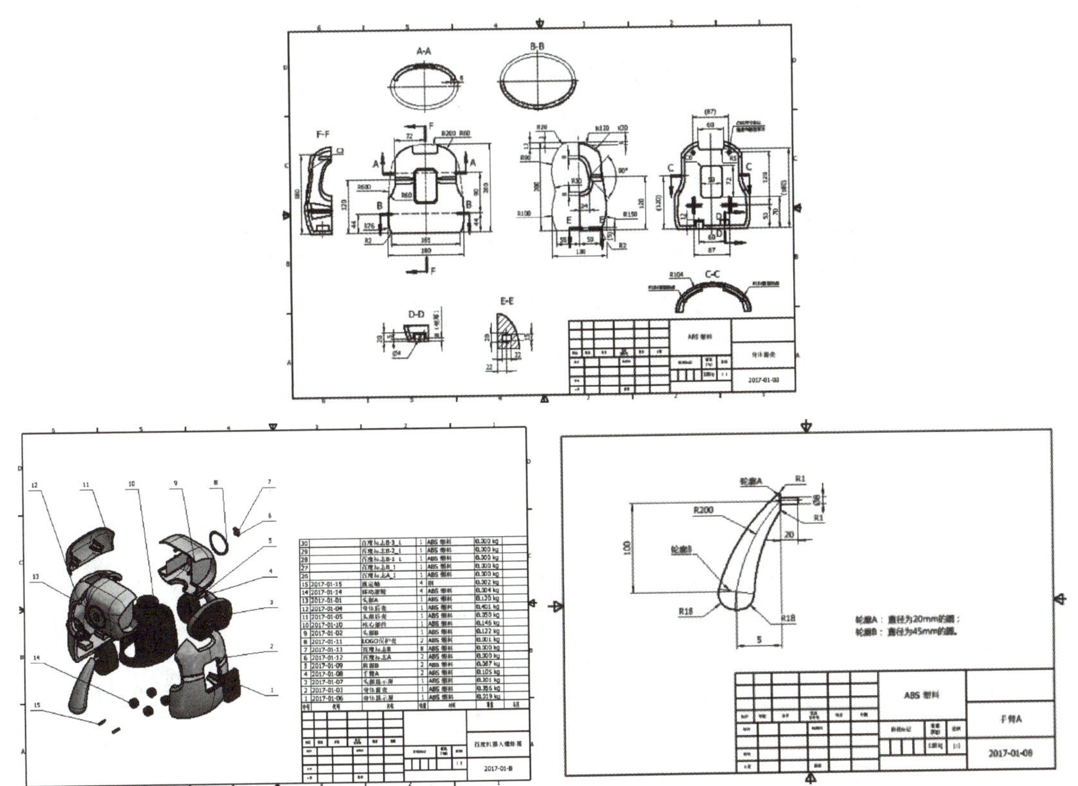

图 16-5 百度机器人部分工程图

百度机器人模型创建过程见表16–2。

表16–2 百度机器人模型创建过程

序号	操作文字说明 快捷操作示意	操作演示图示
01	在桌面新建一个文件夹，命名为“百度机器人”。启动Inventor 2018软件，在“快速入门”菜单中选择“项目”命令，在弹出的项目对话框中单击“新建”按钮，选取项目的类型为“新建单用户项目”，单击下一步，在弹出的“Inventor项目向导”对话框中设定项目的文件夹地址以及项目的名称。设置完成后，单击“完成”按钮。创建项目文件的目的是有效地管理设计数据	 百度机器人 桌面文件夹  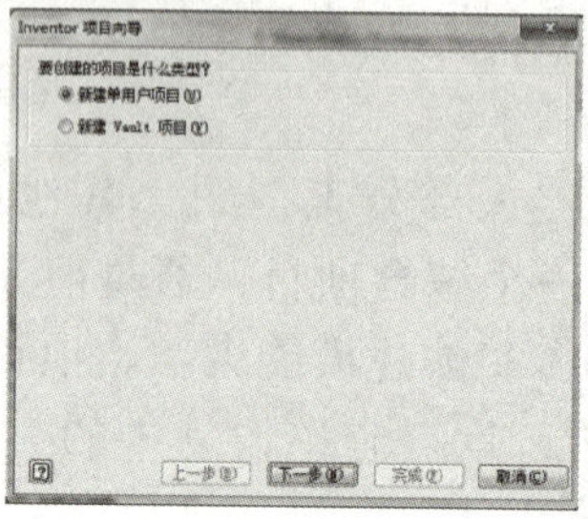 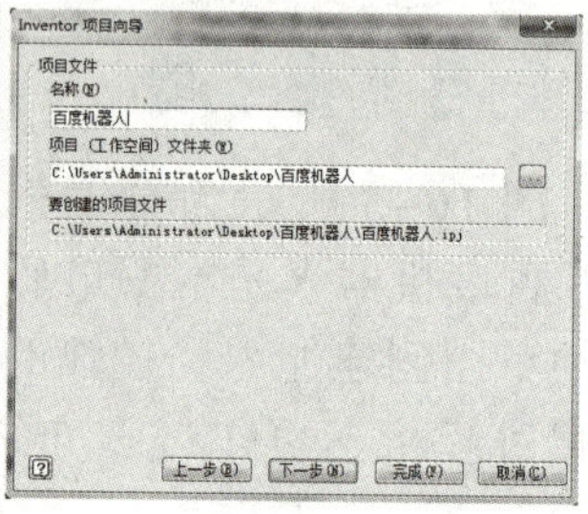
02	在打开的软件初始界面中，使用起始界面上快速新建区域中的创建零件按钮新建零件	 新建 零件 部件 工程图 表达视图
03	单击工具面板“开始创建二维草图”按钮，并在绘图区中选择XY平面，进入二维草图创建环境	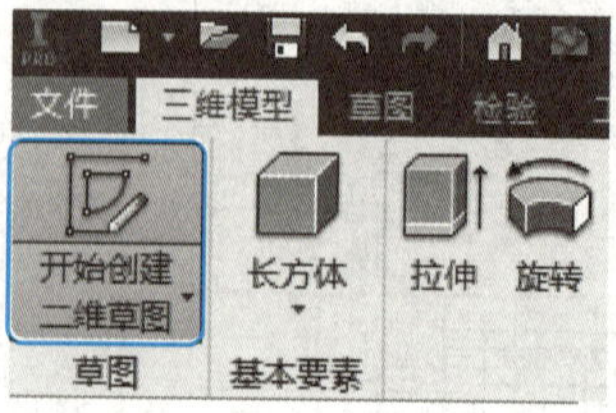 文件 三维模型 草图 检验 开始创建二维草图 长方体 拉伸 旋转 草图 基本要素 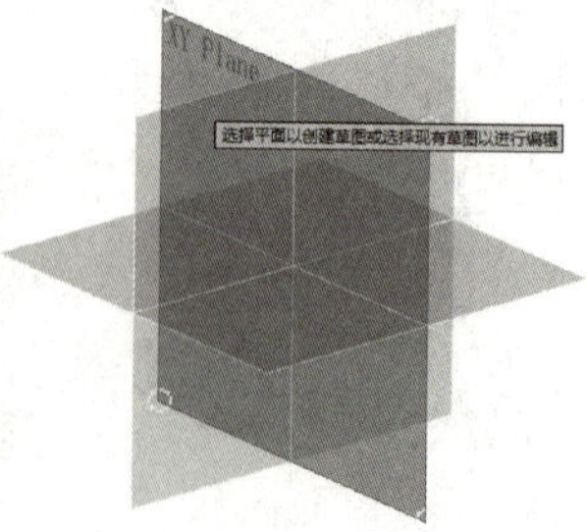

续表

<table>
<tr><th>序号</th><th>操作文字说明
快捷操作示意</th><th>操作演示图示</th></tr>
<tr><td>04</td><td>

创建身体基础实体

绘制放样截面草图

① 在草图选项卡创建面板中使用直线、圆弧等命令绘制草图，如右图所示

在约束面板中使用重合、相切等约束功能全约束绘制的草图轮廓

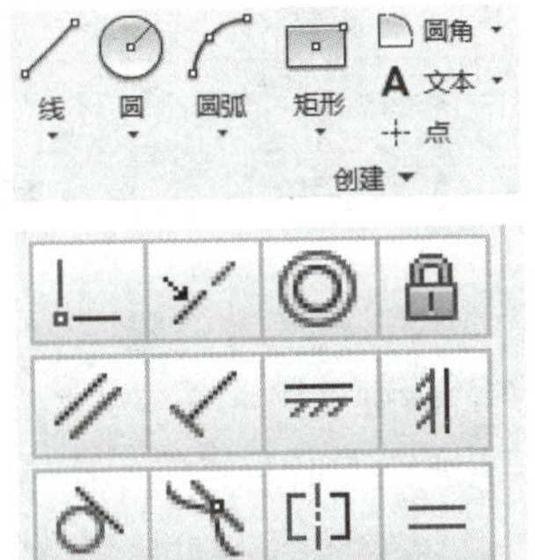

② 求 YZ 平面与草图轮廓高度方向的公共工作点作为第二个草图的定位点

操作方法：同时选取平面和曲线即可完成工作点的创建

③ 单击工具面板“开始创建二维草图”按钮，并在绘图区中选择 YZ 平面，进入二维草图创建环境。根据右图轮廓依次绘制草图轮廓

技巧详解

1. 使用矩形定位

2. 使用直线长按拖动绘制相切圆弧

3. 使用镜像功能

</td><td>

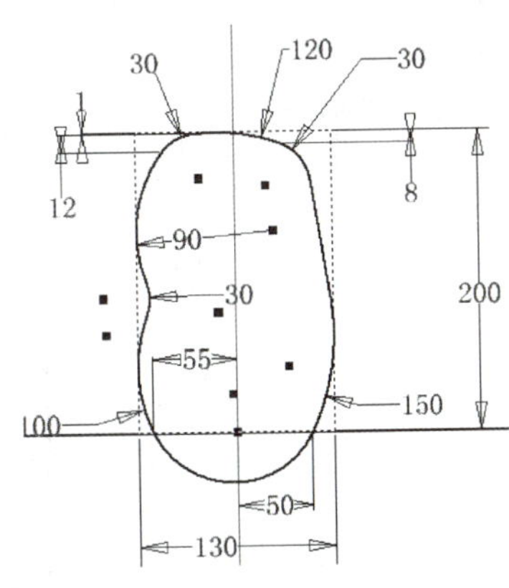

技巧详解

1. 使用矩形定位

2. 使用直线长按拖动绘制相切圆弧

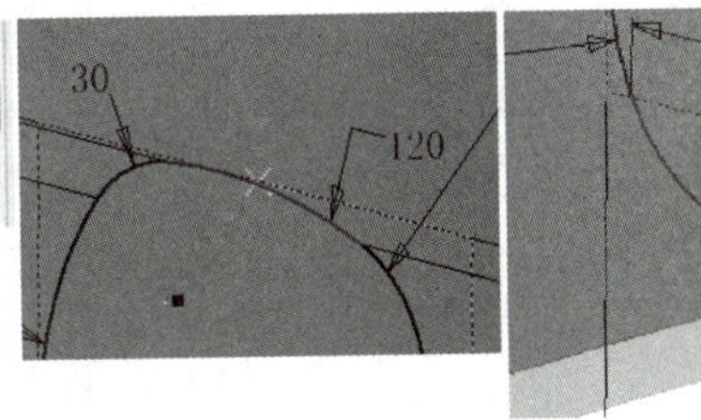

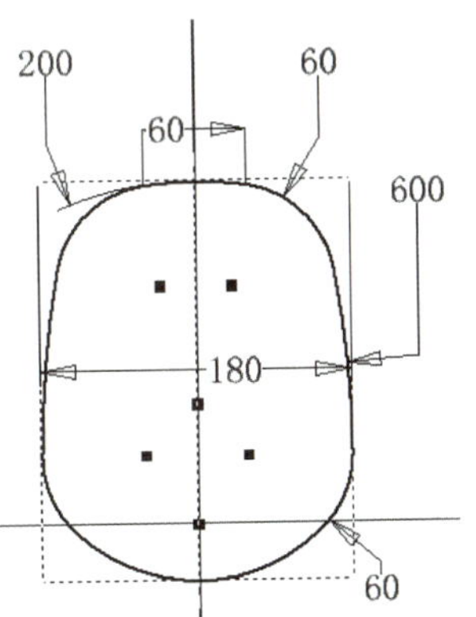

</td></tr>
</table>

续表

序号	操作文字说明 快捷操作示意	操作演示图示
04	④ 单击工具面板中“三维模型”选项卡下“曲面”面板中的“边界嵌片”按钮，依次为草图进行片面修补 ⑤ 单击工具面板中“三维模型”选项卡下“修改”面板中的“分割”按钮，将两个边界嵌片互相对称分割成四片	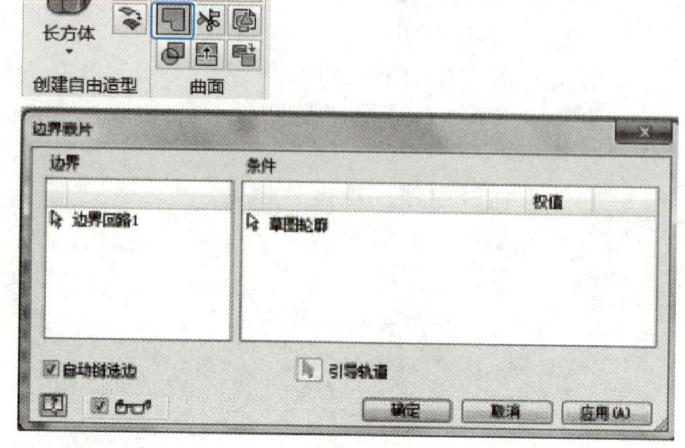 技巧详解 使用边界嵌片时，边界的选取可以单条选取也可以整条选取，取决于是否勾选边界嵌片对话框中的“自动链选边”按钮 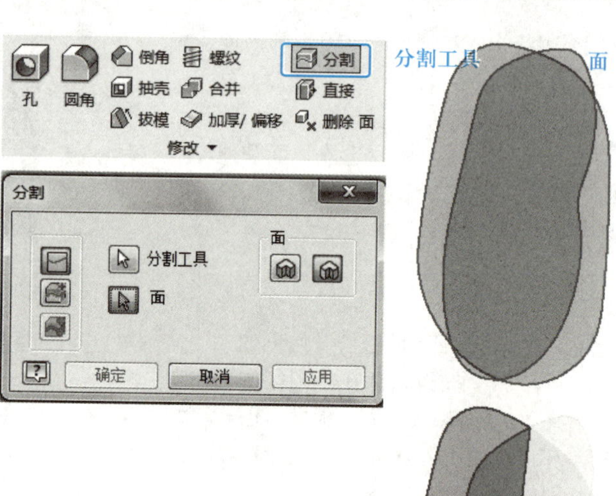 分割后四片曲面能依次单个选中

续表

序号	操作文字说明 快捷操作示意	操作演示图示
	⑥ 单击工具面板中“三维模型”选项卡下“定位特征”面板中的“平面”按钮，分别将 XZ 平面平移 44 mm 和 120 mm ⑦ 单击工具面板中“三维模型”选项卡下“定位特征”面板中的“工作点”按钮，依次选取平移平面和与其相交的曲线逐一求交点	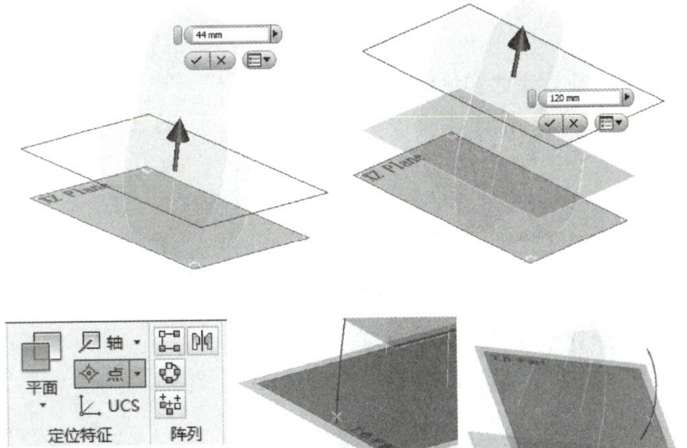
04		技巧详解 求取工作点的步骤需要重复 8 次，在第一次启动工作点命令后，之后的重复使用只需要敲击键盘空格键即可。
	绘制放样轨道草图 选取平移 44 mm 的工作平面进入草图绘制环境，依次投影工作点，单击椭圆命令绘制一个椭圆轮廓。按照相同的方法，在平移 120 mm 的工作平面上也绘制一个椭圆轮廓	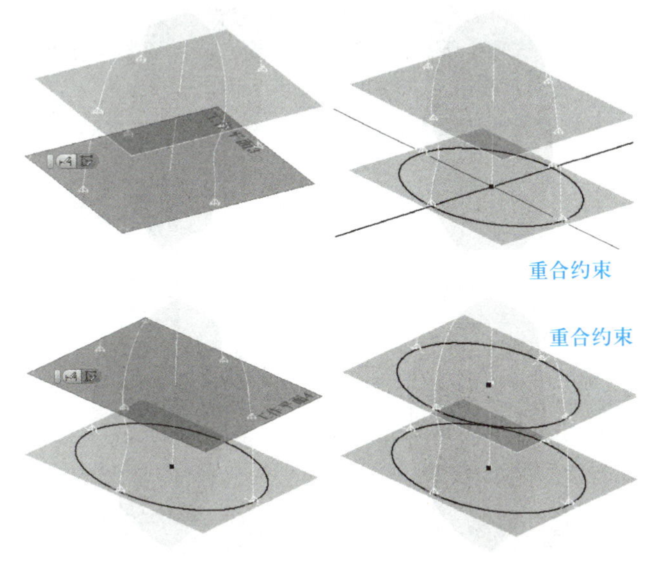

续表

序号	操作文字说明 快捷操作示意	操作演示图示
04	**建立身体实体模型** ① 单击工具面板中“三维模型”选项卡下“创建”面板中的“放样”按钮。在弹出的放样对话框中设置放样参数 输出方式：曲面 截面：4 份面片曲面 轨道：2 个椭圆草图 技巧详解 1. 选取到三个面片后，勾选“封闭回路”，曲面自动封闭 2. 最后生成曲面时勾选“合并相切面” ② 单击工具面板中“三维模型”选项卡下“曲面”面板中的“缝合”按钮，在弹出“缝合”对话框后框选绘图区所有曲面，单击“应用”生成实体轮廓	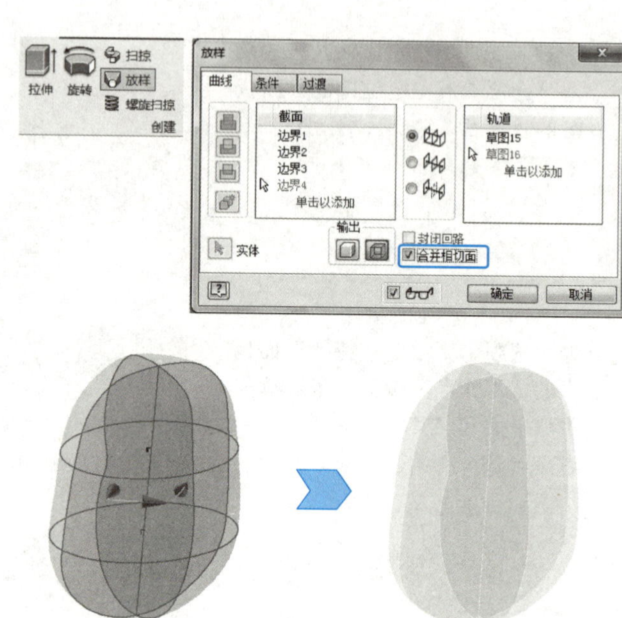 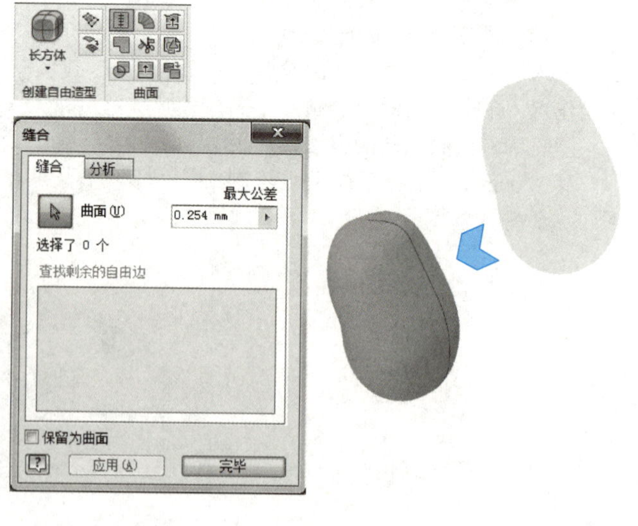

续表

序号	操作文字说明 快捷操作示意	操作演示图示
05	**创建身体前壳和后壳** ① 单击工具面板中“三维模型”选项卡下“修改”面板中的“分割”按钮，分割工具使用 XZ 平面对身体基础实体进行分割 注意：箭头方向的实体是将要被修剪掉的实体 ② 单击浏览器中的 YZ 平面作为草图绘制平面，使用圆弧和直线命令绘制右图轮廓；在完成退出草图环境后，使用前一步的分割命令将草图轮廓线以左的部分分割掉；最后运用镜像功能对称镜像切除轮廓	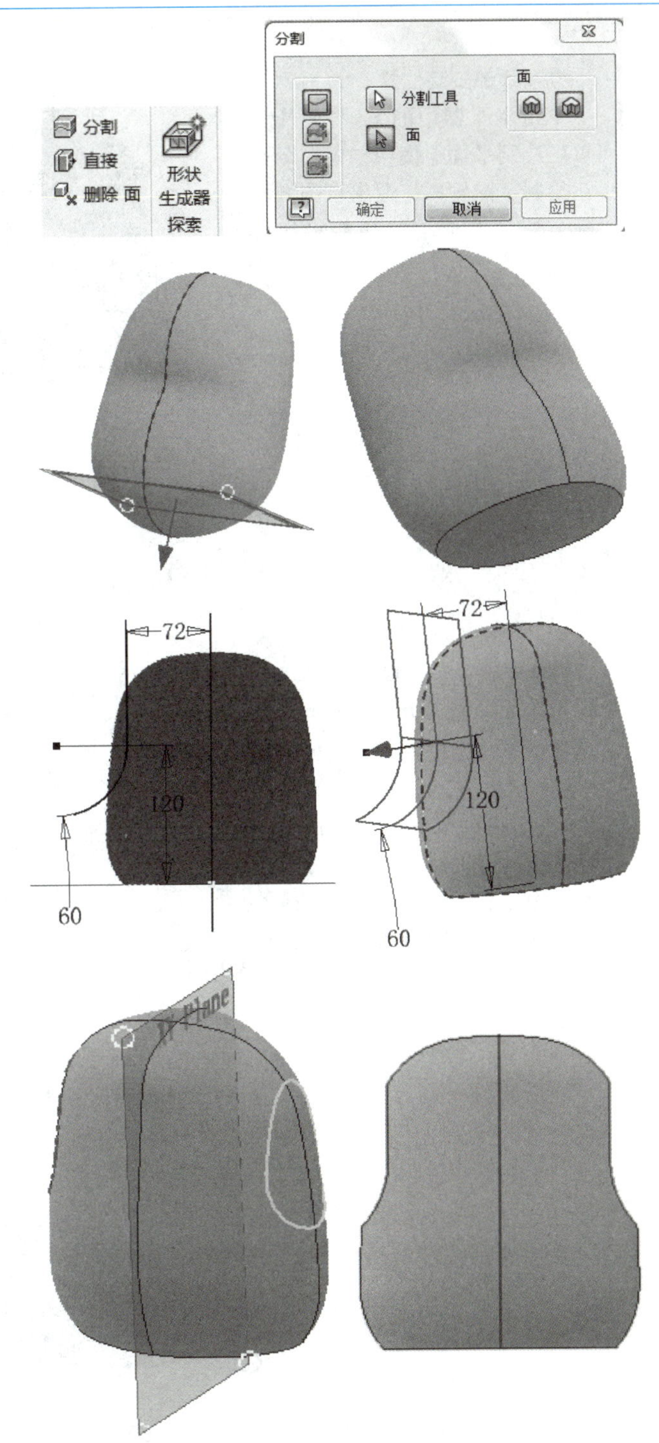

续表

<table>
<tr><th>序号</th><th>操作文字说明
快捷操作示意</th><th>操作演示图示</th></tr>
<tr><td></td><td>创建颈部安装位置
单击浏览器中的YZ平面作为草图绘制平面，使用“矩形”按钮绘制草图轮廓。退出草图环境后，使用拉伸求差功能将实体切除</td><td>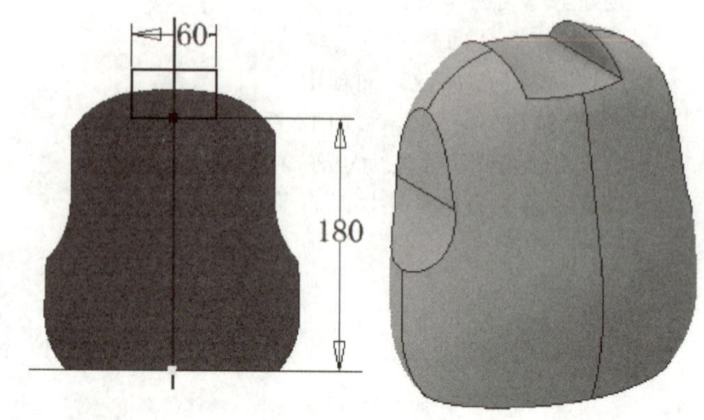
</td></tr>
<tr><td>05</td><td>创建手臂安装位置
单击工具面板中“三维模型”选项卡下“定位特征”面板中的“平面”按钮，将原始坐标系的XY平面拖动至90 mm处；在新建工作平面上使用偏移的方式绘制草图轮廓；退出草图环境后使用拉伸求差功能切除实体并镜像切除特征</td><td>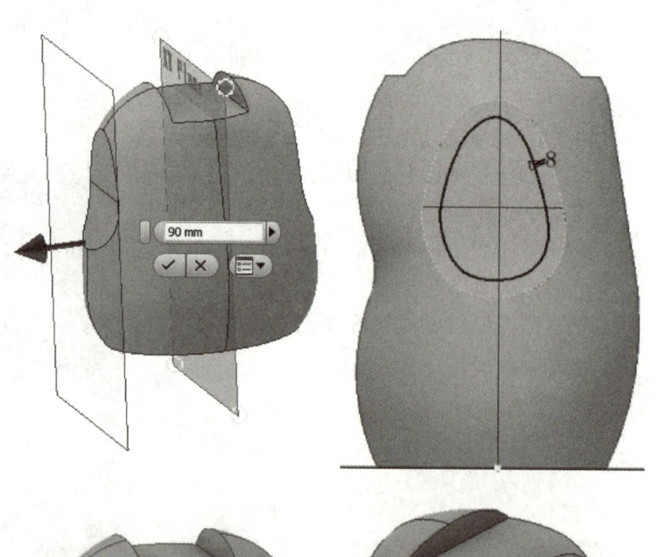

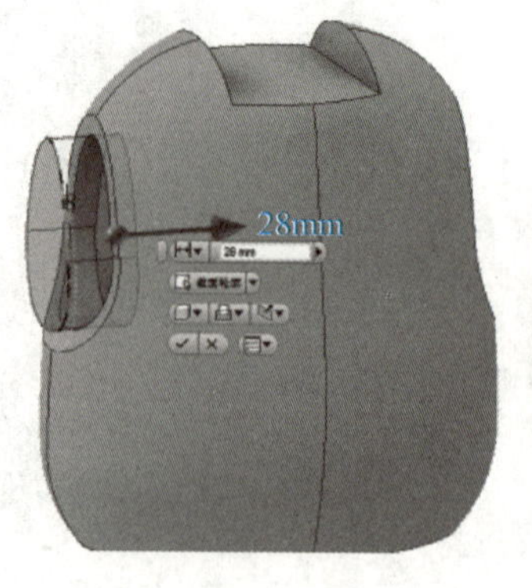

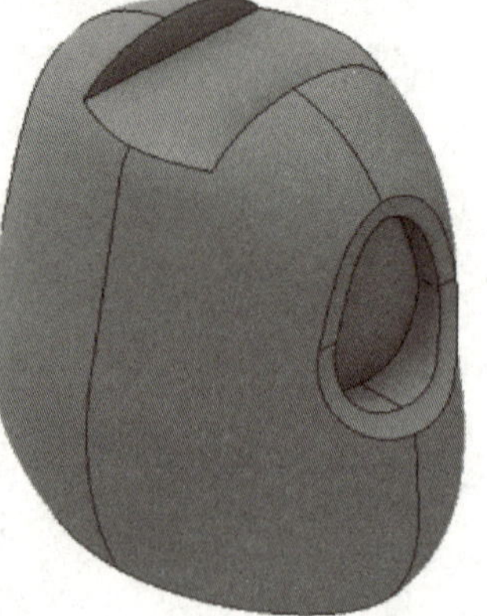</td></tr>
</table>

续表

序号	操作文字说明 快捷操作示意	操作演示图示
05	**创建身体显示屏** ① 单击工具面板中“三维模型”选项卡下“修改”面板中的“加厚 / 偏移”按钮，选取身体前部轮廓外表面，使用加厚 0 mm 的方式提取曲面轮廓	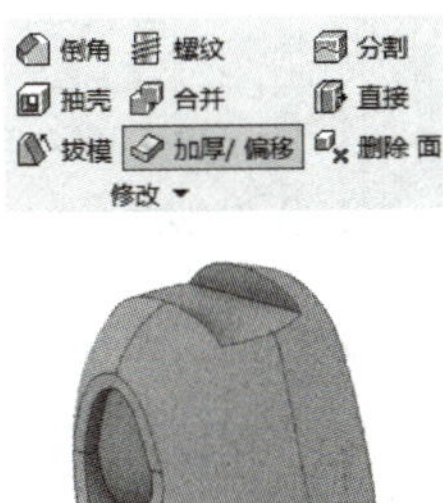 
	② 单击工具面板中“三维模型”选项卡下“定位特征”面板中的“平面”按钮，将原始坐标系的 YZ 平面拖动至前部 80 mm 处，在该平面上绘制如右图所示的草图轮廓	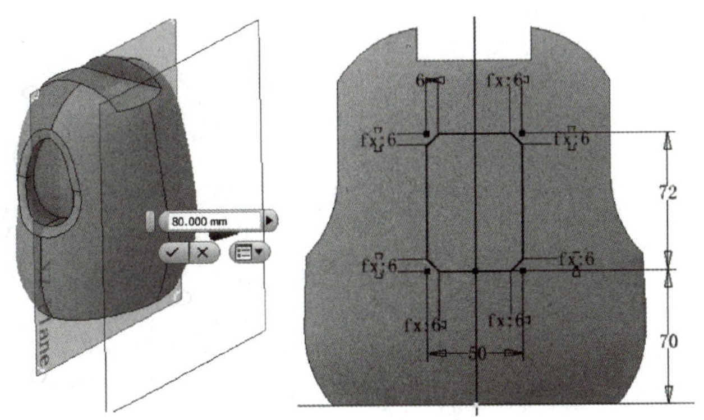
	③ 单击工具面板中“三维模型”选项卡下“创建”面板中的“凸雕”按钮，为刚才建立的草图轮廓添加凸雕特征操作	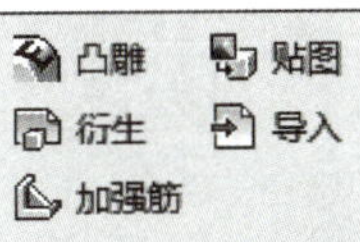 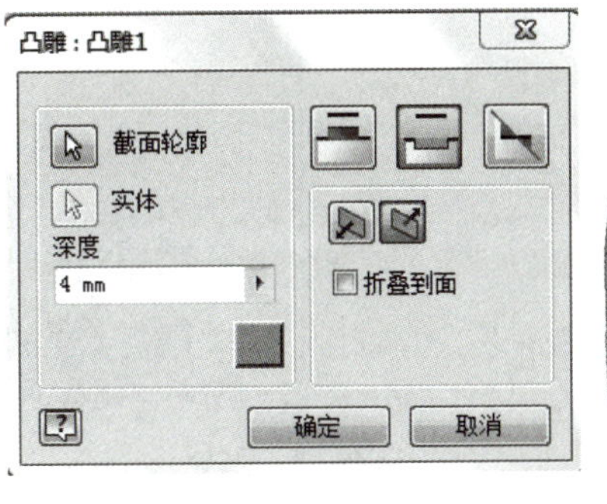 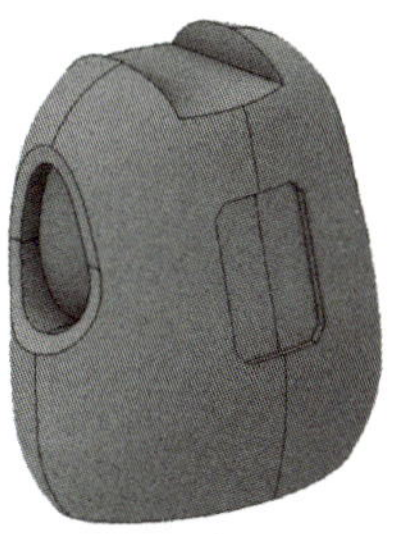

续表

序号	操作文字说明 快捷操作示意	操作演示图示
05	④ 再次使用上一步的草图轮廓，为该草图轮廓添加拉伸操作，拉伸实体至凸雕深度 4 mm 处并单独生成新建零件。运用分割功能将高于身体前部外表面的拉伸实体切除掉。使用的分割工具是偏移 0 mm 的曲面	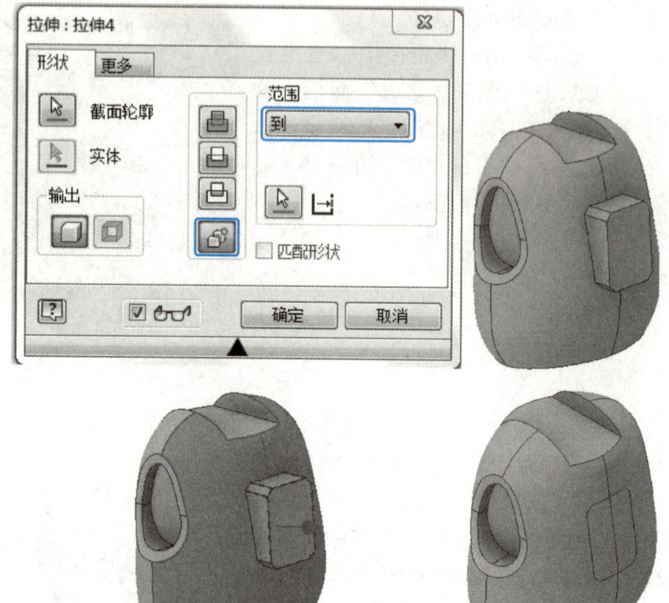
	⑤ 选取偏移 80 mm 的平面作为草图绘制平面。单击“文本”按钮在显示屏合适位置书写“du”字样。退出草图环境后，使用凸雕功能将文字凸雕高于外表面 0.5 mm	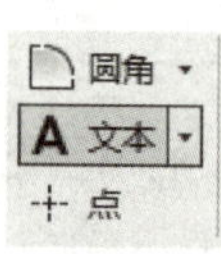 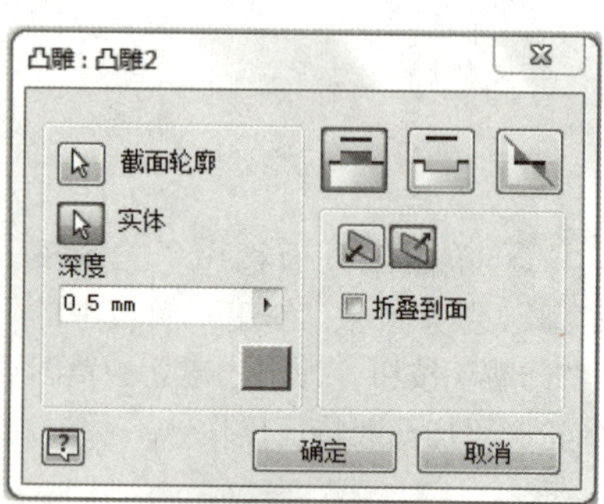 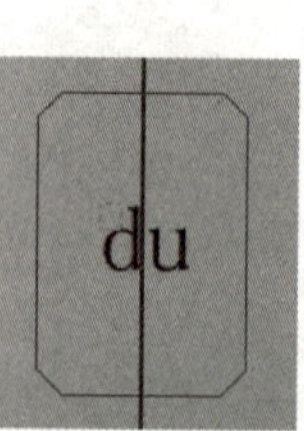 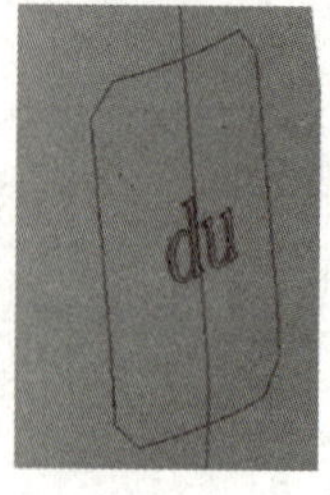

续表

序号	操作文字说明 快捷操作示意	操作演示图示
05	选取右图表面为草图绘制平面，绘制如右图所示的直角三角形草图轮廓 单击工具面板中“三维模型”选项卡下“定位特征”面板中的“平面”按钮，依次选取平面和直线，单击确定求得工作平面，进入草图平面后，绘制如右图所示的 $R104$ mm 的草图轮廓 注意：$R104$ mm 的圆弧端点落在三角形的一个交点上 单击工具面板中“三维模型”选项卡下“创建”面板中的“扫掠”按钮，选取三角形为扫掠截面，选取 $R104$ mm 圆弧为扫掠路径，求得结果如右图所示	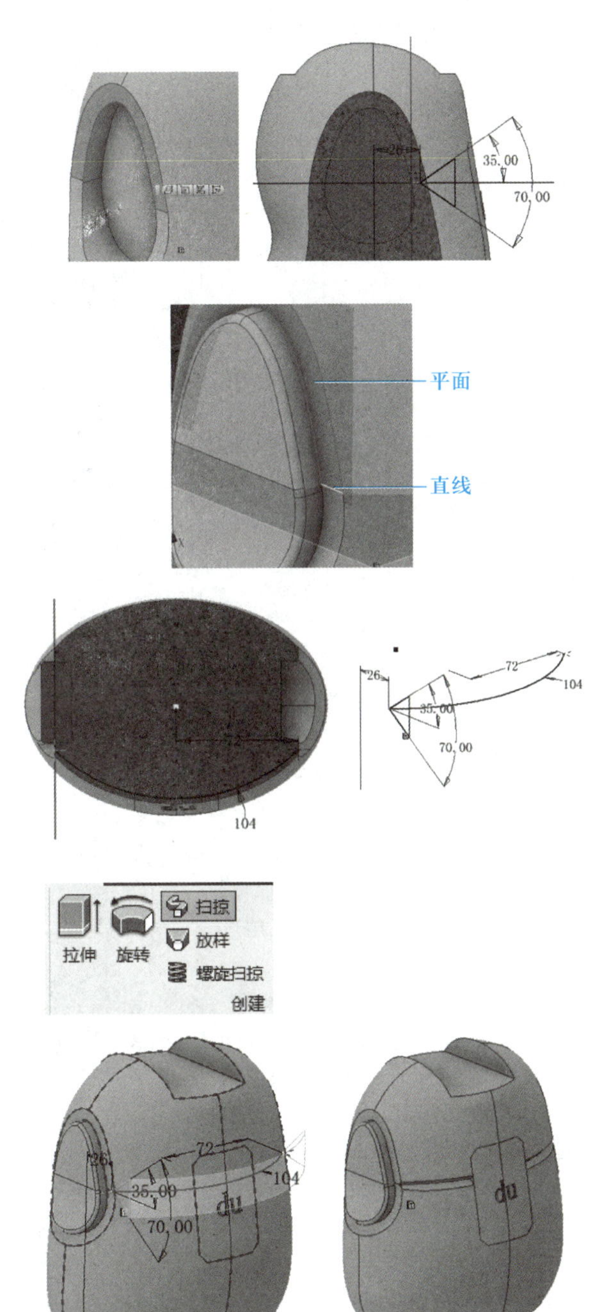

续表

序号	操作文字说明 快捷操作示意	操作演示图示
05	将浏览器中的草图 1 轮廓的可见性打开	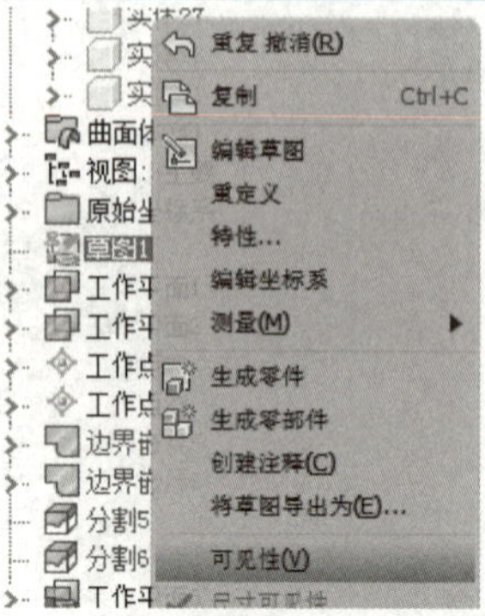 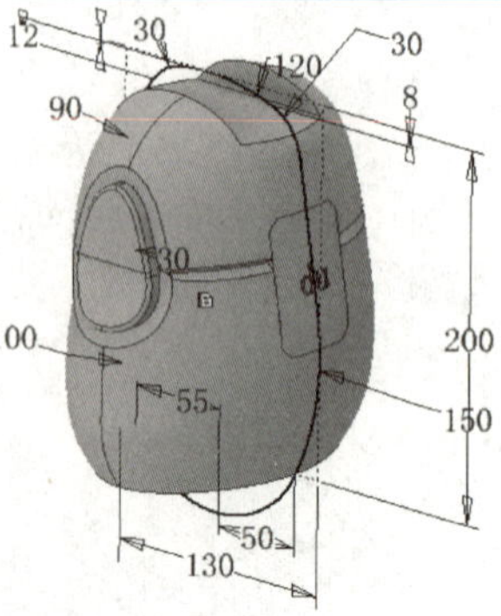
	单击工具面板中“三维模型”选项卡下的“开始创建三维草图”按钮，进入三维草图创建环境，单击“包括几何图元”按钮，依次单击草图 1 曲面，投影曲线呈黄色显示状态	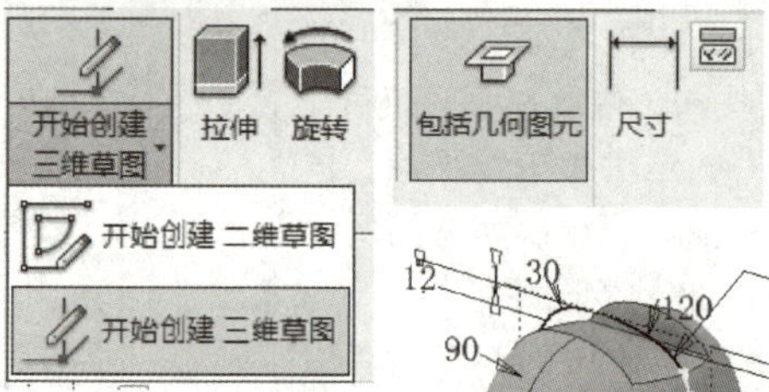 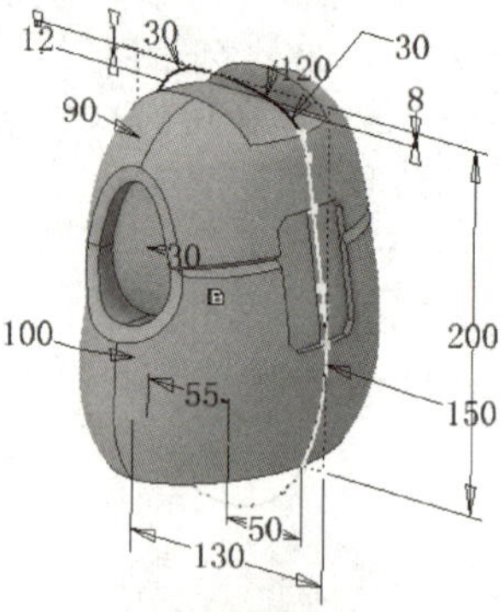
	选取右图实体平面为草图绘制平面，绘制如右图所示的三角形草图轮廓 单击工具面板中“三维模型”选项卡下“创建”面板中的“扫掠”按钮，选取三角形为扫掠截面，选取几何图元圆弧为扫掠路径，求得结果如右图所示	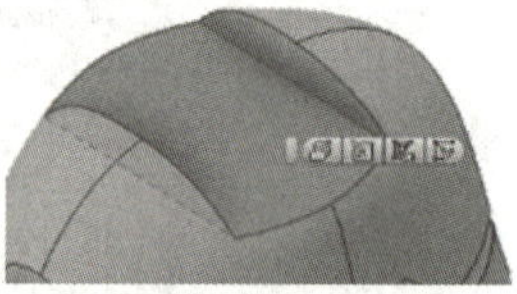 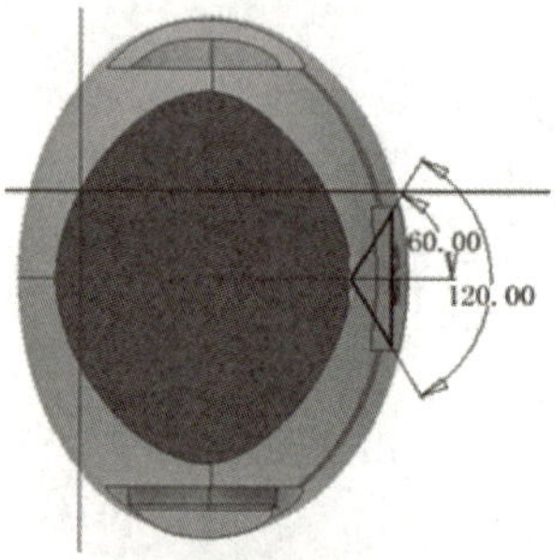 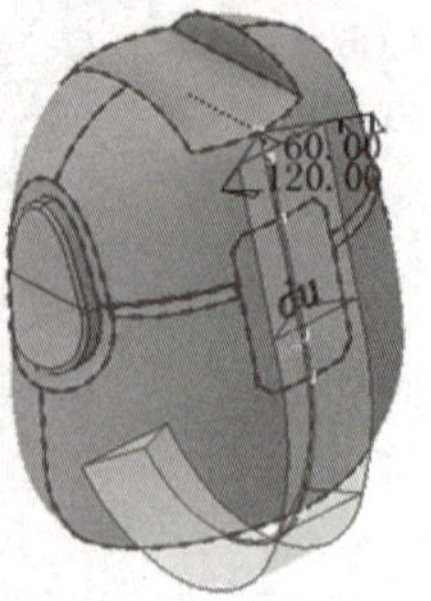 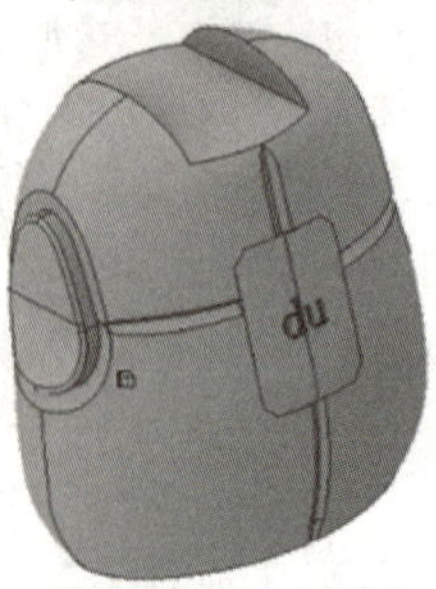

续表

序号	操作文字说明 快捷操作示意	操作演示图示
05	单击工具面板中“三维模型”选项卡下“修改”面板中的“抽壳”按钮，对整个身体抽壳1.6 mm 单击工具面板中“三维模型”选项卡下“修改”面板中的“分割”按钮，使用YZ平面对身体实体进行对称分割 **添加身体前后壳止口特征** 单击工具面板中“三维模型”选项卡下“塑料”面板中的“止口”按钮，依次选取边和平面创建止口（止口和槽）	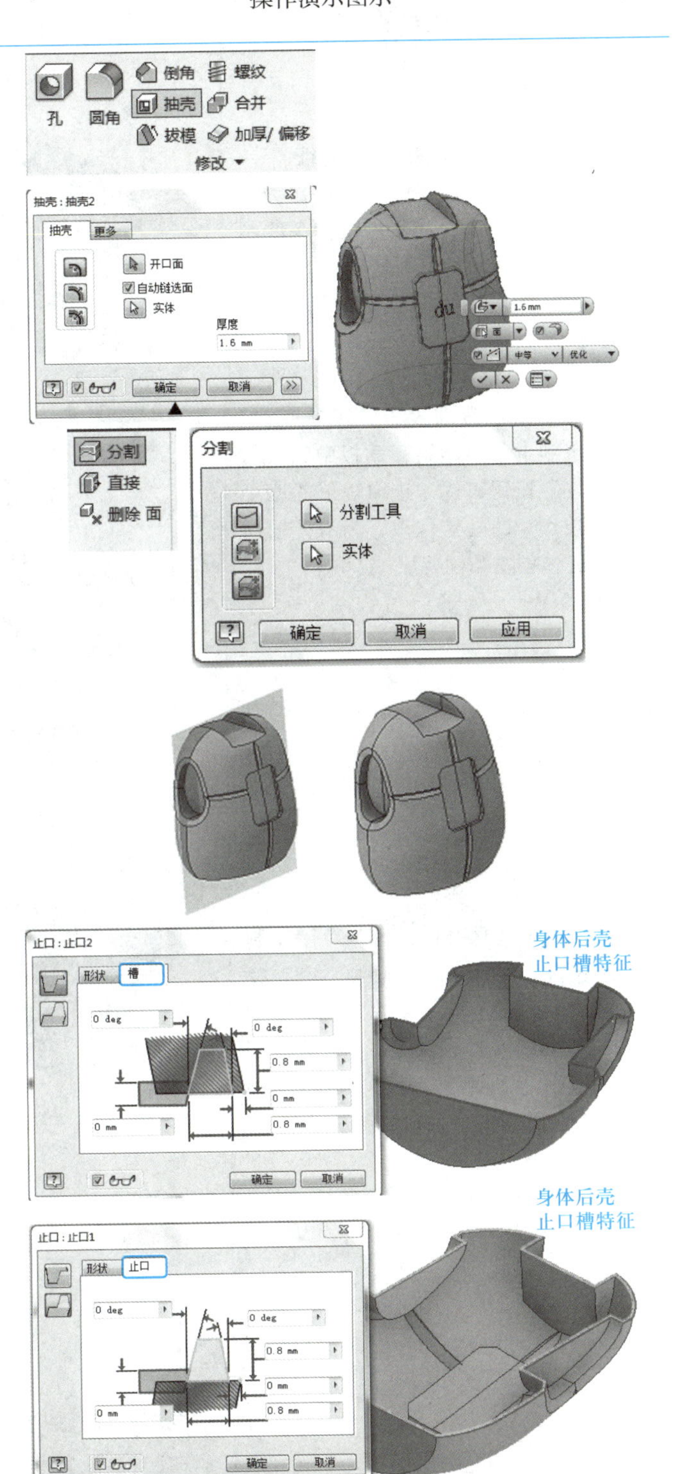

续表

序号	操作文字说明 快捷操作示意	操作演示图示
05	**添加身体前后壳凸柱特征** 选取身体后壳止口表面作为草图绘制平面，使用矩形命令绘制如右图所示的草图轮廓	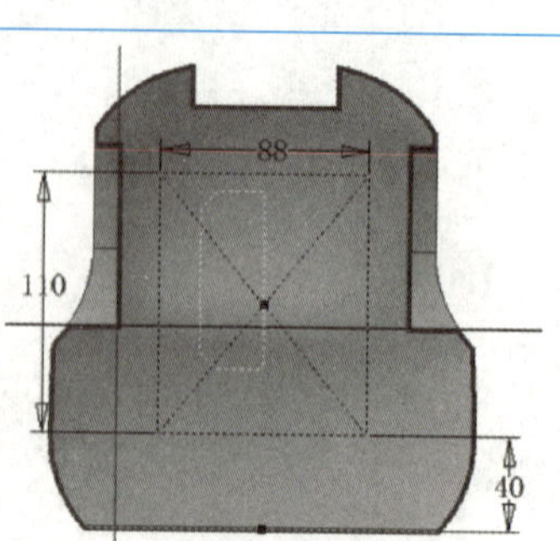
	单击工具面板中“三维模型”选项卡下“塑料”面板中的“凸柱”按钮，逐一选取矩形的四个顶点为凸柱定位点，为身体前后壳体创建凸柱特征	栅格孔 卡扣式连接 凸柱 规则圆角 支撑台 止口 塑料零件 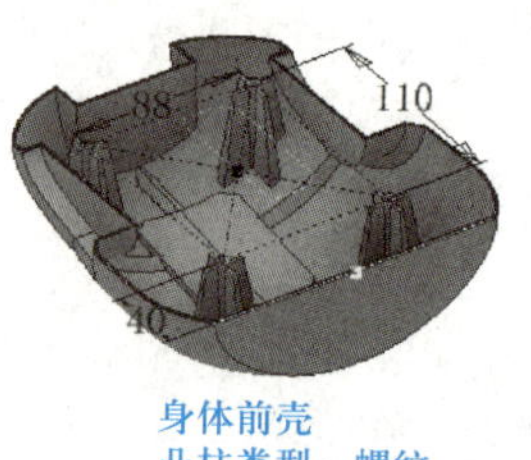 身体前壳 凸柱类型：螺纹 身体后壳 凸柱类型：头
	选取身体颈部表面为草图绘制平面，在该平面上绘制一个直径为40 mm的圆，单击工具面板中“三维模型”选项卡下“创建”面板中的“拉伸”按钮，为草图创建拉伸求差，如右图所示	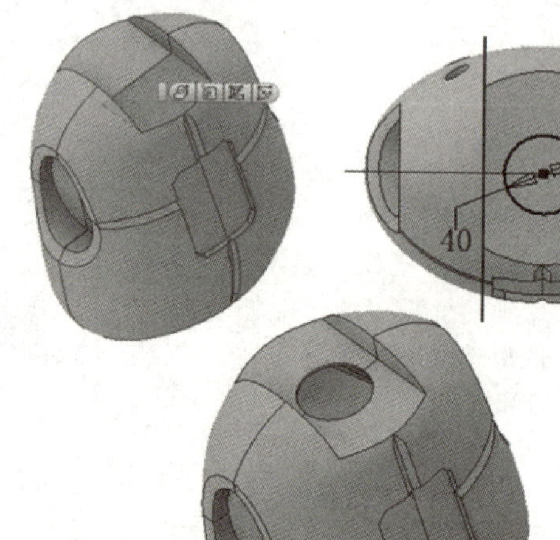 技巧详解 使用拉伸求差操作时，实体应同时选取身体前壳和身体后壳

续表

<table>
<tr><th>序号</th><th>操作文字说明
快捷操作示意</th><th>操作演示图示</th></tr>
<tr><td rowspan="3">06</td><td>创建肩部实体
① 选取右图表面为草图绘制轮廓，使用投影几何图元功能拾取右图草图轮廓</td><td>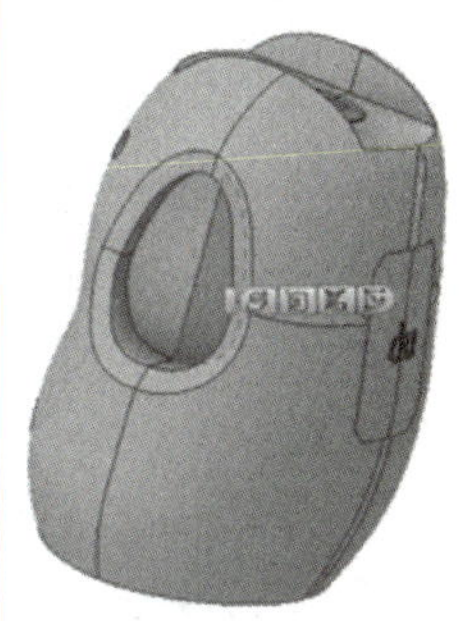  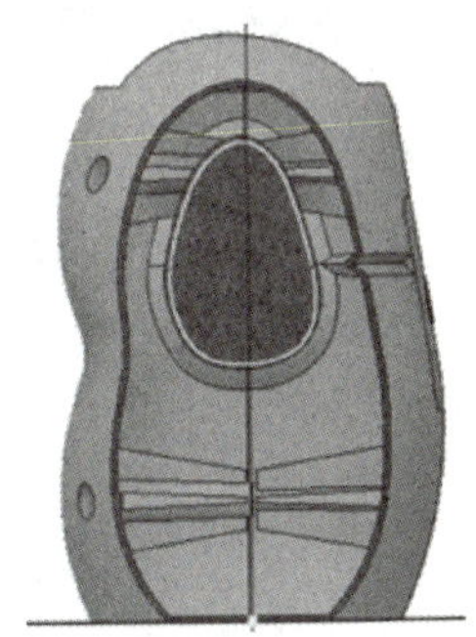</td></tr>
<tr><td>② 单击工具面板中“三维模型”选项卡下“创建”面板中的“拉伸”按钮，对投影草图进行拉伸操作</td><td> 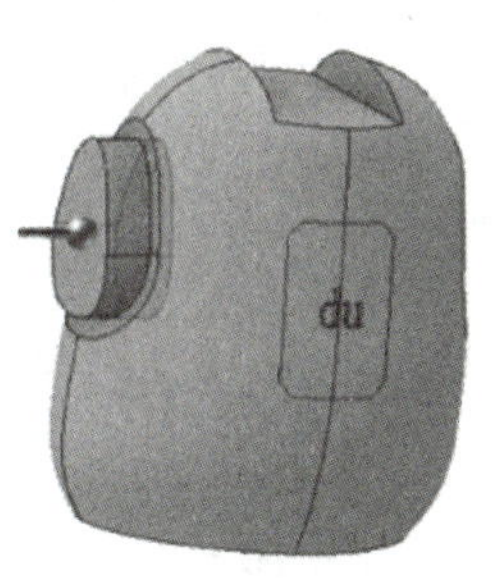</td></tr>
<tr><td>③ 单击工具面板中“三维模型”选项卡下“修改”面板中的“分割”按钮，使用偏移直线进行对肩部实体的分割操作</td><td>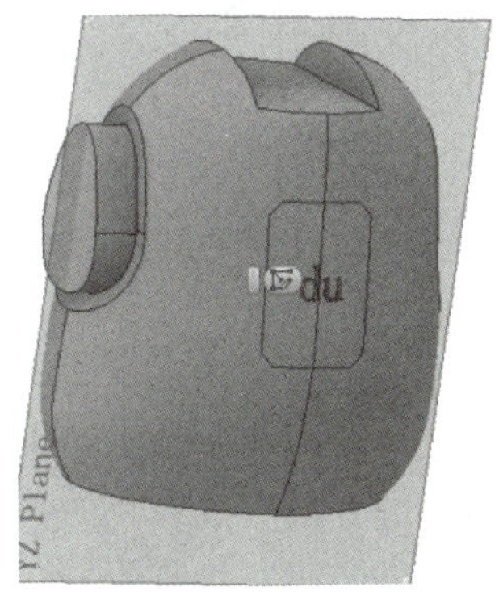 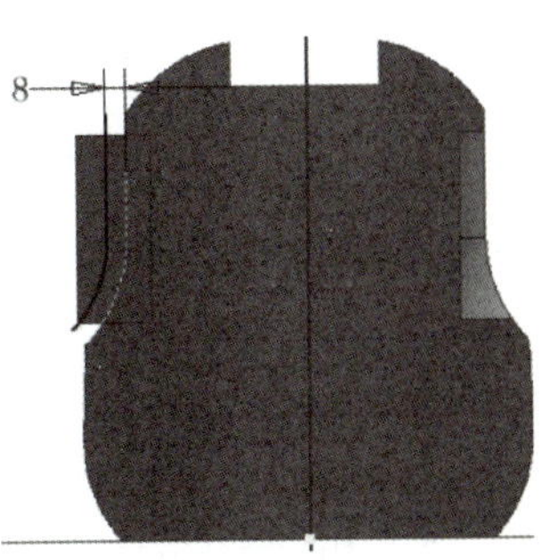 </td></tr>
</table>

续表

序号	操作文字说明 快捷操作示意	操作演示图示
06	④ 单击工具面板中“三维模型”选项卡下“修改”面板中的“圆角”按钮	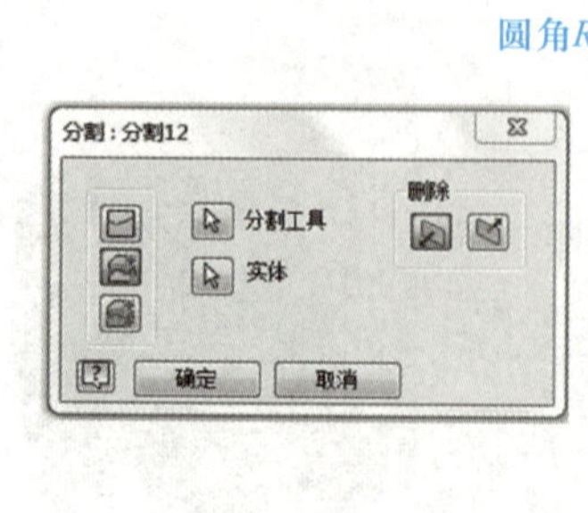 圆角$R2$mm 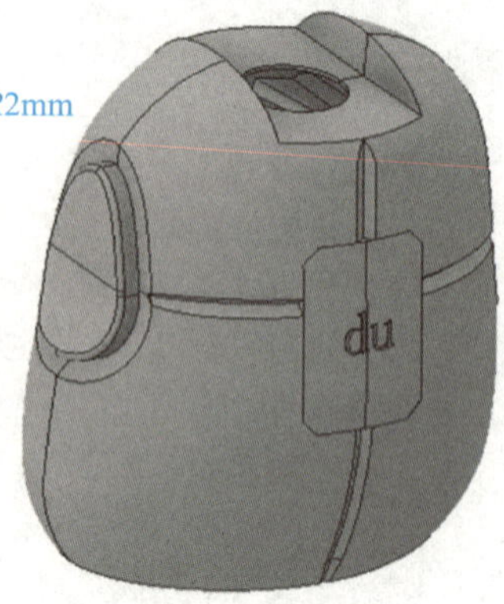
	⑤ 选取右图平面为草图绘制平面，根据右图使用圆形命令绘制直径为 10 mm 的圆	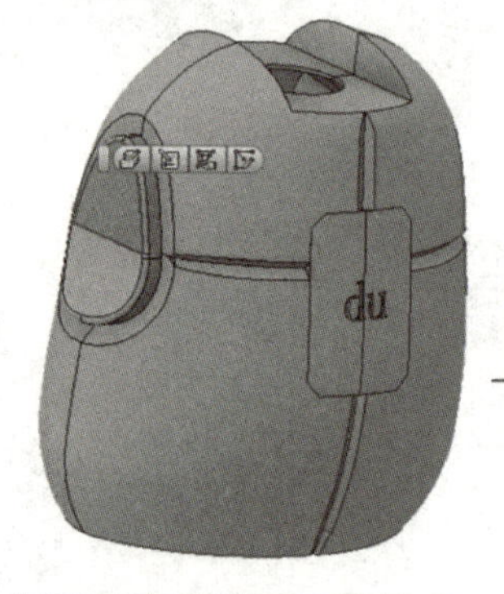 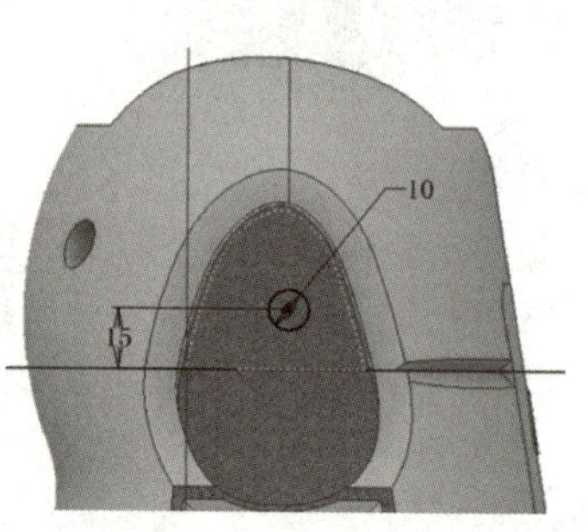
	⑥ 单击工具面板中“三维模型”选项卡下“创建”面板中的“拉伸”按钮，对草图进行拉伸求差操作	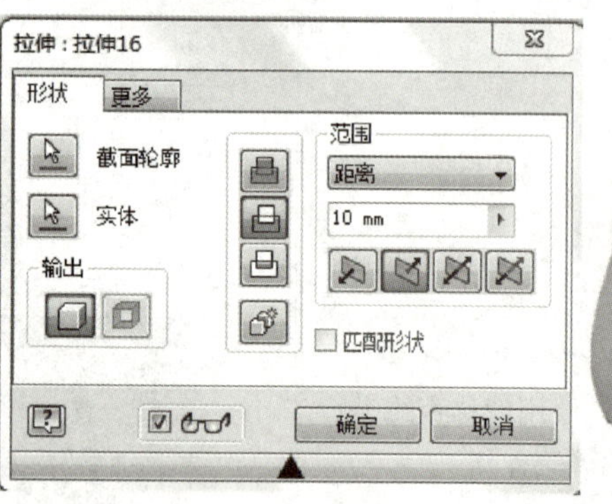 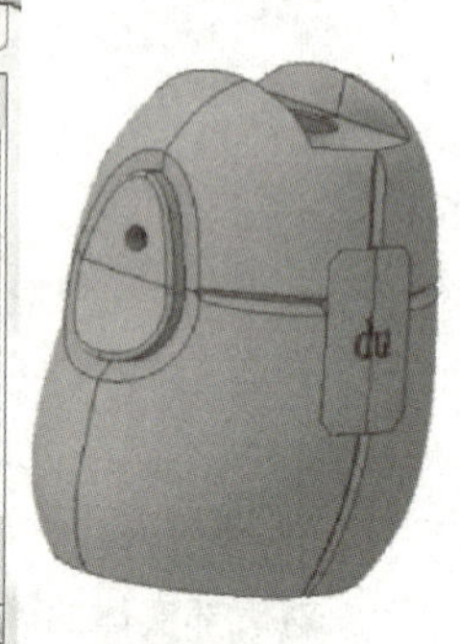
	⑦ 选取右图草图平面为草图绘制平面，单击工具面板中“三维模型”选项卡下“创建”面板中的“拉伸”按钮，对草图进行拉伸操作（新建实体）	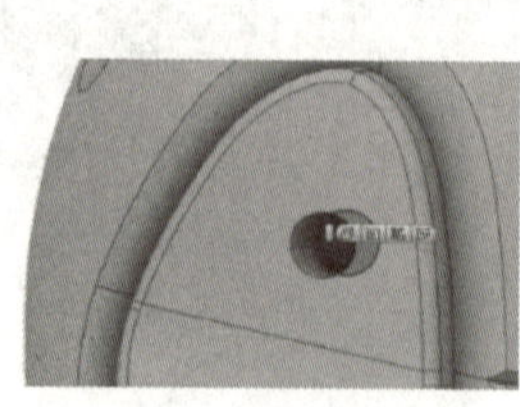 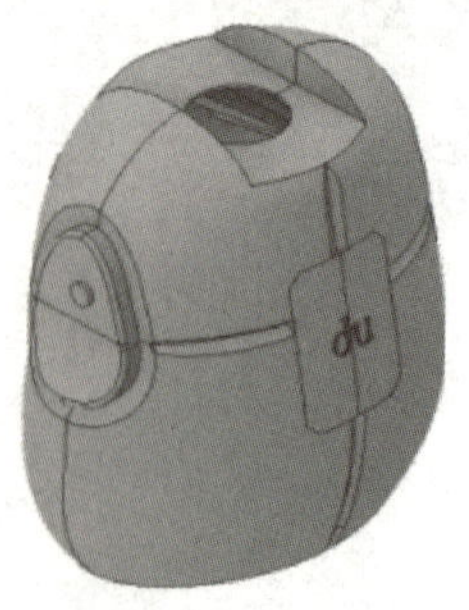

续表

序号	操作文字说明 快捷操作示意	操作演示图示
	创建手臂零件	
	① 选取 YZ 平面为草图绘制平面，依据右图绘制草图轮廓	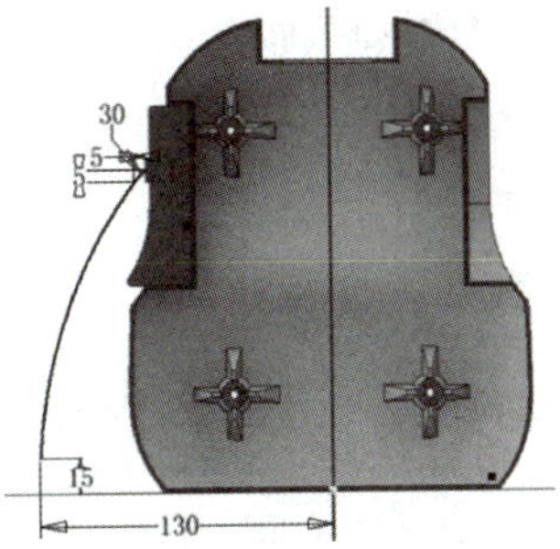
	② 选取右图实体表面为草图绘制平面，根据右图绘制直径为 20mm 的圆	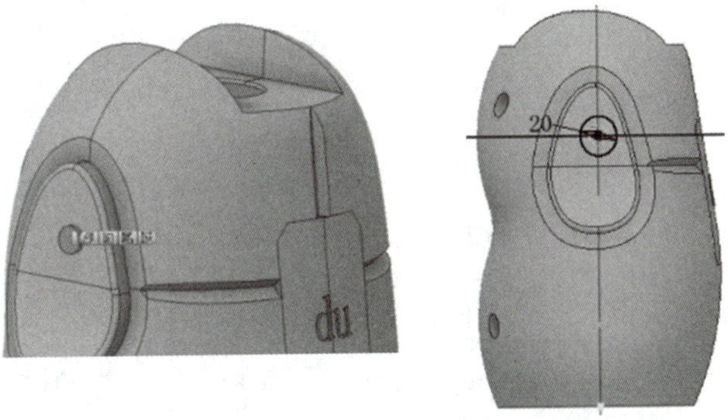
07	③ 单击工具面板中“三维模型”选项卡下“定位特征”面板中的“平面”按钮，依次选取右图圆弧的端点和圆弧创建工作平面	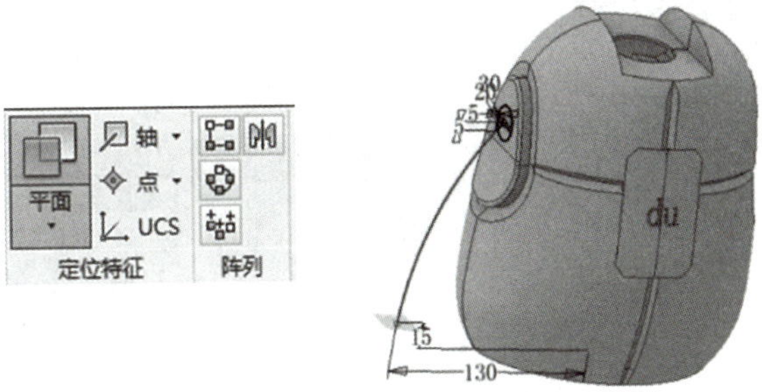
	④ 在上一步平面中绘制直径为 45 mm 的圆	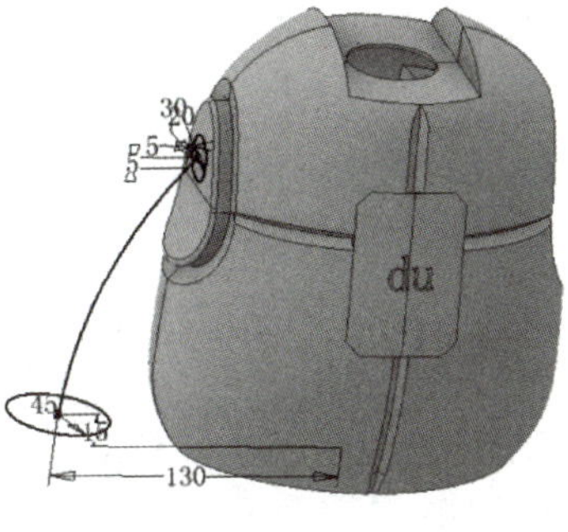

续表

<table>
<tr><th>序号</th><th>操作文字说明
快捷操作示意</th><th>操作演示图示</th></tr>
<tr><td rowspan="2">07</td><td>⑤ 单击工具面板中“三维模型”选项卡下“创建”面板中的“放样”按钮

放样参数
放样方式：中心放样
截面：直径 20 mm 的圆
直径 45 mm 的圆
中心线：圆弧曲线
输出方式：新建实体</td><td>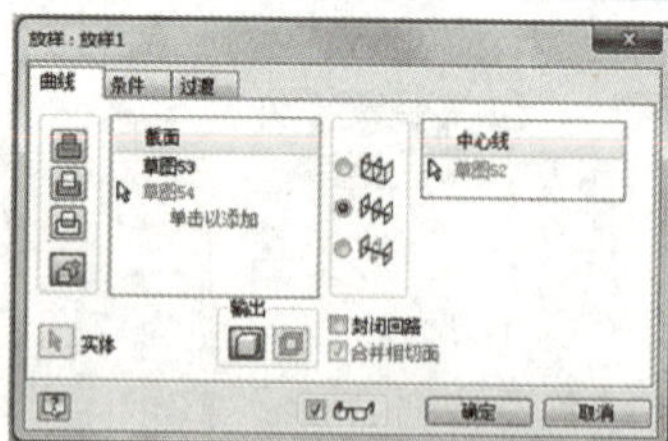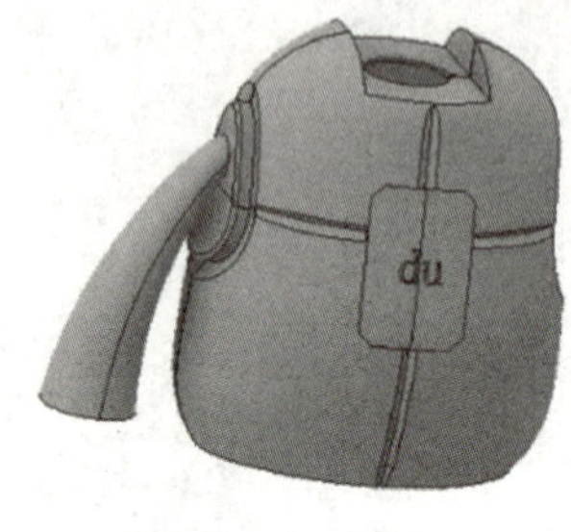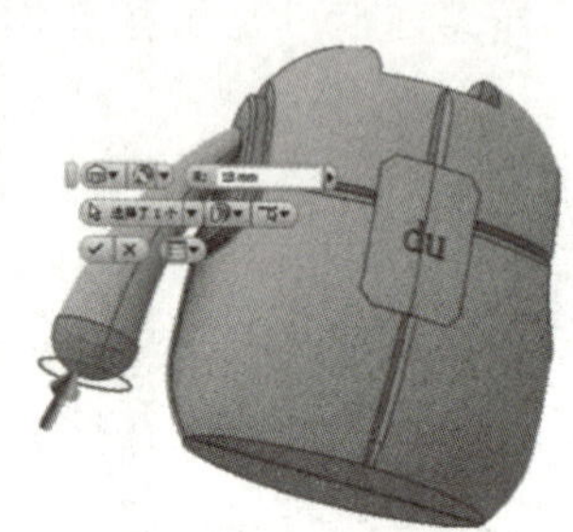</td></tr>
<tr><td>⑥ 镜像肩部和手臂

镜像参数
镜像方式：实体镜像
镜像平面：XY 平面
输出方式：新建实体</td><td>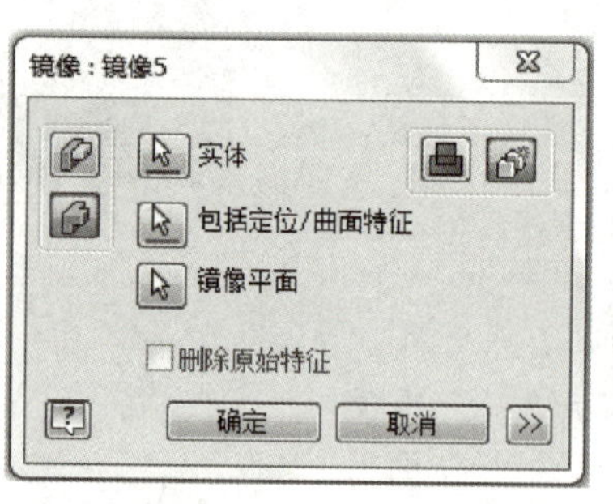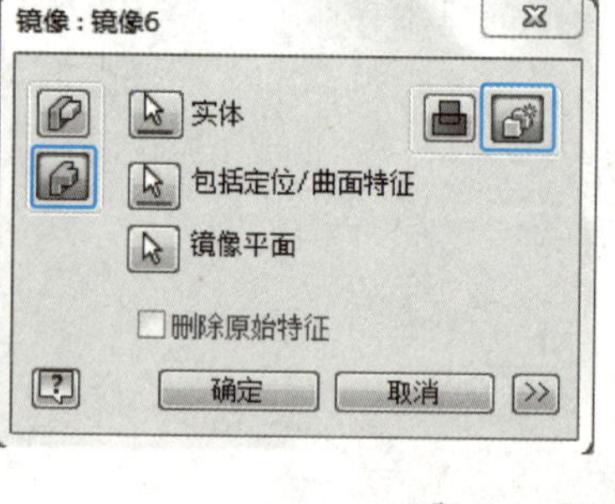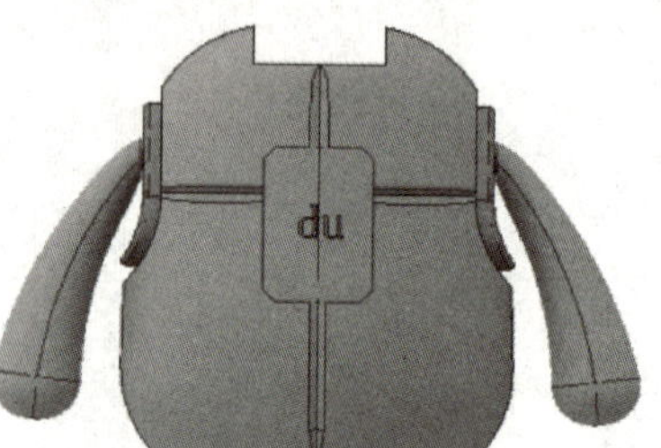</td></tr>
</table>

续表

序号	操作文字说明 快捷操作示意	操作演示图示
08	**创建百度机器人头部整体特征** ① 选取原始坐标系中的 XZ 平面为草图绘制平面，根据右图绘制草图轮廓 ② 单击工具面板中“三维模型”选项卡下“创建”面板中的“拉伸”按钮，给草图添加对称拉伸 240 mm	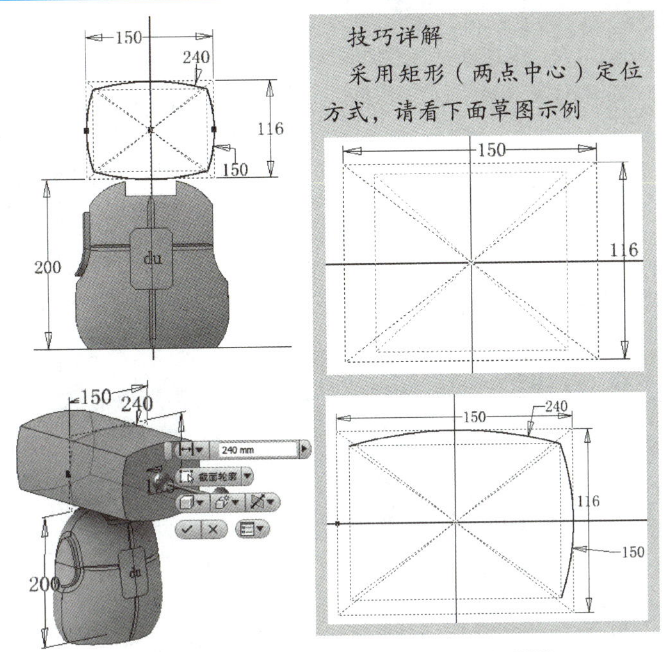
	③ 选取原始坐标系中的 XY 平面为草图绘制平面，根据右图绘制草图轮廓，并为草图添加拉伸求交操作	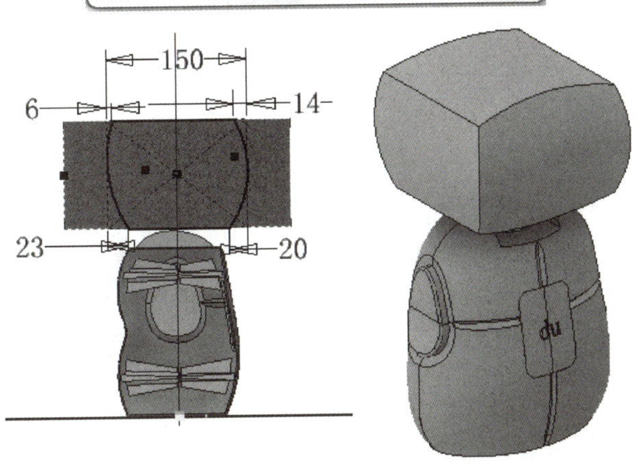

续表

序号	操作文字说明 快捷操作示意	操作演示图示
08	④ 给头部上下添加圆角特征，具体圆角大小如右图所示 ⑤ 给头部前后添加圆角特征 **技术详解** 圆角类型选择变半径，分别拾取点 1 和点 2，并输入圆角半径为 40 mm 和 16 mm ⑥ 使用相同的方法对头部后边进行变圆角的倒圆角	圆角R37mm 圆角R20mm 圆角 等半径 变半径 过渡 边 选择了 10 个 单击以添加 点 半径 位置 点 1 40 1.0000 点 2 16 0.0000 平滑半径过渡 确定 取消 应用 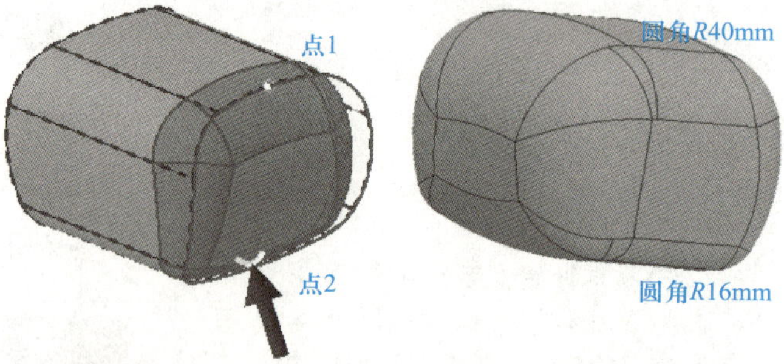 点1 点2 圆角R40mm 圆角R16mm 圆角R50mm 圆角R40mm

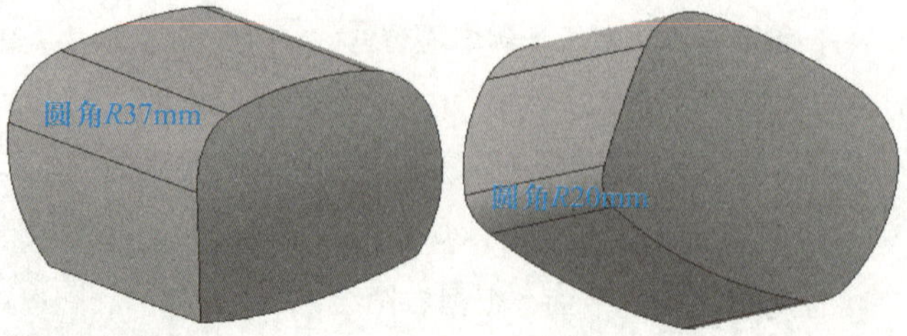

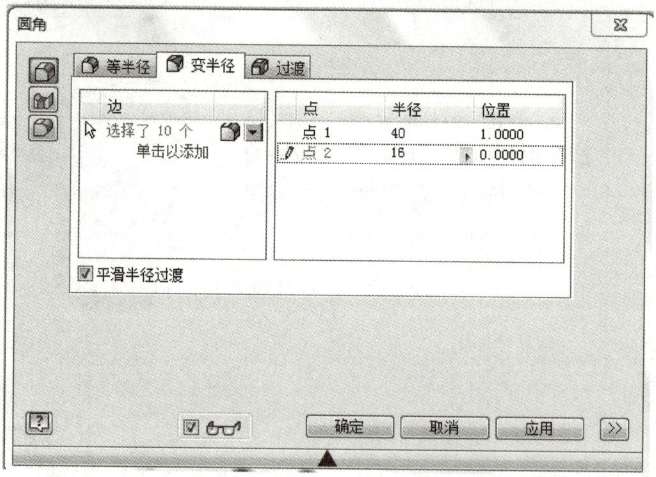

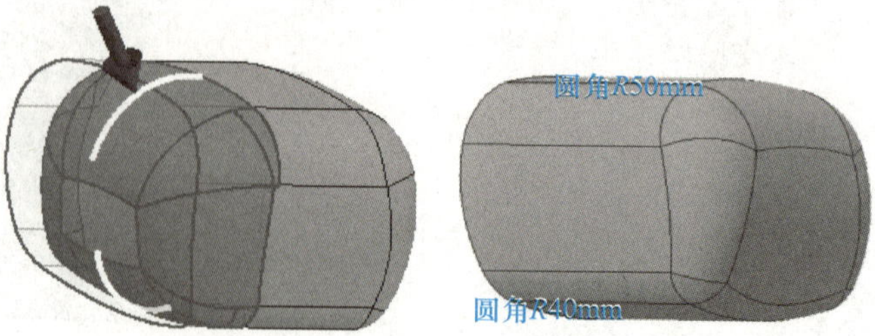

续表

<table>
<tr><th>序号</th><th>操作文字说明
快捷操作示意</th><th>操作演示图示</th></tr>
<tr><td rowspan="4">09</td><td>创建头部显示屏零件
① 单击工具面板中“三维模型”选项卡下“定位特征”面板中的“平面”按钮，将原始坐标系中的YZ平面向前平移100 mm，并单击该平面进入草图绘制环境</td><td>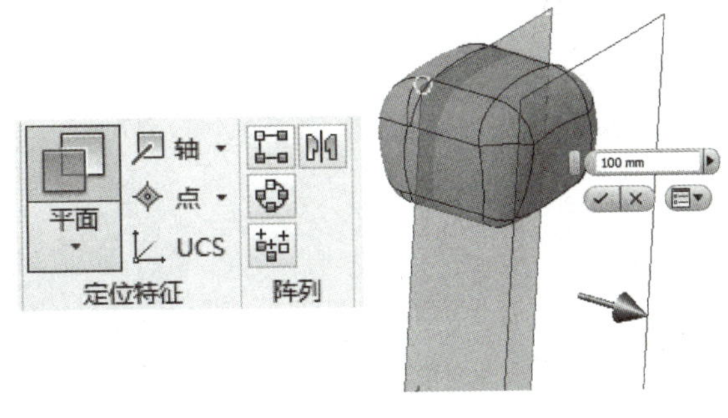</td></tr>
<tr><td>② 在草图绘制环境中使用两点矩形、圆弧命令和倒圆角命令绘制如右图所示的草图轮廓</td><td>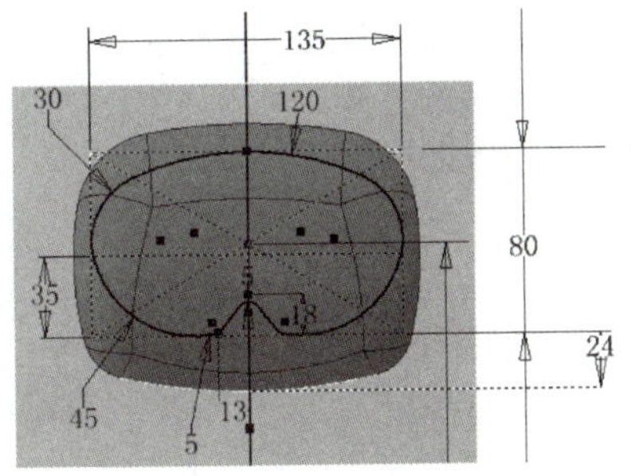</td></tr>
<tr><td>③ 单击工具面板中“三维模型”选项卡下“修改”面板中的“分割”按钮，将头部整个实体分割成两部分</td><td></td></tr>
<tr><td></td><td>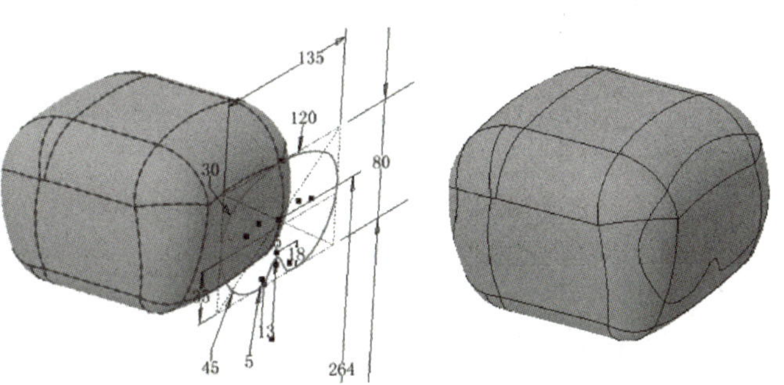</td></tr>
</table>

续表

<table>
<tr><th>序号</th><th>操作文字说明
快捷操作示意</th><th>操作演示图示</th></tr>
<tr><td rowspan="2">09</td><td>④ 选取原始坐标系中的 XY 平面为草图绘制平面，绘图一条距离中心点 50mm 的直线。使用该直线对内部实体进行分割</td><td>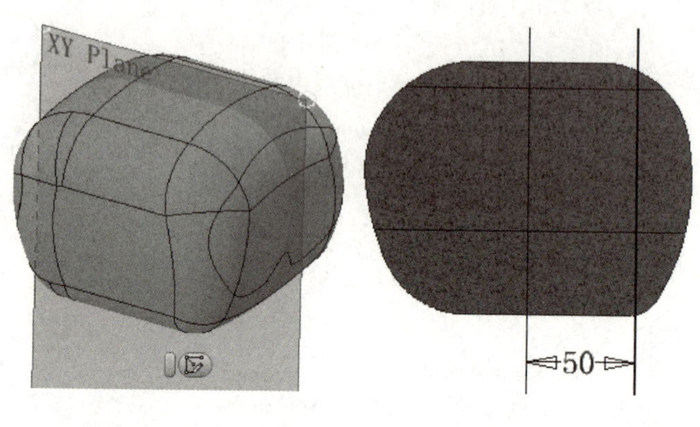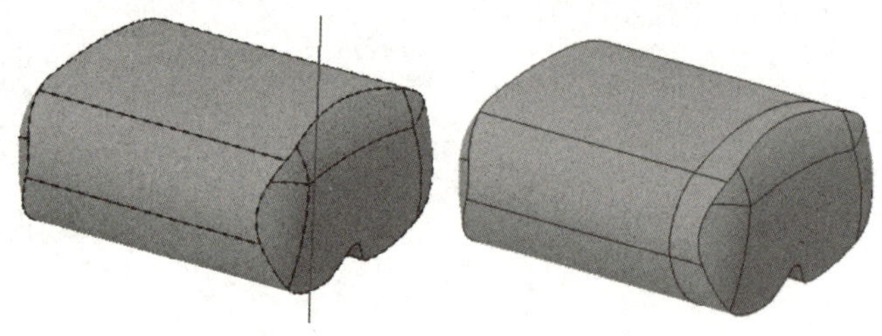</td></tr>
<tr><td>⑤ 单击工具面板中“三维模型”选项卡下“修改”面板中的“合并”按钮，将实体 1 和实体 2 进行求和操作，这样就得到显示屏实体并与头部进行合理的配合</td><td>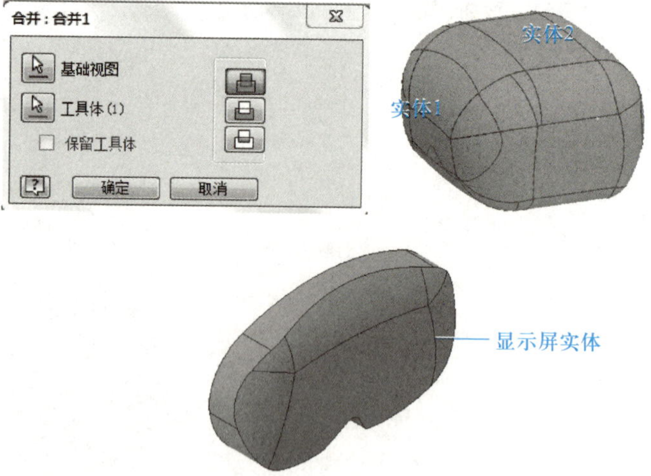</td></tr>
</table>

续表

序号	操作文字说明 快捷操作示意	操作演示图示
09	⑥ 选取步骤 1 中的平面作为草图绘制平面，依据右图绘制显示屏眼睛草图轮廓并对该草图进行凸雕操作	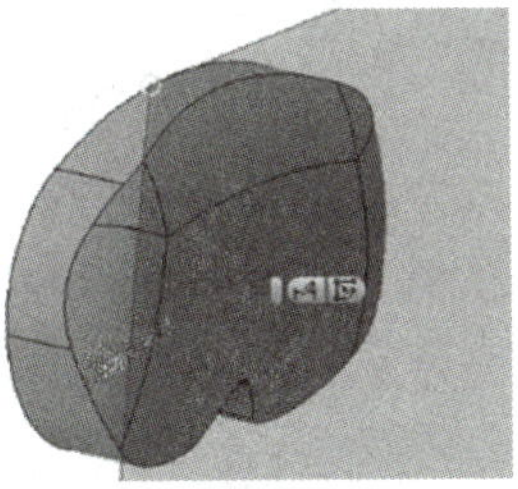 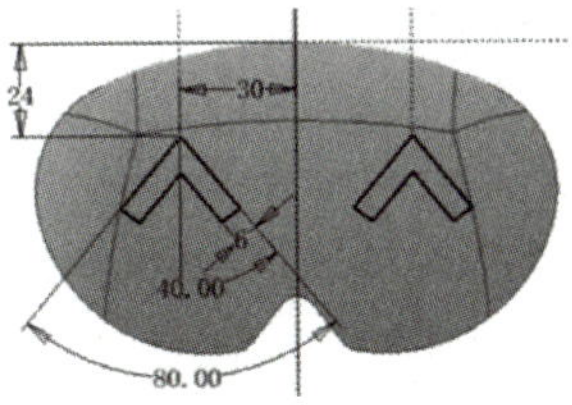 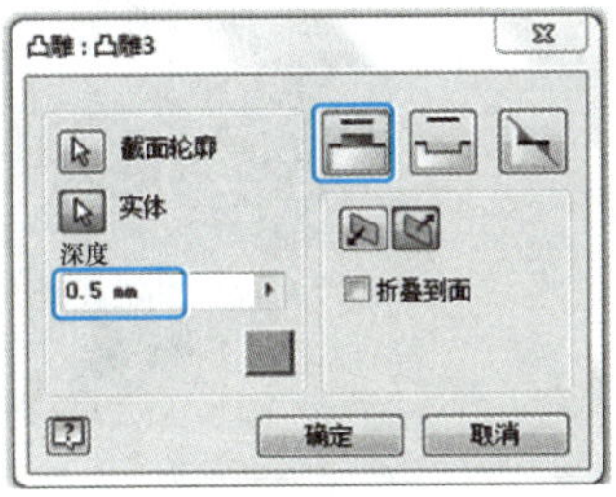 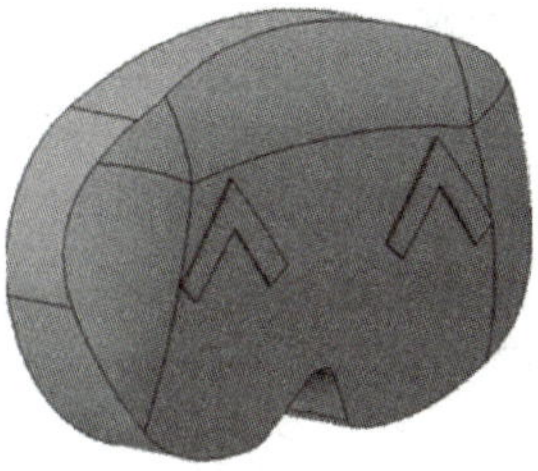
10	**创建头部后壳零件** ① 单击工具面板中“三维模型”选项卡下“修改”面板中的“抽壳”按钮，对头部零件进行整体抽壳操作，保证抽壳厚度为 1.6 mm ② 选取原始坐标系中的 XY 平面为草图绘制平面，根据右图使用直线和圆弧命令依次绘制如右图所示的草图轮廓	 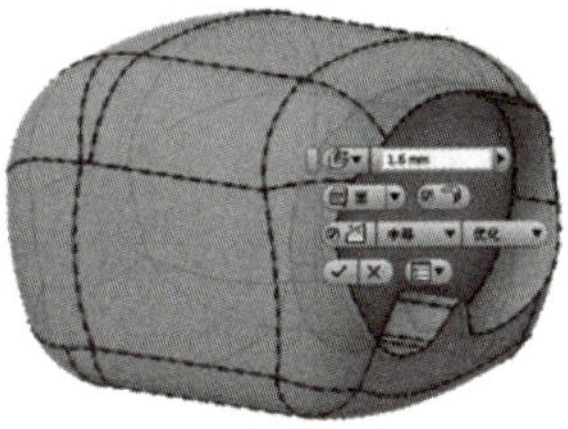 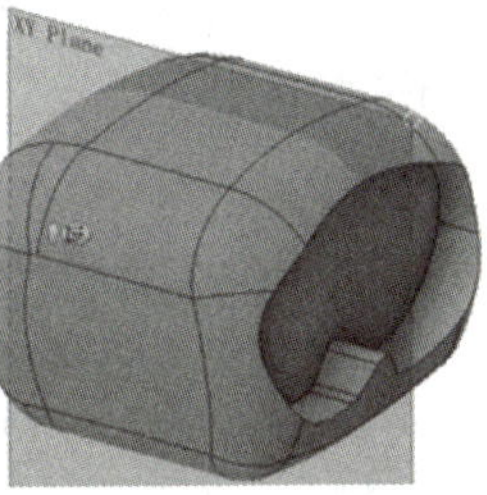 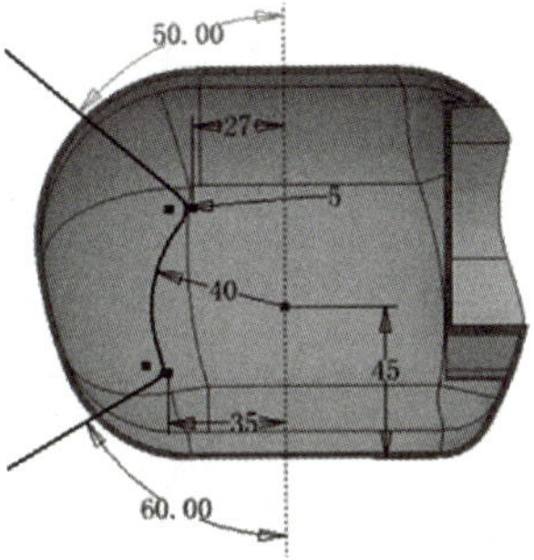

续表

序号	操作文字说明 快捷操作示意	操作演示图示
10	③ 单击工具面板中“三维模型”选项卡下“修改”面板中的“分割”按钮，将抽壳后的头部实体分割成两个部分	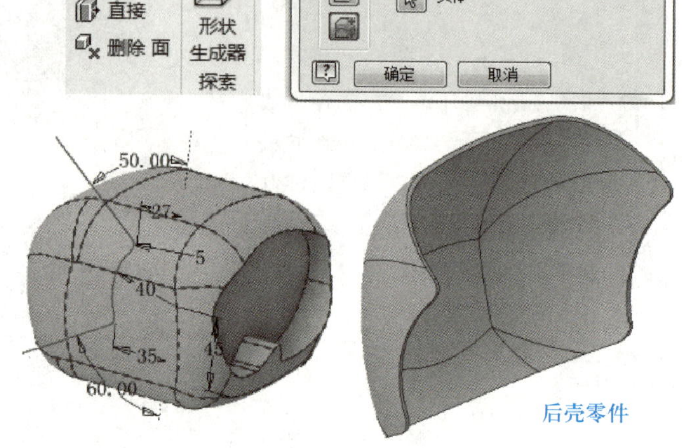 后壳零件
11	创建百度标志零件 ① 选取原始坐标系中的XY平面，将其平移至头部左侧100 mm处。在该新建平面上绘制如右图所示的草图轮廓	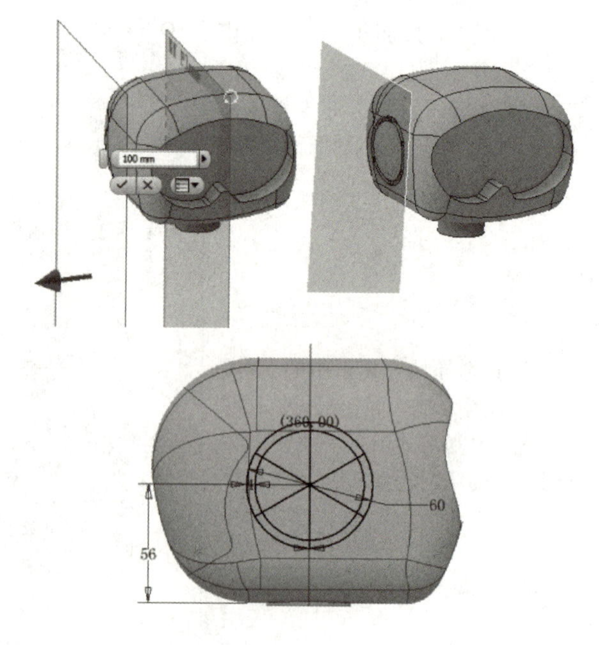

续表

序号	操作文字说明 快捷操作示意	操作演示图示
11	② 单击工具面板中“三维模型”选项卡下“塑料零件”面板中的“栅格孔”按钮，依据右图栅格孔参数对头部壳体进行栅格孔操作	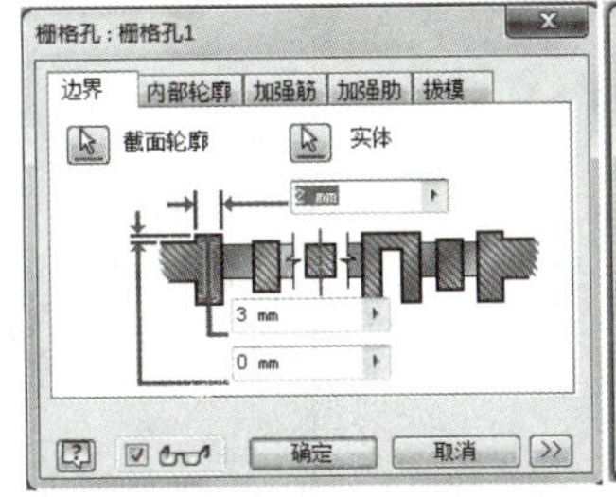 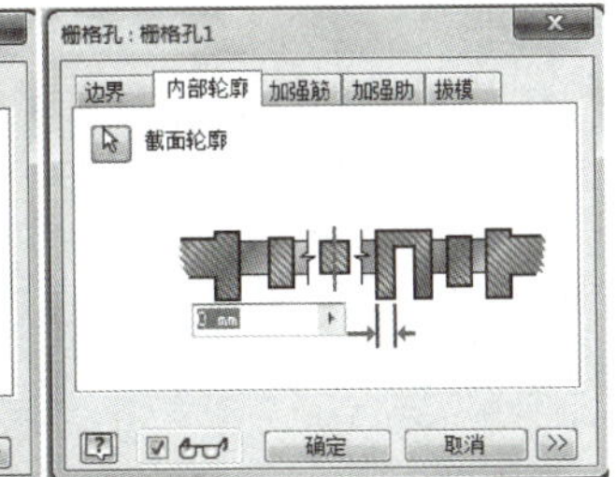 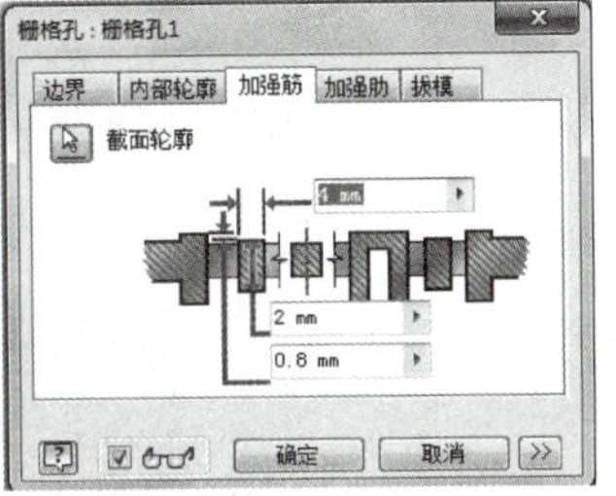 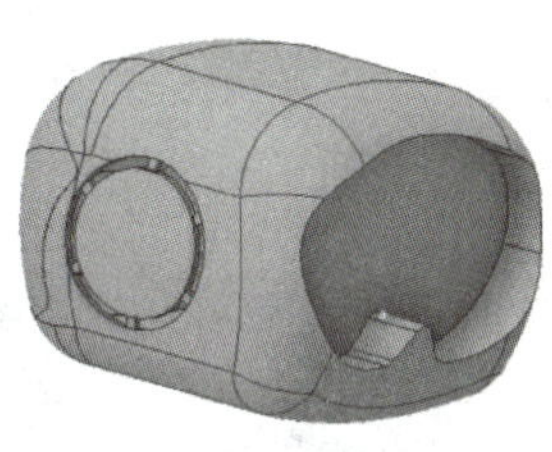
	③ 镜像栅格孔特征	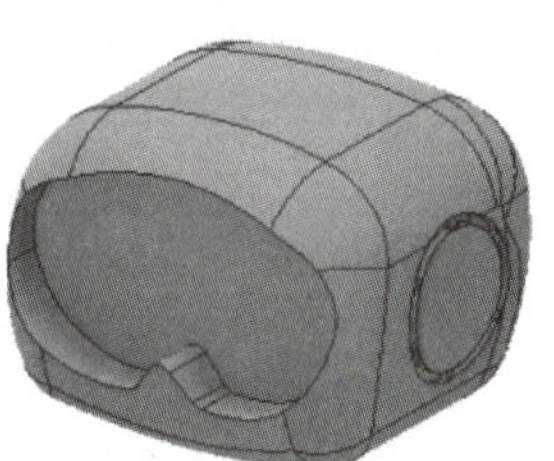
	④ 将平面偏移到32 mm处，在该平面上做草图，做草图时可使用投影几何图元的方法	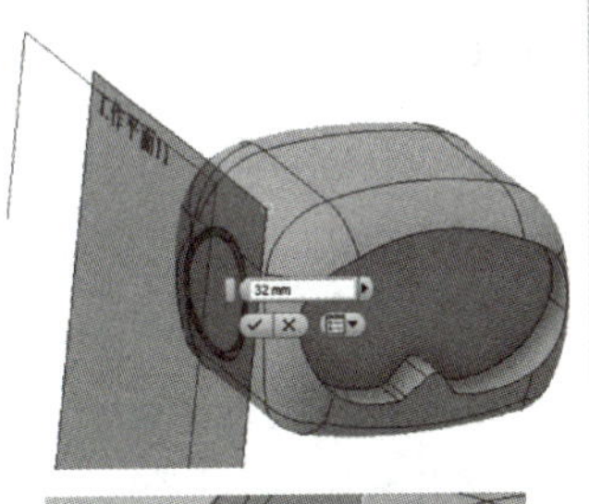 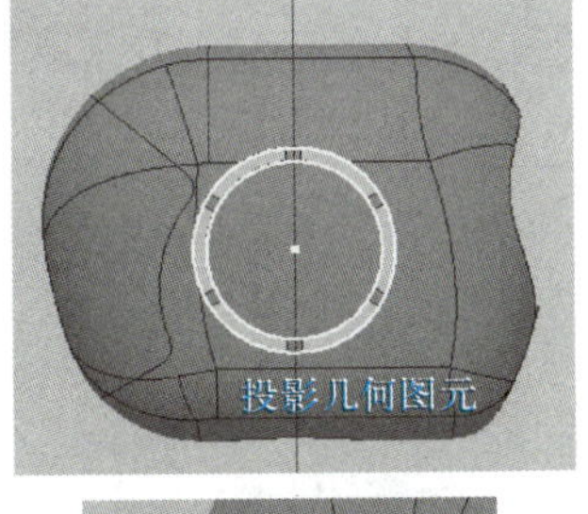
	⑤ 单击工具面板中“三维模型”选项卡下“创建”面板中的“拉伸”按钮，拉伸类型选择“介于两面之间”，输出类型为“新建零件”	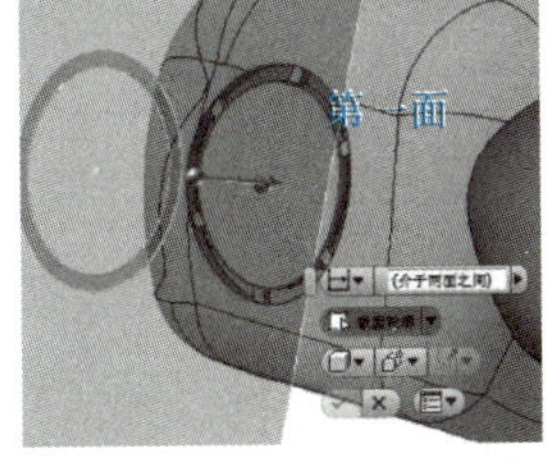 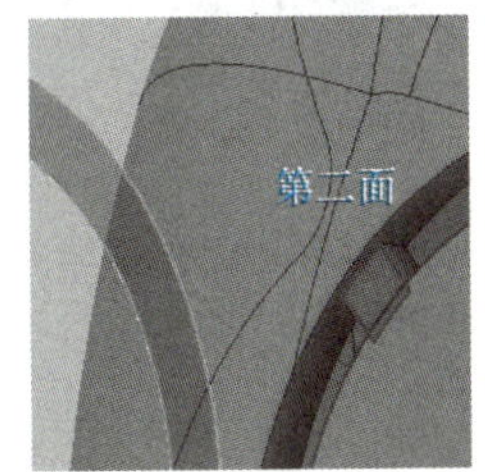

续表

序号	操作文字说明 快捷操作示意	操作演示图示
11	⑥ 再次选取上一步偏移的平面作为草图绘制平面，绘图如右图所示的草图轮廓 ⑦ 单击工具面板中“三维模型”选项卡下“创建”面板中的“凸雕”按钮，对头部零件进行“凹雕”操作	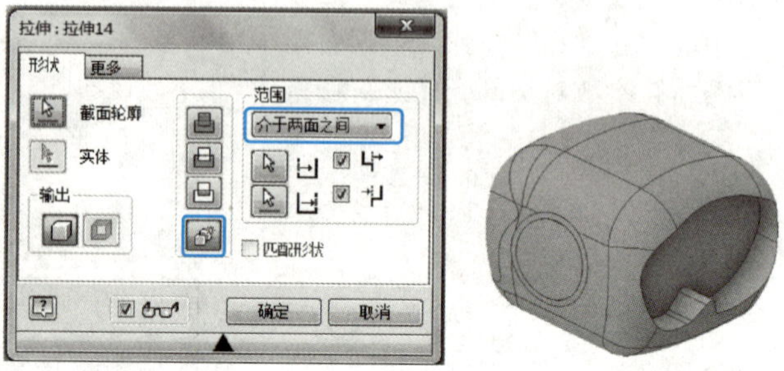 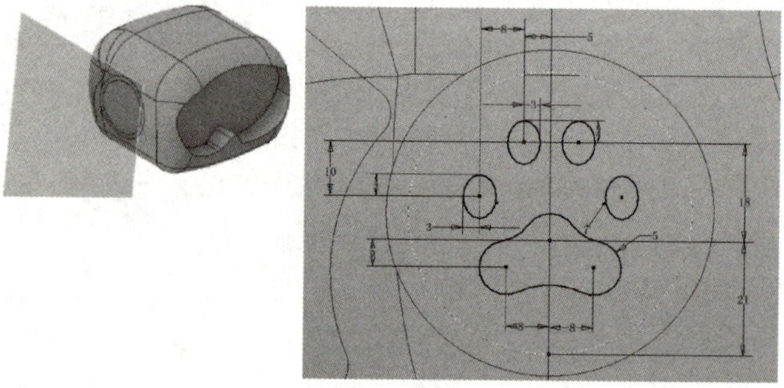 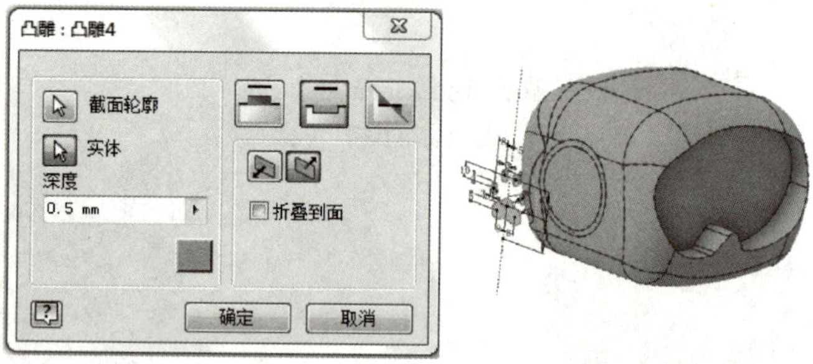 

续表

序号	操作文字说明 快捷操作示意	操作演示图示
11	⑧ 单击工具面板中“三维模型”选项卡下“创建”面板中的“拉伸”按钮，创建百度标志零件 ⑨ 对称镜像百度标志	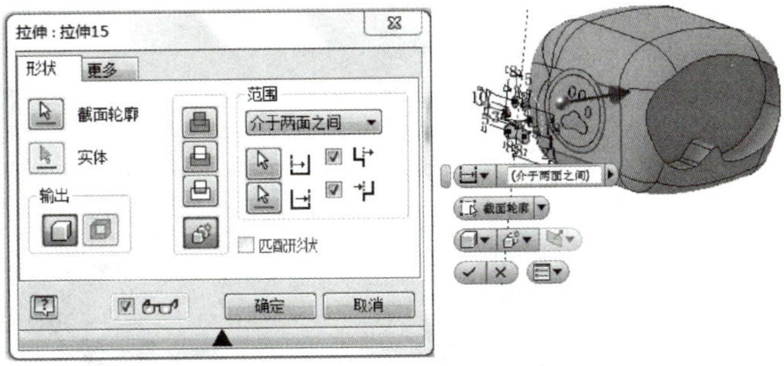 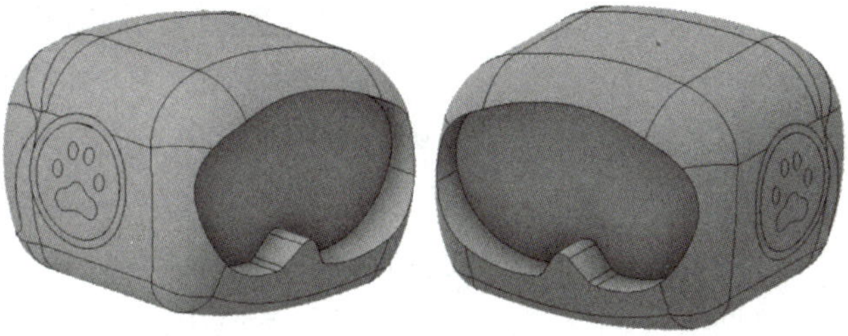
12	**创建颈部零件** ① 选取原始坐标系中的 YZ 平面为草图绘制平面，根据右图轮廓绘制草图 ② 单击工具面板中“三维模型”选项卡下“创建”面板中的“旋转”按钮，创建颈部零件	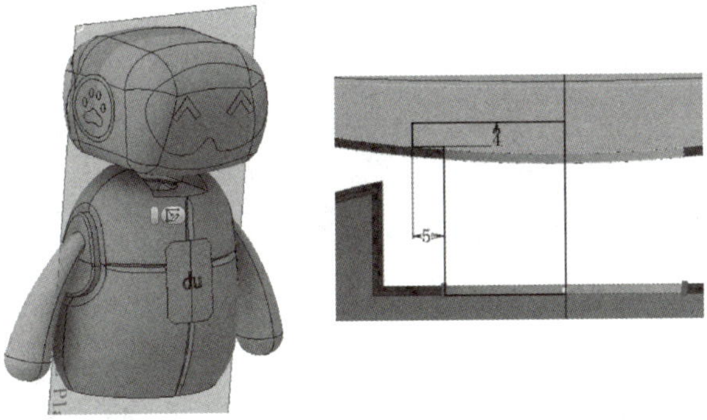 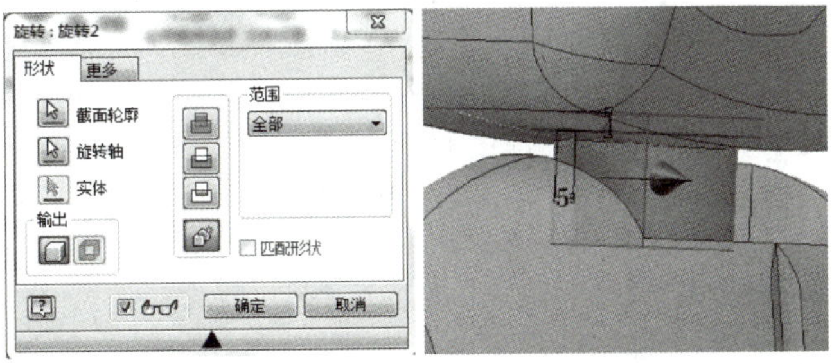

续表

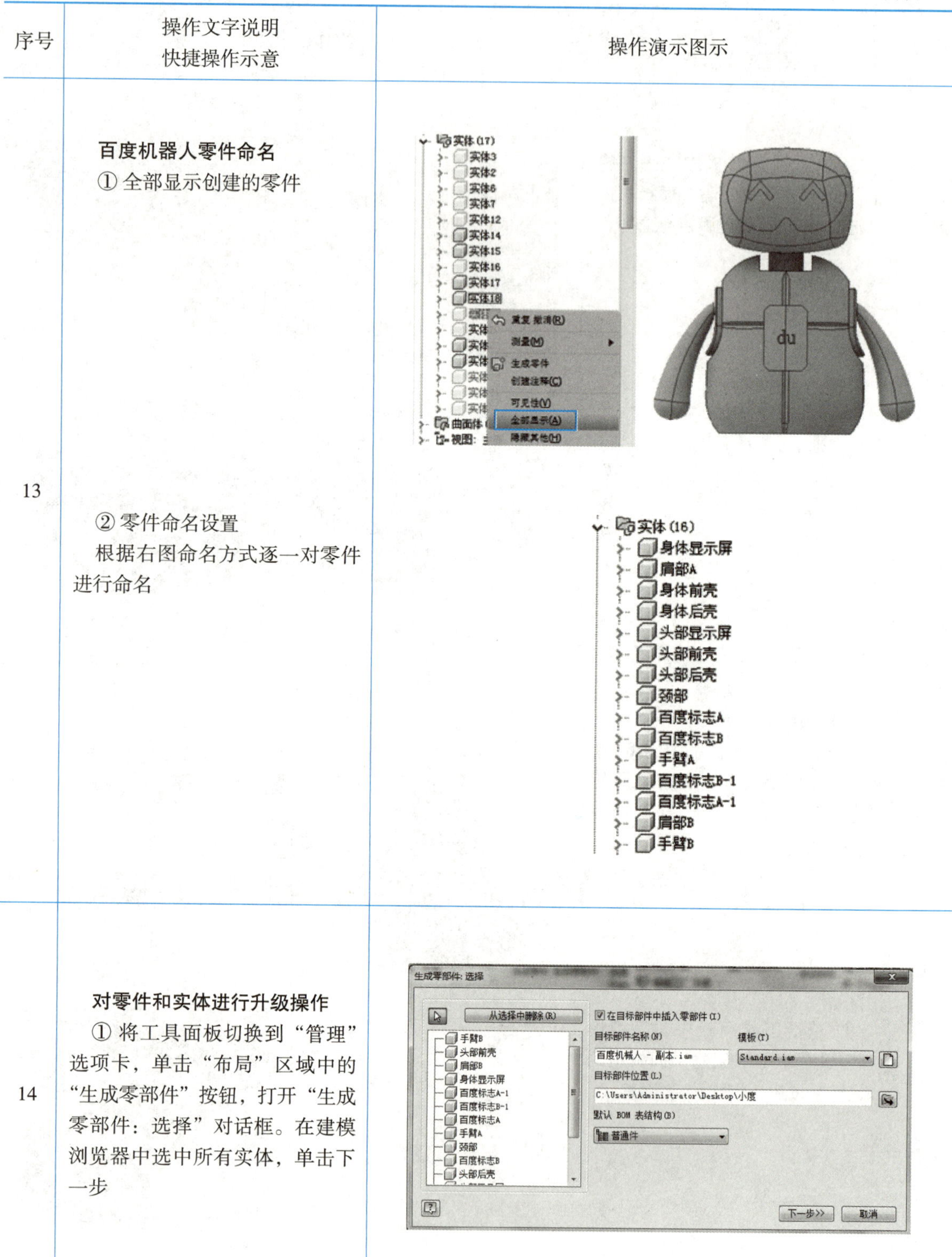

序号	操作文字说明 快捷操作示意	操作演示图示
13	**百度机器人零件命名** ① 全部显示创建的零件 ② 零件命名设置 根据右图命名方式逐一对零件进行命名	
14	**对零件和实体进行升级操作** ① 将工具面板切换到“管理”选项卡，单击“布局”区域中的“生成零部件”按钮，打开“生成零部件：选择”对话框。在建模浏览器中选中所有实体，单击下一步	

续表

序号	操作文字说明 快捷操作示意	操作演示图示
14	② 在弹出的对话框中单击“确定”按钮 ③ 软件直接进入部件装配环境，此时，原先的多实体零件“百度机器人”升级为部件，而多实体零件中的各个实体升级为零件 ④ 保存	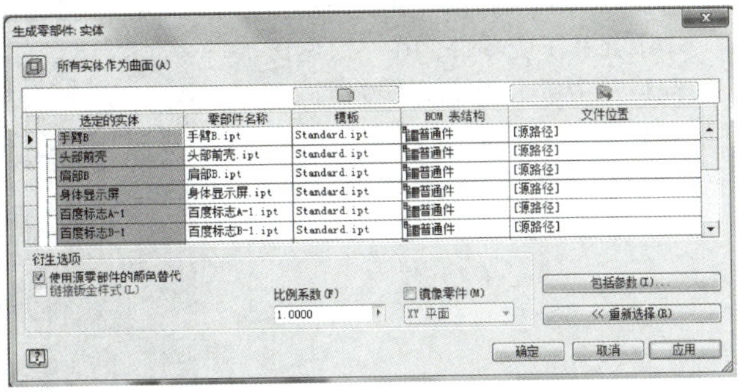  
15	**修改“材料”和“外观颜色”** 可以参考以下方案进行操作 ① 材料修改：在绘图区框选所有零件，在“快速访问栏”中单击“材料”按钮，选取“ABS塑料”	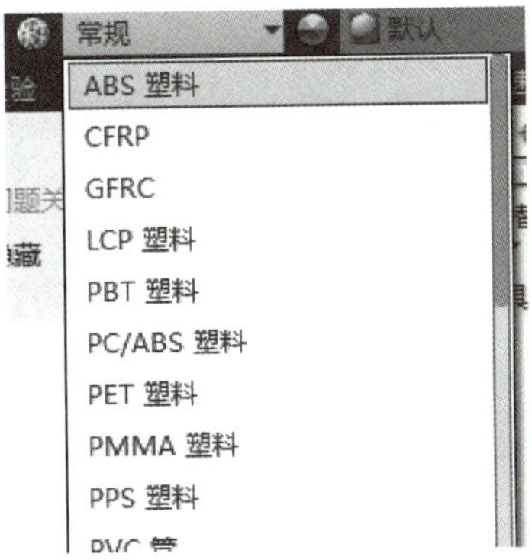 

续表

序号	操作文字说明 快捷操作示意	操作演示图示
15	② 外观颜色修改：在绘图区选中上壳和下壳零件，在“快速访问栏”中单击“外观”按钮，在外观库中选择“金属漆”中的“釉面－黑色”，依据这个方法，将色彩搭配合适	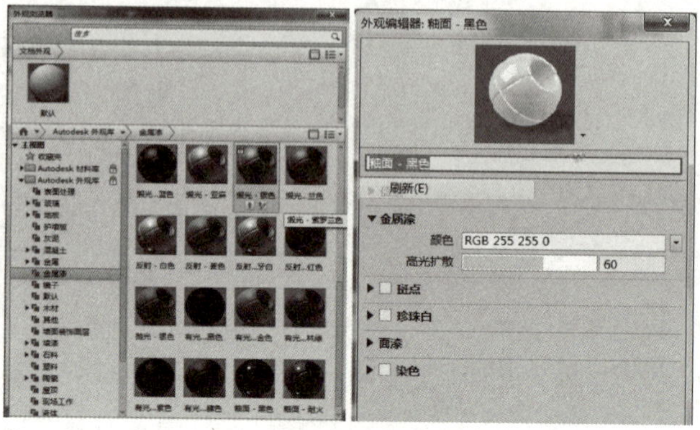
	③ 单击保存，完成“百度机器人”的创建	

任务拓展

（1）在百度机器人的创建过程中，身体的创建使用了复杂的曲面建模方式，本书介绍的放样方式是从四分片面截面开始通过椭圆轨道进行放样得到的，请转化放样思路，思考还有其他放样方式吗？如何放样？请简要说明。

（2）百度机器人的建模过程中，你遇到了最大的困难是什么？如何解决的？

（3）在设置百度机器人外观颜色时，应根据零件不同的特性添加不同的颜色。请给百度机器人重新配色，并用文字描述其配色方案。

自我评价

自主完成的步骤	合作讨论下完成的步骤	未完成的步骤

作业

请利用课余时间，根据本书学习的 Inventor 2018 的设计方法和本章百度机器人的创建方法，对百度机器人进行重新设计，可增加脚轮等零件，使其结构更实用。

参考文献

［1］赵卫东．工业产品设计：Inventor 2012 进阶教程【M】．上海：同济大学出版社，2012.

［2］陈伯雄，董仁杨，张云飞，等．Autodesk Inventor Professional 2008 机械设计实战教程【M】．北京：化学工业出版社，2008.

［3］胡琳，娄燕．工业产品设计概论【M】．2 版．北京：高等教育出版社，2014.

［4］柏慕培训．Autodesk Inventor 2011 进阶培训教程【M】．北京：电子工业出版社，2011.

后记

Computer Aided Design（CAD，计算机辅助设计）和 Computer Aided Manufacturing（CAM，计算机辅助制造）是当今世界高速发展的技术，CAD/CAM 技术已经在许多领域中得到应用。目前，CAD/CAM 相关课程已成为中等职业学校机械、电子等专业必修或选修的内容。Inventor 是发明家、发明者、创作者的意思。Inventor 软件是美国 AutoDesk 公司推出的三维可视化实体模拟软件，没有接触过三维设计的学习者，从 Inventor 入手，不仅易学，学习周期短，而且软件实用性非常强。特别是热爱设计、喜欢创新的同学，Inventor 更可以把想法变为现实。

当今中等职业学校的专业教学已经步入“理虚实”一体化教学的大环境。浙江信息工程学校在 2014 年开始建设一体化课程教室，用项目为纽带将理论知识、虚拟仿真与实际操作结合起来，取得了较好的教学效果。其中计算机辅助设计与计算机辅助制造等软件的使用，大大提高了教学效率，已成为培养学生创造能力的有效途径。本书主编汤叶飞及黄佶、朱鹏英、陈晓虹、汤志杰等几位编写者都是浙江信息工程学校李真名师工作室的主要成员。2015 年初“李真中职机械工作室”成立，2017 年省名师工作室立项建设，一路走来，工作室多次组织成员走访企业、学习课程开发技术、MOOC 制作技术等。2015 年 10 月，汤叶飞等主编的《造型之美》《机械中的艺术》《生活中的机械》等一批自编教材在浙江省首批中职课改校本选修教材评比中获奖，汤志杰、朱鹏英等合作的《造型之美》在 2016 年浙江省微课程开发活动中获奖，2016 年《浅谈三维设计软件 Inventor 的应用技巧》、2017 年《技能大赛工业产品设计 CAD 项目引发的思考》、2018 年《中职机械教师利用数学建模提升设计能力的研究和实践》、2019 年《3D 打印技术在技能训练中教学组织的研究》等论文相继获奖。经过学习、实践与探索，团队总结这几年参加专业比赛及教学经验编写了本书，书中引入了智能制造类产品，将 Inventor 三维设计软件的各个建模功能和操作技巧贯穿于 16 个生产生活中常见的项目中，以项目完成过程为主线，由浅入深循序渐进，引导学习者边做边学。

翻阅书稿，感慨良多，首感工作室年轻教师的勤勉及成长之迅速，也看到了工作室的成长。主编汤叶飞老师在工业产品设计及创客实践技能教学方面已经积累了丰富的经验，他指导学生计算机辅助设计（工业产品设计 CAD）项目在 2015 年浙江省学生技能大赛暨全国职业院校技能大赛选拔赛中获省一等奖第一名、省二等奖，后获全国二等奖，2016 年再获省一、二等奖，全国一等奖；2016 年、2017 年，连续两年参加浙江省创新创业（小发明）大赛，指导学生作品“节能型牙膏头设计”“多功能台灯”获得三等奖；2018 年指导学生参加浙江省技工院校创新创业大赛，“实用的儿童桌椅”获二等奖。2017 年，汤叶飞、黄佶、陈晓虹等老师指导学生参加全国机械行业职业院校 3D 打印装配与应用技术项目获一等奖；2018 年、2019 年汤叶飞指导的 CAD 机械设计赛项均获浙江省一等奖。这几年工作室团队建设把培养青年教师作为核心任务，建设课程教室、打造智慧课堂、开展中职有效教学的创新与实践。今天，

《CAD/CAM技术应用——Inventor项目教程》又将出版。工作室推行的“教学做合一”“项目情景教学”“创意设计”等正以团队成员公开课、信息化教学设计说课获奖展示、教材公开出版等形式发扬光大。

今后我们将继续秉承初心，前行不辍，为更多中职教师的成长搭建更广阔的平台，为学生发展提供更好的学习资源。

李 真

2019年3月

读者意见反馈

为收集对教材的意见建议，进一步完善教材编写并做好服务工作，读者可将对本教材的意见建议通过如下渠道反馈至我社。

咨询电话　400-810-0598

反馈邮箱　zz_dzyj@pub.hep.cn

通信地址　北京市朝阳区惠新东街4号富盛大厦1座
　　　　　高等教育出版社总编辑办公室

邮政编码　100029

防伪查询说明

用户购书后刮开封底防伪涂层，使用手机微信等软件扫描二维码，会跳转至防伪查询网页，获得所购图书详细信息。

防伪客服电话

（010）58582300

学习卡账号使用说明

一、注册/登录

访问http://abook.hep.com.cn/sve，点击“注册”，在注册页面输入用户名、密码及常用的邮箱进行注册。已注册的用户直接输入用户名和密码登录即可进入“我的课程”页面。

二、课程绑定

点击“我的课程”页面右上方“绑定课程”，在“明码”框中正确输入教材封底防伪标签上的20位数字，点击“确定”完成课程绑定。

三、访问课程

在“正在学习”列表中选择已绑定的课程，点击“进入课程”即可浏览或下载与本书配套的课程资源。刚绑定的课程请在“申请学习”列表中选择相应课程并点击“进入课程”。

如有账号问题，请发邮件至：4a_admin_zz@pub.hep.cn。